北京市社会科学基金项目《西方正义伦理思想研究》（项目编号14ZXA001）
中国人民大学"统筹推进世界一流大学和一流学科建设"2015年度绩效奖励基金项目资助

爱智文丛

追问正义

西方政治伦理思想研究

龚群 著

北京大学出版社
PEKING UNIVERSITY PRESS

图书在版编目(CIP)数据

追问正义：西方政治伦理思想研究/龚群著. —北京：北京大学出版社，2017.3

（爱智文丛）

ISBN 978-7-301-27803-1

I.①追… Ⅱ.①龚… Ⅲ.①政治伦理学—研究—西方国家 Ⅳ.①B82-051

中国版本图书馆 CIP 数据核字（2016）第 290224 号

书　　　名	追问正义——西方政治伦理思想研究 ZHUIWEN ZHENGYI—XIFANG ZHENGZHI LUNLI SIXIANG YANJIU
著作责任者	龚　群　著
责 任 编 辑	田　炜　王晨玉
标 准 书 号	ISBN 978-7-301-27803-1
出 版 发 行	北京大学出版社
地　　　址	北京市海淀区成府路 205 号　100871
网　　　址	http://www.pup.cn　新浪微博：@北京大学出版社
电 子 信 箱	pkuwsz@126.com
电　　　话	邮购部 62752015　发行部 62750672　编辑部 62750577
印 刷 者	北京中科印刷有限公司
经 销 者	新华书店
	965 毫米 × 1300 毫米　16 开本　27.75 印张　400 千字 2017 年 3 月第 1 版　2017 年 3 月第 1 次印刷
定　　　价	65.00 元

未经许可，不得以任何方式复制或抄袭本书之部分或全部内容。

版权所有，侵权必究

举报电话：010-62752024　电子信箱：fd@pup.pku.edu.cn

图书如有印装质量问题，请与出版部联系，电话：010-62756370

序　言

在当代学术界和社会生活中，没有哪一个概念像"正义"这样牵引着人们的思绪。自从罗尔斯发表《正义论》(1971)以来，当代社会掀起了对正义论题研究的热潮。罗尔斯《正义论》的发表，犹如一石激起千层浪，激发了学界对正义问题持续的关注与讨论。正如剑桥哲学研究指针《罗尔斯》一书导言所说："罗尔斯从20世纪50年代出版著述至今已超过五十年，这一期间他的著作已经成为确定英美政治哲学书单的实质性的部分，这些著述越来越影响着这个世界的其他部分。他的基本著作《正义论》已经被译成27种语言，仅在《正义论》出版后十年内，讨论罗尔斯的论文就超过了2500多篇。"①这一讨论开始围绕着罗尔斯的论著及其观点，而后则进入后罗尔斯时期，继续进行着相关正义问题的讨论。罗尔斯以及罗尔斯之后所发展的正义观念，可直接追溯到17世纪以来关于正义的思考。我们也看到，重视正义思想的研究是西方伦理学和政治学(政治哲学)的传统，正义思想、正义观念就是西方思想漫长历史中的主题。自古希腊以来，对于正义的研究就是西方思想家在伦理和政治研究方面的重心所在。柏拉图《理想国》的主题是正义。亚里士多德《尼可马可伦理学》的重要德性是正义，其《政治学》的重心仍然是正义。进入近代以来，洛克、卢梭、康德无不关注正义。不过，正义论域得到理论界的高度重视还在于当代政治哲学的复兴，即《正义论》(1971)的发表及其所引发的理论热潮。自从罗尔斯以来，当代西方伦理学界和政治哲学界对于正义的研究讨论方兴未艾。

---

① Samuel Freeman, "Introduction, John Rawls-An Overview"，见《罗尔斯》(英文版)，弗里曼编，三联书店，2006年，第1页。

自从改革开放以来,我们进入快速发展的新的历史时期,经济社会的飞速发展已经使得我们处于一个从传统向现代和后现代转型的新型国家和社会。市场经济的发展带来了前所未有的社会公平正义问题,因而对正义问题的研究仍是一项迫切的理论任务。从思想史进行正义理论研究,为我们社会公平正义的实现提供理论资源,是一项既有理论意义又有现实意义的任务。

一

对于正义的研究在西方思想史中源远流长,可以追溯到西方文化的源头《荷马史诗》。"正义"概念有一个从神话到哲学的转化过程。在史诗神话阶段,正义是为统治宇宙的宙斯掌管宇宙秩序和人间法律的女神的名称,而在从神话向世俗领域转化过程中,正义首先是公道、秩序,而后又成为主要德性。而从柏拉图以来,正义的范围主要是在政治领域,以当代的学术语言来说,即在政治哲学领域。柏拉图的《理想国》(又译为《国家篇》)就是一部在国家政治层面讨论正义问题的著作。政治哲学所研究的既是政治的哲学问题,同时也是政治的伦理问题。因此,要了解什么是正义,首先应当理解的是什么是"政治"。政治是关切到每个人的事务。作为一个人、人类的一员,可以离开政治吗?亚里士多德明确地说:"人在本性上,……正是一个政治动物。"①人在本性上就是一个政治动物,也就意味着人不可能离开政治。"政治"(πόλις, polis, city, city-state)这一概念,在亚里士多德的意义上,也就是城邦共同体,或城邦国家。在亚里士多德看来,人类的本性或人类的自然进程,就在于从家庭、村落等进化到政治共同体。在他看来,城邦就是人类共同体的最高形式。因此,人的本性决定了人是在政治共同体中生活的。如果一个人从不在政治共同体中生活,或不是政治共同体的一员,那么他即使不是野兽,也会是神。② 既然人不可能离开政治共同体而生存,那么,政

---

① [古希腊]亚里士多德:《政治学》,吴寿彭译,商务印书馆,1965年,第7页。
② 同上书,第9页。

治对于每个人而言,就不存在可以离开或不可能离开的问题。政治共同体对于人们而言,如同罗尔斯所说的,是生入其中而死出其外。① 那么,何为"政治共同体"? 这一概念是一个复合概念,即为政治与共同体两个单词的复合体。这两个概念之所以可以分开,在于人类社会有着不同的共同体,如经济共同体、信仰共同体等。然而,在亚里士多德那里,这一复合概念所表示的也就是城邦。城邦是古希腊最大的政治共同体,或包括全体成员的共同体。因此,对于城邦政治的理解,也可以看作是对政治的最初含义的理解。

政治共同体涉及全体成员,那么,政治共同体所要追求的是什么?在亚里士多德看来,人自身的善是政治科学的目的,也就是城邦政治的目的。这种善对于个人和城邦来说是同一的。亚里士多德认为,政治共同体的建构是人类进化的自然结果,也是最高成就。之所以成为最高成就,就在于,人只有在城邦中,才能追求和实现人类的最高善。这个最高善不是别的,就是政治共同体全体公民的幸福,这也就是城邦的正义所在。"幸福是终极的和自足的,它就是一切行为的目的。"② 那么,在一个政治共同体内,如何才能实现全体公民的幸福或城邦正义呢? 亚里士多德的政治共同体,是一个全体公民参与政治的共同体,即政治是所有公民的事务。从亚里士多德的观点看,人只有参与公共政治事务才能实现人的本性。亚里士多德认为,城邦是全体公民可以轮番参与管理的政治体制,因此,就应具有作为统治者的德性和作为被统治者的德性。其次,亚里士多德强调,城邦的社会秩序是以正义为原则来维持的。他说:"城邦以正义为原则。由正义衍生的礼法,可凭以判断人间的是非曲直,正

---

① 在几千年的中国传统社会中,自从伯夷、叔齐以来,就有一批又一批志在山林的隐士,长年生活在人迹罕见的深山老林。他们是脱离社会政治共同体吗? 既是又不是。长期隐居之后,有的人成为名士,就有人来请他们出山,名气大的,则是皇帝亲自下诏请其出山。但也有人畏于政治的险恶,在政治上成功之后,或隐居于山林,或隐居于民间闹市。因此,中国传统社会中的隐士现象不足于成为亚里士多德的命题的反例。尤其是,在当代社会,类似于中国古代的历史条件和社会背景已经不复存在。

② [古希腊]亚里士多德:《尼可马科伦理学》,苗力田译,中国社会科学出版社,1990年,第11页。

义恰正是树立社会秩序的基础。"① 亚里士多德认为,人类由于志趣优良而有所成就,成为最优秀的动物,然而,"如果不讲礼法、违背正义,他就堕落为最恶劣的动物"。② 亚里士多德强调正义为城邦之原则和城邦秩序的基础。如果没有正义,这样的城邦无幸福可言。亚里士多德继承了柏拉图在《理想国》中的基本论点,强调正义是城邦政治的基础。其次,城邦要实现正义,必须依托公民的德性,如果公民没有德性,也就必然会悖离正义,从而堕落为最恶劣的动物。因此,城邦幸福作为公共善,只有有德性的公民来共同经营才能实现,即幸福作为共同善,需要有德性的公民把它作为共同目标来追求。

从亚里士多德的政治概念的含义来看,包含着现代民主政治伦理的基本理念,如权利概念以及公民的参与问题。不过,亚里士多德强调正义原则对于城邦政治的重要性,同时他也如同柏拉图,强调公民德性的基础性作用。在亚里士多德看来,社会秩序作为公民幸福的保障,必须回到普遍公民的德性善这一层次去回答。就这第二层次的基本意义而言,它表明了亚里士多德的政治伦理哲学与当代民主政治伦理哲学的区别。正如尚塔尔·墨菲所说:"对于像罗尔斯这样的康德式的自由主义者来说,权利对于善的优先性不仅意味着人们不能借普遍的善的名义来牺牲个人的权利,而且正义原则也不能从某种特定的幸福生活的观念中推导出来。这是自由主义的一条基本原则,据此,也就不存在那种可被强加于所有个人的关于快乐和幸福的至上概念,相反,每个人必定都有找到他所理解的那种幸福的可能性,为自己树立适当的目标,进而以他自己的方式来努力实现这些目标。"③ 实际上,亚里士多德并不认为有那种可被强加性的具体的幸福概念,而是把幸福看成是一个至善,一个自足和因其自身之故而应当被追求的最高目标。这样一个概念是哲学的,而不是具体生活的。他认为这样一个目标不仅是个人,同样也是城邦共同体应当追求的目标。在这里,我们不仅仅是在政治的层面谈论亚里士多德,而且是在哲学的层面。这是因为,政治哲学是从抽象的层面而不

---

① [古希腊]亚里士多德:《政治学》,吴寿彭译,商务印书馆,1965年,第9页。
② 同上。
③ [英]尚塔尔·墨菲:《政治的回归》,王恒等译,江苏人民出版社,2005年,第39页。

是从具体的政府管理事务的层面来讨论政治问题,即相对超脱于具体事务的层面来讨论政治问题。应当看到,亚里士多德对政治的理解包含一种基本的政治哲学模式。当代的社群主义和共和主义的政治哲学都体现了这种亚里士多德的影响。无论是桑德尔还是麦金太尔,都是以一种亚里士多德的讨论模式来展开对自由主义的政治哲学的批评。麦金太尔对于亚里士多德式的共同体的向往,以及对于现代民主的批评,都体现了他的亚里士多德情结。在麦金太尔看来,亚里士多德的伦理学与政治哲学都体现了一种以德性为中心的共同体精神。即共同体的善是所有参与计划和经营这样的共同体的人所共享的,他们的友爱与团结是在对于共同善的追求和分享中形成的。因此,对于这种实践而言,他们需要把精神和性格中的那些有助于实现他们的共同善的品质看作德性,把那些相应的缺点看作恶。① 因此,是德性而不是权利才是政治考量的核心问题。据此,麦金太尔把亚里士多德"看作是与自由现代之声相抗衡的真正主角"。② 麦金太尔能够这样看待亚里士多德,在于他忽略了亚里士多德对古希腊公民政治与公民资格(公民即自由民,政治是公民生存的自由领域)的理解。③

亚里士多德式的政治伦理哲学把共同体的共同善(幸福)看成是首要的,这样一种对于政治本性的理解也是柏拉图的政治哲学的特征。柏拉图在他的《理想国》中,就把建构一个正义的政治共同体置于其中心地位。这一特征在近代的卢梭那里继承下来,他强调通过契约来建构一

---

① [美]麦金太尔:《德性之后》,龚群等译,中国社会科学出版社,1995年,第190页。
② 同上书,第184页。
③ 玛莎·努斯鲍姆指出:"亚里士多德的思想以很多不同的方式为现代政治理论所用……这些思想在一些很不相同的政治纲领中占据了中心地位:雅克·马利坦的天主教民主观点;约翰·芬尼斯和热夫·格里塞的天主教保守主义观点;阿拉斯代尔·麦金太尔的天主教社群主义观点;早期马克思及沿着这条线索的后来追随者,人本主义马克思主义;以及T. H. 格林和欧内斯特·巴克为代表的英国自由主义的社会民主传统。所有这些思想家都可以恰当宣称,在亚里士多德那里,发现了对他们观点的一些支持。之所以如此,部分原因就在于,亚里士多德是一位覆盖领域广泛的政治思想家,当然有时候也是一位内在不一致的思想家。"([美]玛莎·努斯鲍姆:《善的脆弱性》,徐向东等译,译林出版社,2007年,第9—10页)

个真正的共同体,这样一个共同体也就是所有成员能够享有政治自由的领域。卢梭说:"要寻找一种结合的形式,使它能以全部共同的力量来卫护和保障每个结合者的人身和财富,并且由于这一结合而使每一个与全体相联合的个人又只不过是在服从自己本人,并且仍然像以往一样地自由。"①这样一种结合形式就是通过契约而形成一个共同体:"这一结合行为就产生了一个道德的与集体的共同体,以代替每个订约者的个人;组成共同体的成员数目就等于大会中所有的票数,而共同体就以这同一个行为获得了它的统一性、它的公共的大我、它的生命和意志。"②因此,如果说当代社群主义体现了对于亚里士多德的政治哲学的钟情,那么,我们可以在卢梭对真正共同体的真正自由的强调,看到了这样一种对于政治的理解。因此,当代社群主义的政治哲学可以追溯至一个遥远的传统。

二

哲学是时代的精华,然而,任何一个时代的哲学都是思想传统中的哲学。研究当代,就必须进行古希腊思想史和近代思想史的追溯。思想史上的意义在于它与当代哲学有着内在的渊源。古希腊关于正义的思想是现当代思想的源头。前面已述,在古希腊文化源头《荷马史诗》那里,正义是奥林匹斯众神之一,为宙斯守护着宇宙的秩序。正义观念又与自古希腊以来的自然法观念内在相关。自然法的正义经过斯多亚派的发扬,对于罗马以及近代思想都有着深刻影响。自然法观念把古代的正义与近现代联结起来。当代正义观念的直接来源是近代思想。现当代自由主义的政治伦理哲学不把善看成是优先于正当或权利,而是把权利(或者说,自然权利、人权或个人权利)看成是正义的根本要义,对于正义的内涵的这种理解,也就必须追溯到自洛克以来的传统。在自由主义者看来,权利对于善有着绝对的优先性,政治之善就在于作为公共事

---

① [法]卢梭:《社会契约论》,商务印书馆,1980年,第23页。
② 同上书,第25页。

务代表的公共权威能够维护其成员的基本权利或人权,如果公共权威或公共权力不能维护其成员的基本权利,也就没有存在的理由。这些权利就是以自然权利或人权来表达的生命权、自由权和财产权等。在自由主义者看来,权利(在17、18世纪,如洛克那里,是自然权利)或者说人权是政治合法性的依据所在。权利或人权的奠基性是自由主义政治哲学的特征,正义作为政治的基本原则,体现的就是基本权利的不可剥夺、不可转让的根本特性。这与亚里士多德的观念是不同的。亚里士多德强调"正义以公共利益为依归"①,亚里士多德的公共利益,实际上就是公共善。因此,自由主义把公民的基本权利置于政治奠基性的地位,表明了现代政治哲学与古代政治哲学的根本区别。

当然,当代社群主义不同于自由主义的论点,从而体现了古代政治哲学对当代的影响。社群主义认为,不存在权利对善的绝对优先性。他们像亚里士多德那样看问题,即认为只有在特定的共同体内部才有有权利的个人存在,而个人的权利是依据这一共同体的善以及个人对于共同善的贡献来决定的。或者说,因为个人参与了共同善的共同追求,从而有着对于共同善的分享。应当看到,亚里士多德式的共同体具有这样的特征,并且个人的善与公共的善有着内在的密切关系。不过,阿伦特也提出了发人深省的类似问题。她联系第二次世界大战中犹太人所遭受的种族灭绝性灾难,提出古典自由主义以来所提出的人权仅仅是一些抽象的权利。阿伦特认为,要拥有这些权利,还必须有一种权利,即公民权。如果不以民主社会的公民权为前提,就是虚幻的权利。阿伦特说:"我们开始注意到还存在一种权利,即获得各种权利的权利……和从属于某种有组织的社群的权利",②不论是否可把当代的沃尔泽看作是对阿伦特的回应,沃尔泽在对罗尔斯的批评性论战中提出,公民资格是所有公共善中最重要的善,或是一切公民权利的获得的前提和基础。沃尔泽说:"在人类某些共同体里,我们互相分配的首要善(primary good)是成员资格。而我们在成员资格方面所做的一切建构着我们所有其他的

---

① [古希腊]亚里士多德:《政治学》,吴寿彭译,商务印书馆,1965年,第148页。
② [美]汉娜·阿伦特:《极权主义的起源》,林骧华译,北京三联书店,2008年,第388页。

分配选择：它决定了我们与谁一起做那些选择，我们要求谁的服从并从他们身上征税，以及我们给谁分配物品和服务。"①成员资格或说公民资格也就是决定谁来组成这样一个政治共同体。在沃尔泽看来，成员资格是最重要的善。失去了或不能获得某一民主国家的公民资格，也就意味着没有任何资格来享有其权利。因此，在当代世界存在着有边界的政治共同体的国际格局下，人权或人的基本权利仍然难以成为真正的普遍有效的权利，从而得到普遍性的保障。

讨论正义伦理问题不得不讨论自由问题。在西方近代以来的思想史上，这两个问题是联系在一起的。洛克在探讨社会正义问题的同时，就把自由问题看成是首要问题。而贡斯当在法国大革命之后对法国大革命的反思，提出古代人的自由与现代人的自由之不同的问题，促使人们意识到现代自由即个人自由的极端重要性。贡斯当针对法国大革命中任何人的生命安全都得不到保障的问题，指出如果我们还仅仅追求类似于古希腊人的政治自由，必然带来个人自由的丧失。他认为，我们已经不是处在古希腊的政治环境之中，对于现代人而言，弥足珍贵的是个人不受任意逮捕、任意侵犯和专横干涉的自由，而不是在个人自由都根本无法保障的前提下的政治参与的自由。贡斯当说："自由是只受法律制约，而不因某个人或若干人的专断意志受到某种方式的逮捕、拘禁、处死或虐待的权利。它是每个人表达意见、选择并从事某一职业、支配甚至滥用财产的权利，是不必经过许可、不必说明动机或事由而迁徙的权利。它是每个人与其他个人结社的权利。"②当然，贡斯当并不认为政治自由不重要，但如果连个人的生存自由都得不到保障，人们还奢谈什么政治自由呢？因此，在这个意义上，贡斯当把亚里士多德那里的不可分割的公共善与个人善分离开来，从而体现了现代自由主义关切的重心所在。20世纪的伯林接过贡斯当的论题，在政治哲学相当消沉的年代，响亮地提出了两种自由即消极自由与积极自由的区分问题。所谓消极自

---

① [美]迈克尔·沃尔泽：《正义诸领域：为多元主义与平等一辩》，褚松燕译，译林出版社，2002年，第38页。
② [法]邦雅曼·贡斯当：《古代人的自由与现代人的自由》，阎克文等译，商务印书馆，1999年，第26页。

由即贡斯当所说的不受干涉、不受强迫、不受侵害的个人自由,积极自由则是与政治参与相关的自我实现的自由。伯林面对20世纪极权主义的横行,指出积极自由变性的问题,深化了贡斯当的论题。伯林的论题是以人类所付出的沉痛历史教训为前提的。伯林指出,积极自由也就是自我做主,或在社会政治领域里的自我做主。然而,自我概念则会膨胀,它会变成超级的自我,伯林说:"真实的自我有可能被理解成某种比个体(就这个词的一般含义而言)更广的东西,如个人只被理解为是作为社会'整体',如部落、民族、教会、国家、生者、死者与未出生者组成的大社会的某个要素和方面。"①真正的个人自我则在其中贬值或消失,从而使得消极自由无从实现。在伯林论题的意义上,我们明显感到公共善与个人善的区分,这个现代世界确实已经远离亚里士多德的古代世界了。

现代自由主义把公共善与个人善区分开来,从而承诺了一种价值多元主义。即任何人都有设定自己的价值追求的权利,自我善的观念是个人合理生活计划的体现,不可能在个人身上强加一种生活样式。因此,现代自由主义舍弃了社会一元性善的观念,强调现代社会中存在着多元性的宗教、道德与哲学的整全式的学说与观点,这些学说与观点都内在包含着对于信仰、道德与哲学的不同观点,对于生活追求的不同的价值态度,以及人们对于自我善观念的认可。一个现代社会不可能使得其全体成员压倒性或全面性信奉、持有某种宗教或哲学信念,除非以强力进行强制。然而,这与现代民主的价值观是背道而驰的。在罗尔斯看来,多元性的宗教、道德与哲学价值观念与学说的存在不是坏事,恰恰是现代民主社会的幸事。这是因为,由于人类个体的生存环境、社会境况和知识背景的不同,人类的理性认知以及情感认同是多元的。麦金太尔同样承认现代社会是一个价值多元的社会,然而,麦金太尔提出,价值多元并非幸事,多元能够有序吗? 如果不能有序,也就意味着现代社会的价值无序。无序恰恰意味着一种道德的混乱或灾难。那么,何以能够多元而有序? 罗尔斯提出重叠共识来解决这一问题。即要维护多元性的价

---

① Isaiah Berlin, "Two Concepts of Liberty", in *Liberty*, edited by Henry Hardy, Oxford University Press, 2002, p.179.

值观念与学说,同时又要形成某种政治共识,从而在政治层面达成一种稳定的社会秩序和结构。罗尔斯提出在价值多元基础上的政治重叠共识,即寻找不同的宗教、道德和哲学观念和学说中能够达成政治共识的理性基础和要素。罗尔斯的目标是在政治的正义观念上达成重叠共识。罗尔斯的重叠共识论所诉诸的是民主社会的政治背景文化以及这一文化所形成的政治心理,即这样一种政治背景为重叠共识提供了文化与心理的支撑。因此,个人生活以及善追求的价值多元与政治社会的有序性以及社会团结并不冲突。实际上,人类社会自从进入文明时代以来,就是一个理性多元或价值观念多元的历史时代,如在中国的春秋时代,就呈现出百家争鸣的多元价值局面。如何在这样的价值多元化的文化背景之下,既充分尊重个人的个性自由和对自我善的追求,从而使得社会呈现出生动活泼的局面,同时又使得一个社会不失去社会团结的向心力从而保持一个社会稳定有序发展,是人类社会长期以来面临的难题。在尊重价值多元的前提下提出的重叠共识,将这样两个维度的问题并为了一个合题,从而破难了这一社会难题。不过,这里的问题在于,一个社会必须要有这样一个重叠共识的核心理念以及制度支持。即要寻求共识,则必须在多元性的价值追求之中,寻求到一个共同认可的理念,同时,也要有相应的社会基本制度能够使得这种重叠共识在社会制度框架内得到实现。

　　正义问题又与平等问题相联系。"公平正义"作为一个复合概念,就包括着平等问题。平等问题是当代政治伦理哲学的重心之一。就平等的最一般意义而言,是如何在全体社会成员之间实现在政治、经济等方面的一视同仁的对待,即不因出身、地位、财富或天资的差别而在社会可分配的资源方面遭遇不平等。在西方现代民主国家,由于政治平等已经成为共识,因而并非是一种有着诸多争论的话题。因此,对于平等问题,当代(西方)政治哲学所关注的问题主要体现在财富分配问题上。对这一问题的关注在这样两端:一是发达国家的财富分配问题,二是极端贫困国家和地区的贫困问题。对于发达国家的财富分配问题,即贫富差距问题,为什么要对富人征收高额税?为什么最少受惠者在财富分配上享有优先关照权?罗尔斯以"公平的正义"理论回答了这一问题。这一理论的哲学依据一是康德式的理性自我,即人类个体是具有道德能力的个体,他们只能接受平等意义上的公平正义原则。二是个人资质的"共同资产"论。罗尔斯说:"把自然才能(natural talents)的分配看作是一种共同资产(a common asset),共同分享这种分配利益(不论其结果是什么)。那些先天有利的人,不论他们是谁,只能在改善那些不利者的状况的条件下从他们的幸运中得利。在天赋上占优势者不能仅仅因为他们天分较高而得益,而只能通过抵消训练和教育费用和用他们的天赋来帮助不利者得益。没有一个人能说他的较高天赋是他应得的,也没有一种优点配得到一个社会中较有利的出发点。但不能因此推论说我们应当消除这些差别。我们另有一种处理它们的办法。社会基本结构可以如此安排,用这些偶然因素来为最不幸者谋利。"①在罗尔斯看来,那些具有天资或才能突出的人,他们所拥有的才能或天资是社会的共同资产,其中有着社会所付出的资本的成分,并且,就他们个人而言,则是任意的,并非是必然地为他们所拥有。因此,由于天资所带来的更多的财富应当进行重新分配,使社会最少受惠者受益,从而不断提高社会最少受惠者的社会期望。诺齐克认为,任何分配正义也就是持有正义。但持有是依据权利的,或有资格持有的,都是正义的。所以诺齐克说:"分配正义的整个原则只是说:如果所有人对分配在其份下的持有都是有资格的,那么这个分配就是公正的。"②诺齐克认为,像罗尔斯以差别原则进行社会利益的调整,就是一种模式化的分配。所谓模式化分配,即不区分、不考虑当事人是否会自愿同意,政府就以法律的要求把人们的财富进行转移。如果他人(包括政府)通过某种模式化的分配拿走任何人的合理合法所得,都是不正义的,因为这样侵犯了人们的财产权,从而侵犯了人们的自由。因此,在财富再分配问题上,又涉及人们对自由的理解。传统的自由主义把财产权看成是人的基本自由权之一,而把任何合理合法的所得都看成是自由权的体现。罗尔斯则把高收入者的富有收入看成是他们不应得的,因为他们由于运气等偶然因素所带来的财富并非源

---

① John Rawls, *A Theory of Justice*, Harvard University Press, 1971, pp. 101-102.
② Robert Nozick, *Anarchy State and Utopia*, Basic Books, 1974, p. 151.

于他们不可分离的权利。因此，罗尔斯与诺齐克两人对于自由的理解不在一个层次上。罗尔斯强调结果的平等性，而诺齐克则强调个人的分立性，强调任何个人权利的不可侵犯性。实际上，一个社会严重的不平等必然侵犯社会自由或对社会自由构成威胁。一个少数人无比富有而多数人一贫如洗的社会必然是一个多数人的自由遭受剥夺的社会。因为在这样的社会情形下，为确保少数人的富有地位，正如沃尔泽所说的，金钱必然越过它所在的经济领域而对其他社会领域发挥作用，从而导致政治腐败以及金钱统治。就此而论，罗尔斯的"公平正义"论，恰恰体现了社会的良知。

罗尔斯的契约论方法和资源平等的分配正义论是当代政治哲学所批评讨论的一个焦点。在阿玛蒂亚·森和玛莎·努斯鲍姆等人看来，契约论方法论不可能把残疾人包括在正义问题思考的范围之内，因为从一开始他们就被从立约人中剔除，因而他们的合理诉求就不可能得到体现。罗尔斯的资源平等仅仅只是体现了分配物的平等，而并不关注物品（goods）能够对人做什么。在森看来，同样的物品对于不同的人所起的作用是相当不同的。处于同样贫困状态中的身体正常的人与残疾人的需求是不同的，后者可能还有着更特殊的需求，而这在资源平等分配的视域之外。与罗尔斯不同，森和努斯鲍姆等人提出了能力平等的分配正义维度，丰富和推进了分配正义的当代讨论。

全球正义是当代政治伦理哲学讨论的又一个重要领域。而对于全球正义来讲，全球贫困则是他们所关注的焦点。在当代世界，一种景象是少数富人的无比富有，另一种景象则是数以亿计的穷人每天面临着饥饿的威胁。全球贫困对于自由主义所追求的人类平等而言，几乎成了挥之不去的噩梦。而平等的口号，又是一个何等深重的话题。世界主义的理想在两千年前的斯多亚派那里就已经提出，然而，人人平等的世界大同境界却是一道可望不可即的风景线。世界主义作为一种道德标准而不是作为一种可实际操作的话语，激发了有良知的世界知识分子的热情参与。托马斯·博格是这一领域里的杰出代表。他的关注表明，我们对于正义的考量，不应仅仅停留在以政治共同体为边界的国内正义上，而应关注我们这个世界巨大的贫富差距。在这个世界上，有人在为最大限度权利的充分实现而努力;另一方面,又有人在那么无助的状况下为最基本的生存权的实现而挣扎。难道富人的富有是应得的,穷人的一贫如洗也是应得的吗？在托马斯·博格看来,当代国际经济秩序是造成贫困国家和贫困地区的大面积人口贫困的最深刻原因。①

当代中国学术界介入到政治哲学领域里的研究,首先是在译介西方政治哲学的著作的前提下进行的。其次则是对西方诸多的政治哲学理论本身的研究和讨论。我国政治哲学领域对于当代西方著名的哲学家理论已经有着众多的讨论。并且,某些西方政治哲学的概念已经深入人心。"公平的正义"是罗尔斯的正义理论的基本称呼,罗尔斯的正义原则也就被称之为"公平的正义原则"。在市场经济条件下所引发的社会贫富差别,使我们意识到了正义问题的严峻性,而公平正义也就成为我们在市场经济条件下所追求的一个理想目标。在这样的背景下,马克思主义的社会主义理想也成为了政治哲学所考察的一个基本方面。因此,联系当代中国社会主义政治经济等方面的实践,进行政治哲学研究,是当代中国学者的使命。

政治哲学的研究关注人类的前途与命运,关乎人类的生存与理想。正如罗尔斯所说,如果正义荡然无存,人类在这个世界生存,还有什么价值？人类学家的研究表明,自从非洲的南方古猿进化为人类以来,人类的存在已经有几百万年的历史,就是晚期智人或新人,也已经有了约5至10万年的历史,人类自从进入文明时代以来也已经有了几千年的历史。人类的进化以及文明进化的过程,是一个充满苦难的历史。然而,刚不久过去的那个世纪所发生的无比深重的灾难表明,人类的苦难远没到尽头。至今无数的人类成员还在饥饿、苦难和人为灾难中生活。但人类没有失去希望。一个人人自由平等而其权利得到充分实现的幸福境地既是理想,也是现实的希望。在这样一个平庸的世界,我们仍然有追求崇高的梦想。马丁·路德·金所高喊的"我有一个梦想",仍然是我们所要呼喊的。只要朝着那个方向努力,我们就有希望。

---

① [美]涛幕思·博格:《康德、罗尔斯与全球正义》,刘莘、徐向东译,上海译文出版社,2010年,第448页。

目 录

序 言/1

第一章 古希腊的正义观/1
第一节 正义之神:从形象到抽象/1
第二节 契约正义与应得正义/10
第三节 苏格拉底与柏拉图的正义观/15
第四节 亚里士多德的正义观/32

第二章 自然法与正义/43
第一节 秩序与正义/43
第二节 斯多亚派的自然法/55

第三章 洛克与卢梭的自由伦理观/69
第一节 洛克的自然权利说/69
第二节 卢梭的社群主义自由观/81
第三节 卢梭的平等与自由/93
第四节 卢梭与马克思的平等观/102
第五节 反思启蒙与继续启蒙/111

第四章 伯林的自由论/124
第一节 自由与责任/124
第二节 消极自由与积极自由/143
第三节 多元主义与消极自由/159

第五章 阿伦特的自由与人权观/173
第一节 自由何为?/173
第二节 人权:一个沉重而具体的话题/184

第六章　公共理性与公德/197

第一节　公共领域与公德/197

第二节　理性的公共性与公共理性/207

第七章　罗尔斯与正义/221

第一节　能力与平等/221

第二节　政治建构主义/239

第三节　正义社会的稳定性问题/255

第四节　多重共同体与多重分配正义原则/277

第八章　权利与国家/288

第一节　保护少数的权利/288

第二节　在无政府与利维坦之间
　　　　——自由主义的国家观/299

第九章　社群主义及其相关论题/324

第一节　当代社群主义的共同体观念/324

第二节　社群主义对自由主义的一般批评/338

第三节　麦金太尔与桑德尔对自由主义分配正义的批评/350

第四节　自由主义的或共和主义的自由？
　　　　——评桑德尔的《民主的不满》/366

第五节　提倡自主会助长邪恶吗？
　　　　——评凯克斯的《反对自由主义》/374

第六节　德沃金的共同体观念/382

第十章　全球正义/394

第一节　全球正义与全球贫困
　　　　——评罗尔斯的《万民法》/394

第二节　世界主义与全球正义/406

参考文献/419

后　记/424

Contents

Preface /1

Chapter I Ancient Greece's View of Justice /1
1. Gods of Justice: From Image to Abstract /1
2. Justice of Contract and Desert /10
3. Socrates' and Plato's Justice /15
4. Aristotle's Justice /32

Chapter II Natural Law and Justice /43
1. Kosmos and Justice /43
2. Stoical Natural Law /55

Chapter III John Locke and J. J. Rousseau's View of Freedom /69
1. On Locke's Viewpoint of Natural Rights /69
2. On Rousseau Communitarian View of Freedom /81
3. On Rousseau's View of Equality and Freedom /93
4. Rousseau and Marx /102
5. Reflection Enlightenment and Continuity Enlightenment /111

Chapter IV The Freedom Theory of Isaiah Berlin /124
1. On the View of Isaiah Berlin's Freedom and Responsibility /124
2. On the View of Isaiah Berlin's the Negative Freedom and Positive Freedom /143
3. On the View of Isaiah Berlin's Pluralism and Negative Freedom /159

Chapter V Hannah Arendt's Concept of Freedom and Human Rights /173
1. What is Freedom ? /173

2. Human Rights: A Heavy Topic /184

Chapter VI Public Reason and Public Virtue /197

1. On the Public Sphere and Public Virtue /197

2. On the Public Reason and the Nature of Reason /207

Chapter VII John Rawls and Justice /221

1. On Capability and Equality /221

2. On John Rawls' Political Constructivism /239

3. On the Issues of Stability of Justicial Soceity /255

4. On Multi-communities and Distributive Justice /277

Chapter VIII Rights and Political State /288

1. On the Protection of Minority Rights /288

2. Liberalism Between Anarchism and Leviathan /299

Chapter IX Communitarianism and Related Topics /324

1. On the Concept of Communitarian Community /324

2. On the Communitarian Critique of Liberalism /338

3. A. MacIntyre and Michael Sandel's Criticism of Distributive Justice of Liberalism /350

4. Is IT Liberal Freedom or Republican Freedom? /366

5. If We Advocate Autonomy, It Would Foster Social Evil? /374

6. On Dworkin's Concept of Community /382

Chapter X The Global Justice /394

1. On Global Justice and Global Poverty /394

2. On Cosmopolitanism and Global Justice /406

Reference /419

Postscript /424

第一章 古希腊的正义观

在西方思想史上,"正义"这一概念从起源上,可追溯到古希腊最古老的文献荷马史诗《伊利亚特》和《奥德赛》。荷马史诗以神话的形式记载了发生于公元前一千多年的一场战争,一方是希腊本土联军,另一方是爱琴海对岸的特洛伊城。神话是人类现实生活的反映。在史诗的描述中,不仅有神参与人间战争的神话描述,而且有着对那个远古时代的人类社会、军事组织的描述,以及对于人类的社会观念、善恶观念和价值观念的反映。正义观念就是其中的一个重要观念。

第一节 正义之神:从形象到抽象

荷马史诗描绘了一个希腊众神的群体:奥林匹斯众神。后起的赫西俄德的《神谱》,对于这个神话再次进行了系统地描述。在奥林匹斯众神之中,除了那些与天地以及自然现象相关的神祇外,还有与宇宙秩序和人间法庭的公正相关的神祇,这就是正义之神。

一、正义之神

《伊利亚特》和《奥德赛》是以荷马之名流传下来的两部希腊民族的伟大史诗。这两部伟大史诗,是对历史久远的神话传说进行的传奇描述。史诗主要描述的是希腊本土大军在阿伽门农的率领下,攻打在爱琴海对岸的一个希腊城邦特洛伊。在这部神话故事叙事诗中,神人处于一个统一的宇宙秩序之中,以宙斯为首的希腊众神直接介入和参与到人类事务之中。而对于宇宙秩序、诸神之间的纠纷以及人间善恶对错争端与事务的处理,不能不涉及正义。

荷马史诗中涉及的"正义",有这样两个方面,一是与正义相关的神祇,二是与正义相关的事。我们首先看看希腊神话中的正义之神。为论述的必要,我们将荷马史诗中涉及的内容与后来的赫西俄德的叙述一并讨论。在希腊神话系统中,有两位女神,一位为忒弥斯(Themis)女神,另一位为狄刻(Dike)女神,她们两者都是正义女神,并可以"justice"(正义)来翻译这两个神祇的名称。首先,我们看看这两个希腊词的词义。麦金太尔指出:"'dike'和'themis'是从两个希腊语中的最基本动词推导出来的名词,'dike'来自于'deiknumi'的词根,意为'我表明''我指出';'themis'来自于'tithemi'的词根,意为'我提交''我制定'。'dike'是区分出的东西,而'themis'是制定的东西。这些名词与动词的联系使得我们所处理的不是死的词源学,而是涉及在大量的日常言谈中以宇宙秩序的本性为前提条件的那种方式。"[①] 麦金太尔在这里从词源学上指出了这两个名词的来源,但在这里他强调的是,这两个词涉及荷马世界中的宇宙秩序的本性,即正义。从希腊文的词意看,"themis"无疑更为根本。然而,荷马的正义是以拟人化的神来表达的。"Themis"和"Dike"都是宙斯之下的女神。而从赫西俄德的《工作与时日》专以"Dike"讨论正义以来,在神谱传说之后的希腊文献,就都以 Dike 这一概念以及同一词根的相关词(如形容词)来表示与正义相关的内容。然而,根据希腊神话,Dike 女神是忒弥斯(Themis)女神的女儿,因此,要知道 Dike 女神及其含义,首先要了解希腊神谱中的忒弥斯(Themis)女神。

古希腊的神话系统是以拟人化的手法对于自然现象进行神化,同时借助人类的生育概念,对于不同的自然现象进行神话的谱系编排。在古希腊神话谱系里,最先产生的是混沌之神卡俄斯(Chaos),换言之,宇宙最初是没有任何分化的混沌世界,从混沌中产生了大地女神该亚(Gaia),这是一切事物确立的基础,或永久的根基。[②] 而在大地的深处,则为烟雾弥漫的地狱之底(Tartare)。从混沌中,还产生了黑夜神纽克斯

---

① Alasdair MacIntyre, *Whose Justice? Which Ratuonality?* Univeristy of Notre Dame Press, 1988, p.14.
② [古希腊]赫西俄德:《工作与时日·神谱》,张竹明等译,商务印书馆,1991年,第29页,希腊文统一码115—120。

(Nuks)、黑暗神厄瑞玻斯（Erebus）、爱神（Eros）。赫西俄德称赞爱神为诸神中最美者。从"夜"中生出"以太"（Ether）和"昼"（Hemera）；大地女神产生了海神蓬杜斯（Pontos），并且，产生出"星空"（Ouranos，乌兰诺斯）。乌兰诺斯又为最初最伟大的天神，他与大地一样大小，覆盖着她。大地该亚与天神乌兰诺斯结合，生下六男六女十二个孩子，这些地神与天神结合而生的孩子个个都力大无比，法力非凡，被称为"提坦"（Titan）。提坦神被视为力量的化身，具有惊人的力量，与提坦同辈的独目巨人、百臂巨人都是力量的象征，他们都力大无比，不可征服。这十二个提坦神大都为自然之神，或自然的化身。比如大洋之神忒提斯（Thetis）和奥克阿诺（Oceanos）、太阳神赫利奥斯（Helios）、月亮神塞勒涅（Selene）、北风神波瑞阿斯（Boreas）等。把自然神看成是力量的化身，是由于早期人类在大自然面前，感到自身力量的渺小的缘故。电闪雷鸣，山呼海啸，都是自然力量的体现，而万物都仿佛有着雷霆万钧之力。值得注意的是，后来被译为"正义"的忒弥斯（Themis）也是十二提坦神之一。十二提坦神是天神与大地女神结合所生，这类似于中国古代对于宇宙起源的说法，即天地派生万物。而与中国古代对宇宙起源说法不同的是，在古希腊神话中，还有体现宇宙秩序原则的神从天地的结合中产生，这就是忒弥斯女神。忒弥斯体现着的是神圣秩序，自然法和习俗。

在《伊利亚特》中，荷马在第九卷、第十五卷和第二十卷中分别使用了"Themis"这一名词，在第十五卷和第二十卷中都是作为女神出现，在第二十卷中，荷马明确地说忒弥斯女神是宙斯的信使，在第九卷中，忒弥斯体现着的是习俗。史诗中阿伽门农在准备向阿基琉斯求和的礼物时说，对人而言，男欢女爱是合乎正义（Themis）的。① 在古希腊人看来，男欢女爱是人的自然本性的体现，这一自然本性在宙斯那里也不例外。因此，这既是人类的习俗，也是自然法则的体现。因此，这一名词已不仅仅是神话中的女神的名称，而且已经是具有道德意义的抽象概念。忒弥

---

① ［古希腊］荷马：《伊利亚特》，罗念生等译，人民文学出版社，1994年，第218页。在此，Barry B. Powell 则把"Themis"译为"custom"（风俗、习惯），见 Homer, *The Iliad*, translated by Barry B. Powell, Oxford University Press, 2014, pp. 216, 221。

斯意味着"神圣法则",并且她的使命是为众神与人掌管命运。在神话后来的发展中,忒弥斯是人类事务,尤其是法庭事务的组织者,她的形象通常是身披白袍,头戴金冠,左手提秤,象征公平正义,右手举剑,象征惩罚,扬善抑恶。还有就是她的双眼为布所蒙住,这也是她的最大特点之一。传说有一天,天庭失和,众神的矛盾无法解决,世界处于灾难的边缘。然而,无人敢出来调解仲裁。这时,忒弥斯拿出一块手巾,蒙住自己的眼睛,说我来。众神一看,不得不同意,因为她既然蒙住了眼睛,看不见争纷者的面孔,也就不会受到利诱,不必畏忌权势。因此,忒弥斯也就成为了正义的化身。不过,在希腊神话中,忒弥斯的形象主要是秩序与必然性意义上的正义。所谓命运即为必然性。在赫西俄德的《神谱》中,忒弥斯后来与宙斯结合(赫西俄德说这是宙斯的又一个妻子),生下荷奈女神(Horae)和摩伊拉(Moerae)女神(命运三女神)①。从古希腊神话系统中对荷奈和命运三女神的理解,我们可以推知忒弥斯(正义)的实质。在荷马史诗《伊利亚特》中,荷奈是宙斯云门的守护者,负责看守奥林匹斯天庭的大门。她用云雾来锁上天门,也可以驱散云雾来打开天门。因此,人们相信荷奈能够行云布雨,掌管时节。因此,荷奈又称为时序女神。在古希腊语中,荷奈(Ωραι,horae,及同源词)意为"与季节相关的""丰收""成熟的季节""鲜花灿烂""成熟"等。因此,荷奈女神意译为时序女神,从其实意来看,事实上可称之为"幸福"女神。摩伊那通常意译为命运女神,在希腊语中,摩伊拉(Moerae)女神为命运女神,其词意为分享、分派,进一步引申出"命定的""不可抗拒""无法逃脱的"等,表明命运对于一切神灵都具有不可抗拒的至上权威,必须绝对、无条件地服从。而这种神圣法则的命运也就是必然性,因为命运是不可更改的。在赫西俄德的《神谱》中,一说命运三女神是黑夜神所生。赫西俄德说:"这三位女神在人出生时就给了他们善或恶的命运,并且监察神与人的一切犯罪行为。"②命运代表着神意,或神的安排,就是诸神也不得不服从。而神话中的命运与正义又有着密切的关系,常常命运

---

① 摩伊拉(Moerae)是命运三女神的总称,这三位女神分别是克罗托(Clotho),拉克西斯(Lachesis)和阿特罗波斯(Atropos)。
② [古希腊]赫西俄德:《工作与时日·神谱》,张竹明等译,商务印书馆,1991年,第33页。

与正义并举,信守正义就是服从命运。这是因为,命运就是神的安排,命运也就是秩序,即神的秩序或宇宙秩序的体现,遵从自然秩序法则,也就是遵从正义。

以荷马史诗为代表的希腊神话认为,宇宙是一个神人共在的共同体,这个共同体是一个等级秩序的共同体,所有神人都服从一个万能的统治者宙斯。在这等级制的宇宙中,宙斯是统治天上地下的最高主宰,奥林匹斯山上的众神们,也都服从一个最高的神即宙斯的统治。众神或者人们违抗宙斯的命令,就会得到万物主宰者的惩罚。然而,就是宙斯也服从整个宇宙的秩序法则,这个秩序法则是不能违背的,它是这个共同体存在的自然法则。它体现为自然的必然性,赫拉克利特说,必然性就是正义,正是在这个意思上说的。对于神与人来说,就是命运,人们必须服从它。正义女神忒弥斯就是这个秩序的维护者,正义女神监察着神与人来服从这个秩序,如果神或人违背了它,复仇女神将惩罚他。

荷马通过史诗神话所展示的人间社会也是一个等级制的人间社会,并且是一个等级制的宇宙神灵进行统治的社会。在这个社会中,每个人都在一定的社会地位中生活,任何一个人生下来,就有着自己确定的社会地位,或者是奴隶,或者是主人,或者是贵族,或者是领主,或者是牧羊人、工艺人,或者是农民。换言之,贵族生而为贵族,他们天生具有高贵的血统以及类似于神明的禀赋。并且,任何一个地区与国家,都有它的权力网络。不过,我们看到,荷马史诗中对于宙斯的服从,并不是一种绝对的服从,众神也曾反叛他。并且,宙斯有着凡人的许多缺点,他尤其经不起情人在其枕边对他的进攻。在荷马眼中,他的权力并非来自于他的至高无上的地位,而是来自于他那无边的神力,即没有一个神有他那么大的神力。至上的权力并不那么神圣,这与阿伽门农并没有那么至上的王权,只不过是一个军事同盟的首领类似。不过,荷马对天上神的世界与地上世俗世界的描述的不同还在于,天上有一个一统的天神,这一天神位于至高无上的地位。这样一个地位,应当是用地上王国影射天上王国。然而地上统一的王国已经消散而去,但天上的王国还存在。这是我们所说的观念或意识对于现实的滞后性。①

然而，无论是天上宙斯的统治还是人间国王的统治，都有一个公正不公正的问题，这个正义本身也就是宇宙秩序的法则。在这个宇宙与人世间浑然一体的世界里，是正义女神(Themis)执掌着天地间的正义或公正，宙斯则是正义的最高裁决者(当然，史诗并没有提出如果宙斯违背了正义，谁来裁决他的问题)。正义女神即已经颁布和制定的天地万事万物间秩序的维持者。如果人们的行为与正义女神的要求相符合，则是正义的或公正的。如果相违背，那就要受到人间的统治者以及宇宙的统治者的裁决和惩罚。赫拉克利特说："太阳不会偏离它的轨道，否则，正义的女仆将使它受到惩罚。"②其次，宙斯也依照正义秩序的法则，保护那些受到人间不公平对待的人。赫西俄德的《工作与时日》反复强调的就是这个观点。

从古希腊的神话传说来看，代表正义的第二位女神为狄刻(Dike)女神，她是宙斯与其第二个妻子忒弥斯的女儿。她的母亲统治着神圣的正义，她则统治着人类的正义。她现身于法庭，主持正义与公道，并且行使惩罚的功能，麦金太尔说："宙斯和那些国王们——宙斯将正义(*themistes*)托付给他们管理——都通过惩罚那些违反正义的人来强化正义(*dike*)。因此，如果一个国王治下的臣民受到错待，他就应向国王求助于对他有利的正确的审判，同时也求助于宙斯。"③麦金太尔的这一段话里出现了两个正义，前一个是忒弥斯，后一个正义是狄刻。前一个正义意味着神人共同体共有的宇宙秩序和法则。国王们替宙斯执行正义，即管理这个秩序。值得指出的是，在希腊神话中，早期忒弥斯并不行使惩罚，而是由复仇女神来行使。后一个正义则意味着人间对正义的执

---

① 对于希腊早期历史的研究表明，在荷马时期之前，希腊本土应当存在一个统一的希腊王国，而这一王国在荷马时期已经不存在了，从而表现为诸邦林立的现象。(参见[法]让-皮埃尔·韦尔南:《希腊思想的起源》，秦海鹰译，三联书店，1996年，第二章：迈锡尼王国)。
② 转引自[美]麦金太尔:《伦理学简史》，龚群译，商务印书馆，2003年，第34页。
③ Alasdair MacIntyre, *Whose Justice? Which Rationality?* Univeristy of Notre Dame Press, 1988, p.14.

行,并与惩罚相关,因此又被称为惩罚女神。在荷马史诗和赫西俄德的《工作与时日》,狄刻都是人间正义的体现。狄刻出现在法庭上,以及出现在纠纷解决的程序上。赫西俄德写道:"贪图贿赂,用欺骗的审判裁决案件的人,无论在哪儿强拉正义女神,都能听到争吵声。正义女神身披云雾,跟到城市和人多的地方哭泣,给人们带来灾难,甚至给那些把她赶走对她说假话的地方的人们带来灾难。"①赫西俄德在这里是说,如果人们在法庭上不公正,就是欺骗了正义女神(Dike),那么,正义女神就会惩罚这些不公正的人。赫西俄德还说:"正义女神(Dike)——宙斯的女儿,她和奥林波斯诸神一起受到人们的敬畏。无论什么时候,只要有谁用狡诈的辱骂伤害她,她即坐在克洛诺斯之子,其父宙斯的身旁,数说这些人的邪恶灵魂,直至人们为其王爷存心不善、歪曲正义做出了愚蠢错误的判决而遭到报应为止。啊,你们,王爷们,要注意这些事,而你们。爱受贿赂的王爷们,要从心底里完全抛弃错误审判的思想,要使你的裁决公正。"②赫西俄德在这里以正义女神来警告那些执法不公的国王们,他们早晚会受到正义女神的惩罚。

二、从形象到抽象

希腊神话中涉及正义的两个拟人化的形象——忒弥斯和狄刻,在荷马以及赫西俄德的著作里已经有了关于两者的从形象向抽象概念转化的描述。在我们上述讨论中可以看出,对于忒弥斯已经有了这种概念化的意义,下面我们着重讨论从狄刻女神向概念化的正义转化的描述。

狄刻从形象人格化的女神开始向抽象概念转化,从而具有抽象的概念意义,这个转变在荷马史诗那里就已经有了。如在《伊利亚特》中,荷马说道:"宙斯将暴雨向大地倾泻,发泄对那些人的愤怒,因为他们在集会上粗暴地做出不公正的裁断,排斥正义(drive out dike),毫不顾忌诸神的惩罚。"③在这里的"Dike",既可说是女神,因为 Dike 女神主要出现在集会或法庭上,主持公道或审判;也可说是抽象概念,即排斥"正义"。

---

① [古希腊]赫西俄德:《工作与时日·神谱》,张竹明等译,商务印书馆,1991年,第8页。
② 同上书,第9页。
③ Homer, *The Iliad*, translated by Barry B. Powell, Oxford University Press, p.351.

因此，这可看出 Dike 概念正处这样的转化之中。在《奥德赛》中，荷马以奥德修斯的口吻说道："像某位国王，一个豪勇、敬畏神明的汉子，王统众多强健的兵民，伸张正义(ευδικίας)，乌黑的土地给他送来小麦大麦，树上果实累累，羊群从不停止羔产，海中盛有鲜鱼，人民生活美满。"①这里有两层意思，一是如果这位国王"敬畏神明"(god-fearing)和"伸张正义"("upholding justice or ευδικίας"，根据辞义，又可译为"维护正义")，那么，他的国家物产丰富，人民幸福。因此，维护正义是国家兴盛的根本前提之一。这里的正义这词，是由"eu"和由词根"dike"转化而来的单词这两部分所组成，前一部分前缀的意思是"好"。并且，这里把"神"与"正义"作为两个关键项，明显看出，将"dike"与神区分开来，因而这里的"正义"已经不是在女神的意义上来使用这词，而是具有抽象的道德含义。它强调一个国王的正义，即好的治理或好的政府，才有物产的丰富和人民的幸福。

"Dike"从形象拟人化的存在转向抽象化的概念，其意义仍然是公正地"解决纷争"和"判决"。这也体现在以女神形象形式出现在赫西俄德的《工作与时日》中。赫西俄德在开篇第一段中说谈到了审判公正(dike)的问题。他说："那位居住在高山，从高处发出雷电的宙斯。宙斯啊，请你往下界看看，侧耳听听，了解真情，伸张正义，使判断公正。"②希腊神话把人类之间的竞争和争斗拟人化，即不和女神(the Strife)，她是挑起特洛伊战争的女神。不过，赫西俄德在《工作与时日》中说，不和女神有两种：有好的不和女神和坏的不和女神，好的不和女神鼓励人们之间的竞争，她刺激怠惰者勤奋和劳作，因为当一个人看到别人因勤劳而致富时，他会因羡慕而变得热爱工作，邻居间会因相互竞争而争先致富。因而这种不和有利于人们。而另一种不和女神，则是天性残忍，挑起人与人之间的怨恨、争斗和罪恶的战争，使人们都受到伤害。而正义女神则是对人间的怨恨、争斗进行公正裁决的女神。只要有正义女神(Dike)出场(法庭)，人们就能伸张正义，得到公道。

---

① ［古希腊］荷马：《奥德赛》，第十九章，陈中梅译，花城出版社，1994年，第354页。
② ［古希腊］赫西俄德：《工作与时日·神谱》，张竹明等译，商务印书馆，1991年，第1页。

更值得注意的是,《工作与时日》在抽象意义上使用"Dike"(正义)这一概念,这是一部赫西俄德对其兄弟佩耳塞斯(Perses)进行教导与劝告的著作,这个兄弟与他已经分家,并且还希望进行诉讼以便能够使法庭判给他更多的东西。而赫西俄德在进行劝导时,视野广阔而叙述宏大,他以宙斯为人类立法和宙斯的正义为背景进行劝告。赫西俄德说:"佩耳塞斯!请你记住这些事:不要让那个乐于伤害的不和女神把你的心从工作中移开,去注意和倾听法庭上的争讼。一个人如果还没有把一年的粮食、大地出产的物品、德墨特尔的谷物及时收贮家中,他是没有什么心思上法庭去伴嘴争讼的。当获得丰足的食物时,你可以挑起诉讼以取得别人的东西。但是,你不会再有机会这样干了。让我们用来自宙斯的,也是最完美的公正审判来解决我们之间的这个争端吧!须知,我们已经分割了遗产,并且你已获得并拿走了较大的一份,这极大地抬高了乐意审理此类案件并热衷于受贿的王爷们的声誉。"①赫西俄德在这里指出,地上王爷们所主持的法庭由于接受贿赂,其审判很不公正,但是,他们不可能无法无天,天上的宙斯、正义女神将秉持公道,你想利用你的贿赂来收买判官从而得更多好处的机会不会有了。他同时告诫王公贵族们,你们不要凭持你们手中的暴力来作恶,无论谁行凶作恶和犯罪,宙斯都将给予他惩罚,并且,一个坏人的作恶将使得整个城邦遭受惩罚。赫西俄德对他的兄弟说:"佩耳塞斯啊,你要记住这些事:倾听正义,完全忘记暴力。因为克洛诺斯之子已将此法则交给了人类。由于鱼、兽和有翅膀的鸟类之间没有正义,因此他们互相吞食。但是,宙斯已把正义这个最好的礼品送给了人类(to people he give dike, which is by much the best thing)。因为任何人只要知道正义并且讲正义,无所不见的宙斯会给他幸福。但是,任何人如果在作证时说假话,设伪誓伤害正义,或犯下不可饶恕的罪行,他这一代人此后会渐趋微贱。如果他设誓说真话,他

---

① [古希腊]赫西俄德:《工作与时日·神谱》,张竹明等译,商务印书馆,1991年,第2页。David W. Tandy and Walter C. Neale 在这段话涉及公正或正义时的翻译:"Let us settle our disputing with straight *dikai*, which are from Zeus and best", seen in David W. Tandy and Walter C. Neale, *Hesiod's Works and Days*, University of California Press, 1996, p.55。

这一代人此后便兴旺昌盛。"①在这里的"正义"概念,都是"dike"这一词。赫西俄德说鱼、兽和有翅膀的鸟类之间没有正义,而宙斯把正义给了人类,并且,如果有谁伤害正义或违背正义,不会有好的后果。他在这样讲时,无疑是在使用一个抽象概念,而不是指形象化的女神。并且,在这里,正义意味着公正而不偏私,正直而真诚。因此,"正义"这一概念已经从公正审判的基本含义扩展开来。

第二节　契约正义与应得正义

荷马史诗不仅有着命名为"正义"的神祇,而且还有通过对于事件的描述而表现出来的,或内含着的正义观念。神祇以形象的方式体现出古希腊人宇宙秩序的正义观,在此之外,荷马史诗中还包括两种重要的正义观念,这就是契约正义和应得正义。

一、契约正义

荷马史诗《伊利亚特》所描写的希腊本土联军战胜特洛伊有着众多原因,其中一个重要原因则是在于特洛伊方违弃了自己所立下的誓言,即违背了契约正义。荷马史诗记载了希腊本土的联军对爱琴海彼岸的特洛伊的一场战争。这场战争进行到第九年的时候,双方不分胜负争执不下,由特洛伊王子,即那个拐走海伦的特洛伊美男子亚历克山德罗斯王子与墨奈劳斯即海伦的丈夫对阵决斗。而在决斗前,双方是有了庄严的誓约的。请看荷马史诗中的描写:

> 以下是特洛伊这方的誓约:
> "劳墨冬之子,起来吧,驯马和特洛伊
> 以及身披铜甲的阿开亚人的首领们,
> 要你前往平原,封证他们的誓约。

---

① [古希腊]赫西俄德:《工作与时日·神谱》,张竹明等译,商务印书馆,1991年,第9页。正文中的英文见 David W. Tandy and Walter C. Neale, *Hesiod's Works and Days*, University of California Press, 1996, p.81。

亚历克山德罗斯和阿瑞斯钟爱的墨奈劳斯正准备决斗
为了海伦不惜面对粗长的枪矛。
胜者带走女人和她的财物,
其他人则订立友好协约,以牲血封证。
我们仍在土地肥沃的特洛伊,而他们将返回
马草肥美的阿耳戈斯,回到出美女的阿开亚。"①

……

以下是对情景的描写:

"[特洛伊国王]普里阿摩斯抬腿登车,绷紧缰绳,
安忒诺耳亦踏上做工精致的马车,站在他的身边。
他赶起快马,冲出斯开亚门,驰向平原,
来到特洛伊人和阿开亚人陈兵的地点,
步下马车,踏上丰产的土地,
朝向两军之间的空间走去。
阿伽门农,民众的王者,见状起身相迎,
足智多谋的奥德修斯亦站立起来。
高贵的使者带来了祭神和封证誓约的牲品。
他们在一个硕大的调缸里兑酒,倒出净水,洗过各位王者的双手。
阿特柔斯之子拔出匕首……
从羊羔的头部割下发绺,使者们
把羊毛传递给特洛伊人和阿开亚的每一位酋首。"②

以下是阿伽门农的誓词:

"父亲宙斯,从伊达山上督视着我们的大神,光荣的典范,伟大的象征!
还有无所不见、无所不闻的赫利俄斯,

---

① [古希腊]荷马:《伊利亚特》,陈中梅译,花城出版社,1994年,第68页。
② 同上书,第69页。

河流、大地以及你们,地府里惩治死者的尊神——
你们惩治那些发伪誓的人们,不管是谁——
请你们作证,监护我们的誓封。
倘若亚历克山德罗斯杀了墨奈劳斯,
那就让他继续拥有海伦和她的全部财物,
而我们则驾着破浪远洋的海船回家;
但是,倘若棕发的墨奈劳斯杀了亚历克山德罗斯,
那就让特洛伊人交还海伦和她的全部财物,
连同一份赔送给阿耳吉维兵众,数量要公允得体,使后人亦能牢记心中。
如果亚历克山德罗斯死后,普里阿摩斯和他的儿子们拒绝支付偿酬,那么,
我将亲自出阵,为获得这份财物拼斗!"①

史诗还写道:

人群中可以听到阿开亚人和特洛伊人的诵告:
"宙斯,光荣的典范,伟大的象征;还有你们,各位不死的众神!
我们双方,谁若破毁誓约,不管何人,
让他们,连同他们的儿子,脑浆涂地,就像这泼洒出去的杯酒——让他们的妻子成为战礼,落入敌人的手中!"②

因此,我们可以看出,这是一个上告了神明的庄严誓约。然而,双方对阵的结果是,特洛伊的亚历克山德罗斯受伤后临阵逃跑,而不是决战到底。因此,正是特洛伊人违背了誓约,从而招致毁灭。"父亲宙斯不会帮助说谎的特洛伊人——他们首先践毁双方的誓约;鹰鹫会吞食他们鲜亮的皮肉。"③这一誓约所包含的原则是:所立誓言必须履行。而双方的誓约就是契约。所立誓约必须履行,也就是契约正义,不履行则是不正义。在这里,只有正义能够带来和平和兴盛,而不正义则必然带来毁灭。

---

① [古希腊]荷马:《伊利亚特》,陈中梅译,花城出版社,1994年,第69—70页。
② 同上书,第70页。
③ 同上书,第86页。

特洛伊不就是因为不正义而从地图上消失了吗？

二、应得正义

荷马史诗中还有一个对于后来正义思想有着深远影响的应得正义的观念。前面已述，史诗《伊利亚特》开始于战争进行到第九个年头，而战争在这时相持不下，一个重要原则在于联军统帅阿伽门农夺走了联军中战无不胜的战将阿基里斯的战利品女俘布里塞伊丝。事情的原委是这样的：史诗称阿伽门农侮辱了阿波罗神的祭司克鲁塞斯，将其女儿克鲁塞伊丝作为战俘，而为阿伽门农所占有。因而阿波罗对希腊联军大加发火，在军中降下瘟疫，吞噬了无数的生命。祭司为了赎回自己的女儿，带着财礼来到阿伽门农的军中，请求他交回他的女儿，以示对阿波罗的尊重。阿伽门农根本不理会老人的请求，老人沉痛地离开并一次次地向阿波罗神祷告，神听到了祭司的祷告，怒气冲冲地一连九天以神箭雨点般地横扫联军。在如此危急的情形下，为了平息阿波罗的怒气，阿伽门农不得不答应接受祭司的财物而放回他的女儿让其带走。然而，阿伽门农是很不情愿地这样做的。分得战利品，是所有联军将领的应得荣誉。如果这样，那就意味着，所有人都有一份战争赐予的荣誉，而他则失去了礼品。贵族英雄们得到自己所应得的战利品，是符合正义或公正要求的。阿伽门农因此认为，让他失去礼品，则是不公正的。阿基里斯则劝说，掠夺来的战利品已经分发殆尽，但是，若平息了阿波罗（把祭司的女儿还给祭司），宙斯允许他们荡劫特洛伊，阿开亚人（指希腊联军）则会以三倍、四倍的报酬偿还他。然而，阿伽门农则说，既然你们要我交出克鲁塞伊丝，那么，我就会去你阿基里斯的军营，把原分发给你的女俘布里塞伊丝夺过来。阿伽门农说："我要亲往你的营棚，带走美貌的布里塞伊丝，你的战礼。这样你就会知道，我的权势有多么煊烈！"①

在希腊人的观念里，分享战利品是贵族英族所应得的，因而是符合正义的。然而，如果夺去某个贵族的战利品，则是不公正的。即使是作为统帅万军之主的阿伽门农，如果做了这样的事，其性质也不因它的地

---

① ［古希腊］荷马：《伊利亚特》，陈中梅译，花城出版社，1994年版，第8页。

位而改变。从此阿基里斯罢战。在希腊联军中,阿基里斯是唯一能够与特洛伊的英雄赫克托耳相抗衡并战胜他的战将。由于阿基里斯罢战,使得希腊联军的战事更为不利,阿伽门农的军队陷入几乎全军覆没的危机之中,这样沉重的代价就是阿伽门农违背公正的代价。在这样危急的关头,军中的将领们,即贵族英雄们齐来劝说阿伽门农归还阿基里斯原属于他的女俘布里塞伊丝。阿伽门农也意识到了他的严重错误,他不仅答应归还女俘布里塞伊丝,而且说:"我愿弥补过失,拿出难以估价的偿礼……至于偿礼,我将如数提送,数量之多,一如卓越的奥德修斯昨天前往你的营棚,当面放下的允愿。或者,如果你愿意,亦可在此等一等——尽管你求战心切——让我的随员从我的船里拿出礼物,送来给你,从而让你看看,我拿出了一些什么东西,宽慰你的心灵。"①不仅如此,奥德修斯还提议,阿伽门农应当以酒席来表达他的诚意,他说:"至于偿礼,让民众的王者阿伽门农,差员送到人群之中,以便让所有阿开亚人,都能亲眼看见,亦能愉慰你阿基琉斯的心胸……而你,你亦能拿出宽诚,舒展胸怀——他会排开丰盛的食宴,在自己的营棚,松解你的心结,使你得到理应收取的一切。从今后,阿特柔斯之子,你要更公正地对待别人。王者首先盛怒伤人,其后出面平抚感情的痕隙,如此追补,无可厚非。"②阿伽门农夺走了阿基里斯的女俘,从而违反了应得正义;而当阿伽门农意识到了自己的错误,并且真心诚意地要改正自己的错误时,拿出礼物并设宴酒席,这是补偿正义的要求。换言之,以往的不公正(不正义)通过补偿正义得到了补偿,从而使得阿伽门农的错误得以纠正。正是由于阿伽门农以自己的行动纠正了自己违反应得正义的行为,阿基里斯再次出战,战胜了赫克托耳,为彻底战胜特洛伊消灭了最大的对手。史诗中的契约正义观首先使得特洛伊处于不正义的一方,而希腊联军中的统帅阿伽门农回归遵循应得正义和补偿正义,则保障了希腊联军内部的团结与统一。

---

① [古希腊]荷马:《伊利亚特》,陈中梅译,花城出版社,1994 年,第 460 页。
② 同上书,第 461 页。

第三节 苏格拉底与柏拉图的正义观

在以荷马为代表的早期希腊神话中，在诸多正义理念中，秩序正义是最重要的正义观。史诗告诉人们，任何人都不可逾越万物既定的秩序及其规则，如果逾越，就必然遭受正义或公正的报复。在史诗中，所有违背正义的人或事都将受到惩罚。史诗通过惩罚那些违反正义的人或行为来强化正义。遵行这个秩序的规定，就是正义，而违背这个秩序，也就是不正义。这种秩序正义的正义观在柏拉图的政治哲学里再度重现。它表明，秩序正义，即遵循既定秩序而不违抗这一秩序的规定，就是正义的观念，这是自荷马至柏拉图占主导的古希腊的正义观。另一方面，我们看到，在荷马史诗中和自荷马以来，正义的概念已经有了多种含义，正义是什么也成为人们所讨论的问题。而这正是苏格拉底探询的问题之一。

一、正义是什么

苏格拉底没有留下自己的著作，后人一般是依据柏拉图、亚里士多德以及色诺芬等人的著作来研究苏格拉底的思想，其中主要是依据柏拉图的著作。在柏拉图流传于世的著作中，多数都是以苏格拉底为主角的对话集。一般认为，柏拉图的这些著作成书年代跨度很大，因此一般可分为早、中、晚期著作。而在柏拉图的早期著作中，他自己的思想还没有形成，因而更多展现苏格拉底的思想。柏拉图的《理想国》是以正义为主题的对话集，经研究发现，《理想国》的第一卷与后面的九卷虽然是一个对话集，并且都是讨论正义，但是其对正义的讨论方式很不一样。研究者一般把第一卷看成是柏拉图早期的写作，而从第二卷到全书最后部分，都属于柏拉图中期的作品，因为表现了与苏格拉底很不相同的哲学探求。① 正因为如此，我们可以把《理想国》第一卷对正义的探讨看成是

---

① 参见王晓朝："中译本导言"，《柏拉图全集》第一卷，王晓朝译，人民出版社，2003年，第31页。

苏格拉底关于正义的探讨,而将后面的部分里所提出的正义的思想,看成是柏拉图的思想。

在《理想国》第一卷里,我们看到苏格拉底对于"正义"概念的内涵是什么,进行了极为艰难的探讨。第一卷一开始进行"正义"概念的探讨时指出,"究竟正义是什么呢? 难道仅仅有话实说,有债照还就算正义吗?"①在这里,苏格拉底是以怀疑的口吻说了两个事实,即对以这样两个事实来界说正义,他感到有问题,因为他很快给予了否定。他接着说:"这样做会不会有时是正义的,而有时则不是正义的呢? 打个比方吧,譬如说,你有个朋友在头脑清楚的时候,曾经把武器交给你;假如他疯了,再跟你要回去;任何人都会说不能还给他。如果竟还给了他,那倒是不正义的。把整个真情实况告诉疯子也是不正义的。"②换言之,如果以在情况 A 为正义的事实 F 来界说正义,事实 F 在情况 B 下则可能就会被认为是不正义的,那么,这怎么可能是对正义的正确界说呢? 因此,苏格拉底说:"这么看来,有话实说,拿了人家东西照还这不是正义的定义。"③很清楚,苏格拉底一开始就是在寻求正义的定义。而所谓定义,也就是对于某一概念的内涵或外延所作的简要说明;概念所反映的是事物的本质特征,因而正确的定义也就是对于事物的本质规定的界说。当苏格拉底这样讨论问题时,他是要寻求"正义"这一概念的确定性定义,而不是那种既是又不是的不构成规定性的或确定性的某种说法。

其次,我们要问,为什么苏格拉底一开始要用"有话实说""借东西要还"这样的实例来讨论"正义"呢? 我们认为,这与"Dike"(正义)女神在早期希腊神话中主要出现在法庭中并主持公道有关联。因为与法庭中的正义相关联的就是说实话,以及涉及借欠债务纠纷的还债问题。在法律审判中,"欠债还债就是正义"这一说法无疑是对的。

然而,当苏格拉底把在法庭上人们已认定为正义之事引向日常生活,苏格拉底让我们注意到在生活实践中的这一古老正义信念存在的问题。苏格拉底的询问首先在于拿出大家都确认无疑的命题如"欠债还债

---

① [古希腊]柏拉图:《理想国》,郭斌和等译,商务印书馆,1986 年,第 6 页。
② 同上书,第 6 页。
③ 同上。

就是正义",在大家都认为没有问题的前提下,他提出质疑,如原主头脑不正常,如果还要把代管的东西,不论什么东西都还给他,如我在他正常清醒时借了他的刀,他已经疯了,我还给他,这显然不是正确的,尽管借了没还的东西确是一种欠债。那么,我们是否还可从其他方面来理解"欠债还债就是正义"这句话?或者说,我们不还欠的债给我有病的朋友是为了朋友好,因此也就不犯正义。在这个意义上,无论是说正义是欠债还债,还是不还债也并非不正义,都包含着一个意思,即朋友之间应当与人为善,不应当与人为恶。因此,苏格拉底的询问和探求转向另一方面,这就是正义包含着善意,或正义包含着善的成分。

苏格拉底承认正义有着善的成分,不过,他继续询问道,如果双方是朋友,又,如果把钱还给对方是有害的,这就不算是还债了,那么,我们欠敌人的要不要归还呢?他的谈话对手回答说要还,因为敌人对敌人所欠的无非是恶,即我们所说的"以牙还牙"。那么,这与正义又有什么关系?苏格拉底说:"正义就是给每个人以恰如其分的报答,这就是他所谓的'还债'。"[1]当苏格拉底进行这样的总结时,实际上回到了开头所给出的命题,不过是更为概括罢了。而这不过也就是法庭正义的意思。然而,苏格拉底并不满意这个回答。

苏格拉底又在"给予什么恰如其分"这一规定上进行质疑。当然,苏格拉底并非是从法庭上的正义来讨论这一规定,他把他扩展到不同的职业领域,如医疗、烹调、航海等。苏格拉底问道,医术所给的恰如其分的报答是什么呢?给什么人,给什么东西?对话者回答,医术把药品、食物、饮料给予人的身体。那么,烹调术呢?是把美味给予食物。换言之,在不同的领域里都有恰如其分的给予,正义也就是这种类似的恰当性。那么,当我们把正义(恰如其分)的给予与朋友和敌人联系起来,那是给予什么呢?前面已述,把善给予朋友,把恶给予敌人。那么,当人生病时,最能把善给予朋友,把恶给予敌人的谁呢?回答是:是医生。

然而,在接下来的询问和讨论中,却发现苏格拉底的探询有着逻辑上的问题:

---

[1] [古希腊]柏拉图:《理想国》,郭斌和等译,商务印书馆,1986年,第7页。

苏：当航海遇到了风急浪险的时候呢？

玻：舵手。

苏：那么，正义的人在什么行动中，在什么目的之下，最能利友而害敌呢？

玻：在战争中联友而攻敌的时候。

苏：很好！不过，玻勒马霍斯老兄啊！当人们不害病的时候，医生是毫无用处的。

玻：真的。

苏：当人们不航海的时候，舵手是无用的。

玻：是的。

苏：那么，不打仗的时候，正义的人岂不也是毫无用处的？

玻：我想不是。

苏：好！那么你说说看，正义平时在满足什么需要、获得什么好处上是有用的。

玻：在订合同立契约这些事情上，苏格拉底。

苏：所谓的订合同立契约，你指的是合伙关系，还是指别的事？

玻：当然是合伙关系。

苏：下棋的时候，一个好而有用的伙伴，是正义者还是下棋能手呢？

玻：下棋能手。

苏：在砌砖盖瓦的事情上，正义的人当伙伴，是不是比瓦匠当伙伴更好，更有用呢？

玻：当然不是。①

在上述的讨论中，苏格拉底已经把对"恰如其分的给予"这一正义定义的讨论，悄悄转换成什么人在做什么时候最为有用的讨论，其次，他把正义的人与其他职业领域里的能手进行对比，明显地犯了不同类概念不可进行类比的错误。这是因为，我们只能把正义的人与不正义的进行对比，而不能把正义的人与不同职业能手进行对比，这是因为，即使你是

---

① ［古希腊］柏拉图：《理想国》，郭斌和等译，商务印书馆，1986年，第9—10页。

某一职业能手,也可能是不正义的人。如果我们为苏格拉底进行辩护,那么,最好的可能就是,是不是他所认可的是荷马时代的形象化的正义女神?狄刻(Dike)女神与其他不同职事的神明一样,都是拟人化的神。因为这里的讨论已经从为正义寻求定义转向了对"什么人"的讨论。不过,我们看到,苏格拉底的讨论是在把 Dike 作为抽象概念使用的前提下进行的。在这里,他所说的"正义"强调是具有这样品质的人。虽然我们可以说正义女神也应当具有正义品质,但她是宙斯为首的奥林匹斯众神中职司相关法庭审判以及人间纠纷的女神。而苏格拉底所言的具有正义品质的人,则并非是这种职司者。因为紧接着,苏格拉底就谈到,当人们合伙做事时,正义的人有用是在妥善保管钱财上。

苏格拉底接过正义的人有用在于会妥善地为人保管钱财这一论点,指出,需要保管钱财是因为一时并不需要用到它。这就像花匠要整枝时,剪刀就有用了,而不整枝时,剪刀就没有用,也像是军人的技术只有打仗时才有用一样,不打仗也就没有用了。而当那些机械或钱财无用时,则需要人来保管,这时,正义也就有用了。苏格拉底这样讨论正义或正义的人,是在说正义的人是秉公办事,或在利益面前不会仅为自己着想,而是以原则或公道来办事。这样的人的用处体现在保管钱财等事务上。因此,这里是从正义作为人的品质的意义上来讨论的。但苏格拉底把正义的人看成是可与职业领域的能手进行比较,并且认为正义的人是在技术之人无用时才有用,这样的看法虽然有点意思,但这样的认识是有问题的。因为是否公道,是否按原则办事,是否正直,并非可以与职业领域里的行为分离开来讨论。并且,一个人可以既是职业能手同时又是正义的人;也可以既是职业能手同时又是一个不正义的人。

实际上,苏格拉底也不满意这个结论,因此,他又从另一角度来进行讨论,即如何看待人们擅长什么。如会打架的人,不仅是会进攻,而且也善于防守;而善于防守阵地的人,也是善于偷袭的人。照此推理,一样东西的好看守,也是这样东西的高明小偷。这个原理用在正义的人身上,那就意味着,一个正义的人,既善于管钱,也善于偷钱。那么,正义的人,到头来竟是一个小偷!苏格拉底的这个推理不仅有着我们前面所说的不同类的事物不可类推的错误,而且还有把战事中的防守与偷袭以及管钱与偷钱混为一谈,从而导致逻辑上的错误结论。

苏格拉底也意识到这样讨论正义存在问题,不过,他意识到上述讨论包含着可继续探讨的因素,即像偷袭这样的事情,是对敌人而言;因此,正义的人以善报友,以恶报敌。不过,其前提是,朋友是真正的好人,敌人是真正的坏人。这是探讨进行到这一步所初步得出的结论。

苏格拉底进一步的探讨发现这里的问题在于,承认正义的人可以伤害他人。苏格拉底问道,伤害他人会使被伤害的人变得更好吗?答案无疑是否定的。换言之,就算敌人是真正的坏人而去伤害他则是正当的,但是,伤害敌人并非会使坏人变好,只会更坏。在这里,苏格拉底没有从为什么我们要对友善和对敌坏(伤害)进行发问,如果这样发问无疑会得出不同的回答。其次,苏格拉底问道,正义是不是一种德性?如果承认正义是一种德性,那么,这就意味着好人用他的德性来使人变坏。① 而人的德性无论是对己还是对人而言,都是有益的。因而伤害是与德性的本性直接相悖。所以苏格拉底说,"伤害任何人无论如何总是不正义的"。② 这样,原以为正义就是助友害敌,这个定义就被否定了。我们看到,从欠债还债到助友害敌,已经有了巨大的跳跃。然而,苏格拉底几乎是空手而归,他没有得到他要的正义的定义,就是正义的人应当做什么也没有清楚的回答。

上述无论是从欠债还债还是助友害敌,都是从个人正义的层面对正义的探讨。讨论的困境使得苏格拉底意识到,从这条进路无法得到一个有效的正义定义。因此,他转向国家层面来探询正义的定义。柏拉图让智者色拉叙马霍斯上场,他提出了一个认为可以让苏格拉底感到意外的定义:正义是强者的利益。而他所说的强者不是别的,就是统治者。他说:"难道不是谁强谁统治吗?每一种统治者都制定对自己有利的法律,平民政府制定民主法律,独裁政府制定独裁法律,依次类推。他们制定了法律明告大家:凡是对政府有利的对百姓就是正义的;谁不遵守,他就有违法之罪,又有不正义之名。因此,我的意思是,在任何国家里,所谓

---

① [古希腊]柏拉图:《理想国》,郭斌和等译,商务印书馆,1986年,第14页。
② 同上书,第15页。

正义就是当时政府的利益。政府当然有权,所以唯一合理的结论应该说:不管在什么地方,正义就是强者的利益。"①苏格拉底同意"正义是利益"的说法,但他不同意他所说的"强者"。无论是还债还是保管钱财,都涉及利益,但以"利益"概括之,表明这一讨论已经从具体层面上升到了抽象层面。然而,何为强者?为什么政府就是强者?在智者色拉叙马霍斯看来,政府有力量让被统治者不得不服从,因此就是强者,在这点上,苏格拉底没有提出质疑。实际上,为什么被统治的大众人数众多却不是强者,是一个首先要讨论的问题。但苏格拉底把这个问题放过了,而是直接讨论作为强者的政府或统治者所做的是否对自己有利。因为如果做了对自己不利的,或那些对自己不利的法律被统治者也不得不遵守,也就意味着,不仅正义是强者的利益,也是强者的不利;或者说,被统治者遵守对强者有利的法是正义,遵守对强者不利的法也是正义。智者色拉叙马霍斯之所以这么说,因为统治者总是把对自己有利的宣布为法律,而被统治者不得不遵守。然而,色拉叙马霍斯并没有想到统治者也会犯错误,即命令弱者,他的人民去做对自己不利的事。在这个意义上,正义也就是对强者的损害。换言之,在色拉叙马霍斯心目中,统治者一贯正确,永远正确,不会犯错误。人类历史上几乎所有的统治者都是这么自认为的。但苏格拉底指出,这是不可能的。

  色拉叙马霍斯则认为苏格拉底在诡辩。他接过苏格拉底的论点,但他认为,任何种类的人,如医生、工匠、艺术家或手艺人,如果真正名副其实,都不会犯错误。他说:"知识不够才犯错误。错误到什么程度,他和自己的称号就不相称到什么程度。工匠,贤哲如此,统治者也是如此。统治者真是统治者的时候,是没有错误的,他总是定出对自己最有利的种种办法,叫老百姓照办。所以像我一上来就说过的,现在再说还是这句话——正义乃是强者的利益。"②色拉叙马霍斯的论点里包含着这样两个前提:完善的知识是行动正确的基础,真正的行家里手具有完善的知识。换言之,那些犯错误(做对自己不利的事)的统治者并不是与自

---

① [古希腊]柏拉图:《理想国》,郭斌和等译,商务印书馆,1986年,第19页。
② 同上书,第22页。

己的称号相配的统治者。这两个前提也是后来柏拉图在讨论理想国家的统治者时的基本论点。因此，这是为柏拉图所接受的论点，对于柏拉图笔下的苏格拉底来说，也不会反对。苏格拉底所提出的"无人自愿犯错"也就是这个论点。① 苏格拉底对于色拉叙马霍斯的这个新的辩护，他这次不得不从什么是强者即统治者的利益这一维度进行质疑。

有统治者，就有被统治者，有医生，就有病人。苏格拉底提出，是因为什么才有医生？是因为什么才有统治者？当然是有病人才有医生，有被统治者才有统治者。因此，苏格拉底的结论是，一个医生虽然也挣钱，但他的利益不在自己这里，而是病人，治好病才是医生的利益所在。换言之，所有的技艺——统治也是一种技艺，其存在的天然目的都在于为对象寻求和提供某种利益。苏格拉底说："技艺除了寻求对象的利益以外，不应该去寻求对其他任何事物的利益。严格意义上的技艺，是完全符合自己本质的。"② 医术所寻求的不是医术自己的利益，而是对人体的利益，在苏格拉底底看来，没有一门技艺只顾到寻求强者的利益而不顾及它所支配的弱者的利益的，因此，他说："一个统治者，当他是统治者的时候，他不能只顾及自己的利益而不顾属下老百姓的利益，他的一言一行都为了老百姓的利益。"③ 到此，苏格拉底把智者的"正义是强者的利益"这一命题完全颠倒过来了。

苏格拉底指出，他所说的统治者的行为完全是为了老百姓的利益，并非意味着他不要报酬。苏格拉底说："在治理技术的范围内，他拿出自己的全部能力努力工作，都不是为自己，而是为所治理的对象。所以要人家愿意担任这种工作，就该给报酬，或者给名，或者给利；如果他不愿意干，就给予惩罚。"④ 在苏格拉底看来，一个正义的人（好人）是不肯为名为利来当官的，因而他们不会多吃多占。当然，也许雅典的政治制度使得从政者不可能多吃多占，因为所有官员都在公民大会的监督之下。

---

① ［古希腊］柏拉图：《普罗泰戈拉篇》，《柏拉图全集》第一卷，王晓朝译，人民出版社，2002年，第470页。
② ［古希腊］柏拉图：《理想国》，郭斌和等译，商务印书馆，1986年，第24页。
③ 同上书，第25页。
④ 同上书，第30页。

苏格拉底认为他们不会假公济私，暗中舞弊，被人当作小偷。他们没有野心，也不会为名誉所动。因此，他们不愿意干（从政）的话，只好用惩罚来强制他们去干了。然而，苏格拉底指出，最坏的事可能还是你不去管人而让比你更坏的人来管你。他说："假如全国都是好人，大家会争着不当官，像现在大家争着当官一样热烈。那时候才会看得出来，一个真正的治国者追求的不是他自己的利益，而是老百姓的利益。所以有识之士宁可受人之惠，也不愿多管闲事加惠于人。因此我绝对不能同意色拉叙马霍斯那个'正义是强者的利益'的说法。"①苏格拉底这一论证中存在的问题是，他把理想与现实混为一谈。并且，由于他心目中的统治者就是具有完善知识的理想统治者，从而认为现实中的那些不够格（犯错误和追求私利）的统治者都不在他的视域范围之内。实际上，苏格拉底说现在大家都争着想当官，就是因为有利可图，而色拉叙马霍斯的"正义是强者的利益"的论点，无非是指明了统治者为了自己的利益，可以把有利自己的意图以国家意志去推行，这比苏格拉底所说的假公济私更为可怕，而这恰恰是统治阶级能够做到的。因此，色拉叙马霍斯的眼光更为现实。苏格拉底以理想维度来回应色拉叙马霍斯，不是在回答问题，而是回避了问题。

然而，色拉叙马霍斯也没有在这上面与苏格拉底纠缠，而是提出了一个让苏格拉底更难处理的问题：不正义比正义对行为者自己更为有利。对于这个论点，色拉叙马霍斯有一段很长的论述，这里扼要地把它复述如下。色拉叙马霍斯认为苏格拉底根本没有把握正义与不正义概念的含义，也根本不了解什么是正义的人与不正义的人。这是因为，苏格拉底根本不知道，正义也好，正义的人也好，反正谁是强者，谁统治，它就为谁效劳。不正义正相反，专为管束那些吃苦受罪的老实守法的好人。色拉叙马霍斯说："头脑简单的苏格拉底啊，难道你不该好好想想吗？正义的人跟不正义的人相比，总是处处吃亏。"②色拉叙马霍斯举例说，例如办公事，一个正义的人与一个不正义的人如果有着同样的收入，

---

① ［古希腊］柏拉图：《理想国》，郭斌和等译，商务印书馆，1986年，第31页。
② 同上书，第26页。

那个不正义的人总想少交税；如担任公职，正义的人不肯损公肥私，也得罪亲朋好友，而不正义的人则处处相反。如果举出最极端的例子，那就更容易理解了："最不正义的人是最快乐的人，不愿意为非作歹的人也就是最吃亏苦恼的人。极端的不正义就是大窃国者的暴政，把别人的东西，不论是神圣的还是普通人的，是公家的还是私人的，肆无忌惮巧取豪夺。平常人犯了错误，查出来以后，不但要受罚，而且名誉扫地，被人家认为大逆不道，当作强盗、拐子、诈骗犯、扒手，但是那些不仅掠夺人民的钱财，而且剥夺人民的身体和自由的人，不但没有恶名，反而被认为有福。"①因此，在他看来，一般人之所以谴责不正义，并不是怕做不正义的事，而是怕吃不正义的亏。"如果不正义的事能够干得大，那就会比正义更有力，更如意，更气派。"②不正义的事在日常生活中也比正义之事使个人获利更多，但是会给人带来不好的名声，但是，如果干得大，如窃得一国，那么，非但不会受到指责，反而会有更大的好名声。换言之，越是不正义的事，越是使人得到更多的利益、快乐与幸福。这个论点在《国家篇》第二卷中得到进一步加强。智者格劳孔以吕底亚人的祖先古各斯③得到隐身戒指为例，指出如果有人有这样一个戒指，做了坏事（因而得利）而又可以不受惩罚，那么，谁都会这样去做。苏格拉底、柏拉图的讨论到此，已经从寻求正义的定义转向了到底是正义的人幸福，或更容易幸福，还是不正义的人更幸福的问题。并且，在智者看来，正义的人之所以做正义的事，也是为了得到正义所带来的利益（因正义之举有名有利），但是，如果行正义而得不到名也得不到利，甚至因为坚持正义而身败名裂，就像明代晚期抗击北方侵略的英雄袁崇焕，最后落得身败名裂，而且被北京市民千刀万剐，那么，还有多少人会坚持正义？应当看到，柏拉图的整个《理想国》的中心意旨都在于回答这个难题，即到底是正义之士更易于得到，还是不正义的人更易于得到幸福；进一步说，是正义之士是幸福的人，还是不正义的人是幸福的人？因此，我们也可以说，《理想国》表层的主题是正义，而深层的主题则是幸福。

---

① ［古希腊］柏拉图：《理想国》，郭斌和等译，商务印书馆，1986年，第26页。
② 同上书，第27页。
③ Gyges, the Ancestor of the Famous Lydian. 郭斌和译本有误（见该译本第47页）。

二、秩序正义

苏格拉底没有回答"正义是什么"的问题。但苏格拉底的难题激发了柏拉图。为了回答正义与幸福这一双重难题,柏拉图进行了十分艰难的探索。

在《理想国》第二卷中,智者格劳孔接过第一卷中色拉叙马霍斯的论点继续发挥,从对正义的概念的探讨转向正义的人与不正义的人哪种人最得利的讨论。格劳孔进一步指出,要把不正义的人与正义的人的最后所得进行比较,从而发现做哪种人是我们应选择的。一是确立不正义的人的典范。那些坏事做绝而满嘴仁义道德,赢得最正义好名声,是做不正义的事具有"最高境界"的人,这种人看上去是正义的人,因此有名有利,但却真正是一个不正义的人。二是那些真正追求正义的人,把他身上的一切表象都除去,只剩下正义本身,这样让他把假好人真坏人对立起来,让他不做坏事而有大逆不道之名,虽然国人皆曰可杀,但他却正义凛然,虽然身败名裂,但却甘冒天下之大不韪,坚持正义,终生不渝。换言之,如果人们能够坚持真正的正义而不为正义之名与利所动,从而再来看看还有谁会去追求正义而不要不正义。智者阿得曼托斯进一步加强了格劳孔的论点,说,如果我们只拿正义来装门面,做出道貌岸然的样子,那么,"我们生前死后,对人对神就会左右逢源,无往而不利"。[①]在智者看来,古往今来实际上人们所追求的并不是正义本身而是正义的外表,人们谴责不正义,也只是谴责不正义的名声,而并不认为不正义并非对自己不利。因此,智者提出两个问题,一是正义和不正义本身是什么,二是正义与不正义本身对它的所有者而言,有什么好处,有什么坏处。即把这两者的名丢掉,而看看其本身对人们有什么好处。换言之,不是因为正义或不正义带来什么好处,而是它本身是否好。而所谓好处的问题也就是坚持正义的人幸福还是不正义的人是幸福的问题。

柏拉图的回答是把正义分为制度正义与个人正义两个层面来探讨。在柏拉图看来,一个正义的城邦是一个以城邦全体成员的幸福为目标的

---

① [古希腊]柏拉图:《理想国》,郭斌和等译,商务印书馆,1986年,第54页。

城邦,"我们建立这个国家的目标并不是为了某一阶级的单独突出的幸福,而是为了全体公民的最大幸福;因为,我们认为在一个这样的城邦里最有可能找到正义,而在一个建立得最糟的城邦里最有可能找到不正义"。① 换言之,正义的城邦是一个全体公民都能在其中得到幸福的城邦,而不正义的城邦则不可能使得全体公民都得到幸福。那么,这样一个正义的城邦是一个怎样的城邦呢?

在柏拉图看来,一个城邦可划分为三个最基本的等级:统治者、护卫者和提供各种各样基本生活需要的劳动者,如农夫、铁匠、酿酒师、制鞋匠,以及进行交易活动的商人等。对于这样三个等级,都需要有不同的人来从事。柏拉图首先需要回答的是这样的问题,怎样的人才能够从事这些不同等级的职业呢?对于最底层的提供生活需要的劳动职位,柏拉图所考虑是如何使得这些人能够安心在这些职位上的问题,而对于护卫者与统治者,柏拉图所考虑是如何使得这些人能够配得上这样的职位。当然,由于社会等级最高者是统治者这一等级,因此,对于护卫者来说,也有一个如何使他们安于自己的职守的问题。对于这样的问题,柏拉图用"高贵的谎言"来使得他们安于自己所处的社会等级地位。所谓"高贵的谎言",即统治者明知这是谎言,但这是统治所需的。这一谎言是说统治者身上有金子的成分,而护卫者身上有银子的成分,而农夫或其他技工则只有铁与铜的成分。换言之,要使人们,尤其是下层的人们相信这一"高贵的谎言",从而使他们恪守职位。这是因为,柏拉图相信"铜铁当道,国破家亡"。不过,柏拉图并不相信铜铁之人的后代一定就是铜铁,有时免不了金父生银子,银父生金子,如果护卫者的后代"心灵里混进了一些废铜烂铁,他们决不能稍存姑息,应当把他们放到恰如其分的位置上去,安置于农民工人之间;如果农民工人的后辈中间发现其天赋中有金有银者,他们就要重视他,把他提升到护卫者或辅助者中间去"。② 因此,虽然柏拉图相信不同的人有不同的先天质地,但他并不完全相信"龙生龙,凤生凤"。不过,柏拉图认为,由于人的先天素质的不

---

① [古希腊]柏拉图:《理想国》,郭斌和等译,商务印书馆,1986年,第133页。
② 同上书,第128—129页。

同,可能有的人生来就只能适合于从事某种职业。他说:"全体公民无例外地,每个人天赋适合做什么,就应派给他什么任务,以便大家各就各业,一个人就是一个人而不是多个人,于是整个城邦就成为统一的一个而不是分裂的多个。"①在柏拉图的心目中,他根本没有想过,一个人并非天生就只适合于做某一种职业的工作,在他看来,一个人从天性上看只适合于做某件事,如下层人只适合于做下层的事。他认为,这对于正义的国家来说确是极为重要的。因为在他看来,如果下层人不安于自己的职分,这个国家内部的秩序就会紊乱,从而造成动荡。②而这样的国家不可能是一个正义的国家。

在柏拉图所构想的正义国家里,相对于底层的劳动者,他更重视的城邦的护卫者或辅助者。在他看来,如果护卫者不成为护卫者,那么整个国家就会毁灭,而护卫者能够成为真正的护卫者,那么,这个国家就有良好的秩序和幸福。当然,柏拉图不仅仅是讨论了护卫者,为了建立一个正义的国家,他对于不同等级的人应有的德性都进行了讨论。

那么,怎么使得护卫者成为真正的护卫者而不成为城邦的祸害?柏拉图从两个方面来进行设想。一是他所设想的护卫者,没有家庭和家庭财产,他们在一起过着公共生活,"把妇女和儿童归为公有"③,儿女为公家抚养,所需要的一切为公家配给。在柏拉图看来,只要有家庭,就会有私人财产,而有私人财产,就会有贫富分化。"无论是什么样的国家,都分成相互敌对的两个部分。一为穷人的,一为富人的。而且这两个部分各自内部还分成许多更小的对立部分。"④当一个国家内部如此对立分裂,正义也就不存在了。在柏拉图看来,当护卫者们有了自己的私产,他也就不会全身心地投入护卫国家的事业中去了,而当一个国家的全体公

---

① [古希腊]柏拉图:《理想国》,郭斌和等译,商务印书馆,1986年,第138页。
② 柏拉图的这一思想包含着对于民主制的否定的观点,因为民主制就是下层人或多数民众的统治。然而,另一方面,柏拉图这一观点是否也包含着他对希腊民主制内在问题的思考?因为在雅典民主制的条件下,任何人只要是在公众集会或法庭上,能够以他的言论打动公民听众,公民们也就会把政治权力或军事权力给予他。这就是修昔底德在《伯罗奔尼撒战争史》中所描述的克里昂的成功。
③ [古希腊]柏拉图:《理想国》,郭斌和等译,商务印书馆,1986年,第179页。
④ 同上书,第137页。

民都没有私产,也就是把全体的财产看成是我们的,而非个人的时候,当"一个国家最大多数的人,对同样的东西,能够同样地说'我的''非我的',这个国家就是管理得最好的国家"。① 在柏拉图看来,当一个国家最像一个人一样,那它就是管理得最好的国家。"那么,当全体公民对于养生送死尽量做到万家同欢万家同悲时,这种同甘共苦是不是维系团结的纽带?"②在柏拉图看来,这个国家的护卫者不应该有私人的房屋、土地以及其他私人财产。"这个国家不同于别的任何国家,在这里大家更将异口同声歌颂我们刚才所说的'我的'这个词。"③因此,这是一个没有进行个人利益与他人利益和公共利益区分的国家,从而也就没有内部纷争而是高度团结。柏拉图所设想的这种"共产主义"有着斯巴达影响的作用,同时也有着对于当时雅典贵族与平民分裂为两派而进行长期纷争导致政治动荡这样背景因素的作用。但人类的历史表明,这样的"共产主义"在人类的早期以及即使是现代社会条件下,都是不具备的。因此,这样的"共产主义"有着典型的乌托邦色彩。

其次是对护卫者的教育与培养,以及不同等级的人的德性问题。在对护卫者的培养和教育的讨论中,柏拉图更是专门讨论了对统治者的教育与培养。这些教育与培养,有体育方面的教育训练,也有知识文化方面的教育。然而,值得指出的是,他全面讨论了不同等级的人的德性问题。即通过教育培养,处在不同等级位置的人,应当具有怎样的德性才是合适的。

柏拉图认为,在一个依据国家的本性建立起来的国家中,应当有多种多样的知识或智慧,如有关农业生产的知识与智慧,木工的智慧等;但有一种智慧则是考虑整个国家大事的,"这种知识是护卫者的知识,这种知识是在我们方才称为严格意义下的护国者的那些统治者之中"。④ 在柏拉图这里,具有知识是与智慧等同的。他说:"一个按照自然[本性]建立起来的国家,其所以整个被说成是有智慧的,乃是由于它的人类最

---

① [古希腊]柏拉图:《理想国》,郭斌和等译,商务印书馆,1986年,第197页。
② 同上。
③ 同上书,第199页。
④ 同上书,第146页。

少的那个部分和这个部分中的最小一部分,这些领导者和统治着它的人们所具有的知识。并且,如所知道的,唯有这种知识才配称为智慧。而能够具有这种知识的人按照自然规律总是最少数。"①换言之,只有治国的知识才是真正的知识,而具有这样的知识才是真正的智慧。具有这样智慧的人就是统治者。然而,并非是所有统治者都具有这样的智慧,只有经过严格的数学训练以及其他科学知识学习的人,才有可能掌握这种知识。这种知识不是别的,就是理念知识。在柏拉图看来,与经验相关的知识不是真知,只是意见,而只有能够掌握形式知识的人才具有真知。因此,在柏拉图看来,只有哲学家能够为王。换言之,哲学家才是够格的王。质言之,在哲学家王那里我们可以看到智慧这种德性。

国家是因统治者的智慧而说成是有智慧的国家,也因其中的某一部分人具有勇敢的德性而被说成是勇敢的。这些人就是这个国家中在战场上保卫它的人,也就是军人或护卫者。因此,勇敢就是护卫者的德性。不过,柏拉图对勇敢的讨论很值得我们注意。"勇敢"($άνδρεια$)这一德性,在希腊语中有着英语和汉语的这一层意思,同时也有着另一层意思:坚毅(fortitude)。而所谓"坚毅",即在一种对于主体而言比较艰难的状态中的保持。这里我们可以联系军队在前线打仗的情形来说,也可以联想到其他情形来说。而柏拉图就是在这样两种情形中给予界说的,他既说了说到勇敢也就意味着军队在前线打仗中的情形,同时也说"勇敢就是一种保持"。②那么,柏拉图是在一种什么意义上讲"保持"呢?柏拉图说:"就是保持住法律通过教育所建立起来的关于可怕事物——即什么样的事情应当害怕——的信念。我所说的'无论在什么情形下'的意思,是说勇敢的人无论处于苦恼还是快乐中,或处于欲望还是害怕中,都永远保持这种信念而不抛弃它。"③因此,所谓"保持"也就是一种和平时期抵制各种欲望和诱惑的遵守法律的精神。在这个意义上,它就超出了战时面对危险的行为意义,而成为一种普遍守法精神。

在柏拉图看来,我们在这样的城邦找到了智慧和勇敢还不能找到正

---

① [古希腊]柏拉图:《理想国》,郭斌和等译,商务印书馆,1986年,第147页。
② 同上书,第148页。
③ 同上。

义,那就必须先找到节制的德性。而节制就是"一种好秩序或对某些快乐与欲望的控制"。① 在柏拉图看来,节制首先是下层人的主要德性,有了节制,那么,为数众多的下等人被少数优秀人物的欲望和智慧统治着。其次,柏拉图认为,节制与智慧和勇敢的作用不同,智慧与勇敢分别处于国家的不同部分而使国家成为有智慧的和勇敢的,而节制不是这样起作用的,"它贯穿全体公民"②,也就是说,处于这个新国家中的任何人,都应具有节制的德性,而不论他的地位有何不同。柏拉图说:"节制就是天性优秀的和天性低劣的部分在谁应当统治,谁应当被统治……这个问题上所表现出来的这种一致性和协调。"③因此,节制是一种政治德性,是一种城邦和谐的伦理前提。

有了节制、勇敢和智慧的德性也就可以谈正义了。那么,什么是正义呢?在柏拉图这里,一个城邦的任何人,统治者与被统治者,大家都具备了"一个人干他自己分内的事而不干涉别人分内的事情"④,这就是正义。或者说,"正义就是有自己的东西干自己的事情"。⑤ 如一个鞋匠做鞋匠的事,一个木匠做木匠的事。"当生意人、辅助者和护国者这三种人在国家里各做各的事而不相互干扰时,便有了正义"。⑥ 如果下层人不安分而一心想往上爬,各个等级之间就会发生相互冲突和干涉,柏拉图认为这样的国家会毁灭。因此,"当城邦里的这三种人各做各的事时,城邦被认为是正义的"。⑦ 柏拉图的正义明显是秩序正义,这一秩序正义有着久远的思想渊源,在荷马那里,宙斯的正义就是秩序正义,即宇宙秩序的正义。宇宙秩序的正义即为整体正义,而在柏拉图这里,城邦或国家正义也是整体正义,整体正义是在整体秩序和谐的前提下实现的。秩序和谐是通过智慧、勇敢和节制的德性实现的。因此,如果没有这个国

---

① [古希腊]柏拉图:《理想国》,郭斌和等译,商务印书馆,1986年,第150页。
② 同上书,第152页。
③ 同上。
④ 同上书,第154—155页。
⑤ 同上书,第155页。
⑥ 同上书,第156页。
⑦ 同上书,第157页。

家的智慧德性,没有勇敢德性和节制德性,也就没有正义。其次,柏拉图也考虑了制度因素,即他强调护卫者(有时也说全体公民)没有个人私产,实现一种没有家庭的"共产主义"制度。他认为如果一个国家内部有了贫富分化和对立,两者之间就有了不可调和的矛盾和冲突,这种冲突会导致国家的毁灭。柏拉图的出发点是现实的,但其制度方案则是不现实的。

柏拉图的秩序正义是在以统治者的有智慧的统治下实现的。在柏拉图的理论中,这一国家秩序正义得到了他的个人灵魂理论的支持。柏拉图的灵魂三分说,即理性部分、情欲部分和生气勃勃或激情(θυμός,spirited)的部分。这一灵魂三分说又可以看成是对国家职业三分理论的支持。其理性部分的代表是统治者,其生气勃勃部分的代表是护卫者,而其情欲部分的代表则是普遍劳动者。就人的灵魂而言,理性与情欲始终处于冲突对立之中,只有理性驾驭情欲,生气勃勃的部分辅助理性,才可实现灵魂内部的和谐,从而产生了灵魂内部的正义。正如国家的正义是为统治者的智慧所保障,灵魂内部的秩序正义是为理性的支配所保障。

再回到正义与幸福关系的主题上来。柏拉图的正义国家是他的理想国家,对于现实而言,它只是一个衡量标准,以此标准从道德上评价现实国家的政体类型。从这样理想政体下降,第一类型的政体是类似于斯巴达的荣誉政体,第二类型的政体是寡头政体,少数人统治的政体,第三种是民主政体,最后第四种政体是僭主政体。这些政体依次下降,从而这些政体的道德地位,一个比一个更低。这是因为,这些不同的政体本身具有不同的道德内涵,在道德上也越来越坏。由民主政体转变为僭主政体,人民领袖变成了独夫民贼。"人民发现自己像俗语所说的,跳出油锅又入火炕;不受自由人的奴役了,反受起奴隶的奴役来了;本想争取过分的极端自由的,却不意落入了最严格最痛苦的奴役之中。"①在品性上,柏拉图把僭主看成是醉汉、色鬼、疯子式的人物,他的心灵完全被情欲和无穷无尽的欲望所支配,并且永远无法满足。柏拉图指出,小偷、强

---

① [古希腊]柏拉图:《理想国》,郭斌和等译,商务印书馆,1986年,第351页。

盗、扒手是恶人,而这些恶人与僭主给一个国家所造成的恶相比,是小巫见大巫。行文到此,我们可知,理想的王政与僭主政体,哪个最善哪个最恶。一个由这样的僭主统治的城邦,无疑是最不幸的城邦。因此,在这里没有正义,也没有幸福可言。这是因为,这样的国家里,从整体上看以及最优秀的部分都处于屈辱和不幸的奴隶地位。只有在正义的城邦,我们才可看到全体公民的幸福。

第四节 亚里士多德的正义观

亚里士多德的政治伦理思想有着深远的影响,在其伦理学著作中以及政治学著作中,对于正义问题有着广泛而深入的探讨。亚里士多德接过苏格拉底和柏拉图论题进行讨论。我们知道,就讨论进路而言,在《理想国》第一卷中与其后柏拉图的进路并非一样。在第一卷中,苏格拉底在追问正义是什么时,是把正义作为品格德性来讨论,而在其后的讨论中,柏拉图则是从制度正义或政治正义的进路来进行。亚里士多德对正义的讨论,是从这样两种进路来进行的。大致可以说,在其伦理学著作如《尼可马科伦理学》等中,主要是从作为一种德性品质的层面来讨论正义(中文译本多把它译为"公正"),虽然也提到政治正义;而在《政治学》中,则主要是从政治或政治制度层面来讨论正义。

一、德性正义

亚里士多德的伦理学是德性伦理学,在其三部伦理学著作中,大量地讨论了多种重要的德目,正义($\delta\iota\kappa\alpha\iota o\sigma\acute{u}\nu\eta\varsigma$,又译为"公正")是其中之一。亚里士多德在《尼可马科伦理学》讨论正义的第五卷中开篇即说:"所谓公正,是一种所有人由之而做出公正的事情来的品质,使他们成为做公正事情的人。由于这种品质,人的行为公正和想要做公正的事情。"①在这里,亚里士多德不是像苏格拉底那样,追问正义的定义,而是

---

① [古希腊]亚里士多德:《尼可马科伦理学》,苗力田译,中国社会科学出版社,1999年,第95页

首先把正义作为一种德性来看待。正义作为德性,是使我们成为正义的人并能够做出正义行为和事情的品质。而从正义的人能做什么这样一个问题来看,亚里士多德仍然是延续了苏格拉底的思路。在德性伦理学上,亚里士多德把德性伦理区分为两大类:理智德性与伦理德性,而对于伦理德性,亚里士多德再把它区分为个人性品德与社会性品德,如勇敢、节制、自制为个人性品德,而"我们认为正义正好是社会性的品德,最有益于城邦团体,凡能坚持正义的人,常是兼备众德的"。① 那么,怎么看待正义是社会性品德呢？亚里士多德说:"公正自身是一种完满的德性……在各种德性中,人们认为公正是主要的……它之所以是完满的德性,是由于有了这种德性,就能以德性对待他人,而不只是自身。"②作为社会性品德,不仅是说行为者如何对待自身,而是说如何对待他人,而正义恰是涉及以德待人的品德。亚里士多德以经验观察得出,以德待人比以德待己困难得多。因此,在他看来,有了正义的德性,也意味着有了其他德性。他把正义(公正)看成是个人德性中的核心德性,或者说,是一切德性的总汇。③ 因此,亚里士多德认为,"公正不是德性的一个部分,而是整个德性;同样,不公正也不是邪恶的一部分,而是整个的邪恶"。④ 亚里士多德强调以礼待人、以德待人和以善待人才是正义,而不讲礼法、为害他人都不是正义,都是对社会的危害,因而都是邪恶。因此,个人是否具有德性,又可以仅从是否具备正义这一德性上看出。他认为,人类由于志趋善良而有所成就,成为最优良的动物,但是,如果"不讲礼法,违背正义,他就堕落为最恶劣的动物"。⑤ 违背正义之所以最为恶劣,就在于违背正义必成为社会祸害。在亚里士多德看来,正义是社会性的品

---

① [古希腊]亚里士多德:《政治学》,吴寿彭译,商务印书馆,1981年,第152页。
② [古希腊]亚里士多德:《尼可马科伦理学》,苗力田译,中国社会科学出版社,1999年,第97页。
③ 因有正义而兼务众德的思想,也可以看作是柏拉图正义论的继承。这是因为,无论是从社会和谐和灵魂内在和谐的意义上看,柏拉图都强调只有在其他德性都起作用的前提下,我们才可发现正义。
④ [古希腊]亚里士多德:《尼可马科伦理学》,苗力田译,中国社会科学出版社,1999年,第97页。
⑤ [古希腊]亚里士多德:《政治学》,吴寿彭译,商务印书馆,1981年,第9页。

德,人是社会的人,缺乏社会性品德(德性),人也就无从与人为伍。因此,在亚里士多德的德性论意义上,正义因其社会意义而具有不可替代的作用。可以说,正义是亚里士多德的个人与社会相统一关系的关键性连接点。就德性论本身而言,没有正义,其他诸多德性(理智、勇敢、节制等)与社会共同体就处于相分离的状态中。因而只有正义,才是最为重要的社会性德性。当然,亚里士多德也从部分德性正义与部分德性不正义的意义上指出正义与其他德性的关系。如做了其他坏事(纵欲犯),但在利益分配上并不多占。

作为社会性的品德,善待他人是正义品德的一个规定,同时,遵守法律也是正义品德的一个内在规定。违法的人不公正,守法的人为公正。"当然一切合法的事情在某种意义上都是公正的。"①亚里士多德对于整个希腊的多种政体有着十分详细地研究和讨论。因此,他并非不知道有良法与恶法之分。他所说的法律,"表现了全体的共同利益,以及高贵的人和主宰者的利益,以及其他类似的方式"。② 亚里士多德的守法正义,实际上是对当时流行观点的一种表述。即在无论怎样政体下的法律,只要人们遵守了,也都被认为是正义的。当然,他从德性整体意义上谈到整体的不正义(不公正)③,在他的思想中应当是考虑了变态政体如柏拉图所说的僭主政体下的法律问题。而他强调的是正义作为一种品德的社会性,即正义之德作为政治共同体的生存的意义。在亚里士多德看来,共同体的生存与德性内在相关,真正的良法在于要求人们的行为全部合乎德性,并制止各种邪恶之事。因此,"为教育人们去过共同生活所制定的法规就构成了德性的整体"。④ 为法律所要求的也就是德性行为所做的,而为法律所禁止的违法行为也就构成邪恶。这在于,违法行为破坏了人们的共同生活,德性行为则成为建构共同生活的要素。

不过,亚里士多德的守法正义还是有他自己的理解。他把守法与违

---

① [古希腊]亚里士多德:《尼可马科伦理学》,苗力田译,中国社会科学出版社,1999年,第96页。
② 同上书,第97页。
③ 同上。
④ 同上书,第99页。

法对照起来考察。他以法律作为人们利益的准绳,所谓违法的不公正也就是贪求对好处的多占。据他的观察,不公正的永远在利益面前总想占多的,在坏处面前他则总是选取少的部分。由此亚里士多德把公正或正义与平等联系起来。法律对人一视同仁,从而在法律面前人人平等。不公即为不平等。因此,守法的人和平等的人是正义的人。

正义是守法与公平,而不正义也就是违法与不公平。违法与不公平虽然在内涵上有交叉,但并不可以完全等同。因为不公平、不平等完全是违法(法律要求平等执行),而违法并非全部都是不公平。在这个意义上,亚里士多德进而提出部分正义与部分不正义的问题。这表现在荣誉、财物以及公共物品的分配中,也表现在自愿与非自愿的交往中,如买卖、高利贷、寄存、出租等交往行为中;也表现在暗中进行的如偷盗、通奸、诱编、伪证等行为上。前者为合法的行为,后者为非法行为。但是在合法行为中,公平交易,从德性整体来看,是整体中的部分正义;也有可能出现不公正,如买卖中的欺骗。而欺骗不仅违犯公平交易,也是违法的。后者为违法行为,违法行为是不正义的。但却可能发生在一个并没有贪欲的人那里,因而从德性整体看,则是部分不正义。

亚里士多德具体讨论了分配事物中的正义或公正问题。亚里士多德分析道,就分配正义而言,至少涉及四个项:其中两项涉及人,另两项涉及事物。两个是对人的公正,两个是对某些事物中的公正。所谓对人,即涉及人与人的比较,两个对事物,涉及对物与物的比较。而且对人对物两者之间不是隔开的,而是内在相比而言的。那么,何以会有对人对物相比较而言的公正或正义?亚里士多德说:"对某些人和他们所有的事物两者将是相等的。如若人们不相等,他们所有的事物也不相等,争吵和怨恨就会产生。因为相等的人分得了不相等的事物,不相等的人反而分得了相等的事物。而根据各取所值的原则这是无可争议的。所有的人都同意应该按照各自的所值分配才是公正的。"①同等的人应得同等的东西。在这里,亚里士多德提出了他的分配正义原则,即按比值

---

① [古希腊]亚里士多德:《尼可马科伦理学》,苗力田译,中国社会科学出版社,1999年,第100页。

进行分配。而所谓比值,即比例。同等的人(或同等贡献的人等)分配同等的东西,不同等贡献的人,所分配的数量或物的价值不应同等。这就是比值或比例。亚里士多德说:"公正就是比例,不公正就是违反了比例。出现了多或少,这在各种活动中是经常碰到的。不公正的人所占的多了,受不公正待遇人所得的好处就少了。"①

就个人德性而言,正直与正义或公正的关系是一个重要问题。在亚里士多德看来,一个正义的人,一定是一个正直的人。亚里士多德说:"正直与公正实际上相等同,虽然正直更有力些,但两者都是真诚。"②我们在苏格拉底关于正义的讨论中也看到,在古希腊人那里,是把正直与真诚都看成是正义的内涵。而在讨论正直与公正的关系时,联系到法律,亚里士多德说了一段需要解释的话,他说:"正直虽然是公正,但并不是法律上的公正,而是对法律公正的纠正。其原因在于,法律必然都是普遍的,然而在某些场合下,法律所持的普遍道理,不能称为正确了。就是在那些必然讲普遍道理的地方,也不见得正确。因为法律是针对大多数,虽然对错误不无所知。不过法律仍然是正确的,因为错误并不在法律,也不在立法者,而在事物的本性之中,行为的质料就是错误的直接根源。尽管法律说了一些笼统的话,但仍遇到了与普遍相悖的事情,有所忽略和出现错误。那么矫正缺点就是正确。立法者离开实际因说普遍原则而失误,如若来到现场他知道了,自己把不足置于法律中,所以正直就是公正,它之优于某种公正,并不是一般的公正,而是由于普遍而带来了错误的公正。纠正法律普遍性所带来的不足,正是正直的本性。"③在这里,亚里士多德讲了两个要点:一、从普遍的观点看,执行法律即为公正,二、从特殊个案出发,可能从普遍的法律来看,虽然是符合公正,但可能不是正确而是错误。从普遍性来看,可能有些个案是合乎法律的,但

---

① [古希腊]亚里士多德:《尼可马科伦理学》,苗力田译,中国社会科学出版社,1999年,第101页。
② 同上书,第117页。
③ 同上书,第118页。

就特殊情形来看,如果按照普遍性法律来处理,可能就是错的。① 那么,什么能够纠正这种错误?回答是:正直。法律虽然既有普遍性,但不可能将社会生活中所发生的一切事情,一切问题包揽无疑地给予解决方案。往往特殊案例没有先例。在这种情况下,亚里士多德认为就不是与法律概念内在关联的公正,而是正直为正确处理案例提供了解决方案,因而正直优于法律意义上的公正。什么是正直?即人的德性品格。在亚里士多德这里,解决法律具体执行带来的问题所诉诸的最终是人的正直德性。

二、制度正义

柏拉图在《理想国》中的重心在于讨论制度或政治制度的正义问题,在亚里士多德这里,这一进路主要体现在《政治学》中。在亚里士多德看来,幸福就是德性的现实活动,亚里士多德又认为,所有德性的这种本性(构成人类幸福的本质要素)以其中的一个德性——正义最具代表性。在社会共同体的共同幸福意义上,正义(公正)有着最为重要的价值。正义(公正)不是别的,"就是幸福的给予和维护,是政治共同体福利的组成部分"。② 他还说:"我们认为正义正好是社会性的品德,最有益于城邦团体,凡能坚持正义的人,常是兼备众德的。"③其次,就正义作为制度而言,涉及法律制度和分配制度,即法律正义与分配正义。就制度的正义而言,在亚里士多德那里,还有对于整个社会制度的考虑。即什么样的制度能够给整个国民带来幸福,或什么样的制度能够是良善的制度。

亚里士多德明确说道:"政治学上的善就是正义。"④在这里,我们看

---

① 如我国近年来报道的一起案例,2015 年 2 月 26 日,湖南省沅江市检察院对"抗癌药代购第一人"陆勇涉嫌销售假药罪案做出决定,对陆勇不起诉。如起诉符合法律,但是错误的,而不起诉则是正确的。——见网络文章:"2015 年度奇葩案件:让法律有意思起来",http://blog.sina.com.cn。
② [古希腊]亚里士多德:《尼可马科伦理学》,苗力田译,中国社会科学出版社,1999 年,第 97 页。
③ [古希腊]亚里士多德:《政治学》,吴寿彭译,商务印书馆,1981 年,第 152 页。
④ 同上书,第 148 页。

到亚里士多德的一般伦理意义的正义与政治意义上的正义内在实质的同一性。在伦理意义上,正义是个人品德,然而所涉及的是他人的善,在政治或城邦意义上,"这种公正就是为了自足存在而共同生活"。① 亚里士多德认为,城邦作为一个政治共同体是内在自足的,并不假借城邦以外的他物而存在。而城邦作为一个自足存在的政治组织,其内部生机或生命存在的条件就是共同体成员的内部协调的共同生活。关注他人利益、造福他人,是人类共同生活内在蕴含的伦理规定,也是人的社会本性的内在规定。在亚里士多德看来,缺乏德性(正义)也就是缺乏共同生活的能力,缺德作恶而造成对他人利益的损害,并成为社会祸害,从而致使人们共同生活的纽带断裂,因而就不能实现政体的目的(优良生活)。所以亚里士多德强调,"正义以公共利益为依归"。②

亚里士多德的"正义以公共利益为依归"的命题,不仅具有伦理行为的含义,更重要的是,这也是亚里士多德的根本政治标准。他以这一标准来考察现实政治,衡量官吏的行为和政体的性质。在亚里士多德看来,所有善人组成的共同幸福的共同体的生活为人类最崇高的生活,然而,"最良好的政体不是一般现存城邦可实现的,优良的立法家和真实的政治家不应一心想望绝对至善的政体,他还须注意到本邦现实条件而寻求同它相适应的最良好政体"。③ 亚里士多德认为,应该研究理想的优良政体,也须研究可实现的政体,以公共利益为依归的正义标准就是现实政治(可实现政体)的标准。他把这一标准运用到现实政治上,所注视的重心就主要是,考察政治活动的倾向和目的是否为了公共利益这一问题上。因此,亚里士多德区分了至善的政体理想与现实的政治要求。他从理想的政体出发,强调人类政治社会的根本目的是组成这一社会的人的共同利益、共同幸福。以此为准绳,亚里士多德认为古代的君主政体、贵族政体以及共和政体(不同社会阶层人士组成的政体)都是旨在照顾全邦人民的公共利益的政体,凡此政体都是"正宗政体"。如果在

---

① [古希腊]亚里士多德:《尼可马科伦理学》,苗力田译,中国社会科学出版社,1999年,第108页。
② [古希腊]亚里士多德:《政治学》,吴寿彭译,商务印书馆,1981年,第148页。
③ 同上书,第176页。

这样一个社会共同体内，没有共同善的获取，那么，作为同等身份(公民)的人组成的政体组织的性质就要发生变化，也就是说，它已不再是这样一个"共同体"。所谓没有共同的善，就是这种政体的统治者(不论是一人，少数人还是平民阶层)只照顾自己一人或少数人或平民群众的利益，而不照顾全邦公民的利益，这样的政体都是"变态政体"。在这里，亚里士多德把古代君主政体、贵族政体看成是正宗政体。他认为，希腊城邦的君主政体并非是主奴型的，君主是因其始祖为公众树立了不朽勋业而被拥戴为王，而且，君王类似于贤长，且受制于公民大会。所谓贵族政体，亚里士多德认为贵族因其财富而有闲暇培养其德性，贵族政体是由少数才德优异的好人(贵族)组成的政体。即政治权利的分配不仅以财富，而且以品德为其依据。亚里士多德认为，同时注意到财富、才德和平民多数的也可称为贵族政体，他甚至把仅兼顾才德和平民多数的政体也称为贵族政体。因此，亚里士多德重视贵族政体虽不乏阶级偏见，但仍是以德性为中心的。亚里士多德对民主制持批评态度，认为民主制仅照顾平民阶层的利益，如同僭主政体仅考虑他个人的利益，寡头政体以富人利益为依归一样，都偏离了正义。亚里士多德认为，在这样的政体条件下，没有社会共同幸福可言，普遍公民的公共利益得不到统治者的关注，且受到损害，这种社会的统治者与被统治者的结合类型，就是主奴结合的类型。在这个意义上，正义的问题也就是一个统治者的行为问题。亚里士多德广泛地研究了希腊城邦的各类政体，考察了他所认为的正宗(合乎正义)政体的衰变问题。如他所指出，共和政体的政治体制是由相同身份(公民)的人组成的。依据平等原则，公民们自然认为大家应该轮流执掌行政、司法等职务，这种公职主要是致力于被统治者的利益，所以这些义务应该由大家轮流分担，而统治者作为公民团体中的一员，也附带地获得共同利益。亚里士多德把这看成是合乎自然的正义制度。然而，这种情况现在有所改变。他说："当初，人们各自设想，在我担当这种义务的时期，既然照顾到他人的利益，那么，轮到他人执政的时期，也一定会照顾到我的利益。如今，情况已不是这样。动心于当官所得的便宜以及从管理公共财物中所获的残余或侵蚀，人们就希望久据要津。这类公职人员好像被病魔所缠，必须求救于官职，一旦失官，便憔悴不堪。"①他认为,这些人争取干禄的狂热,实际上是一种病态。他们的行为已偏离正义。亚氏时期已经存在着我们所说的腐败问题,即使是在他所认为的"正宗"政体下。

在"德性正义"的讨论中,已经涉及了分配正义。这里从制度意义上看,亚里士多德的立足点仍在于社会共同体。亚氏认为,这类公正或正义涉及的是荣誉、财物以及其他的合法公民人人有份的东西的分配,因此,亚里士多德首先强调的是人们作为社会共同体的成员所享有的基本权利和利益。亚氏承认,在这些基本权利和利益的分配中,存在着违背公正的不均即多或少的问题。因而他说:"所谓'公正',它的真实意义,主要在于'平等'。"②同时,他也谈到,不均的事物是不公正的,在不均等的事物之间存在着一个中间,这个中间就是平等,因此,"如若不公正就是不平,那么公正就是公平"。③但我们要理解到,亚里士多德的平等公正观,不是类似于中国传统思想中的平均主义公正观。这可从他对何为不均的解释中看出,他说,不平等就是"相等的人分得了不相等的事物,不相等的人反而分得了相等的事物"。④亚里士多德认为,所谓平等,是对应相应的人而言的。这种相应的人的平等,其依据则是人们对这个社会共同体的共同利益的增进所做的贡献大小来决定。亚里士多德说:"如果要说'平等的公正',这就得以城邦整个利益以及全体公民的共同善业为依据。"⑤他指出,政治权利的分配必须以人们对于构成城邦各要素的贡献的大小为依据。亚里士多德认为世族(优良血统)、财富、自由身份,都可看作是政治权利分配所依据的条件;同时,亚里士多德作为一个德性论哲学家,更为强调德性的价值。认为前者仅是一个城邦存在的条件,而正义、勇敢等德性则是一个所由企求并获得优良生活条件。他说:"政治团体的存在并不由于社会生活,而是为了美善的行

---

① [古希腊]亚里士多德:《政治学》,吴寿彭译,商务印书馆,1981年,第132页。
② 同上书,第153页。
③ [古希腊]亚里士多德:《尼可马科伦理学》,苗力田译,中国社会科学出版社,1999年,第100页。
④ 同上。
⑤ [古希腊]亚里士多德:《政治学》,吴寿彭译,商务印书馆,1981年,第153页。

为。我们就应依照这个结论建立'正义'的观念。所以,谁对这种团体所贡献的美善的行为最多,按正义即公平的精神,他既然比和他同等为自由人血统(身份)或门第更为尊贵的人们,或比饶于财富的人们,具有较为优越的政治品德,就应该在这个城邦中享受到较大的一份。"①因此,在他看来,绝对正义的分配原则是把恰当价值的事物授予相应接受的人,他强调指出,"政治权利的分配应该按照各人的价值为之分配这个原则是合乎绝对的正义的"。②依据这个原则,合乎正义的公职(政治权利)的分配应该考虑到每一受任的人的才德和功绩。由此看来,亚里士多德的分配公正论又是贡献论。而其贡献论又尤其强调德性在其中的作用。在亚氏的心目中,社会共同体的共同幸福高于一切,而德性在其中起着关键性作用。因此,亚里士多德的贡献论不同于现代贡献论。现代按劳分配的贡献论更多强调天赋能力、后天技能对社会生产的效力,亚里士多德主要看重的是德性,有德性,才能增进共同幸福;现代贡献论更多地立足于个体,而亚里士多德的贡献论更多地立足于社会共同体。

按照相应的贡献进行分配的正义,是一种比例平等的原则。平等也就是按照比例关系对共有物的分配,或者说按照算术比例的大和小的中间来决定。所谓比例平等,也就是根据各人对社会共同体的贡献的真价值按比例分配与之相衡称的事物,因此,他又称为"比值平等"。举例来说,如4多于2与2多于1,比例相等,两者都是2:1,即所超过者都为1倍。亚里士多德认为,社会荣誉、政治权利、财物等公共利益的分配,都应依据这一比例平等的正义原则才是真正公正的。但他认为,世界上迄今为止都还未能实现这种原则。在他看来,希腊民主政体的建国观念认为,凡人们有一方面的平等就应该在各方面全都绝对平等,大家既同样而且平等地生而为自由人,就要求一切都归于绝对的平等。而寡头政体的建国观念则认为,人们要是在某一方面不平等,就应该在任何方面都不平等;那些在财富方面优越的人们便认为自己在一切方面都是绝对地优胜。从这些各自的观念出发,平民们以他们所有的平等地位(出身)

---

① [古希腊]亚里士多德:《政治学》,吴寿彭译,商务印书馆,1981年,第140页。
② 同上书,第235页。

为依据,进而要求平等地分享一切权利(亚里士多德并不认为地位可完全决定其正义性),寡头们便以他们所处的不平等地位,进而要求在其他事物方面也必须超越他人。亚里士多德认为,作为他们的出发点,各自都据有正义的某个方面,但从社会总体上看,由于他们看不到自己所据有的要素与社会成员所据有的要素的比例,因而他们所坚持的实际上都不是"绝对正义",即不是亚里士多德称之为的比值平等的正义。

亚里士多德的第二类部分正义为补偿性正义,又称矫正性正义(公正)。这类正义或公正是执法的基本准则。亚里士多德认为,这类正义或公正体现在数量平等上,数量平等的性质是由这类公正所处理的问题的性质决定的。也就是说,它的公正性可以以数量关系来表示。亚里士多德认为,这是一类在人类交往及互动中产生的问题。它广泛存在于日常生活、经济活动及政治活动中。如一个人打人,一个人被打,一个人杀人,一个人被杀,一个人被骗而受损,另一人行骗而得利。在他看来,这类问题都在一定程度上可以量化。公正所要求的只是造成损失的大小,并依据受损失的大小,或造成损害的大小来惩罚。亚里士多德依据他的中庸(中道)理论,把法律所注意的这种数量平等也看成是一种中间,即得利与损失的中间,认为这种中间也是均等的。换言之,法律的惩罚是具有量的惩罚,而其定量的依据在于受损害的大小,从而做到数量的平等。有了数量平等的公正,法律的执行就有了切实可行的准则。而法律作为德性的体现,就可以以切实的方式使人们的行为具有外在规范,并教育人们趋于善德。

第二章　自然法与正义

自从荷马以来,正义与自然法就有着内在的亲缘关系。所谓自然法,即宇宙或整个世界的法律或规则。在荷马史诗中,就表达了古希腊人对于宇宙的一个基本观点,宇宙秩序是为统治宇宙最高的神宙斯所管理的,这个秩序就是宇宙的法则,而遵行这个秩序就是遵行正义。希腊晚期的斯多亚派学者将古老传统中的自然法思想作为这一学派的核心理念,从而更加彰显了自然法与正义的联结。

第一节　秩序(Kosmos)与正义

自然法与正义的内在联结有着一个悠长的历史,它可以追溯到古希腊思想的起源,即希腊神话。同时,自然法与正义的问题本身又是一个自然正义或世俗正义的问题,这两者在历史中既有可能是统一的,又有可能是相区分的。在古希腊人看来,宇宙的秩序又是一种必然性,必然性即为正义,又是命运。

一、神话中的秩序正义

在希腊语中,宇宙与秩序是同一个词汇:kosmos,这表明古希腊人对宇宙的理解。宙斯所统治的这个宇宙是一个井然有序的自然世界。我们在前一章中,已经讨论道,在希腊神话的十二提坦中,正义女神忒弥斯(Themis)的职司为对宇宙秩序的照管。无论是奥林匹斯山上的众神多么具有力量,他/她都得服从宙斯的意志。服从宙斯的意志是这个秩序的体现,遵循这一秩序即为正义。换言之,自然(*physis*)中蕴含着秩序,从而也表明了神与人活动的正义之所在。其次,遵循宙斯的意志对于人而言，就是人的命运（moira）。在荷马史诗中，人类的事务最终为神的意志也就是宙斯的意志所决定。宙斯的意志是人类活动也是整个宇宙运行的最终决定者。在《伊利亚特》的最后一卷，阿基里斯对悲伤的特洛伊国王普里阿摩斯（Priams）说：

> 我等一生坎坷多难，而神们自己却杳无忧愁。
> 有两只瓮罐，停放在宙斯宫居的地面，盛着
> 不同的礼物，一只装着福佑，另一只填满苦难。
> 倘若喜好炸雷的宙斯混合这两瓮礼物，把它
> 交给一个凡人，那么，此人既有不幸的时刻，
> 　　也会有时来运转的良辰。
> 然而，当宇宙交送凡人的东西全部取自装着苦难的瓮罐，
> 　　那么，
> 此人就会离乡背井，忍受辘辘饥肠的驱策，
> 踏着闪亮的泥地，浪迹四方，受到神和人的鄙弃。①

在阿基里斯或荷马看来，无论是幸福或苦难，都是宙斯给人类的命运，这个命运是不可逃脱的。然而，我们又怎样理解个人对自己行为的责任呢？在荷马史诗中，战斗中和日常行动中的个人除了自己的意志外，我们还可发现神对人类事务的介入。因此，史诗中的任何事件的结果，可能不仅仅是人的意志的作用，也是神的介入的结果。荷马史诗中常常出现的描述是希腊本土的联军与特洛伊方在地上战斗，而众神则在天上看，当看到某方可能失败，结果就有神来相助某方。而神的介入并非不自然，史诗的处理也是很自然的。但是，史诗让我们理解的是，即使是神介入人类事务，人也应当为自己的行为负责。如我们在第一章中所看到的，希腊本土联军与特洛伊人在战斗中立下的誓言，即在特洛伊王子亚历克山德罗斯与墨奈劳斯即海伦的前夫之间进行决斗之前，双方已经立了誓言，这个誓言是如此庄严，因为它已惊动了天庭，而特洛伊人则违背了自己的誓言，从而不可避免覆灭的命运。正如在《奥德赛》开篇不久处，宙斯对众神所说：

---

① ［古希腊］荷马：《伊利亚特》，陈中梅译，花城出版社，1994年，第586—587页。

> 可耻啊——我说！凡人责怪我等众神，
> 说我们给了你们苦难，然而事实却并非这样：
> 他们以自己的粗莽，逾越既定的规限，替自己招致悲伤，
> 一如不久前埃吉索斯的作为，越出既定的规限，
> 姘居阿特柔斯之子婚娶的妻房，将他杀死，在他返家之时，
> 尽管埃吉索斯知晓此事会招来突暴的祸殃——我们曾明告于他，
> 派出赫耳墨斯，眼睛雪亮的阿耳吉丰忒斯，
> 叫他不要杀人，也不要强占他的妻房；
> 俄瑞斯忒斯会报仇雪恨，为阿特柔斯之子，
> 一经长大成人，思盼返回故乡。
> 赫耳墨斯曾如此告说，但尽管心怀善意，
> 却不能使埃吉索斯回头；现在，此人已付出昂贵的代价。①

在前面，我们读到的是宙斯的意志使得我们遭受苦难，而在这里，宙斯则说是人们自己"逾越既定的规限，替自己招致悲伤"。实际上，从特洛伊人毁约从而招致覆灭我们可知，宙斯的意志即自然的秩序本身为人类的行动规定了"规限"，遵循这一秩序，也就是正义，而违背这一秩序也就是违背正义，从而导致人自身的苦难。不过，希腊人也有对命运无常和命运作弄人的感叹。希腊神话"俄狄浦斯"的中心概念就是命运，并且是人所逃不出的命运。俄狄浦斯的父亲国王拉伊俄斯背负着神的诅咒和神谕：他的儿子将杀死他并娶他的妻子为妻。因此，当他的儿子降生于世，拉伊俄斯就把他的儿子俄狄浦斯掉到荒野里任其自然死亡。然而，俄狄浦斯被牧羊人救起，并成为邻国没有子嗣的国王的养子。俄狄浦斯长大后，德尔斐神庙的神谕说他会弑父娶母，为避免神谕成真，他离开了这个国家并发誓永不回来。因为他并不知道他不是这个国家的国王所生。当他动身前往他的出生国时，那里正因"斯芬克斯之迷"而全城恐慌。即如果解不出这个谜，斯芬克斯就要吞食这个国家的市民。拉伊俄斯心中焦虑，希望通过德尔斐神庙的神谕找到击退斯芬克斯的方法，这时与俄狄浦斯狭路相逢，两人决斗，结果俄狄浦斯杀死了拉伊俄

---

① ［古希腊］荷马：《奥德赛》，陈中梅译，花城出版社，1994年，第2页。

斯,而后他又解了斯芬克斯之谜,拯救了这个国家,从而与王后成婚,成为新国王。然而,后来他发现,他所杀死的就是他的亲生父亲,而他所娶的就是他的亲生母亲,从而痛苦万分。这个神话所说的,也就是人们逃不掉那上天所规定的命运,尽管人们总希望逃出这种必然的命运。

但另一方面,希腊人并不认为人作为行为主体无须对自己的行为及其后果承担责任。荷马史诗中阿伽门农对阿基里斯承认自己的错误,设宴请阿基里斯出战,也就表明史诗即使是强调了命运对于人的不可避免性,也同时认为人应当为自己的行为负责。在《奥德赛》中,奥德修斯回到家乡,设计杀死对他的妻子求婚的人,奥德修斯杀死他们的正当理由也就是这些人竟然在他活着就向他的妻子求婚。换言之,奥德修斯认为这些人的不当行为犯下了不可宽恕的罪行,因而他们是咎由自取。因此,在荷马史诗以及其后的神话叙述中,一方面是神对人的命运的规定,人摆脱不了必然性的命运;另一方面,人仍然对自身的行为负有不可推卸的责任,尤其是当人违背了宇宙的秩序或规则的时候。同时,我们也应当看到,服从命运也是希腊人的行为正当的观念,这对于神和人来说都是如此。而命运与必然性都与宇宙秩序或自然正义内在相关。

在赫西俄德的《工作与时日》中,继承了荷马的这种似乎矛盾的态度。一方面,赫西俄德称宙斯的意志是决定整个人类一切乃至整个宇宙的最伟大的决定力量,这个意志对于人类来说,是不能以道德判断来加以审视的落在人头上的命运。这个意志是如此的专横野蛮,它可以改变人类的一切,"所有[必]死的凡人能不能出名,能不能得到荣誉,全依伟大宙斯的意愿。因为,他既能轻易地使人成为强有力者,也能轻易地压抑强有力者。他能轻易地压低高傲者抬高微贱者,也能轻易地变曲为直,打倒高傲者"。① 当我们读到这些时,无疑会联想到在《伊利亚特》中阿基里斯所说的人生的苦难有时并非是自己能够控制和掌握。其次,赫西俄德还以"潘多拉的盒子"形象地说,是宙斯给了人类无穷的不幸与灾难。而在这之前,人类没有苦难、没有劳累、没有疾病。换言之,人类的不幸与悲苦——人类的不幸命运来自于宙斯,这一整个宇宙的统治

---

① [古希腊]赫西俄德:《工作与时日》,张竹等译,商务印书馆,1991年,第1页。

者。另一方面,赫西俄德的《工作与时日》的主题又在于说教与劝谕,即劝告人们要行事正义,认为只有行事正义才能得到真正的幸福昌盛。赫西俄德认为,宙斯不仅在天上掌管正义,而且也把正义的法则给了人类:"倾听正义,完全忘记暴力。因为克洛诺斯之子已将此法则交给了人类。由于鱼、兽和有翅膀的鸟类之间没有正义,因此他们互相吞食。但是,宙斯已把正义这个最好的礼品送给了人类。因为任何人只要知道正义并且讲正义,无所不见的宙斯会给他幸福。"① 不仅人类的命运(必然性)、人类的苦难是宙斯的意志最终起作用,同时人类的正义也是宙斯的礼物,这表明人类正义的法则与宙斯的自然法则是一回事,因为它同样是宙斯的。自然法则在宙斯那里是宙斯的秩序规则,在人类这里也就是正义的法则。在这种宙斯规则或必然性面前,不同的人可能回避不了自己的苦难,但如果不遵循自然的规则或正义,则意味着更多的或更大的灾难或苦难。人类可能是在苦难中穿行,但只有行事正义,才是兴盛的必由之路。

前苏格拉底时期的哲学家们,在思考自然与人类时,没有离开古老神话所蕴含的这一宇宙论背景。古希腊神话包含着宇宙起源论,神创造自然宇宙同时也是自然宇宙规则的制定者。在希腊神话中,早期自然哲学家用来阐明宇宙生成的词汇早就已经出现了:天空、大地、大气以及光。不过,神话是将自然物形象化,以形象的形式将它神化,如天空则是乌兰诺斯(Ouranous)天神,大地则是该亚(Gaia)地母。神有着人的形象,也有着人所有的七情六欲。人类有着自己的谱系,神像人一样,也有着神的谱系。赫西俄德的《神谱》,不仅是一个神的谱系,也是以神的形象所描绘的一幅宇宙生成论。哲学家在这样一种文化氛围中,虽不像神学那样,以神的形象来描绘宇宙的生成和演化,而是以经验和理性,面向自然本身来思考宇宙的生成与演化。但是,早期的自然哲学家们的思想中,仍然可以看到神话文化的烙印。如伊奥尼亚学派的自然哲学家泰勒斯,他宣称水是万物的基质,然而,"据说他也曾宣称万物充满了神,而磁

---

① [古希腊]赫西俄德:《工作与时日》,张竹明等译,商务印书馆,1991年,第9页。

石有灵魂,因为它们能使铁运动"。① 阿那克西曼德认为世界的开端是一种永恒的实体(apeiron),从这永恒的实体中产生了热和冷的东西,在这个世界产生之时两者被分开,而一种火圈从中产生并包围着大地周围的雾气,就像一棵树周围的树皮一样,而当它破破裂开来,太阳、月亮、星辰就产生了。② 在这里,阿那克西曼德不以神的谱系而依据经验,来想象宇宙的自然诞生或说明宇宙产生的自然过程。然而,阿那克西曼德并没有完全摆脱神话来思考自然。在一段疑似阿那克西曼德的残篇中,有这样一段话:"存在的事物毁灭归于它们所从中产生的那些事物,根据必然性,它们为它们的不正义按照时间的安排彼此接受惩罚和交付补偿。"③显然这是荷马以来的神学宇宙秩序观念。

在前苏格拉底时期,赫拉克利特是值得关注的一个。在赫拉克利特看来,世界是一团永恒的大火,他说:"这个万有自同的宇宙既不是任何神,也不是任何人所创造的,它过去是、现在是、将来也是一团永恒的活生生的火,按照一定的分寸燃烧,按照一定的分寸熄灭。"④赫拉克利特明确地提出这个自然世界并非是神所创造,而它自己就是自己存在、自己运动演化的本原。那么,自己存在、自己运动的自然宇宙为什么又会按照"一定的分寸燃烧,一定的分寸熄灭"? 我们可以说,这是早期神话中的宇宙秩序概念的体现。不过,就赫拉克利特来说,这个宇宙秩序的概念或主宰神宙斯已经为另一个更为抽象的概念所代替,这就是"逻各斯"(*Logos*),逻各斯即为理性或公理。这表明,希腊哲学家已经以抽象的哲学概念而不是以具有人的形象的神来思考自然宇宙。他认为,万物都遵循这个公理,"所以,必须遵守这个共同的东西,尽管逻各斯乃是共同的,但许多人却以自己的智虑生活着似的"。我们知道,赫拉克利特是自然哲学家中以强调辩证法著称的哲学家,事物在对立中生成与演化,对立面或对立的事物有其同一性,而同一的东西中有差异。正是这种事物的对立与同一推动事物的变化与发展,因此,"斗争是普遍的,正义就

---

① [美]希尔兹主编:《古代哲学》,聂敏里译,中国人民大学出版社,2009年,第4页。
② 同上书,第6页。
③ 同上书,第7页。
④ 苗力田主编:《希腊哲学》,中国人民大学出版社,1989年,第37页。

是斗争,万物都按照斗争和必然性而生成"。① 赫拉克利特总是从生成与变化的角度来看待万物的存在,那么,是什么引起事物的生成与变化呢? 他认为,这就是事物内部不同因素甚至是对立因素的斗争。然而,正如这个自然世界像火一样,是按照一定的分寸在燃烧,又按照一定的分寸而熄灭,即这些不同因素的冲突与斗争仍然遵循一定的规则或尺度而进行,正如太阳的运动一样,也必须遵循它的轨道,"太阳不能超出它的尺度,否则,正义之神的使从——爱林妮们就会把它展现出来"。② 因此,赫拉克利特的正义也就是体现出规则或秩序的必然性,这个必然性,在天上就是由神来主管的。从赫拉克利特来看,早期的自然哲学家,正在摆脱早期神话对于宇宙图景的神话思维模式,力图以经验的和理性的维度来思考这个自然宇宙以及人类社会,然而同时,他们仍然对于这个统一的自然世界有着荷马式的秩序观点。希尔兹说:"事实上,这一图景并不只是一个世界的图景,而且是一个有秩序的世界的图景,一个 kosmos,它的特征就是有规则的变化过程(例如,在热的和冷的季节之间,或者在白昼和黑暗之间),受到一个非人格的法官即时间的支配,这个法官保证每位竞争者摆动在正确的限度和适当的时期内。"③在荷马那里,这个法官就是宙斯以及宙斯秩序的维护女神忒弥斯,在这些自然哲学家这里,他们把自然看成是一个不断演化生成的过程,而这个过程是在一个宇宙秩序(kosmos)的背景之下构想的。温勒比说:"把宇宙看成是一个合理的统一体的信念为把 kosmos 作为 kosmos 来描述所表达,kosmos 既标示了秩序,同时也标示了适或美的某种东西,因而我们可以在一种很强的意义上把它描述为好的秩序。"④把整个宇宙包括人类的在内看作是合理秩序的统一体,而这里正孕育着后来斯多亚派的自然法的观念。

二、自然与习俗

把宇宙万物的变化发展过程看成是规范秩序体现的信念在公元前

---

① 苗力田主编:《希腊哲学》,中国人民大学出版社,1989 年,第 42 页。
② 同上书,第 39 页,其中"爱林妮们",即正义女神。
③ [美]希尔兹主编:《古代哲学》,聂敏里译,中国人民大学出版社,2009 年,第 7 页。
④ Lloyd L. Weinreb, *Natural Law and Justice*, Harvard University Press, 1987, p.19.

5 世纪至公元前 4 世纪时发生了动摇。希腊各城邦国家经过几百年的发展,已经形成了各自不同的社会风俗和政治法律制度。随着波斯入侵以及人们交往的扩大,人们对于不同国家有着不同的风俗习惯有了自己的感性经验的认知。这种认知动摇了自从荷马以来人们对于统一宇宙秩序的看法。这种怀疑所导致的就是自然(physis)与习俗(nomos)的区分。所谓习俗,即所谓各地不同的风俗习惯和社会制度。不同的社会制度是在不同的风俗习惯的氛围和基础上发展起来的。应当看到,早期希腊没有 physis 与 nomos 的区分与对立,赫西奥德就曾说 nomos archaos aristos"风俗或习惯是最高的原则"(《残篇》第 221 条)、kata nomon"根据惯例"(《神谱》第 417 行);希罗多德也说 nomos despotes(《历史》第 7 卷,第 104 节)[1]。在荷马史诗以及其他神话中,就是神的世界也受 nomos 的主宰。这是因为,自然与习俗并没有区分。进入公元前 5 世纪,不同的城邦国家各自有特色的习俗开始得到人们的关注。我们知道,希腊并非是一个统一的国家,而是不同城邦国家所组成的一个有着统一历史、文化记忆和语言的民族。希腊各城邦各自在自己的地理环境内发展,而不同地区的政治经济生活形成不同的风俗习惯以及社会制度。然而,他们共享的宙斯统治的宇宙秩序的统一自然宇宙观还存在。这个时代悲剧家的剧作与智者的思考反映出这个时代的现实与精神已经有了这一区分。

悲剧作家索福克勒斯的作品《安提戈涅》不仅反映了自然与习俗的区分,而且把这种区分所产生的严重价值冲突表现出来。俄狄浦斯的两个儿子厄忒俄克勒斯和波吕涅刻斯争夺王位,两人自相残杀,同日战死。他们的舅父克瑞翁继承王位。波吕涅刻斯为了夺取王位,带领外国军队来进攻自己的国家。克瑞翁宣布他为叛国犯,说要让他的尸体成为野兽的盛宴,下令不得收葬他的尸体,违者处死。安提戈涅不顾国王的禁令,埋葬了他的哥哥。她这样做不仅是为了尽兄妹的情义,更重要的是遵循古老的神圣法令即宙斯的法令。然而,由于违抗了国王的法令,国王克

---

[1] 引自 Liddell & Scott, *Greek-English Lexicon*, ninth edition, Clarendon Press, 1996, p. 1180, "nomos" 词条。参考了汪子嵩等:《希腊哲学史》第二卷,人民出版社,1993 年,第 204 页。

瑞翁将安提戈涅判处死刑,安提戈涅在囚室中自尽。安提戈涅是克瑞翁儿子海蒙的未婚妻,海蒙得知未婚妻惨死而以身殉情,克瑞翁的妻子得知自己的爱子身亡,她经受不了这一打击,也为爱子的死而自尽。这里剧情的关键是安提戈涅为何有勇气来埋葬自己的兄弟?在剧中克瑞翁与安提戈涅有一段对话:

克:你真敢违背法令吗?

安:我敢;因为向我宣布这法令的不是宙斯,那和下界神祇同住的正义之神也没有为凡人制定这样的法令;我不认为一个凡人下一道命令就能废除天神制定的永恒不变的不成文的律条。①

应当看到,克瑞翁的禁令——禁止埋葬叛国者的遗体——并非是没有理由的。克瑞翁站在国家利益的立场上,为了捍卫国家不受侵犯,为了国内人民的幸福与安宁,对于叛国者给予某种惩罚是符合世俗伦理的要求的。因此这一法令并非是一专横的个人意志的体现,而是有着伦理的依据的。因此,对它的遵守就体现了对于国家利益和国家权威的尊重,或对于世俗利益和世俗权威的尊重。然而,安提戈涅同样受到一种伦理精神的鼓舞,即荷马以来的宙斯的传统正义秩序法则,这一法则虽然是不成文的,但比成文法更为久远,更为深入人心。安提戈涅的悲剧恰恰反映了传统的神法与习俗制度之间的区分和冲突。即一方是对成文法的合法性的自信,另一方则是对宙斯的神法的自信。然而,在一个习俗与自然相分化的时期,对立与冲突就是必然的。

智者是公元前5世纪至公元前4世纪的一个特殊的教师群体,这一群体以修辞学为主要的讲授科目。智者的出现是希腊民主社会的特殊需要。一个年轻人要获得政治的成功,也就必须能够在法庭上和公民集会上,以及其他的公共场合以自己的语言来打动听众。而为了能够使得听众选举你或者拥护你,你就必须有修辞能力,使得自己的语言能够说服听众。而为了能够赢得听众的支持,你不仅应当拥有语言的技艺,而且应当迎合公众的伦理道德观和价值观,也就是你必须成为公众的代言人,从而使得公众能够认为你代表了他们。我们知道,智者是一个流动

---

① [古希腊]索福克勒斯:《悲剧二种》,人民文学出版社,1961年,第19页。

的群体,他们在不同的城邦进行修辞学等学问的传授,而由于不同城邦的社会风俗道德以及政治制度不同,对智者提出的要求就是在什么山上唱什么歌。那么,什么是正义?在斯巴达认为是正义的,在雅典是不是也是正义的?智者们很快就认识到,一般意义的正义以及不同城邦的正义已经不是同一个问题,而是不同性质的问题。那么,还有没有统一的正义?为什么不同城邦国家的正义内涵是不同的?这些问题促使智者们也得出了自然与习俗有所区分的结论。

在柏拉图的《理想国》中,智者色拉叙马霍斯说正义就是强者的利益,而他所说的"强者的利益",是指统治者总把自己的利益说成是正义的,或对自己有利的说成是法律,而被统治者不得不服从和执行。你执行他所说的法律就是正义的行为,如果不执行就不是正义的行为,如安提戈涅的行为在克瑞翁看来就是不正义的那样。当智者色拉叙马霍斯这样说时,无疑是指城邦国家的统治者把自己的利益或对自己有利的说成是正义,这样的正义内涵无疑已经不是宙斯的正义,即不是自然宇宙秩序意义上的正义。其次,在《理想国》第二卷中,智者格劳孔提出了一种正义起源观。在他看来,人们都认为正义是对他人有利,而不正义是对自己有利。人们做不正义的事会使自己得到好处,但可能要承受不正义之事所带来的害处。"当人们在交往中既伤害他人又受到他人的伤害,两种味道都尝到以后,那些没有力量避免受害的人就觉得最好还是为了大家的利益而相互订立一个契约,既不要行不义之事,又不要受不正义之害,这就是人们之间立法和立约的开端,他们把守法践约叫作合法的、正义的。这就是正义的本质与起源。"①智者的这一正义论点中包含着这样几个观点:第一,从人的自然本性看,人都是自私而利己的,在他们看来,如果人人都作恶多端(所谓作恶即为损人利己)而不受惩罚,那么,没有人不会不做不正义之事。第二,普通人如果人人都作恶,那么就有可能导致谁都要防范他人对自己作恶的问题。但普通人没有那样的力量来保卫自己,因而走向理性考虑,即与(如他一样无能力保护自己

---

① [古希腊]柏拉图:《国家篇》,《柏拉图全集》第二卷,王晓朝译,人民出版社,2003年,第314页。

的)他人立约互不侵犯。第三,所谓正义不过是在"一种最好与最坏之间的一个折中,所谓最好就是干了坏事而不受惩罚,而所谓最坏就是受了害而没能力报复"。① 因此,在智者看来,实际上人们并非把做正义之事看成是一件对自己而言的好事,而是把它当作是一种在没有力量去行不正义时的一件体面的事。当智者这样讨论正义与不正义时,实际上已经不是宙斯意义上的自然宇宙秩序的正义,而是他们在对人性的理解基础上的习俗道德。在这里,人在本性上是一个充满贪欲的存在者,而道德则不过是人们为了能够适应社会这个化装舞会的面具。因此,在智者这里,对于"自然"(*physis*)这一概念又有了个新用法,即用来表示人的本性,这一本性即为自利与自私,而道德不过是人对其自利本性的一种伪装或者对这种本性的矫正。这样一种自利人的概念自智者以来,在西方思想史上有着一个长久的历史。它再度出现在霍布斯的自然状态下的人的概念里。习俗不仅是在自然宇宙的意义上与自然相区分,而且自然又是在人的本性意义上与习俗(道德)相区分。

自然(*physis*)与习俗(*nomos*)的区分,*Physis* 这一概念,是现代英语的"物理"(physics)这词的原形,大致可说是"自然"或实在。*Nomos* 大致是我们行动所确立的方式,即习俗(customs, convention)、规则等。在古希腊,法律(成文法)是与习俗相关的。在一个社会共同体内,法与习俗是混合在一起的。而法律、习俗与自然都是价值所确立的标准,这两者之间并非一定是对立的,但是,这个时期的人们却发现这两者之间的对立。在柏拉图的《高尔吉亚篇》中,智者卡利克勒批评苏格拉底,说他是在习俗法律的意义上来批评人间的罪恶。卡利克勒对苏格拉底说:"尽管你声称追求真理,但你实际上把讨论引向受大众所欢迎的粗俗观念,这类观念只是为习俗法则而不是为自然(本性)所尊重。而自然与法则在很大程度上是相互对立的。所以,如果一个人羞于或不敢说他所想的,他被迫与他自己相矛盾。……如果一个人依据法则来声言,而你却狡猾地依据自然来质疑他,如果他依据自然来声言,而你却依据法则

---

① [古希腊]柏拉图:《国家篇》,《柏拉图全集》第二卷,王晓朝译,人民出版社,2003 年,第 315 页。

来质疑他。"①在这里卡利克勒不仅认为自然与习俗(法律)是对立的,而且认为苏格拉底利用这种对立进行辩论。那么,卡利克勒是怎么看待法律的呢?他说:"我相信那些制定法律的人是弱者和多数。所以他们制定法律,依据他们自己以及以他们的利益来分配赞扬与责备。而且更可怕的方面是,人类中有着更多权势的人,他们能够得到比他们所享有的更多的份额,他们说,他们得到更多份额是'可耻的'和'不正义的',做不正义的事就是想得到更多的份额。我认为他们想得到一个平等的份额,因为他们是下层人。"②而卡利克勒认为,"自然本身所揭示的是,对于较优秀和较有能力的人来说,得到一份比那些差的人和没有什么能力的人更大的份额是公正(正义)的,自然表明在许多地方都是如此,在其他物种、整个城邦和整个人类种族中都是如此,它表明,以下决定了什么是正义:上层人统治着下层人,他们比后者享有更大份额"。③ 他还说,波斯帝国国王薛西斯一世(Xerxes)侵犯希腊依据的是什么正义?还有他的父亲侵犯塞西亚(scythia)呢?无数其他这样的例子都能说明问题。所以,他说:"因此我相信,所有这些人做这些事是与宙斯的正义一致的。并且是与自然法则一致的,而不是与我们制定的法一致的。"④我们不能不说卡利克勒所理解的宙斯的正义有其正确的一面,这是因为,宙斯的统治从根本上看是力的统治。在远古时代,正义秩序的建立首先是基于力的较量的前提。正是因为宙斯是没有任何神祇能够战胜的,因而他才有力量来统治整个宇宙。同时,卡利克勒这些话也揭示了,希腊社会的发展已经确立了新的正义观,这一正义观是根据习俗而不是来自于古老的宙斯的法则。

然而,我们要看到,不仅仅是智者们,而且就是柏拉图本人,也深受宙斯的正义观的影响,当然,柏拉图对于有着深远影响的神话正义观的汲取不同于智者们。我们在《理想国》中发现,柏拉图的正义是秩序和

---

① Plato, *Plato: Complete Works*, edited, with introduction and notes, by John M. Cooper, Hackett Publishing Company, 1997, p. 827.
② Ibid., pp. 827-828.
③ Ibid., p. 828.
④ Ibid.

谐,或和谐秩序。这对于一个城邦是如此,对于人的灵魂来说也是如此。在柏拉图看来,只有灵魂内部的和谐,这样的灵魂才是正义的灵魂,而对于一个理想的城邦来说,只有统治者、护卫者和下层人民三者之间和谐相处,一个共同体内部才有正义,或者说才是一个正义的城邦。而秩序正义的观点恰恰有着久远的思想渊源,这就是宙斯的宇宙秩序观。就亚里士多德而言,无疑受到自然与习俗相区分的时代思想背景的影响,自然虽然仍然是亚里士多德哲学中的重要概念,尤其是自然哲学的重要概念;但对于他的社会哲学或伦理学和政治哲学来说,亚里士多德都是从人类共同体或德性品格的意义上来讨论正义的。另一方面,亚里士多德的政治哲学,又没有放弃自然概念。在他看来,人类社会从家庭、村落发展到城邦,是人类社会自然演化的结果。他说:"等到由若干村坊组合而为'城市'(城邦,πόλις),社会就进化到高级而完备的境界,在这种社会团体内,人类的生活可以获得完全的自给自足。"①城邦是人类发展的高级阶段,只有在自然演化到这样的阶段,才可真正实现全体公民的幸福,即城邦的存在是为了人类的至善的生活,或者说才可真正实现人类的正义。亚里士多德说:"城邦以正义为原则"②,而城邦的正义不可离开人类的自然演化。在他看来,城邦正是人类自然演化的目的,这是因为"人类志趋优良而有所成就,成为最优良的动物,如果不讲礼法,违背正义,他就堕落为最恶劣的动物。"③换言之,正义符合人的自然本性。

第二节 斯多亚派的自然法

斯多亚派的自然法思想对于后来的西方思想史有着重大影响。斯多亚派是亚里士多德之后重要的哲学流派。公元前322年,亚里士多德去世,标志着一个历史新时期的开端,即希腊化时期的到来。随着亚历山大荡平整个希腊以及对地中海沿岸的征服,一个希腊化的世界到来。在这样一个时期,以往人们能够发挥重要作用的地方性政治共同体已经

---

① [古希腊]亚里士多德:《政治学》,吴寿彭译,商务印书馆,1965年,第7页。
② 同上书,第9页。
③ 同上。

不复存在,取而代之的是一个幅员辽阔的希腊世界。斯多亚派哲学就是这样一个时代的产物。斯多亚派是来自塞浦路斯的芝诺所开创的。芝诺生于公元前336年,他于公元前314年来到雅典,后在雅典创立学派。斯多亚派的活动从公元前308年到公元2世纪,分为前期、中期和后期,在不同时期都有其代表人物。斯多亚派的哲学是从希腊哲学到中世纪的基督教神学的过渡与桥梁。它把希腊的哲学观念带入罗马和新的世纪。

一、自然与理性

在斯多亚派哲学中,"自然"(physis)是一个核心概念。"自然"这一概念,既包含着对于物理世界的理解,同时也包含着对于神、对于人性以及人类的理解。博登海默说:"芝诺及其追随者把'自然'的概念作为他们哲学体系的核心。所谓自然,按他们的理解,就是统治原则,它遍及整个宇宙,并被他们按泛神论的态度视之为神。这种统治原则在本质上具有理性。"[①]斯多亚派的"自然"概念所表达的内容,既是描述性的也是规范性的,它既包含着这个世界以及万物是什么,也包含着它们应当是什么的规定性。就其描述性意义而言,自然即宇宙、神、宙斯和命运,以及其他许多名称。在斯多亚派看来,这些名称所表达的是同一个东西,"在开始的时候他依靠自身,把全部实体通过气转变成水,正如在动物的生成中种子有一个潮湿的媒介一样,神作为宇宙的种子似的理性,就这样留在潮湿中,成为一个承办者,他按自己的意图改变质料以有利于创造的下一个阶段。因而,他首先创造了四种元素:火、水、气、土……在它里面,首先产生的是恒星的球体,然后是行星的球体……"[②]在这里,斯多亚派提出了他们的宇宙起源论。就斯多亚派的观点而言,宇宙就是神自身,而天体自身的秩序也称作宇宙。而这个世界则为理性所主宰,"理性渗透在世界的每个部分,正如灵魂渗透在我们身体中的每个部分一样"。[③] 这

---

① [美] E.博登海默:《法理学—法哲学及其方法》,邓正来等译,华夏出版社,1987年,第11页。
② 苗力田主编:《希腊哲学》,中国人民大学出版社,1989年,第624页。
③ 同上。

一观点是荷马似的宇宙观,同时也反映了希腊早期自然哲学的成就。斯多亚派对理性或逻各斯的强调,则使人们想到赫拉克利特。在他们看来,理性是自然的一个规定性特征,因为我们把自然看成是某种同我们一起共有的有独特价值的东西。并且自然通过秩序所表现出来的理性,比我们更为完满。理性的这种更为完满的形式结果表明就是自然的理性,它自身是一种神圣的预成的逻各斯。因此,不论是我们灵魂中的理性还是宇宙秩序中展现的理性,都表明理性是善的唯一物。我们在前面指出,公元前5至公元前4世纪,古老信念所持有的统一的宇宙秩序观被打破了,自然与习俗的区分得到了强化。然而,随着统一的希腊化世界的到来,这种统一的宇宙观再次在哲学中展现。斯多亚派以自然概念将宇宙、人类以及人性统一起来解释,从而也就意味着消弭自然与习俗的区分。正如梅因所说,斯多亚派"回到了希腊最伟大的知识分子当时迷失的道路上,他们在'自然'的概念中,在物质世界上加上了一个道德世界"。①

自然与理性相等同,也意味着在宇宙、万物和人类社会中都遵循某种必然性,因为它们是根据同样的法则产生和运行的。一切事物都是被决定的,甚至人的意志也如此。"全宇宙形成一连绵不断因果链条,没有任何东西是偶然发生的,一切都必然地来自一个初始因或第一推动者。人在能够同意天命的意义上说是自由的,但无论他同意与否,必须服从。"②在西方思想史上的"自由与必然"的关系,在斯多亚派这里得到阐述,实际上它早隐含在荷马所描述的宙斯的秩序观中。这种必然性都最终源于宙斯的意志,一切都是在神的意志或宇宙法则的控制之下,因而命运与法则并非是对立的,而是宙斯意志的体现。正如马可·奥勒留所说:"所有从神而来的东西都充满神意。那来自命运的东西不脱离本性,并非与神的命令的事物没有关系或干连。所有的事物都从此流出;此外有一种必然,那是为着整个宇宙的利益的,而你是它的一部分。但整体的本性所带来的,对于本性的每一部分都是好的,有助于保持这

---

① [英]梅因:《古代法》,沈景一译,商务印书馆,1959年,第31页。
② [美]梯利:《西方哲学史》,葛力译,商务印书馆,1995年,第117页。

一本性。"①对于斯多亚派而言,我们要从整个宇宙的本性来理解我们自己的本性,我们的本性不过是宇宙本性的一部分。因此,就我们每个人而言,我们不仅要知道自己只是整个普遍宇宙中的一个很小部分,普遍时间中的一个很短暂的间隔,命运分配给我们的只是那很小的一部分,同时更要以整体的理性来思考,尊重宇宙中最好的东西,并且要"和神生活在一起。那不断地向神灵表明他自己的灵魂满足于分派给他的东西的人,表明他的灵魂做内心的神(那是宙斯作为他的保护和指导而赋予每个人他自身的一份)希望它做的一切事情的人,是和神灵生活在一起的。这就是每个人的理解力和理性"。②服从命运,尊重普遍的必然性,也就是遵从理性。

就人类的行为而言,尊重普遍的本性也就是"依照自然生活",这是斯多亚派对人的忠告。那么,怎样的生活是依照自然生活呢?"芝诺在《论人的本性》中,第一个主张'合乎自然而生活'是目的。合乎自然的生活即德性的生活。德性是自然引导我们所趋的目的……克里西普在《论目的》第一卷中说,有德性地生活等于根据自然的实际过程中的经验而生活。我们每个人的本性都是整个宇宙的本性的一部分。因而目的就可定义为顺从自然而生活。换句话说,顺从我们每个人自己的本性以及宇宙的本性而生活。在这种生活中,我们禁绝一切为万物的共同法律所不允许的行为。共同法律即贯穿万物的正确理性,与宙斯———一切存在物的主宰和统治者———相等同。当所有的行为都促进个人的精神与宇宙统治者的意志的和谐时,这件事物就构成了幸福之人的德性以及生活的宁静安定。"③依照自然、顺从自然或合乎自然,也就是顺从宇宙理性即与宙斯的意志相一致的理性而生活。这个理性不是别的,它体现在万物的秩序中,或宇宙的秩序之中。这一秩序也就是现在统一的希腊王国的秩序。现在是站在宇宙秩序的高度来看待这个世界,而不是站在地方性的城邦角度来看待世界的秩序。在他们看来,我们应有的与之相

---

① [古罗马]马可·奥勒留:《沉思录》,何怀宏译,中国社会科学出版社,1989年,第8—9页。

② 同上书,第40页。

③ 苗力田主编:《希腊哲学》,中国人民大学出版社,1989年,第611页。

符的本性,也就是既包括宇宙本性也包括我们每个人的独特本性。当我们的心灵与外在宇宙秩序和谐一致时,也就是德性的体现或幸福的体现。

亚里士多德认为道德上的善是最高的善,而斯多亚派则认为道德的善是唯一的善。说是最高的善,也就意味着还有诸多善,而说是唯一的善,即除此以外没有别的善。那么,怎样理解在德性或道德之外的利益呢?西塞罗说:"利与义决不可能发生冲突这一点则是毫无疑义的。"①斯多亚派断言,一切有德之事都是有利的,换言之,真正的有德之事与道德或德性绝不可能发生冲突。而与道德或德性发生冲突的所谓有利的事情只是徒有其表而已,并非真正有利。而斯多亚派的这种善也就是"'过顺应自然的生活'。我想,他们的意思是:我们始终要与美德保持一致,而且从其他一切可以与'自然'协调一致的东西中只能选择那种不是与美德不相容的东西"。② 西塞罗认为,自然中的理性告诉我们,崇高而伟大的精神,公正、慷慨等德性远比自私的享乐更符合自然。

二、自然法

在我们上面的引文中,我们看到,克里普西实际上已经提出了"自然法"的概念:"万物的共同法律"即为自然法。在斯多亚派看来,整个宇宙是为一种实体所组成,这种实体就是理性。黑格尔也有这种把实体看成是精神的说法,通过黑格尔,也许我们可更好理解它。黑格尔说:"日、月、山、河以及我们周围的一切自然物体都存在着,它们对意识所具有的权威性,不仅在于它们是存在着的而已,而且在于它们具有一种特殊本性。"③自然物的存在不仅在于存在着,而且在于它们具有一种特殊的本性。换言之,正是这种本性决定了它们的存在,而并非因为它们是物理现象而决定了它们的存在。而现象是易变的,但本性是不变之理。人类社会有许多类似于自然物存在的有结构的组织单位,如家庭、国家,但在黑格尔看来,伦理是一种精神实体,而家庭等社会存在只是伦理精神的

---

① [古罗马]西塞罗:《西塞罗三论》,徐奕春译,商务印书馆,1998年,第215页。
② 同上。
③ [德]黑格尔:《法哲学原理》,范扬等译,商务印书馆,1981年,第166页。

一种外在表现。黑格尔在实体与个人关系中谈道:"因为伦理的规定性构成自由的概念,所以这些伦理性的规定就是个人的实体性或普遍本质,个人只是作为一种偶性的东西同它发生关系。个人存在与否,对客观伦理说来是无所谓的。唯有客观伦理才是永恒的,并且是调整个人生活的力量。因此,人类把伦理看作是永恒的正义,是自在自为地存在的神。"①换言之,个人的实体性是在伦理精神那里,而不是在自己的有机生命中。并且,对于伦理精神来说,个人存在与否如同自然物的存在与否一样,都是无所谓的,即某个人不存在了,但并不意味着伦理精神不存在,伦理精神作为实体性的存在是永恒的。黑格尔说:"伦理性的东西就是理念的这些规定的体系,这一点构成了伦理性的东西的合理性。因此,伦理性的东西就是自由,或自在自为地存在的意志,并且表现为客观的东西,必然性的圆圈。这个必然性的圆圈的各个环节就是调整个人生活的那些伦理力量。个人对这些的关系乃是偶性对实体的关系。"②黑格尔的伦理实体论不过是斯多亚的理性实体论的翻版,同时也是荷马的宙斯和宇宙秩序论的再现。在斯多亚派看来,理性存在于宇宙中,存在于万物中,是宇宙的本性和万物的本性,也是人类的本性。因此,自然法即为理性法。所谓理性法,即为理性所规定的法。这种理性的最高表现就是宙斯为整个宇宙秩序所颁布的法,宇宙的和谐就是这种最高最完满理性的体现。因此,又可以说理性是法律与正义的基础。理性在人类的心灵中,就是一种普遍的自然法。它在整个宇宙中都是普遍有效的,不分国别或种族,对于世界各国任何人都具有普遍的约束力。

应当看到,西塞罗(Marcus Tullius Cicero, B. C. 106—B. C. 43)第一次清晰地阐述了"自然法"概念的人。温勒比说:西塞罗的著述"包含着对自然法作为一个鲜明的哲学学说的清楚表述,而且这是第一次。"③目前我们所能见到的,西塞罗对自然法与自然正义的阐述,主要是在其《国家篇》和《法律篇》中。相较之自荷马以来的对自然以及自然法的讨论,西塞罗并没有提出什么新观点,但他确是较为完整地并且鲜明地提出了

---

① [德]黑格尔:《法哲学原理》,范扬等译,商务印书馆,1981年,第165页。
② 同上。
③ Lloyd L. Weinreb, *Natural Law and Justice*, Harvard University Press, 1987, p.39.

自然法的概念。首先,西塞罗认为,自然法是永恒不变和普遍适用的理性法。他说:"真正的法律是与本性(nature)相合的正确的理性;它是普遍适用的,不变的和永恒的;它以其指令提出义务,并以其禁令来避免做坏事……我们不可以元老院和人民大会的决定而免除其义务……罗马与雅典将不会有不同的法律,也不会有在现在与将来不同的法律,而只有一种永恒、不变并将对一切民族和一切时代有效的法律。"①自然法即为理性法,这一理性是人与神共有的,但这一普遍有效的永恒法是宙斯或上帝所颁布的。同时,由于所有都具有理性,因而对于所有人类存在者来说,都是有效的。斯多亚派从宇宙理性的高度来看待人类的理性,同时从这样一种普遍理性的意义上来看待人类的法律。马可·奥勒留也表达了同样的看法。他说:"如果我们的理智部分是共同的,就我们是理性的存在而言,那么,理性也是共同的,因此,那命令我们做什么和不做什么的理性就也是共同的;因此,就也有一个共同的法;我们就都是同类公民;就都是某种政治团体的成员;这世界在某种意义上就是一个国家。因为有什么人会说整个人类是别的政治共同体的成员呢?正是从此,从这个共同的政治团体产生出我们真正的理智能力、推理能力和我们的法治能力,否则,它们是从哪里来的呢?"②因为所有人类存在者所服从的都是这个自然法,从这一意义上看,整个人类可以看作是只有一个国家,而我们都是这个国家的公民。因而自然法又可看作是"万民法"。

斯多亚派并非没有看到不同的国家有不同的风俗习惯、社会制度和各自的法律。西塞罗指出:"如果我打算描述正义的概念以及现存的原则、风俗和习惯的话,那我可以向你们展示,在这些事物上,不仅所有的不同民族有差异,而且在一个城市中也有万千变化,即使在我们的国家也是如此。"③那么,我们怎样理解它们与自然法的关系呢?换言之,我们是执行成文法还是自然法呢?实际上,西塞罗也提出了这样的问题。他说:"[如果最高的神]为我们规定了法律,那么所有的人就要服从同

---

① [古罗马]西塞罗:《国家篇·法律篇》,沈叔平译,商务印书馆,1999年,第101页。
② [古罗马]马可·奥勒留:《沉思录》,何怀宏译,中国社会科学出版社,1989年,第23页。
③ [古罗马]西塞罗:《国家篇·法律篇》,沈叔平译,商务印书馆,1999年,第95页。

样的法律,而且同样的人在不同时间不会有不同的法律。不过,我要问,如果服从这些法律是一个公正善良者的义务的话,那么,他所服从的又是什么法律?是那些各不相同的所有现存的法律吗?可是,美德不允许前后矛盾,大自然也不允许变动。法律强加给我们是由于我们怕受惩罚而不是我们的正义感。因此,世界上不存在什么自然正义这样的东西,并且据此,便得出人并非天性正义。或者,他们能告诉我们,纵然法律有种种不同,善者却自然而然地遵循那些自然的正义,而不是那些被认定的正义?"① 西塞罗提出,虽然不同地区、不同国家有不同的风俗习惯和法律,但如果那些法律并非是真正符合正义的,而是被认定为正义的,即统治者认定自己所颁布的法就是正义的,那么,人们还应当服从吗?如果说不同民族国家的习惯与法律所认可的任何事物都是正义的或符合正义的,那这是相当愚蠢的。任何成文法就是符合正义的吗?一位罗马的临时执政提出一项法律,这项法律规定一位独裁官可以不受惩罚地任意将任何公民,甚至不经审判地处死。西塞罗说:"在我看来,这项法律就不再应视为正义。正义只有一个:它对所有人类社会都有约束力,并且它是基于一个大写的法:这个法是运用于指令和禁令的正确理性。"② 换言之,如果任何成文法与自然法相抵触,那么就都不是正义的,而正义的只有自然法或与自然法相一致的法。在这里,西塞罗认为自然法来自于正确的理性,而在另一些地方,他把它看成是来自于一位至高的神或至上的神,它是法的创造者和执行者,也是人类以及这个世界的统治者。如果谁不遵从,否认自己的本性,都将受到严厉的惩罚。

西塞罗认为,自然法是一切成文法是否正义的标准所在。如果人们只是根据自己的是非好恶,只是根据国家的成文法和民族的习惯来衡量是否正义,那么,"只要有可能,任何人如果认为对他有利就会无视和违反法律。如果大自然中不存在正义,而且那种基于功利的正义形式可以为功利所倾覆的话,那么由此而来的就是,正义根本不存在"。③ 这里所说的"功利",即对自己的利。人们依据自己的利益来判断是非曲直,那

---

① [古罗马]西塞罗:《国家篇·法律篇》,沈叔平译,商务印书馆,1999年,第95—96页。
② 同上书,第163页。
③ 同上。

就没有正义可言。当然,这里讲的是两种情况,一是成文法,二是是否对自己有利。这两种情况下西塞罗更为反对的是后者。西塞罗讲了这样一件事,当时的罗马没有把强奸立法为犯罪,如果对妇女施暴,这虽然不违反罗马法,但它违反了自然法的正义,因而是不正义的,应当受到惩罚,而不能因为这样做对我有利就认为可以不受惩罚。在西塞罗看来,如果不把自然法看成是正义的基础,那么就将摧毁人类社会所依赖的美德。"如果正义的原则只是建立在各民族的法令、君王的敕令和法官的决定之上,那么,正义就会支持抢劫、通奸和伪造遗嘱……如果法律能让不正义变成正义,难道它不能让恶变成善吗?"①西塞罗自己是一个有着从政经历的罗马高官,他意识到,任何政府的法令都有可能违背真正的正义,因此,必须要有一个超越于任何官员利益之上的标准来衡量这些法令的正当性或正义性。这个标准不是别的,就是自然法。他说:"既然善与恶都是由大自然来判断的,并又都是自然的原则,那么,光荣与卑劣的行为也肯定必须以同样的方式加区分,并由大自然的标准来判断。"②这种大自然的标准也就是理性的标准,而不是任何一种特殊利益的标准,因此,在西塞罗看来,应当为了正义本身而追求正义,这是自然法与人的本性所决定的。

西塞罗的自然法思想对于古罗马的法律有着重大影响。现代西方有关学者评论说:"西塞罗作为一名法学家、地方行政官、政治家和著作家,对自然法的含义进行了阐述。这些阐述,得到了古典学者、哲学家和法学家的广泛赞同和引用,并延续至今。"③梅因指出,法学家与斯多亚派的哲学家的联盟,延续有几个世纪之久。恺撒时代最早几个著名的法学专家,都是从这派哲学中取得生活规则和法学思想的。罗马法律在遇到斯多亚哲学以前,还是粗陋的,还没有完善的形式,"但是,从整体来讲,罗马人的法律方面的改进,当受到了'自然法'的理论的刺激时,就发生了惊人迅速的进步"。④

---

① [古罗马]西塞罗:《国家篇·法律篇》,沈叔平译,商务印书馆,1999 年,第 164 页。
② 同上书,第 165 页。
③ 转引自何勤华:《西方法学史》,中国政法大学出版社,1996 年,第 37 页。
④ [英]梅因:《古代法》,沈景一译,商务印书馆,1959 年,第 33 页。

三、万民法与人人平等

正是由于斯多亚派的影响,在漫长的西方思想史上,形成了对于自然法的一种基本信念。这种信念就是:自然法是奠基性的法则与规范,同时也是最高的规范与准则。一切人类社会的准则与规范都要与之相符,它是成文法的根据。同时自然法也就是人类的理性法则,是合乎人类本性的法则,或者说,它合乎人性的自然而普遍客观地存在于人类社会之中,如同康德所说的印在我们心头的道德律。在这个意义上,自然法也就是具有普遍意义的道德法则或准则。

在罗马法体系中,在市民法(Jus Civil)之外,还有一"万民法"(Jus Gentium)。所谓市民法,是指某一国家的法律或罗马对待自己公民的法律。它只适用于罗马的公民。万民法则是由那些与罗马有交往的异邦的法律制度中共有的成分,那些共有的惯例、规则和原则组成的,并且是为了外国人的利益而制定的。或者说,万民法也就是一种国际法。当然,如果某些规则为罗马人所遵守,只要也得到许多其他国家的人们所遵守,那么它也被编入万民法之中。从性质上看,万民法具有一种对于不同民族和国家的人一视同仁的平等性,如"纯粹的'公民法'承认在各阶级人类和各种类财产之间有大量的武断的区分;至于把许多不同习惯加以比较概括起来的'万民法'则不承认这些区分"。① 应当看到,起初"万民法"在罗马并没有什么影响,但是,当自然法的理论被介绍到罗马后,"不仅带来了高度的哲学权威的声望,而且被认为是同罗马民族较早和更幸福的情况相联系的"。② 万民法在外延上即为各国共有的法律,它与自然法所称的人类共同的法的理解是一致的。因而梅因说,"所谓'自然法'只是从一个特别的理论的角度来看的'万民法'或'国际法'。法学专家阿尔比安曾经以一个法学家所特有的辨别的癖好,企图把它们加以区别,但结果没有成功"。③ 自然法所强调的是在物质世界和人类世界都遵守同一个秩序,从而对于所有人而言都是一视同仁。万民法实

---

① [英]梅因:《古代法》,沈景一译,商务印书馆,1959年,第34页。
② 同上书,第35页。
③ 同上书,第30—31页。

际上就是实施的自然法,它同样以平等原则为基础。万民法与市民法的基本点上的冲突,也许比我们想象的更为严重。但是,随着斯多亚哲学的传播,万民法实际上得到了更为深入的影响。

斯多亚派从世界理性的观念出来,提出天下所有人实际上是一个国家的理念,也就是世界国家的概念。与此相呼应,斯多亚派提出世界公民的概念。斯多亚派认为,世界城市中的任何人都可取得公民权,因为公民权依靠的是作为人类共同特征的理性。西塞罗从自然法的原理中,引出在法律面前人人平等的一系列原则,即只要在"世界国家"中,共同服从自然法的人,不论其原来的国别、种族和社会地位有何不同,即便是奴隶,也都是"与上帝共同享有理性"的公民。希腊人和野蛮人,上等人和普通人,奴隶和自由人,富人和穷人都被宣布为平等的人,"人与人之间的唯一的本质区别就是有智慧的人和愚蠢的人之间的区别,也就是上帝可以引导的人和上帝必须拉着走的人之间区别。斯多亚派从一开头就把这一平等理论作为道德修养的基础"。① 在克里西波斯看来,四海之内皆兄弟,因此没有人生来就是奴隶。按照斯多亚派的说法,整个宇宙由一个最高理性产生统一的秩序,自然法就是把一切人(和神)联结起来的一个巨大的共同体的纽带。一切人,不论男女老少,不论贫富与否,都是神的子女,人人都是兄弟,彼此是平等的。在西方思想史上,斯多亚派第一次从共有理性这一前提上,发展了昔勒尼学派(也称犬儒学派)提出的人人平等的观念。在人人平等的观念影响下,后期的斯多亚派哲学家更成为一种人道主义的哲学。如公元 2 世纪的珀尼西厄斯提出为公众服务、人道、同情和仁慈等理想而取代亚里士多德以来的、也是斯多亚派的"自足"这一主要概念。沙克·丹尼说:"人类的统一,人与人之间的平等,因而还有国家的正义,男女的同等价值,对妇女与儿童的权利的尊重,仁慈、爱、家庭的纯洁,容忍和对我们同伴的宽容,在一切情况下,甚至在可怕的必须用死亡来惩罚罪犯情况下的人道精神——这些

---

① [美]乔治·霍兰·萨拜因:《政治学说史》(上册),刘山等译,商务印书馆,1986 年,第 189 页。

就是充满后期斯多亚主义者著作中的基本思想。"①

斯多亚主义关于人类平等的观念在罗马帝国时期的政治、法理学中占有一席之地。柏拉图和亚里士多德认为奴隶没有做人的资格,古罗马法学家弗洛伦提努斯说:"奴隶制同自然法是背道而驰的——因为根据这个制度,一个人被迫成了另一个人的财产。"②乌尔比安也表达了同样的观点,"就民法来说,奴隶没有被认为是人,但是根据自然法,情形就不同了,因为自然法认为所有人都是平等的"。③ 正是在自然法思想的影响下,奴隶地位才有了改变,这是罗马法律制度改革的一个根本因素。一些皇帝也采取了一些实际措施,使有关奴隶的法律、社会地位有了一定的改善。皇帝克劳迪亚斯(Claudius)决定,因年迈或患病而得到释放的奴隶可以成为自由人。皇帝哈德良(Hadrian)禁止奴隶主不经过地方法官的判决就处死其奴隶。他还禁止在没有事实证明被指控者有罪的情况下,对奴隶刑讯逼供,禁止私人监禁奴隶。皇帝安东尼奥斯·皮亚斯(Antoninus Pius)规定,受到奴隶主虐待的奴隶可以向地方法官提出申诉。自然法的平等观念也同样见诸罗马的家庭法律制度的发展之中。在早期的罗马法中,正式的婚姻都伴随着夫权,根据这种婚姻形式,妻子必须服从丈夫的专制统治。丈夫对于妻子具有生杀予夺之大权,可以将其出售甚至贬为奴隶。妻子不能拥有任何独立的财产。在罗马共和国早期,夫权婚姻是婚姻的基本形式,而在罗马共和国的后期和帝国时期,婚姻形式以及有关妇女的法律地位都发生了变化,自由婚占了主要地位。根据这种形式,妻子可以保有其人格和独立财产。虽然夫权婚姻还存在,但已不为世人所重。奥古斯都颁布的法律明确取消了夫权婚姻中的丈夫对妻子的生杀权。到了查士丁尼时期(公元5世纪至6世纪)夫权婚姻已经消亡,而且也不再为法律所承认。"在帝国时期,罗马已婚妇女实际上已独立于其丈夫,丈夫已很少或完全不能控制其妻子的行为

---

① [法]沙克·丹尼:《古代道德理论与思想史》第2卷,第191页,转引自乔治·霍兰·萨拜因:《政治学说史》(上册),商务印书馆,1986年,第192页。
② 转引自[美]E.博登海默:《法理学—法哲学及其方法》,邓正来等译,华夏出版社,1987年,第18页。
③ 同上。

了。当时的妇女要比当今大多数文明国家法律下的妇女更解放。"[1]博登海默说:"斯多亚派有关建立在自然理性基础上的、具有普通公民和普通法的世界国家的那种观念,在这种情形下获得了非常真实的、并非幻想的意义。由于公元212年大多数罗马行省的国民都获得了公民权,文明人类的共同体的思想——同早期小城邦的地方观念相对立——似乎就可以实现。难怪在这种条件下,斯多亚派的哲学思想会对罗马帝国政治和法律的发展产生重大影响。"[2]

需要指出,自然法理论以及在罗马的法律实践无比深远地影响了西方现代社会。近代西方自然状态说的中心观念——人类平等的观念就源于古罗马的自然法观念,格劳秀斯第一个阐述了斯多亚哲学意义上的自然法理论,即主张自然法为理性法,来自于自然和人的理性。人们以理性的指导来按照自然的规定生活,强调自然法是一切法律的基础和依据。同时,依据自然法理论,提出人的自然权利说。格劳修斯的同时代人霍布斯,则从哲学上系统地阐述了自然法与契约论。霍布斯从契约论的角度,提出人类政治社会起源于社会契约,而在人们签订契约之前,人类处于自然状态。人类在自然状态,没有法律因而也没有正义,然而却有着人人平等的自我保存的自然权利,而人类之所以走出自然状态,在于需要一个至上的权力机构来保护人们的自然权利。人们通过契约所确立的就是一系列保护自然权利的自然法。但霍布斯的理论并不彻底,他仍然保留了为专制王权辩护的观点。洛克和卢梭接过了这样一种论证模式,将捍卫人人享有的生命权、自由权和财产权的自然权利理论贯穿到底,更完善地论证了这样一种契约论和自然法理论。在他们的眼里,每一种法律和社会制度,都要在这种以自然权利保护为中心的自然法观念下接受检验。同时,这一观念远非是在理论上有着现代的表达,而且成为近现代社会的政治实践。人们所非难的并非是这种理论虚构中的人,而是以这种虚构的自然状态中的人非难现实。梅因指出,如果回顾一下在法国大革命时期,曾经多次发生的重大失望都是由它有力地

---

[1] 转引自[美]E.博登海默:《法理学—法哲学及其方法》,邓正来等译,华夏出版社,1987年,第20页;为使著述中的称呼统一,原译文中的"斯多葛"一词一律改为"斯多亚"。
[2] 同上书,第21页。

促成的。它产生了对现实的批判、对经验的不耐烦,以及对优越于理性的先天性的崇拜。梅因说,它"非常明显地说明了自然法理论对于现代社会的影响,并且表明这些影响是如何深而且远。我认为人类根本平等的学理,毫无疑问是来自'自然法'的一种推定。'人类一律平等'是大量法律命题之一,它随着进步已成为一个政治上的命题。罗马安托宁时代的法学专家提出:'每一个人自然是平等的'(omnes homines natura aequales sunt),但在他们心目中,这是一个严格的法律公理。他们企图主张,在假设的'自然法'之下,以及在现实接近'自然法'的程度内,罗马市民法所支持的各阶级人们之间的武断区分不应该在法律上存在。这个规定对于罗马法律务实者,是有相当的重要性的,……但当人类平等学说披上了现代外衣而出现时,它显然已包藏着一种新的意义。罗马法学专家用'是平等'的这些字眼,其所含意义真和他所说的完全一样,而现代民法学家在写'人类一律平等'时,他的意思是'人类应该平等'。"①这种人类平等观念从实然性理念到应然理念的转换,在越过中世纪而开启一个新的历史时期的历史运动中,起了非常进步、非常伟大的作用。它在一个上帝的权威遭到质疑的历史时期,起到了重新确立信念的作用,并且它实际上构成了启蒙运动以来西方政治运动的主要原动力。或者说,当"人类应当平等"这种理念从思想家手中转换到革命家、政治家手中时,从罗马法学家手中的东西转入18世纪的法国及其他欧洲文人之手,通过美国革命和法国大革命,表现出它是近代西方历史中最深刻的思想动因之一。这种基本观念大量渗入到不断由法国传播到文明世界各地的各种观念之中,成为改变世界文明的一般思想体系的一部分。梅因说,杰斐逊的《独立宣言》把法国人假设的"人类生而平等"和英国人最熟悉的假设"人类生而自由"结合在一起,"这是放在我们当前的这个学理的历史中有极大重要性的一节文句"。②

---

① [英]梅因:《古代法》,沈景一译,商务印书馆,1959年,第53页。
② 同上书,第55页。

第三章 洛克与卢梭的自由伦理观

近代以来的正义学说是以自然权利说出场的。霍布斯开启了从经验论的立场上对于世俗国家权力来源的合法性解释。这个方向就是以自然法理论和契约论来解释世俗权力的合法性来源。然而,无论是从自然法理论还是从契约论来看,自然权利说都是其中的核心要素。如何能够保障人的自然权利,是推动洛克、卢梭等人进行社会伦理和政治思考的重心所在。洛克强调自然权利的超验来源,并在这个基础上提出了契约同意的政府存在的合法性问题。卢梭同样把自然权利置于基础性的地位,但他与洛克不同,卢梭认为人是生而自由的,即人的自由权是与生俱来的,然而,却在社会中丧失。卢梭的研究思路与洛克不同,他从人类的不平等出发,他认为正是不平等导致了人类失去了自由,因而他所提出的方案是后来人们称之为社群主义的方案。在这里,卢梭的倾向与马克思思想的比较同样是一个使人们感兴趣的话题。其次,启蒙运动正是在卢梭等人提倡自由平等的口号下发生的。启蒙运动是人类争取自由平等等正义价值的伟大历史运动,因此,也有必要对于这一历史运动进行理论思考。

第一节 洛克的自然权利说

自然权利说在 17、18 世纪的政治哲学中起着重要的作用,它是洛克政治哲学的基石和核心。随着洛克前期关于自然法理论的八篇论文①在 20 世纪的发表,重新激发了人们对于自然法与自然权利学说在洛克

---

① John Locke, *Essays on the Law of Nature*, edited by W. von Leyden, Oxford: Clarendon, 1954.

理论中的作用的认识,尤其是在他的最重要政治哲学著作《政府论》下篇中的重要作用。当我们回到洛克,对于洛克的自然权利说,我们不仅要知道权利是什么,而且要回答权利来源于何处,以及洛克自然权利说与传统和他那个时代的同代人的关系等至关重要的问题。本文就《政府论》下篇中的自然权利说探讨上述问题。

一、自然法传统

洛克的《政府论》下篇写于1688年英国的光荣革命之前,而发表于光荣革命之后。在当时英国的形势之下,洛克在《政府论》下篇所需回答的问题与霍布斯所回答的问题是同一个问题,即政府权威的合法性是什么?来源于何处?洛克也与霍布斯一样,以自然法理论中的自然权利说来回答这一问题。

在洛克理论中,自然权利内在于自然法理论中。在西方思想史上,自然法理论源远流长。人们一般认为,古罗马时期斯多亚派的自然法理论对于后世有着巨大的影响。西塞罗是斯多亚派的重要哲学家。在西塞罗看来,自然法是适应于所有人类社会的法,自然法为自然所颁布,自然的法则不是别的,也就是理性法则。这一法则每个人都能遵从它,而且人的行为也能与它一致。西塞罗说:"大自然如此地构造了我们,因此我们可以同他人共享正义感并将之传播给所有人……那些接受了大自然馈赠的创造物也接受了正确的理性,因此他们也接受了法律这一馈赠,即运用于指令和禁令的正确理性。"①自然法所诉诸的是每个拥有的理性,因此,在自然法面前,每个人都是平等的。哈佛教授温勒比(Lloyd L. Weinreb)说:"所有人的这种相似,取决于实质性的人的理性能力……在政治共同体内,普遍的自然法没有给人与人之间的自然不平等留下余地,这种不平等是柏拉图为他的理想共同体所构建的,也是亚里士多德为奴隶制进行辩护的理由。这个不同,标志着古代和现代政治理论的至关重要的分界线。"②17、18世纪的自然法理论从精神上继承了斯

---

① [古罗马]西塞罗:《国家篇·法律篇》,沈叔平译,商务印书馆,1999年,第158—159页。
② Lloyd L. Weinreb, *Natural Law and Justice*, Harvard University Press, 1987, p.43.

多亚派的自然法,强调遵从自然法的义务,以及人与人之间的平等性。

自然法理论在中世纪的托马斯·阿奎那这里得到了发展。人们指出,要研究洛克的自然权利,不得不回顾阿奎那的自然法理论。洛克研究者扎克特指出:"至少400年来,阿奎那的自然法版本一直是欧洲最重要的政治思想的理论背景,甚至在今天,自然法的辩护者大部分都会回到阿奎那,并会或多或少地发展他那种类型的理论。"①阿奎那的自然法理论是以他的神学理论结合斯多亚派的理性自然法理论的产物。在阿奎那所构想的法的体系中,有四类法:永恒法、自然法、人法和神(上帝)成文法。在阿奎那看来,法或法律不外乎是对有关公共幸福的事项的合理安排,它是由"任何负有管理社会之责的予以公布的"。②而在这三类法中,理性都是贯穿其中并起支配性作用的。永恒法即为上帝掌管整个宇宙的法则,"如果世界是像我们……所论证的那样由神治理的话,宇宙的整个社会就是由神的理性支配的。"③其次,阿奎那从神的永恒法居于支配地位的意义上来理解自然法。他说:"既然像我们已经指出的那样,所有受神意支配的东西都是由永恒法来判断和管理的,那么显而易见,一切事物在某种程度上都与永恒法有关,只要它们从永恒法产生某些意向,以从事它们所特有的行动和目的。但是,与其他一切动物不同,理性的动物以一种非常特殊的方式受着神意的支配,他们既然支配着自己的行动和其他动物的行动,就变成神意本身的参与者。所以他们在某种程度上分享着神的智慧,并由此产生一种自然的倾向以从事适当的行动和目的。这种理性动物之参与永恒法,就叫作自然法。"④自然法也就是理性动物在遵从神的永恒法意义上所遵循的法,是永恒法的表现形式。遵从永恒法从实质上看也就是遵从理性,因此,阿奎那也在斯多亚派的意

---

① [美]迈克尔·扎克特:《洛克政治哲学研究》,石碧球等译,人民出版社,2013年,第189页。
② [意大利]托马斯·阿奎那:《阿奎那政治著作选》,马清槐译,商务印书馆,1963年,第106页。
③ 同上。
④ 同上书,第107页。

义上谈论自然法,他说:"理性的第一个法则就是自然法。"①那么,什么是人法呢？在阿奎那看来,人法是人类按照自然法进行推理而达到的对于人类事务的安排。他说:"人类的推理也必须从自然法的箴规出发,仿佛从某些普通的、不言自明的原理出发似的,达到其他比较特殊的安排。这种靠推理的力量得出的特殊的安排就叫做人法。"②阿奎那强调人法从属于自然法。他还说:"人法的基本特点在于人法是由自然法得来的。"③第四则为《圣经》所体现的神成文法。在阿奎那看来,《圣经》就是神法的具体体现,是上帝指导人类朝着人的永远幸福的目标前行的法。这个目标是超自然的,因而是在自然法之上的。神祇法是上帝指导人类行为的法律。不过,尽管阿奎那提出了四类法,但人们认为,"阿奎那的法的学说核心恰恰应被理解为自然法的学说,通过这一学说,他使得神启与人的自由一致。"④这一中心性的特征也体现在洛克的自然权利说那里。

除去阿奎那的自然法的宗教特征外,其自然法不仅是在精神内容上体现了斯多亚派的自然法的特点,而且更体现了亚里士多德伦理学的向善的基本特征。自然法不仅仅是法,而且还有道德,即道德法则。因此,在自然法意义上的道德法则既是自然的,即理性的,也具有法的特征。"说道德有法的特点,就是认为道德法则严格说就是我们必须履行的。或者说,道德法则在某种意义上对我们不仅仅是善的,而且是使我们应当行动或禁止做某种行动的义务"⑤在阿奎那看来,把道德看成是法则,也就是具有约束性,法作为行为的规则或标准,具有约束和禁止的特征。把道德作为法与道德作为自然的善结合在一起,这开启了自亚里士多德以来理解人类道德的新方式。扎克特说:"托马斯主义的自然法包含了两个持续的、引人注目的道德洞见或观念:它作为命令(作为义务的东

---

① [意大利]托马斯·阿奎那:《阿奎那政治著作选》,马清槐译,商务印书馆,1963年,第116页。
② 同上书,第107页。
③ 同上书,第117页。
④ Lloyd L. Weinreb, *Natural Law and Justice*, Harvard University Press, 1987, p.56.
⑤ Thomas Aquinas, *Summa Theological*, I-II, p.90. art. 4.2.

西)直面我们,而且它的目标就是人类的善。"①在洛克那里,自然法作为道德的法则具有政治与道德的意义。

二、洛克的自然法与自然权利

洛克的自然权利说是其自然法理论的核心所在。詹姆斯·汉森(James O. Hancey)指出,"洛克的自然法理论基本上是自然法的传统观念的继续,这一观念是通过中世纪的经院哲学和文艺复兴而使古典的自然法得以延续。"②洛克的自然权利说内蕴于他的自然法理论。洛克的自然权利说首先是有着明显的阿奎那自然法理论的印记,但同时也有着他那个时代的重大转折特征。这一印记主要体现在洛克的自然权利说是在上帝的名义之下提出的。

洛克反复强调内在具有自然权利的自然法是上帝赋予人类的。首先,在洛克看来,地球上的人类是亚当的子孙,人类从本源上看就来自于上帝。其次,"人类来自于上帝"这一本体论的事实就决定了人与人之间的自然平等这一人类道德的基础。这里需要指出的是,洛克谈到了霍布斯所提出的在身心两方面的自然平等,但是,依洛克之见,要理解自然平等的前提在于人来自于上帝。因此,洛克赞同胡克尔,说:"人类基于自然的平等是既明显又不容置疑的,因而把它作为人类互爱义务的基础,并在这个基础上建立人们之间应有的种种义务,从而引申出正义和仁爱的重要准则。"③洛克认为,既然人人平等,我要求在本性上与我相同的人爱我,也就负有自然的义务对他人充分具有相应的爱心。自然的义务或自然的道德要求是教人向善和互爱,这既体现了阿奎那对自然法则的道德的理解,同时也体现了基督教的伦理要求。并且,人人平等不仅是人类一切道德的基础与前提,而且也是人类能够依据自然法行动的前提。洛克说:"根据自然,没有人享有高于别人的地位或对于别人享有

---

① [美]迈克尔·扎克特:《洛克政治哲学研究》,石碧球等译,人民出版社,2013年,第191页。

② James O. Hancey, "John Locke and the Law of Nature", *Political Theory*, Vol. 4. Nov., 1976, p.439.

③ [英]洛克:《政府论》下篇,叶启芳等译,商务印书馆,1964年,第5页。

管辖权,所以任何人在执行自然法的时候所能做的事情,人人都必须有权去做。"① 自然法是对于任何一个人类个体而言的、依据平等权利拥有的法则。在洛克看来,这种自然的平等是不容置疑的。

洛克自然法观念的基督教背景是显而易见的。洛克认为,内蕴着自然权利的自然法来自于上帝。洛克对人类历史的理解是依据《圣经》的。在他看来,亚当的子孙来到大地上生活、繁衍,首先就是处于自然状态之中。洛克不同于霍布斯,认为自然状态是为自然法所支配的状态,并且人们拥有自然法所赋予的自然权利。洛克说:"关于自然状态,有一种人人所应遵守的自然法对它起着支配作用;而理性,也就是自然法,教导着有意遵从理性的全人类:人们既然都是平等和独立的,任何人就不得侵害他人的生命、健康、自由或财产。"② 换言之,生命权、自由权、财产权,是自然法赋予人的权利,也是理性即自然法告诉我们的。洛克把理性即自然法看成是"上帝赐给人类的共同准则"。③ 人的自然权利受到自然法的保护,因而同样意味着人的生命、自由与财产权是上帝赐予人类的。

我们知道,洛克那个时代是一个自然法复活的时代。格劳修斯、霍布斯都提出了自然法理论。尤其是霍布斯,对洛克的影响极大。但洛克与霍布斯不同,洛克体现出很深的基督教思想背景,同样也体现了他对阿奎那自然法观念的继承。并且,洛克对于自然法与自然状态都有着不同于霍布斯的理解。无疑,霍布斯也强调人在自然状态是一个人人平等的状态,但这种平等不是由于人来自于上帝之故,而是因为人的天然生理或物理原因而导致的自然平等。霍布斯说:"自然使人在身心两方面的能力都十分相等,以致有时某人的体力显然比另一人强,或是脑力比另一人敏捷,但这一切在一起,也不会使人与人之间的差别大到使这人能要求获得人家不能像他一样要求的任何利益。"④

霍布斯只强调在自然状态人所有的自我保存的权利,在这一自然权

---

① [英]洛克:《政府论》下篇,叶启芳等译,商务印书馆,1964年,第7页。
② 同上书,第6页。
③ 同上书,第9页。
④ [英]霍布斯:《利维坦》,黎思复等译,商务印书馆,1985年,第92页。

利的意义上,他谈到自由,霍布斯说:"著作家们一般称之为自然权利的,就是每一个人按照自己所愿意的方式运用自己的力量保全自己的天性——也就是保全自己的生命——的自由。"①尤其是,霍布斯没有重视财产权。这一自然权利在洛克那里有很重要的意义。实际上,霍布斯的自我保存的权利只是一种本能,一种生存本能,如同他对死亡的恐惧一样。还有,霍布斯完全从人的利己本性出发,从而认为自然状态是没有自然法则在其中起支配作用,也没有仁爱与正义的道德在那里的状态,认为自然状态就是一个战争状态。因此,洛克与霍布斯对于自然状态的理解也是有区别的。即由于存在着公道与仁爱,洛克并不认为自然状态就是一个战争状态,而只是到了后来由于有人滥用自然权利而没有一个仲裁者时才导致。霍布斯的自然法是在人们走出自然状态之后、人们相互签订契约之后才产生的。即使如此,霍布斯仍然认为契约是言词而不是剑,因而自然法则或契约条款并非能够仅仅通过契约而使得人们履行。

  从这里产生了洛克与霍布斯的又一区别:洛克在自然法的意义上谈论自然权利,谈论人的生命权、自由权和财产权;而且,仁爱与公道或正义的法则是在自然状态下就存在的。在霍布斯那里,他仅仅是在自然状态下所有的人们保全自己的生命等权利,而自然法则,都是由于其成员的契约行为才产生的。然而,洛克强调,自然法或自然法则不是由于人们的契约行为产生的,"这种自然的法则可被描述为神圣意志的律令,它可通过本性被觉知,它表明什么与或不与理性的本性相符,从而有所命令或有所禁止"②,霍布斯强调权利与法则的区别,指出权利是做或不做什么的自由,而法则则是对人们行为的约束。然而,霍布斯认为自然法则或道德法则是通过契约得到人们认同而建立起来的。洛克也认同霍布斯对权利与法则的区分。不过,洛克认为,不论是自然权利还是自然法则,都是上帝所赐予人类的。从根源上,洛克的这一观念可直接追溯到阿奎那。在这一点上,霍布斯表现了他对自然法理论全新的创造性,

---

① [英]霍布斯:《利维坦》,黎思复等译,商务印书馆,1985年,第97页。
② [英]洛克:《自然法论文集》,李季旋译,载《世界哲学》,2012年第1期,第121页。

而洛克则更多地体现了对于中世纪以来自然法传统的继承。

自然权利说是那个时代的思想家对于政治合法性所寻找的理据。从对政治社会的起因或政治权威的合法性问题来看,洛克与霍布斯则是一样的。即承认政治权威是人们相互转让其自然权利尤其是惩罚与报复的权利而产生,也就是在所有成员同意的前提下,承认政治权威产生的合法性。洛克与霍布斯都认为,人们需要一个公共权威,在于走出战争状态。然而,产生公共权威之后,洛克与霍布斯就分手了。霍布斯强调权利一经转让就不可收回,因而主权者对于他的臣民所做的一切都是不可违抗的。霍布斯说:"他必须心甘情愿地声明承认这个主权者所作的一切行为,否则其他的人就有正当的理由杀掉他。"①霍布斯认为建立国家的前提在于人们希望能够保护他们的生命安全,而在人们约定同意之后,霍布斯则把人们置于绝对的君权之下,生杀予夺之权都握在他人手里。因此,霍布斯有着明显的王权专制主义的倾向。洛克则认为,既然人们签订契约而把一部分权利转让出去了,那是为了更好地保护人们的生命权、自由权和财产权。洛克明确地说:"使用绝对专断的权力,或不以确定的、经常有效的法律来进行统治,两者都是与社会和政府的目的不相符合的。如果不是为了保护他们的生命、权利和财产起见,如果没有关于权利和财产的经常有效的规定来保障他们的和平和安宁,人们就不会舍弃自然状态的自由而加入社会和甘受它的约束。"②在洛克这里,人们需要政治权威是为了保护他们的生命、权利与财产,而不是交给一个专断的权威来任其宰割。洛克认为,如果真是像霍布斯所说的那样,那么人们还不如回到自然状态去。因此,洛克强调,那些不能保护人们的自然权利的政治权威,是没有理由存在下去的。③

---

① [英]霍布斯:《利维坦》,黎思复等译,商务印书馆,1985年,第135页。
② [英]洛克《政府论》下篇,叶启芳等译,商务印书馆,1964年,第85页。
③ 从洛克对政治自由的理解来看,体现了阿伦特所观察到的近现代以来的自由观与古希腊自由观的重大差别,即古希腊的自由是一个领域,即自由是政治领域的特性,而洛克的政治自由则只是安全,即确保其成员的安全。阿伦特说:"他们往往简单地把政治自由等同于安全。政治的最高目标,'政府的目的',是保卫安全;反过来,安全使自由成为可能。"([美]汉娜·阿伦特:《过去与未来之间》,王寅丽等译,译林出版社,2011年,第142页)

三、洛克的继承与创新

洛克的自然权利仅仅是追随传统吗？不是。从他所继承的阿奎那的自然法传统来看，与传统的自然法观念有一个重大的区别，就是在阿奎那里，强调的是自然法的义务，而在洛克这里，强调的则是自然法名义下的权利，即自然权利。我们看到，这个转变在霍布斯那里就发生了。在霍布斯那里，是自我保存的自然权利先于一切自然法义务。自然法义务是在为了保障人们的生命安全，因而签订契约条件之后才产生的。换言之，自然权利是在先性的、同时也是一切约束性的自然法赖以产生的根本前提。因此，霍布斯那里，权利是义务的基础与前提。然而，在阿奎那那里，则强调自然法的义务。从强调义务到强调权利是自然法理论的一个重大转折。这一转折是17、18世纪包括格劳秀斯、霍布斯等自然法学派的思想家的贡献。

不过，应当看到，在阿奎那的自然义务论里，包含着后来所强调的权利论观点。阿奎那说："自然法箴规的条理同我们的自然倾向的条理相一致……只要每一个实体按照它的本性力求自存，情况就是如此。与这种倾向相一致，自然法包含着一切有利于保全人类生命的东西，也包含着一切反对其毁灭的东西。"①我们在这里看到了霍布斯后来在自然权利意义上所说的生命的自我保存权。其次，在人的私有权问题上，阿奎那明确谈到人的自然权利，指出在造物主的意义上，所有人对于造物主所创造的一切，拥有共同占有一切物品并享有同等自由的权利。② 然而，"自然法所产生的自由权并不是使每个行为者都决定做什么或不做什么的权利，相反，这仅仅是遵循自然法运用的人的方式……这意味着没有任何一种更为宽泛的道德自由——一个个人能完全自主或自由选择的领域，这意味着即使是法律上的自由……都很少。"③因此，很明显，

---

① ［意大利］托马斯·阿奎那：《阿奎那政治著作选》，马清槐译，商务印书馆，1963年，第112页。
② 同上书，第115页。
③ ［美］迈克尔·扎克特：《洛克政治哲学研究》，石碧球等译，人民出版社，2013年，第200页。

在阿奎那那里的"权利"(jus)概念与现代意义的"权利"(rights)概念完全不同。因为现代的权利指的是个人有可能运用个人自主的意志来行动的权利,而阿奎那那里则是在履行自然法义务的前提下才具有的权利。然而,两者虽然不同,后者却易于转化为现代权利概念。并且,即使是阿奎那的自然法义务也可如是观。"任何人通过简单的逻辑就可以转移由自然法所确立的自然义务:一个人必须有权利(它必须是道德上允许的)去做他有义务去做的任何事情。如果自我保全是一种义务,我们也必然能将之看作是一种权利。如果一个人有'生养众多'的自然义务,那他就必须有结婚的自然权利。"①因此,我们也可以把阿奎那的自然法理论看作是17、18世纪的自然权利论的先声。

强调自然权利是17、18世纪的自然法理论不同于中世纪的自然法理论的特征。然而,强调自然权利,但仍然不可回避义务或法则的问题。不过,洛克与霍布斯相比较,体现了更多的阿奎那的自然法的因素。在霍布斯那里,是在唯一的人类自我保存的自然权利基础上产生自然法的义务。在洛克这里,没有这样一种自然权利与自然法义务的关系。并且,虽然洛克认为,无论是自然权利还是自然义务,都是上帝赐予人类的;但洛克这里同样有着这样一种权利与义务的关系,即自然义务的根本功能在于保护自然权利。在洛克看来,理性和正义的法则,是上帝赐给人类的,然而,不正义不在于别的,就在于违反了人的自然权利。洛克在谈到对他人施予侵犯的罪犯时说:"罪犯在触犯自然法时,已是表明自己按照理性和公道(即正义——引者注)之外的规则生活,而理性和公道的规则正是上帝为人类的相互安全所设置的人类行为的尺度,所以谁玩忽和破坏了保障人类不受损害和暴力的约束,谁就对于人类是危险的。这既是对全人类的侵犯,对自然法所规定的全人类和平和安全的侵犯。"②维护上帝所赐予人类的生命权、自由权以及财产权等自然权利,是理性与正义的要求。在这里,洛克不把理性看作是一种认知和推理能力,"它却是产生诸美德的某种确定的行动原则,对于正当的道德行为模

---

① [美]迈克尔·扎克特:《洛克政治哲学研究》,石碧球等译,人民出版社,2013年,第198页。
② [英]洛克:《政府论》下篇,叶启芳等译,商务印书馆,1964年,第7—8页。

式总是必要的。因为凡是正确地源于这些原则的行动,恰好被视为符合正当理性。"① 洛克又认为,自然法则不是理性所创立或产生,而是理性将自然法作为一种至上的权力来颁布,并将自然法作为根植于我们心中的法则来追寻和发现。因此,理性不是自然法的立法者,而是自然法的解释者。② 综上所述,洛克将理性看成是人类能够遵循自然法的内在依据。正因为人有理性,从而能够知晓行动的正确原则,这一正确原则就是自然法或自然法的义务。因此,洛克所说的理性与正义的规则,也就是自然法的规则。换言之,人的自然权利受到自然法的保护,如果谁侵犯了人的自然权利,也就违反了自然法。

值得注意的是,洛克一方面在上帝赐予人类的自然法的意义上谈论自然权利,另一方面,在不少地方,则又在现代自由意志的意义上谈论自然权利以及对自然权利的运用。这突出地体现在契约论的运用上。契约论是在传统自然法理论上的创造性运用。社会契约是在人们理性同意的前提下共同订立的,是将在自然状态下由自然法所赐予人们的自然权利中涉及自卫和惩罚的权利转让出去,从而形成一个公共的权威。将契约论与自然法理论结合,开启了那个时代人们对于政治权威合法性的现代解释理路和现代政治空间。霍布斯是这一解释理路的开创者,不过,霍布斯没有把人们需要政治权威的逻辑起点,即更好保护自己的生命权、自由权等自然权利这一逻辑起点贯彻到底,而是止步于政治权威本身的绝对性。洛克则把人们需要政治权威的逻辑起点贯彻到底,强调人们经过自己的意志同意,联合组成共同体和形成一个公共政治权威。但这一政治权威不得违背人们的共同意愿,即当初人们授权给它的目的。

创立自然状态说以及自然状态下的人们的权利得不到很好保护的问题,也就引出了人们对于有着超验起源的自然法的创造性运用的问题。在这个意义上,权利虽然来自于神所赐的自然法或受到自然法的保护,但不排除权利的主体是人自身而不是别的,即上帝把权利赐予了人

---

① [英]洛克:《自然法论文集》,李季璇译,载《世界哲学》,2012 年第 1 期,第 121 页。
② 同上书,第 121—122 页。

类,人作为权利主体,其责任就在于维持自身所拥有的权利。从人是上帝所造和亚当的子孙的基督教观点看,人属于上帝而不是自己。然而,当上帝把自我保存的权利给了人,人成为权利主体,人作为权利主体是因为人是自我所有者,人们指出,在《政府论》下篇中,有着一个从上帝所赐予的权利到人是权利主体和人作为自我所有者的转变,其结果是,"洛克推翻了他最初所声称的所有自然法的限制。"①人们指出,这里典型地体现在《政府论》下篇的第五章。第五章集中讨论财产私有权问题。而财产私有权不是来自别的,只是来自于每个人自己的劳动。为什么只来自于个人的劳动?洛克的理由是:"每个人对他自己的人身享有一种所有权,除他以外任何人都没有这种权利。他的身体所从事的劳动和他的双手所进行的工作,我们可以说,是正当的属于他的。"②每个人作为人身的所有者,是他自己而不是上帝。扎克特说:"它代表着洛克政治哲学的核心所在——就其本质而言,人类作为权利持有者是因为他们是自我持有者。"③自我所有权导致对身体和行为的所有权。因此,自我对生命、自由、财产以及追求幸福的权利,都是正当合理的。其结果是,承认每个人都是拥有权利的主体,而且这与自然的正义标准是相符合的。这与霍布斯有着明显的不同。霍布斯那里,只有自然权利而没有自然正义,即每个人都拥有对自己权利的无限权力,而且可以任意侵犯他人的权利,因此,霍布斯认为只有在人们转让了相应的侵犯和惩罚他人的权利之后才有正义。他甚至认为,即使是相互转让也不能确保,因此,必须由至上权威以强力来确保,这也是霍布斯的王权专制主义的一个理据。而洛克则认为,仁爱与正义的法则都是在自然状态下上帝给予人类的共同生活准则,并且由人们的理性所认知的。洛克以上帝的法则来确保法则的约束性,从而也避免了霍布斯的困境。因此,每个人所拥有的他人不可剥夺、不可转让的基本权利,都是在正义要求下的不可侵犯的

---

① [美]迈克尔·扎克特:《洛克政治哲学研究》,石碧球等译,人民出版社,2013年,第208页。
② [英]洛克:《政府论》下篇,叶启芳等译,商务印书馆,1964年,第19页。
③ [美]迈克尔·扎克特:《洛克政治哲学研究》,石碧球等译,人民出版社,2013年,第208页。

权利,从而也就从自然的正义走向了现代权利要求的正义。

结 论

洛克是现代自由主义的开先人物。洛克的自由权利论是以自然权利论提出的。洛克的自然权利论有着鲜明的传统自然法的继承关系。阿奎那的自然法理论给予了洛克的自然法理论很深的影响。因此,从自然法的传统继承意义上看,洛克比霍布斯有着更多的基督教神学的背景因素。然而,恰恰是洛克彻底地贯穿了生命、自由、财产权等基本自然权利的不可转让、不可剥夺的特性,从而使得洛克对于公共政治权威的合法性问题给予了合乎逻辑的回答。即政治权威的授权来自于共同体全体成员的一致同意或多数同意,并且,其功能只能是保护其成员的基本权利,而没有超出此外的存在理由和目的。洛克以自然权利与自然正义的结合,从理论上开启了对于政治理解的新模式。

第二节 卢梭的社群主义自由观

自从马基雅维里(Niccolo Machiavelli)以来,近代思想的中心概念之一就是自由。几百年来,自由成为人类思想所环绕的中心。几乎没有思想家不追求自由。自由成为人类思想的分界线:在前现代的思想家那里,没有自由概念的位置,而近代以来的思想家,自觉或不自觉地以自由概念为中心。然而,在自由主义出现之前,自由概念是以共同体概念为背景出现的。自从洛克以来,自由概念则区分为以共同体的善为基础和以个人权利为基础。卢梭(Jean Jacques Rousseau)的自由观念就是以共同体(community)概念为其背景的。

一、近代以来的自由观

在近代思想史上,社群主义(communitarianism,又译为共同体主义)是一源远流长的思想传统。

近代以来第一个最重要的思想家——意大利思想家马基雅维里对意大利自由的考虑,就是从共同体的政治视野出发的。马基雅维里所面对的是一个四分五裂、并不时招来外来干涉的意大利。在马基雅维里看来,除非有一个强大的国家(政府),意大利人就不可能有自由与幸福。马基雅维里的著述几乎全部涉及治国之道、兴邦之术、增强国势之策和导致国家衰亡之虞。马基雅维里所处的又是一个道德普遍败坏的历史时代和社会环境。他一方面确信只要政治成功,就可以不考虑道德。另一方面,又为意大利当时的道德败坏状况所担忧。由于当时意大利普遍的道德败坏,马基雅维里认为,只要有强大的政治体,能够建立起社会秩序,什么样的政体都是可以的,他甚至认为,专制政体可能更适合。因为在人们的道德彻底败坏的地方,法律已经不起制约作用,唯一有前效的办法是建立君主专制的政府。马基雅维里是自亚里士多德以来把政治与道德分离开来看待的政治思想家。政治成功是马基雅维里衡量政治好坏的唯一标准。在他看来,只要能够拯救祖国,不管什么策略都不应回避,罗马的生死维系于它的军队,所以他认为,"凡是一心思虑祖国安危的人,不应考虑行为是否正当,是残暴还是仁慈,是荣耀还是耻辱;其实,他应把所有的顾虑抛在一边,一心思考能够拯救其生命,维护其自由的策略。"①国家的安危有赖于所下的决心,至于是否公正、人道或残忍、光荣或耻辱都可置之不顾。唯一要考虑的问题是:如何才能保全国家的生存和自由?在他看来,只要能够拯救祖国,或使国家葆有自由,不管什么策略都不应回避,不论什么手段都应使用,而不论在道德上是否崇高或卑下。在马基雅维里看来,如果一个民族、一个国家总是处于外在干涉的历史处境之中,还谈什么自由?如果一个国家不够强大,那么其民族的个人自由也就无从谈起。而只要国家能够强大,则不论什么政体他都赞成。马基雅维里的国家的自由实际上也就是免于外来的干涉。只要有免于外来干涉的可能,对内实行专制统治也是好的。当然,马基雅维里强调国家的自由,在于他把自由看成是奴役的对立,但也确实没有发现他的论点里的矛盾。从根本上看,马基雅维里是向往个人自由的。马基雅维里反对对个人的奴役。在他看来,自由与奴役是直接对立

---

① [意大利]马基雅维里:《论李维》,冯克利译,上海人民出版社,2005年,第429页。译文可参见萨拜因:《政治学说史》下册,刘山等译,商务印书馆,1986年,第405页。

的,身为奴隶也就成为某人权利的附属品,处于某人的支配之下。他认为,古代罗马人之所以比现代意大利人更向往、更热爱自由,在于古代罗马人有着比现代意大利人更优秀的美德。

英国17世纪的自由思想与马基雅维里有很大的不同。英国政治思想从自然法理论那里继承了自然权利或天赋权利的思想。这一权利观念尔后成为自由主义的奠基石。值得指出的是,在自由主义之前的英国自由思想,是把共同体自由看成是实现这种权利保障从而实现自由的必要社会条件。不过,这一思想的发展有一演变的过程。直到17世纪初,英国关于个人自由的思想是与国王的特许相联系的,即"自由"这一概念所指的是臣民由于国王的同意或特许而拥有的特权,人们依靠这种特权而享有某些普通臣民所无法享有的利益或恩惠。然而,这种依赖于国王善良意志保护的"自由"及其观念开始受到议会议员的质疑。在这一时期,通过对罗马法的解释,一种新的公民自由的观念产生了。罗马法将自然人进行法的界定,把那些屈从他人的人界定为奴隶,而自由人则是不受任何人统治,有着自由权的人,即能够按照自己的权利行动的人。① 在当时英国的政治状况下,这样一种公民自由是否能够存在直接依赖于对国王的权力的重新界定。如果国王仍然拥有最高的、最后的否决权,那么,代表整个国家的议会就将降为依赖于国王意志的状态,人民的权利与自由的基础也将失去,臣民也就将变为奴隶。昆廷·斯金纳指出:"对拥有自由意味着什么进行这样一种新罗马的分析包含了有关公民自由和国家体制之间关系的一种特别的观点。争论的本质是自由因为依从而受到限制,因此要成为自由公民,就要求国家的行动体现其公民的意志。否则被排除者将仍然依从那些能够按照自己的意志推动国家行动的人。其结果是……只有在作为自治共和国的公民而生活的条

---

① 昆廷·斯金纳追述了这一观念的演变。他指出,是中世纪的法律文本使他们获得灵感,而罗马法对奴隶与自由民的区分性界定,则使得他们直接获得了对政治自由的理解。如在罗马法《学说汇纂》中对人的界定:"自然人法内的基本分界是:所有男人和女人要么是自由的,要么是奴隶",而"奴隶制是万民法的一种制度,与自然相对立的是,在这种制度中,某些人屈从于其他人的统治"。见[英]昆廷·斯金纳和博·斯特拉斯编:《国家与公民》,彭利平译,华东师范大学出版社,2005年,第14—15页。

件下,人民才有可能享受个体自由。作为君主制的臣民而生活犹如作为奴隶一样。"①这个时期的思考自由的人们已经把个人自由与政治共同体的特性联系在一起。在他们看来,要想理解一个个体公民拥有自由或失去自由的含义是什么,"必须把它放在一个公民的联合体是自由的这一含义意味着什么的解释之中。据此,他们不仅开始关注个体自由,而且更关注弥尔顿所提出的'公共自由'或'自由政府',哈林顿称其为'一个共和国的自由'。"②也就是说,他们把共同体的自由放在了首位。不过,与马基雅维里不同,他们是从关注个人权利、个人自由进而关注政治共同体的自由,而马基雅维里则是从政治自由或共同体的自由来看待一国之下的臣民的自由问题。

这一时期的著名思想家如哈林顿、尼德汉姆等人都以人的身体的概念来比喻政治体。他们把一个自由的共同体说成是"人民的身体"或"整个人民的身体",或者说,一个联邦共同体就是整个人民的身体。共同体作为人民的身体与个人的身体一样,都有自由与不自由的状态。而自由也就是由自己的意志来做出决定。即,如果一个人是自由的,那么,他可以如其所愿地行动;因此,一个自由的国家是一个自由的共同体,在这个共同体中,政治身体的行动仅仅由作为一个整体的所有成员的意志来决定。尼德汉姆在《一个崇高的自由国家》中指出,自由的人民也就是作为自由的保有者而行动的那些人,而这种自由是与个人的自由完全相似的。那么,这种作为自由的共同体即人民自由的共同体是怎样达到的呢?这样一种自由的假定带有一系列宪政的含义。即自由的国家是通过它的人民所同意的法律的统治来实现的。政治体这一政治身体运动的规则,是得到了它的全体公民,即作为一个整体的政治身体的成员同意的。如果政治身体是在他人的意志支配之下行动,或者是在某个专制君王的意志之下行动,那么,这都将剥夺他们的自由。如果一个统治者拥有绝对的权力,而每个人都是其臣民,那么,个人自由就自然被剥夺

---

① [英]昆廷·斯金纳和博·斯特拉斯编:《国家与公民》,彭利平译,华东师范大学出版社,2005年,第17页。
② [英]昆廷·斯金纳:《自由主义之前的自由》,李宏图译,上海三联书店,2003年,第16—17页。

了。由于这一时期的思想家是依据对古罗马法的解释来谈论自由,斯金纳称他们为"罗马法派"。这些罗马法学派的思想家对于自由国家的讨论,是依据个人自由是否能够得到保障来衡量。而真正自由的国家也就是所有公民都能够平等地参与到法律的制定中去。自由国家是指法律是由作为整体的全体人民的意志来制定的。霍布斯面对罗马法学派,所坚持的是君主专制的立场。在霍布斯看来,法律不在于谁制定,而在于其实现的程度。对此,哈林顿进行了直接的反驳。他指出,如果你是一个苏丹的臣民,你只会比作为共和国的公民有着更少的自由。原因很清楚,你的自由完全取决于苏丹的善良意志。他们反复强调,如果在一个王国,除了一个国王的意志之外没有任何法律,也就不存在叫作自由这样的东西。

在英国,罗马法学派随着古典功利主义的兴起而衰落。罗马法理论的特点在于把个人自由与代议制政府的形式紧密地联系在一起。即他们从共同体的自由看待个人自由。他们强调没有自由的国家,也就没有个人的自由,或公民的自由。并且,他们把自由的国家看成是共同体意义的自由。他们如同马基雅维里,强调自由的国家高于一切。但何谓自由的国家?没有一个专制君王就等于是自由的国家吗?他们没有意识到,一个代议制政府或一个共和政体,甚至一个民主政体,都可能比一个君主制政府对个人自由的妨碍更多。即使是一个契约所建构的共同体,也可能构成对个人自由的损害(如霍布斯的利维坦),或形成托克维尔所说的"多数的暴政"。正是在这个意义上,我们可以进而讨论卢梭。

二、卢梭的自由观

当代社群主义的传统从近代思想史的意义上看,可直接追溯到卢梭。在当代共和主义者中,也有人把卢梭看成是近代共和主义的起源。法国大革命所喊出的"自由、平等"的口号,可以说直接出自卢梭。那么,卢梭又是一种怎样的自由观呢?

卢梭终生都在追求自由。首先,卢梭接受那个时代的自由观,承认人是生而自由的,即人在自然状态下是自由的。卢梭的名言,人是生而自由的,却无往不在枷锁中。所谓"无往不在枷锁中",即在社会状态下,人却失去了自由。在《论人类不平等的起源和基础》中,卢梭指出,人类的不自由在于人类进入社会状态,社会状态是一个人类不平等的状态。不平等是不自由的根源。正是有了社会的不平等,从而使得少部分人能够对多数人进行统治或专制,从而使得多数人失去自由。一个专制的社会不是一个自由的社会,人类的自由或人的自由在这样的社会里已经不存在了。那么,怎样才能使得人类摆脱枷锁,从而真正得到自由?

类似于英国的罗马法学派,卢梭在《社会契约论》中讨论自由,也是从奴隶制的讨论开始的。即屈从他人为奴隶的人,没有自由。在卢梭看来,没有人会愿意放弃自己的自由而使自己成为奴隶。像亚里士多德那样认为生于奴隶制下的人,生来就是奴隶。奴隶在枷锁下丧失了一切,甚至丧失了摆脱枷锁的愿望。那么,这能够认为是合理的吗?卢梭认为亚里士多德承认奴隶状态的合理性是倒因为果。因为假如有什么天然的奴隶,那是因为已经先有了违反天然的奴隶。在卢梭看来,人是生而自由的,即在天性上是自由的。因而认为奴隶是天生的,那本身就违反了自然。在卢梭看来,是强力造成了最初的奴隶,而奴隶的怯懦则使他们永远为奴。这不是他们自己的错,而是那种专制制度从人们的心理上摧毁了反抗的愿望。

卢梭问道,为什么有人能够使他人成为自己的奴隶而自己成为他人的主人?卢梭指出,那是因为这些人拥有强力或强制力量。卢梭从平等的自然权利论出发,指出从自然或天然的平等来看,"任何人对于自己的同类都没有任何天然的权威"①而人对人的强制力量并不意味着能够使得强力拥有者有着超出平等权利之上的权利。那么,一个人自己是否可以把自己的自由奉送给别人,从而使自己甘愿为奴?卢梭说:"放弃自己的自由,就是放弃自己做人的资格,就是放弃人类的权利,甚至就是放弃自己的义务。对于一个放弃一切的人,是无法加以任何补偿的。这样一种弃权是不合人性的;而且取消了自己意志的一切自由,也就是取消了自己行为的一切道德性。"②在卢梭看来,是强力造成了主人与奴隶的区

---

① [法]卢梭:《社会契约论》,何兆武译,商务印书馆,1980年,第2版,第14页。
② 同上书,第16页。

别,从而使人类社会成为不平等的社会,因而人们陷入不自由之中。然而,这并不意味着它的存在是合理的。他强调,奴役权是不存在的,不仅因为它非法,而且因为它荒谬。奴隶制与权利这两个概念是互相矛盾的。你要强调权利,就没有奴隶制或奴役的合法性。卢梭以自然权利论否定了奴隶制存在的合理性。而自然权利是人人生而具有的,平等的权利。在这个意义上,卢梭的自由与平等是本质上内在联系的。因为不平等,因而不自由。

那么,怎样使得人类社会成为自由的社会呢?在卢梭看来,其基础不是别的,这就是平等权利基础上的契约。或社会成员全体所订立的契约。在这样一种基础上,建构起一个自由的社会。

这里需回顾一下洛克的契约社会。洛克也是通过契约来构建一个政治社会。洛克指出,人们需要政府的原因在于需要政府来保护人民与生俱来的权利。这些权利就是生命权、自由权和财产权。在洛克看来,个人权利的维护是政府存在的合法性的基础。如果不能保护个人权利,使得人民重新回到奴隶地位,则人民有权利起来造反。在这样一个契约为前提建构起来的社会中,个人权利是放在第一位的。与洛克所提出的契约社会不同的是,卢梭反复强调的是由契约所建构起来的共同体或政治共同体的价值。在他看来,通过契约所建构起来的政治共同体,这是人类平等的前提条件,也是使得人民获得自由的根本前提条件。而在以往的把人类成员中的一部分或多数成员变成奴隶的社会中,那根本不是共同体。

那么,什么是政治共同体呢?卢梭认为,那是这样一种结合形式:"它能以全部共同的力量来卫护和保障每个结合者的人身和财富,并且由于这一结合而使每一个与全体相联合的个人只不过是在服从自己本人,并且仍然像以往一样的自由。"① 卢梭的思路很清楚,只有在真正的共同体中,才有个人自由,而共同体是全体成员自愿结合的产物。那么,这是怎样结合起来的呢?卢梭在《社会契约论》中有两种提法:一、"每个结合者及其自身的一切权利全部都转让给整个的集体",二、"每一个

---

① [法]卢梭:《社会契约论》,何兆武译,商务印书馆,1980年,第2版,第23页。

因社会公约而转让出来的一切自己的权力、财富、自由,仅仅是在全部之中其用途与集体有重要关系的那部分。"① 他还说道:"国家由于有构成国家中一切权利的基础的社会契约,便成为他们全部财富的主人。"② 卢梭这样一个自由的共同体,有着明显的柏拉图理想国的影子。在柏拉图的《国家篇》中,所有社会成员放弃自己的财产,从而使自己成为理想国家中的一个不可分割的成员。人们评论道,正是从卢梭开始,柏拉图为代表的古典政治哲学开始发挥作用。卢梭这样一种转让条件可以与霍布斯和洛克进行对比。霍布斯的契约只把侵犯他人的权利以及涉及人身安全保护的个人权利或制裁权利转让给了社会,从而使得个人能够得到社会的安全保护。洛克契约的权利转让只涉及对他人的惩罚权,而不涉及如此多的权利。在洛克看来,人的自由权、生命权和财产权是神圣而不可转让的。然而,卢梭的逻辑是,既然每个人都同时和同样把自己的一切奉送给全体,因为这些条件对于所有人都是同等的,那就等于没有向任何人奉献自己。并且,人们可以从任何一个结合者那里,获得自己所让渡给他的同样的权利,因而"人们就得到了他所失去的一切东西的等价物以及更大的力量来保全自己的所有"。③ 这样不仅仅没有丧失自由,而且比没有契约之前的社会自由更有保障。而当人们把自己的一切权利都转让给了国家,那自由又在哪里?玛莎·努斯鲍姆指出,卢梭的社会契约论是没有自由尤其是对于个人自由相对缺乏关注的一种契约理论。④ 可卢梭则认为这样建构的真正的共同体是平等的,从而人们才可在这样一个真正的共同体中获得自由。

卢梭认为,这种转让之所以是必要的,那是因为,由于全体无保留地结合成了一个共同体。每个成员成了共同体不可分割的一部分,所有成员的这种结合行为形成了一个公共的大我,由个人结合而成的公共人格。或者说,现在,政治共同体本身就具有一种道德人格。在卢梭看来,

---

① [法]卢梭:《社会契约论》,何兆武译,商务印书馆,1980年,第2版,第23页。
② 同上书,第31页。
③ 同上书,第24页。
④ Martha C. Nussbaum, *Frontiers of Justice*, The Belknap Press of Harvard University Press, 2006, p. 25.

这是真正的道德人格。它主要关心的就是保持它自身。而它要做到这点,就必须有一种普遍的强制力量。卢梭的说法是:"社会公约也赋予政治体以支配各个成员的绝对权力。"①在卢梭看来,这就是主权,卢梭把那种公共机构拥有的对其臣民的支配权力称为主权。我们可以对比一下洛克的说法。在洛克看来,任何人都不可能使用绝对的专断权力,如果假定公民们,"他们把自己交给了一个立法者的绝对的专断权力和意志,这不啻解除了自己的武装,而把立法者的武装起来,任他宰割。"②就卢梭而言,公权力在什么意义上对公民有着绝对支配权呢?他认为,每个公民能够为国家所做的一切,一经主权者要求,就应立即去做,而在主权者这里,"绝不能给臣民加以任何一种对于集体是毫无用处的约束"。③ 问题是,由谁来决定公民对其约束是有用还是无用的呢?"有用"与"无用"的解释又是谁给出的呢?只能由国家机构(公共大我)而不是公民。这个有着公共人格或道德人格的共同体或共同体的执行机构——国家与其公民或者说臣民之间的关系,是一种绝对不对等的关系。只有国家权力机构对其臣民的命令,而不存在公民对其权力执行者或主权者加以什么约束。在这里,我们仿佛看到了霍布斯的影子。

  卢梭所确立的这样一种公共机构与其公民的关系是怎样一种共同体的关系呢?卢梭可能也意识到了这一问题,他反复解释说,由契约为基础的这样的约束是公意的约束,公意的约束是同等的约束着全体公民的,它是公平的,对一切人都是共同的。并且,他认为,只要公民是服从这样的约定,他们就不是在服从任何别人,只是在服从他们自己的意志。并且,主权权力虽然是完全绝对的权力,但不超出公共约定的界限。卢梭的说法有两个问题。一是同等的约束着全体公民就等于是自由的吗?所有公民都是零(这确实实现了平等),而只有超级权力者才是一切,但这也是自由吗?二是只限于公共约定的范围内也能说明自由的问题吗?集权与暴政只在公共领域里不也是可以实现的吗?还有,卢梭提出公民宗教,自然也可看作是"公共约定",但显然可以看作是私人领

---

① [法]卢梭:《社会契约论》,何兆武译,商务印书馆,1980年,第2版,第41页。
② [英]洛克:《政府论》下篇,叶启芳等译,商务印书馆,1964年,第85页。
③ [法]卢梭:《社会契约论》,何兆武译,商务印书馆,1980年,第2版,第42页。

域里的事情。

那么,卢梭为什么会有这样一些观点呢?从卢梭的立场看,由全体成员的契约所构建的这个政治共同体,是一个平等的共同体。这种共同体的自由特性,首先在于它是以平等的契约为基础。在这个意义上,全体成员都是主人,没有任何一个人高于其他人之上。在卢梭这里,自由就意味着没有一个社会成员屈从于其他人。相当多的研究者都认为,卢梭的自由观是平等主义的自由观,而这样一种平等的实现其前提是真正共同体的实现。其次,这个自由共同体是个人自由的前提和条件。在卢梭看来,这个自由的共同体一旦成立,所有成员的责任就在于维护这个共同体的存在,把共同体的生命看得比自己的生命还要重要。卢梭认为,维护共同体的关键在于如何能够把共同体的善或共同体的共同利益置于一切个人利益之上。如果把个人利益置于共同体的共同利益或共同善之上,共同体的存在就会出现危机。这与洛克的说法不同。洛克几乎不谈什么共同善、共同利益;他所强调的是公民社会存在的理由在于保护公民个人的生命、自由与财产权。政府如果不能做到这一点,那意味着政府失去合法性。因此,恰是个人权利才是共同体存在的前提与基础。卢梭的合理性在于,如果没有公民所结合而成的体现共同善的共同体,个人权利或个人利益的保护也就成了一句空话。

三、公意与理性

怎样才能体现共同利益或共同善的至上性?我们前面已指出,卢梭要维护的是共同体对其臣民的绝对权力。其次,卢梭提出"公意"或"一般意志"(总意志)说。在卢梭看来,人们服从共同体的绝对权力,就是服从公意,服从代表共同体的总意志。或者说,公意代表了共同利益或共同善。在卢梭看来,在一个共同体内,不仅存在着代表共同体的共同人格、共同利益的公意,而且存在着代表个人利益的个别意志和代表小团体利益的众意。在卢梭看来,众意只是个别意志的总和,是派别的意志或小团体的意志。卢梭认为,公民之间总会存在分歧,但个别意志的分歧可能相互抵销,从这些抵销掉了分歧的个别意志中可以产生出公意。卢梭强调,公民之间没有相互勾结,那么,从大量的分歧中总可以产生出公意。在卢梭这里,公民之间如果是相互独立的个体而没有形成某种团体或派别,那么,个别意志不足以产生出与公意或总意志相对立的力量。而当公民形成各种小团体或小集团时,那么,可能这个社会内部,就只有小团体的众意而没有公意。或者说,公意将会被淹没。

从个别意志、众意与公意的区别,卢梭提出了公意就是全体社会成员的意志统一性的公意说。并且认为,众意一定是与公意冲突,如果众意占主导,那么,这个社会也就不存在公意了。在这个意义上,一个一致性的共同体,一定要铲除各种派别和公民团体,大家只以社会共同体这一大的共同体为团体。卢梭这一思想明显与现代公民社会的理念不合。现代公民社会强调,非政府的公民自治团体是公民社会发育的一个标志。非政府组织不仅不是社会公意的敌对面,而且恰是社会公意的体现。其次,卢梭的统一公意说不承认一个社会内部价值观念的多元性,这与现代民主社会价值多元性的现状不符。在罗尔斯看来,观念的多元性、多样性是现代民主社会的幸事,而不是一件坏事。当代中国的社会生活中同样存在着价值多元性的现象。我们仍然承认这一多元性,但我们强调在多元中的主导性。这同样与卢梭不同。卢梭是在消灭多元性,把所有人的观念统一到一个公意上来。

实际上,这个公意不是别的,只是政治体的意志,即卢梭所说主权者的意志。或罗伯斯庇尔所说,我们就是总意志。如果人们不服从这一意志,那么,卢梭认为就要强迫他服从。卢梭说这是强调他自由。在这个意义上,卢梭的自由观已经变成了一种集权主义的观念。自由真的可以这样实现吗?共同体主义的自由在卢梭这里走向了歧路。罗素称他使用自由这词在这里像是一个强词夺理的警察。或把自由定义为服从警察的权力。而这样理解的自由,恰似罗伯斯庇尔专政下的自由。罗素认为,就是俄国和德国的独裁统治,在某种程度上也可看作是卢梭学说的结果。① 不过,我们透过卢梭式的自由问题,还是可以发现社群主义(共同体主义)自由价值观的一些合理之处。这就是,自由一定是自由人的联合体的自由。因此,要获得个人自由,首先要有自由共同体。这也是

---

① 参见[英]罗素:《西方哲学史》下卷,马元德译,商务印书馆,1982年,第237—243页。

近代以来自马基雅维里所追求的目标。但是,他们不知道怎样才能真正实现个人自由。有了共同体的自由就一定意味着在其中的个人是自由的吗?还有,我们是不是要问,个人自由与共同体的自由到底是什么关系?维护共同体的共同利益或公意(总意志)是否就意味着以个人自由为代价?为了个人自由,我们必须要有自由的共同体,但是,有了自由的共同体,在卢梭这里,则把个人自由置之一旁了。因此,这一命题走向了它的反面。尤其是,对于什么是公意,怎样才能形成真正的公意的问题,卢梭或类似卢梭的社群主义者,都没有发现真正科学的途径。直到当代思想家哈贝马斯那里,提出商议或审议民主,强调公民之间的对话讨论机制作为公共话语的机制问题,这一公意问题才可说有了一个真正解决的方案。

其次,卢梭提出政治社会的自由与自然状态下的自由的区别,认为政治社会的自由是听从理性的自由,是理性指导下的道德自由。在自然状态,人的自由是一种生而有之的自由,一种天然的自由。而在政治社会,人们把得之天然的东西,抽掉得越多,理性的成分越多,那么,在政治社会中的自由也就越多。这一思想为康德和黑格尔所继承。在政治社会中的自由,不是天然情感的宣泄,而是理性和遵从规则的自由。卢梭的这一思想与前述共同体的至上性观点在逻辑上是一致的,也是为了他的共同体至上观点服务的。然而,也可以把上述观念与理性自由和道德自由的观点区分开来看待。康德受到卢梭的启发,康德所坚持的,就只是理性自主与自由的观点,理性自由和道德自由在康德那里,就是道德主体的自主性观点。同样,黑格尔也继承了卢梭的理性自由的观点。在黑格尔那里,则演变为伦理自由的观点,这种伦理自由是在具体的现实共同体中得到实现的。黑格尔把国家看成这样一个共同体,在这里,个体主体性以及普遍性都得到展开和实现。所以,"国家是具体的自由。具体的自由在于,个人的个体性及其特殊利益不但获得充分的发展,并且个人的权利获得了明白的承认(就像它们在家庭和市民社会的领域中获得明白承认一样),但是,一来通过自身过渡到普遍物的利益,二来它们认识和希求普遍物,甚至承认普遍物作为它们自己的实体性的精神,并把普遍物作为它们的最终目的而进行活动。"①黑格尔认为,个人自由的原则或主观原则在现代国家中成为国家的原则,它使这一原则得到了完美的体现,同时又使得个人回复到实体性即与共同体的统一之中。因此,黑格尔与卢梭一样,强调共同体的价值。正是通过卢梭,开始了一个强调共同体的古希腊哲学发挥作用的时代。

第三节 卢梭的平等与自由

平等与自由是近代政治哲学以来的两个核心概念,这两者的关系也多为人们所探讨。在卢梭的思想中,为人们提供了这两者关系的一个模式,即平等是自由的根源所在,而不平等则是不自由的根源所在。平等与自由,不平等与不自由的这种因果关联性表明,在自由与平等的关系中,卢梭的平等具有功能性价值。人类要获得自由,首先就是实现人类平等。卢梭设想实现平等的共同体,在平等的共同体中实现自由。

一、人类的不平等

卢梭对平等与自由的理解都是与他对人类社会的进程与发展的理解相关联的。在卢梭看来,人类社会有着一个从自然状态到人类不平等的社会状态再到平等公民的社会状态的发展过程。在这一过程的两端,存在着人的平等与自由两种有着质的区别的形态,即自然状态下的平等与自由和公民社会的平等与自由。而在这两者之间,则是不平等的社会状态。在这种不平等的社会状态下,由于失去了社会平等,从而失去了自由。卢梭所理解的自然的平等,延续了霍布斯、洛克以来的自然状态说下关于人的自然权利平等的学说,即在自然状态之下,人与人之间是平等的。这类平等指的是人人拥有与生俱来平等的自然权利,即人的生命权和自由权,每个人都是自主行动权利主体,这是前社会的、先验的人身自由。自由是前社会人的自然权利。卢梭设想在自然状态下的野蛮

---

① [加拿大]查尔斯·泰勒:《黑格尔》,张国清等译,译林出版社,2002年,第674页。另参见[德]黑格尔:《法哲学原理》,范扬等译,商务印书馆,1981年,第260页。

人最初相互之间并没有多少联系,因为他们是孤独地生活在森林里,因此,如果说人类个体之间还有某些自然差别,这对他们来说影响几乎是不存在的。只是偶然的相互接触以及相互联系的需要,使得他们之间才有了需要沟通的语言,以及理性的发展。而随着人类共同生活在一起,则产生了人类相互之间的情感与观念。而当人们产生了人们之间的差别观念时,人类最初的不平等也就产生了。卢梭进一步指出,人们实质性的不平等的产生在于私有制的出现以及私有观念的产生。私有制和私有观念败坏了人类自然美好的同情怜悯的情感,人与人之间的关系也变为不平等的关系。"富有,他就需要他们的服侍;贫穷,他就需要他们的援助;……这样,就使得他对一部分人变得奸诈和虚伪;对另一部分人变得专横和冷酷。"①卢梭认为,在这样的前提下,人类进入社会状态。正义的准则、道德与法律都是为这样的社会制度服务的:"它们给弱者以新的桎梏,给富者以新的力量,它们永远消灭了天赋的自由,使自由再也不能恢复;它们把保障私有财产和承认不平等的法律永远确定下来,把巧取豪夺变成不可取消的权利;从此以后,便为少数野心家的利益,驱使整个人类忍受劳苦、奴役和贫困。"②卢梭认为,在社会状态下,私有财产权的设立是人类不平等的第一阶段,官职的设立是第二阶段,第三阶段,是合法的权力变成专制的权力。"因此,富人和穷人的状态是为第一个时期所认可的;强者和弱者的状态是为第二个时期所认可的;主人与奴隶的状态是为第三个时期所认可的。这后一状态乃是不平等的顶点。"③卢梭所说的这三种状态都是人类不平等的状态,"而各种不平等必然归结到财富上去。"④卢梭的这一论点是,人类财富占有的不平等直接导致各种社会不平等,而专制压迫,形成主人与奴隶的不平等状态是这一社会不平等的最极端状态。在这个状态中,人民不再有首领,而只有暴君,无所谓品行和美德问题,"人民已经习惯于依附、安宁和生活的安乐,再也不能摆脱身上的枷锁;为了确保自己的安宁,他们甘愿让人加

---

① [法]卢梭:《论人类不平等的起源和基础》,李常山译,商务印书馆,1962 年,第 125 页。
② 同上书,第 129 页。
③ 同上书,第 141 页。
④ 同上书,第 143 页。

重对自己的奴役"①,而"最盲目的服从乃是奴隶们所仅存的唯一美德,"②贫困,造成人对人的依附,更为甚者,则造成人对人的奴役。这两者都是人类的不自由。从自然的自由到社会状态下的不自由,这也就是卢梭的名言"人是生而自由的,却无往不在枷锁中"所概说的。

二、契约重塑社会

卢梭认为,人对人的依附、人对人的奴役是人类的悲惨景象。在他看来,自由是人的天赋能力中最崇高的能力,如果为了取媚于一个残暴的主人而抛弃自己天赋中最可贵的东西,这不仅是人类天性的堕落,而且是把自己完全降为受本能支配的禽兽水平,甚至是对创造自己生命的造物主的侮辱。他说:"任何人不能出卖自己的自由而受专制权力的任意支配……出卖自己的自由就等于出卖自己的生命……一个人抛弃了自由,便贬低了自己的存在,抛弃了生命,便完全消灭了自己的存在。因为任何物质财富都不能抵偿这两种东西。"③

长期的不平等社会导致人的精神变性,使人充满了奴性。然而,卢梭认为,不能从人在被奴役状态下的奴隶服从的德性来判断人类的精神,而应从人的天性所向往的自由来判断人类的精神需求。那么,人类怎样才能摆脱受到奴役的不自由状态呢?在卢梭看来,处于财富占有不平等的社会状态下的人类整个地都是处于主奴关系之中,从而也就是处于人对人的依附和奴役状态之中。因此,就需要重新塑造人类的社会,"要寻找一种结合的形式,使它能以全部共同的力量来卫护和保障每个结合者的人身和财富,并且由于这一结合而使每一个与全体相联合的个人又只不过是在服从自己本人,并且仍然像以往一样地自由。"④即通过这样一种结合方式,每个人仍然像在自然状态下一样是一个拥有自主自由权的个人。那么,这是一种怎样的结合方式呢?

卢梭遵循霍布斯和洛克的契约论,以契约的方式来重塑社会,即建

---

① [法]卢梭:《论人类不平等的起源和基础》,李常山译,商务印书馆,1962年,141页。
② 同上书,第145页。
③ 同上书,第136—137页。
④ [法]卢梭:《社会契约论》,何兆武译,商务印书馆,1980年,第2版,第23页。

立一个人人平等的公民社会。在卢梭这里,平等对于自由而言,具有功能性意义。因此,要实现人类自由,首先是实现社会平等。他说:"那就是:每个结合者及其自身的一切权利全部转让给整体的集体。因为,首先,每个人都把自己全部奉献出来,所以对于所有的人条件便都是同等的,而条件对于所有的人既都是同等的,便没有人想要使它成为别人的负担了。"①卢梭认为,每个人都把自己的一切权利转让出去,因此形成的共同体也就是对每个人都具有同等的价值与意义。把自己的一切权利都转让从而建立一个共同体,卢梭在这里的意义还在于,这对于每个人来说,都变成了平等的成员了。如果人们仅转让自己的部分权利,包括有财富者仅转让自己的部分财富,那意味着仍然存在着不平等。卢梭说"这一结合行为就产生了一个道德的与集体的共同体,以代替每个订约者的个人;组成共同体的成员数目就等于大会中所有的票数,而共同体就以这同一个行为获得了它的统一性、它的公共的大我、它的生命和意志"。② 契约论的方法是,从自然状态过渡到社会状态的关键在于社会契约。在洛克那里,社会契约建构政治社会,人们只是把惩罚与报复的权利让渡给了一个仲裁者,卢梭这里则是把一切权利都转让给了共同体。洛克认为,人的生命权、自由权和财产权是与生俱来的,是不可转让和让渡的。人们转让相关权利也只不过是为了更好地护卫人们的这些天赋权利。

这里值得指出的是,卢梭怎样处置财产权或财富的私人占有问题。这是因为,在卢梭的思想中,私人财富占有的不平等,是导致人对人的奴役或不自由的根源。那么,为了实现自由,就是实现财富占有的平等?卢梭说:"集体的每个成员,在集体形成的那一瞬间,便把当时实际情况下所存在的自己——他本身和他的全部力量,而他所享有的财富也构成其中的一部分——献给了集体……国家由于有构成国家中一切权利基础的社会契约,便成为他们全部财富的主人。"③卢梭对于全部将自己的私人财产转让给集体的说法,在其他处,还有所保留。他说:"我们承认,

---

① [法]卢梭:《社会契约论》,何兆武译,商务印书馆,1980年,第2版,第23—24页。
② 同上书,第25页。
③ 同上书,第31页。

每个人由于社会公约而转让出来的自己的一切权力、财富、自由,仅仅是全部之中其用途对于集体有重要关系的部分。"① 卢梭在《科西嘉制宪拟议》中说:"我们制度之下的根本大法应该是平等。国家除了功勋、德行和对祖国的贡献而外,不应该再容许有别的区分;这些区分也不应该再是继承制的,除非人们真能具备为它所作为依据的那些品质。我远不是希望国家贫困,相反地我是希望它能享有一切,并且每个人都能比例于自己的贡献而享有公共财富中他自己的那一部分。……这就足以表明我的思想了;它并不是要绝对破除个人所有制,因为那是不可能的,而是要把它限制在最狭隘的界限之内……并使它始终服从于公共的幸福。"② 每个人都把自己的一切或与集体相关的一切都交给集体,人们能够从集体中所得到的,或为共同体所给予的是,由于自己对共同体的贡献所能得到的那部分,而且这份财富是有限的,并非是你的劳动所应得的一切,因为卢梭要把它限制在非常狭隘的界限之内。因此,与柏拉图相比,卢梭相对现实一些,他认为完全废除个人所有制,是不可能,因此建议保留了个人财产所有制,但是非常有限的个人财产所有制。实际上,卢梭希望他的理想社会是一个个人占有财富平等的公民社会。这个平等,并非是人人占有的份额绝对相等,而是对应于自己对社会的贡献,所得的那份生活资料。因此,仍然是相对的财富占有的平等,如果没有财富的平等,在卢梭看来,自由就不可能有保障。在德拉-沃尔佩看来,卢梭的这样一种自由观是平等主义的自由,与洛克等人的公民自由观有着质的区别。③ 卢梭与马克思主义的平等主义自由观,是《卢梭与马克思》一书的主题。卢梭的平等主义的自由观,所要求的是实现公民间的实质的平等,尤其是财富占有的平等权,这一平等主义自由观,得到了马克思主义的发展和列宁-斯大林模式的社会主义实践的履行。洛克的公民自由观,则要求的是实现法律形式的公民平等权,并没有而且尤其没有对于公民财产权的平等要求。洛克的公民自由观,则为西方民主制度

---

① [法]卢梭:《社会契约论》,何兆武译,商务印书馆,1980年,第2版,第25页。
② 同上书,第70页注2。
③ 参见[意]德拉-沃尔佩:《卢梭与马克思》,重庆出版社,1993年,这是他在此书中的基本观点。

的实践。值得指出的是,这样两种自由观的前提都在于抽象的和形式的前社会的自然权利。卢梭把这样一种抽象的平等权利转化为社会状态下的实质性的权利要求,在洛克那样,则仍然是一种法律面前的形式平等的权利。

我们知道,自由与平等是卢梭政治哲学的两个中心概念。卢梭说:"自由,是因为一切个人的依附都要削弱国家共同体中同样大的一部分力量;平等,是因为没有它,自由便不能存在。"①卢梭在这里是从自由的两个反面社会状况来界定什么是自由。在他看来,即使是在契约所建构的公民共同体中,也不能存在人对人的依附。并且,即使是在公民共同体的状态下,也不能没有平等,因为如果没有平等,仍然没有自由。卢梭一贯认为,不自由在于人对人的依附和奴役,因此,他要把人们从人对人的依附转到人对共同体的依附。在卢梭看来,是财富占有的不平等,导致人对人的依附,从而产生人的不自由,而在这个真正的共同体中,"每个公民对其他一切公民都处于完全独立的地位,而对于城邦则处于极其依附的地位。"②要做到这点,其前提就是人人都没有能够支配他人的财产。在他的理想共同体,每个公民既不可能富足到购买另一个人,也没有一个公民穷得要出卖自己。人人平等,同时又依附于共同体。在卢梭看来,每个成员都依附于共同体,并不是造成人的不自由,而恰恰是自由的要件。因为没有共同体,也就没有自由,而在共同体中,如果人们不与共同体结成密切的关系,如果在共同体内部仍然存在着人对人的依附,共同体就不是一个得到公民道德认同和政治认同的共同体。因而人们仍然不是自由的。

三、自由

那么,每个社会成员把一切权利都让渡给了这个结合者,在这个公共的大我之中,人们的自由还在吗?卢梭所找到的这样一种结合方式,是真正实现自由的方式吗?卢梭的逻辑是,每个人既然向全体奉献了自

---

① [法]卢梭:《社会契约论》,何兆武译,商务印书馆,1980年,第2版,第69页。
② 同上书,第73页。

己,那也就意味着他没有向任何人奉献自己,因为他可以从那个结合体那里得到他本身所渡让的同样的权利。即以前为他自己所有的权利,现在由共同体给予他。卢梭这里的设想的危险性在于,这样一个公共大我以怎样的方式能够把我们转让的权利确实地重新使得我们每个成员真正享有。卢梭设想的路径是把这一结合而成的公共大我,看成是由全体人民或全体成员构成的主权者,而主权是不可分割,也是不可代理的,并为全体人民所享有。卢梭说:"社会公约在公民之间确立了这样的一种平等,以致他们大家全体都遵守同样的条件并且全都应该享有同样的权利,主权的一切行为……就都同等地约束着或照顾着全体公民。"①那么,怎样的行为是主权行为或主权者的行为? 卢梭认为,这是根据合法约定即以社会契约为基础的行为,它是公平的行为,因为它对一切人都是共同的。它是有益的行为,因为它除了公共的幸福之外,也就没有任何别的目的。而当共同体的所有成员都遵守这样的约定,从而使得主权者有这样的行为时,"他们就不是在服从任何别人,而只是在服从他们自己的意志。"②主权者的这样的约定也是稳定的,因为它受到公共的力量和最高权力作为保障。因此,卢梭认为,这样的社会契约的结果并不是一项割让或交易,而是人们的社会生活方式的改变,人们不仅是摆脱了被奴役的不自由状况,而且与自然状态相比,是"以自由代替了天然的独立,以自身的安全代替了自己侵害别人的权力,以一种由社会的结合保障其不可战胜的权利代替了自己有可能被别人所制胜的强力"。③每个人在自然状态下是单个的人,而在交出自己的一切权利之后,由这全部成员的契约行为所形成的就是主权。卢梭不像霍布斯,把这样一个由权利转让产生的主权看成是君主所有,在他看来,主权是由每一个参与者所让渡的,但又为所有让渡者所拥有,因此主权在民而不是在君主。正因为主权在民,所有成员都是共同体的平等的成员,是构成主权的不可分离的一份子。正因为主权在民,所以所有参与者都重新从共同体那里得到了自己的权利的确认,从而是自由的。更具体地说,契约行为形成

---

① [法]卢梭:《社会契约论》,何兆武译,商务印书馆,1980年,第2版,第44页。
② 同上。
③ 同上书,第48页。

的主权(国家成员之间的契约是政治共同体的基础),体现在公意之中。或者说,公意体现了主权,是主权者的意志。卢梭把公意与众意和个人意志区别开来,强调体现共同体意志的公意永远正确。公意是共同体的意志,永远以公共利益为依归。在共同体的政治生活中,公意体现在共同体成员的投票结果之中,多数票就体现了公意。服从公意也就是对共同体的服从,也就是服从自由。这也就是卢梭所认为的,没有奴役和人对人的依附的自由。这种自由也就是公共政治领域里的自由。卢梭的自由,是对古希腊雅典等地的民主制遥远的呼应。卢梭所向往的也就是类似于雅典这样的小城邦的直接民主制。或者说,只有像他的故乡日内瓦那样的小城才适合民主制。当然,卢梭也说过,如果人们不服从公意,那就要强迫他服从。卢梭说这是强迫他自由。这一说法招致了卢梭以来的许多著名思想家的批判。如罗素在《西方哲学史》中讨论到卢梭部分就给予了批判。如果从正面为卢梭辩护,我们可以说,假设人们违法了法律(卢梭也提出,法律代表公意),必须处于刑法,并强迫他服从。我们并不能因此而认为强迫有什么错。使他服刑并使他接受改造,这正是使他认识到自己的错误,从而使他重新做人并获得自由的开始。

就卢梭的自由观而言,还有一层重要内容,即道德自由。在卢梭看来,人们的自然状态下的自由是一种有着自然情感的天然自由。然而,在公民共同体中,保持这样的自然情感,强调自己的天然自由则必然破坏自己对共同体的公意的服从,因为公意永远以公共利益为依归,而自然情感所体现的是个人的利益或自爱的情感。卢梭说:"由自然状态进入社会状态,人类便产生了一场最堪注目的变化:在他们的行为中正义就代替了本能,而他们的行动也就被赋予了前所未有的道德性……在听从自己的欲望之前,先要请教自己的理性。"①在卢梭看来,体现个人利益的个人意志以及欲望并非能够与体现公共利益的公意完全重合,而是有冲突的可能。人在自然状态下,其自由的生存是以维护个人利益为主的;而在结合而成的共同体中,则只有维护共同体的共

---

① [法]卢梭:《社会契约论》,何兆武译,商务印书馆,1980年,第2版,第29页。

同利益才有自由。人们由于社会契约所丧失的是他的天然自由,而他所获得的则是共同体之下的社会自由。因此,要真正使得自己服从公意并维护自由,也就必须放弃自己的天然情感,服从自己的理性。卢梭说:"我们还应在社会状态的收益栏内再加上道德的自由。唯有道德的自由才使人类真正成为自己的主人。"①实际上,卢梭的道德自由论实质上是为共同体的政治自由提供道德保障,使得人们的个人意志能够自觉自愿地服从公意。

然而,法国大革命之后的贡斯当向人们提出问题,我们现代人所要的不是这类古代人的政治自由,而是现代人的个人自由。贡斯当认为,这两种类型的自由,它们一直混淆在一起。一种是古代人十分珍视的自由,一种是现代人弥足珍贵的自由,这两种自由是不同的。对现代人而言,自由意味着在法治之下受到保护的,不受干涉或独立的领域。他说:现代人的"自由是只受法律制约,而不因某个人或若干人的专横意志受到某种方式的逮捕、拘禁、处死或虐待的权利,它是每个人表达意见、选择并从事某一职业、支配甚至滥用财产的权利,"②以及迁徙自由、结社自由和信奉宗教自由的权利等。那么,什么是古代人的自由呢?"古代人的自由在于以集体的方式直接行使完整主权的若干部分:诸如在广场协商战争与和平问题,与外国政府缔结联盟,投票表决法律并做出判决,审查执政官的财务、法案及管理,宣召执政官出席人民的集会,对他们进行批评,谴责或豁免。"③古代人的自由是一种政治参与的公民自由,意味着参与政治决策以及其他政治过程。但是,贡斯当指出:"如果这就是古代人所谓的自由的话,他们亦承认个人对社群权威的完全服从是和这种集体性自由相容的。你几乎看不到他们享受任何我们上面所说的现代人的自由。"④贡斯当对自由的区分,既是对法国大革命的批评,更是对卢梭的批评。在贡斯当看来,卢梭的自由论恰恰只看到了政治参与的

---

① [法]卢梭:《社会契约论》,何兆武译,商务印书馆,1980 年,第 2 版,第 30 页。
② [法]邦雅曼·贡斯当:《古代人的自由与现代人的自由》,阎克文等译,商务印书馆,1999 年,第 26 页。
③ 同上。
④ 同上书,第 26—27 页。

自由,而没有看到独立于政治自由之外的个人自由领域的存在。贡斯当的批评是切中要害的。卢梭从人们摆脱奴役的意义上来谈个人自由,并非是从独立于政治领域的意义上谈个人自由。因此,卢梭所言的个人自由仍然只不过是政治领域中的自由问题。

卢梭思想中的平等与自由的关系,尤其是其反题不平等必然导致人对人的依附和奴役,由于是从社会历史的演进意义给予论证,因而有着很强的说服力。然而,卢梭这两者关系的正题,平等必然产生自由,则面临着理论与实践的困境。德·拉吉罗说:"个人最初具有天然的自由,而后靠社会契约将其转变成所谓公民自由。但正是所有个人毫无保留地把自己的交给共同体,才产生了巨大而残暴的集权统治。形如路易十四那样的君主强大专权,因为这政权使人堕落到人性的最低极限,从而造成了彻底的平等;也因为君主高高在上,人民根本无从要求自己的权利。"①德·拉吉罗的批评也许只对了一半,即他对公民平等问题的质疑。然而,平等是否就一定造成绝对专制的君主或集权专制者?它的社会必然确实是因为平等而造成的吗?社会成员(政治上的以及财富占有上的)一律平等是绝对君权或集权专制的社会前提吗?社会成员政治的或财富占有上的平等就真的不可以成为人人享有政治自由和个人自由的前提?在我们看来,问题在于如何真正实现卢梭所说的人民主权,即如何确保人民主权真正能够在政治实践中成功运行。如果能够确保在政治运行中真正实现人民主权至上性的功能,并且像卢梭所说的那样,将主权与政府区分开来,并实行主权者对政府的有效监督,也许卢梭的理想能够在政治领域中实现。

第四节 卢梭与马克思的平等观

卢梭与马克思是现当代社会以来影响人类历史进程的两个伟大思想家。卢梭的重要性在于他的思想直接影响了1789年的法国大革命,马克思的重要性在于他的思想影响了人类历史进程,没有马克思就没有

---

① [意]德·拉吉罗:《欧洲自由主义史》,杨军译,吉林人民出版社,2001年,第58页。

共产主义运动。这样两位影响人类社会的伟大思想家的思想中心观念之一,就是人类平等的观念。自从洛克以他的政治学说提出自由主义的平等观念以来,平等观念就是近现代社会政治变化趋向的最深层的根源之一,平等观念成为近现代政治思想史的中心观念,是近现代社会政治思想与传统社会政治思想的本质区别所在。不过,西方近现代思想史上,有着以洛克为代表的自由主义的平等观念和以卢梭为代表的社群主义(communtarianism,又译为"共同体主义")的平等观念的区别。这里囿于篇幅,我们只讨论卢梭的平等观。马克思在其思想的形成和发展过程中,无疑是处于西方思想的传统氛围之中,在卢梭的平等观念中,我们似乎可找到马克思主义的平等观念诞生的萌芽。卢梭的平等观念虽然不具有历史唯物主义的理论高度,但它不仅包含着历史唯物主义的萌芽,而且其社群主义的特色,与马克思主义的平等观十分类似。

一、共同体概念

卢梭的政治哲学是社群主义的政治哲学,其平等观是在社群主义的思想框架之下的平等观。社群主义的核心概念是共同体概念,因此,理解社群主义的关键在于理解其共同体概念。什么是"共同体"(community)?社会学家斐迪南·滕尼斯的名著《共同体与社会》中对"共同体"概念阐发,有利于我们把握这一概念。"共同体"这一概念可以从血缘、地缘或精神意义上来把握。滕尼斯认为,无论是从血缘还是从地缘的意义上看,它只是从外在条件上为共同体的形成提供条件,而共同体形成的重要条件是内在的,即精神上的。按滕尼斯的理解,只有精神上的共同体才是真正属人的共同体。他说:"血缘共同体作为行为的统一体发展为和分离为地缘共同体,地缘共同体直接表现为居住在一起,而地缘共同体又发展为精神共同体,作为在相同的方向上和相同的意向上的纯粹的相互作用和支配。地缘共同体可以理解为动物的生活的相互关系,犹如精神共同体可以被理解为心灵的生活的相互关系一样。因此,精神共同体在同从前的各种共同体的结合中,可以被理解为真正的人的和最高形式的共同体。"①在滕尼斯看来,血缘共同体、地缘共同体和精神共同体,这三种共同体可以共时性的在某一人类群体中存在,或者说,这三种共同体可以重叠存在。而凡是在人们以有机的方式由人的意志相互结合和相互肯定的地方,总有以这种方式或那种方式形成的共同体。精神共同体可以从血缘或地缘共同体上发展起来。精神共同体是体现人的特性或人的本质的共同体。精神共同体的形成在于人的意志和人的意志的相互作用与相互肯定。依滕尼斯的观点,直接的相互肯定的范例是家庭内部的关系。如夫妻关系、母女关系以及兄弟姐妹关系。母子关系在这里可以直接表现为从肉体关系过渡到纯粹的精神结合的关系。在兄弟姐妹之间,可以看到他们之间的相互依赖和共同的活动,最纯洁地表现出真正的相互帮助、相互支持和相互提携。而在任何一种共同生活中,都可看到共同分享什么以及相互作用什么。滕尼斯充分论证了人们之间相互肯定的东西,指出这种相互肯定和相互效劳对于建构共同体的关键性作用。从精神层面看,就是人们的默认一致或默契成为一种共同生活的习惯,而这就是滕尼斯所说的共同体的精神意志的一致。这种精神一致形成了一种精神意志的共同体。

　　这样一种精神共同体恰恰就是卢梭的平等观的背景条件。质言之,没有这样一种精神共同体,也就没有卢梭意义的平等。卢梭是一个契约论者,他通过契约所建构的社会,是在建立一种社会成员能够相互结合的共同体。卢梭的基本观点,一是一种社会成员的结合方式,这就是共同体;二是自由。关于自由问题,先放一放。在卢梭看来,这样一种结合方式是"每个结合者及其自身的一切权利全部转让给整个的集体"。②通过这种结合,"我们每个人都以其自身及其全部的力量共同置于公意的最高指导之下,并且我们在共同体中接纳每一个成员作为全体之不可分割的一部分"。③共同体是全体成员结合的产物。除了上面所讲的那种方式外,卢梭在《社会契约论》中有还有一种提法:"每一个因社会公约而转让出来的一切自己的权力、财富、自由,仅仅是在全部之中其用途

---

① [德]斐迪南·滕尼斯:《共同体与社会》,林荣远译,商务印书馆,1999年,第65页。
② [法]卢梭:《社会契约论》,何兆武译,商务印书馆,1980年,第2版,第23页。
③ 同上书,第24—25页。

与集体有重要关系的那部分。"①卢梭解释性地指出,这样一种共同体,以前称为城邦,现在则称为共和国或政治体,它的成员则称它为国家。在称之为国家的意义上,他还说道:"国家由于有构成国家中一切权利的基础的社会契约,便成为他们全部财富的主人。"②实际上,这样的城邦在古希腊并没有真正出现过,而只是出现在柏拉图的《理想国》里,因此,卢梭这样一个自由的共同体,有着明显的柏拉图理想国的影子。人们评论道,正是从卢梭开始,柏拉图为代表的古典政治哲学在近代开始发挥作用。

在卢梭看来,人们只有在这样的共同体中才能实现平等与自由。在卢梭的思想中,平等又是自由的先决条件,没有社会平等,就没有自由。只有有社会条件能够实现平等,从而才有自由。在卢梭的共同体之中,为什么就能够实现平等?首先,是每一位成员都将自由的一切权利或与集体有重要关系的那部分权利或财富转让给了这个共同体。因此,这里的"转让"是每个人都一视同仁地转让,这是古典契约论的平等精神,即构成共同体的条件是平等地转让相关的权利(不过,卢梭还加上了"财富"这一项),因此,人人在共同体面前是平等的。其次,在共同体的公意(或总意志)之下,人人是平等的。在卢梭的共同体中,个人是作为个人参加这个共同体的,并且是以平等的身份参加的。质言之,由契约所建构的共同体是实现社会平等的真正前提和社会保障。并且,共同体本身是一个所有成员一律平等的共同体,这里平等不仅体现在所有参与者通过一次性的契约把自己的一切权利转让给了这个集体,同时,由于所有成员的契约行为以及在这个共同体的动作过程中,由于经常性的共同参与公共事务,从而使得这一共同体形成了公意,公意也就是全体参与者的共同意志,或通过共同的契约或经常性的公民投票所形成的意志。因此,每个人服从公意,也就是服从自己,从而使自己像以往在自然状态中一样自由。因此,这里理解卢梭的公意,也就是体现了他的共同体的精神性,即共同体是一种精神意志的共同体,如果不能形成这样一种精

---

① [法]卢梭:《社会契约论》,何兆武译,商务印书馆,1980年,第2版,第23页。
② 同上书,第31页。

神意志的共同体,那也就意味着共同体的名存实亡。①

在成熟的马克思的著作中,共同体概念与社会成员在共同体中的平等自由的观点同样是其核心概念和核心观点。在《德意志意识形态》之中,马克思以"共同体"这一概念来表明共产主义社会。马克思说:"个人力量(关系)由于分工而转化为物的力量这一现象,不能靠人们从头脑里抛开关于这一现象的一般观念的办法来消灭,而是只能靠个人重新驾驭这些物的力量,靠消灭分工的办法来消灭。没有共同体,这是不可能实现的。只有在共同体中,个人才能获得全面发展其才能的手段,也就是说,只有在共同体中才可能有个人自由。在过去的种种冒充的共同体中,如在国家等存在型态中,个人自由只是对那些在统治阶级范围内发展的个人来说是存在的,他们之所以有个人自由,只是因为他们是这一阶级的个人。从前各个人联合而成的虚假的共同体,总是相对于各个人而独立的;由于这种共同体是一个阶级反对另一个阶级的联合,因此对于被统治的阶级来说,它不仅是完全虚假的共同体,而且是新的桎梏。在真正的共同体的条件下,各个人在自己的联合中并通过这种联合获得自己的自由。"②马克思在这里,提出了"虚假的共同体"与"真正的共同体"的概念。真正的共同体也就是所有社会成员能够实现其平等自由的共同体。真正的共同体也就是马克思所说的共产主义社会,质言之,马克思把共产主义社会看成是真正的共同体。马克思把真正的共同体与虚假的共同体区别开来,指出:"某一阶级的各个人所结成的、受他们的与另一阶级相对立的那种共同利益所制约的共同关系,总是这样一种共同体,这些个人只是作为一般化的个人隶属于这种共同体,只是由于他们还处在本阶级的生存条件才隶属于这种共同体,他们不是作为个人而

---

① 对于公意,卢梭有一个公意、众意和个人意志的复杂学说。卢梭强调的是公意对众意和个人意志的至上性,卢梭也指出,并非是每次的投票,所有公民都是意见一致的,因此他强调多数的意志也就是公意,因此,少数人的意见不在多数一边时,应当服从多数也就是服从公意。卢梭强调,如果有人不服从,要强迫他服从,认为这是强迫自由。对于这一论点,卢梭身后有不少批评。近年来有不少为其辩护的声音。卢梭的这一观点也可以从下面进行辩护,如对法律的服从,而任何社会自由,不可能不是法律之下的自由。
② 马克思、恩格斯:《德意志意识形态》,人民出版社,2003年,第65页。

是作为阶级的成员处于这种共同关系中的。而在控制了自己的生存条件和社会全体成员的生存条件的革命无产者的共同体中,情况就完全不同了。在这个共同体中的各个人都是作为个人参加的。它是各个人的这样一种联合(自然是以当时发达的生产力前提的),这种联合把个人的自由发展和运动的条件置于他们的控制之下。而这些条件从前是受偶然性支配的,并且是作为某种独立的东西同单个人对立的。"①马克思在这里明确提出在真正的共同体即共产主义社会中,"个人是作为个人参加的",即每个人不因为其隶属于阶级而是不平等的,并且,这种个人的联合把个人自由发展的条件置于自己的控制之下,即每个人在真正的共同体中是自由的。

这样比较并非是要把马克思的共同体思想与卢梭的共同体思想相等同。马克思的"真正的共同体"与卢梭的"共同体"有着本质的区别。卢梭的共同体是一种理论的虚构,只是"契约"建构的,卢梭的契约并非是一种真正的历史活动;马克思的"真正的共同体"则是基于历史唯物主义的社会发展规律所得出的社会发展的必然。卢梭并不知道怎样才可真正实现这一共同体,马克思通过对于资本主义社会内在矛盾的深刻分析,指出人类社会必然从资本主义社会变革发展到共产主义的"真正共同体",并且科学地论证了变革资本主义社会的社会物质力量——无产阶级,从而使社会主义从空想变为科学,也找到了真正实现人类平等与自由的共同体的现实条件。不过,卢梭与马克思的人类共同体,其历史意义都是极为深远的,卢梭通过共同体观念所提出的自由平等观念,直接影响了法国大革命;而马克思的真正的共同体及其平等自由观,则是一百多年来伟大的共产主义运动的理想目标。

二、不平等与不自由

卢梭提出共同体中的平等自由,是与他对人类社会中的不平等的观察为前提的。质言之,正是因为自从有了人类社会以来,人类的不平等就一直存在,而人类的不平等是与人的不自由内在相关的。即,不平等

---

① 马克思、恩格斯:《德意志意识形态》,人民出版社,2003 年,第 65—66 页。

是人的不自由的直接根源。在这里,我们有必要把"社会"这一概念与"共同体"概念区别开来。在这里,我们有必要再回到滕尼斯。因为正是滕尼斯把社会与共同体对照起来。与共同体的共同性和相互性不同,社会则是有着不同目的的个人竞争与结合的场所,是相互独立的个人的一种纯粹的并存。"共同体是持久的和真正的共同生活,社会只不过是一种暂时的和表面的共同生活。"①在这种意义上的社会,没有真正的共同性。而把社会与共同体鲜明地对立起来,则是卢梭政治哲学的特点。卢梭对于人类社会的思考,是在自然法理论的框架中进行的。在他看来,人类社会有着一个从自然状态到文明社会再进而到共同体状态的发展过程。从自然状态进到文明社会的动因是什么呢?卢梭认为是私有制。卢梭说:"谁第一个把一块土地圈起来并想到说:这是我的,而且找到一些头脑简单的人居然相信了他的话,谁就是文明社会的真正奠基者。"②卢梭在这里指出,财产私有制的出现,是人类进入文明社会即进入"社会"的真正动因,卢梭这一具有历史唯物主义思想萌芽的观点得到了马克思主义的肯定。恩格斯在《家庭、私有制与国家的起源》中,以历史唯物主义观点科学地阐明了私有制的起源,生产的发展导致人类的第一次社会大分工,"从第一次社会大分工中,就产生了第一次社会大分裂,即分裂为两个阶级:主人和奴隶,剥削者和被剥削者。"③不过,恩格斯认为,第一次社会大分工还没有进入真正的文明时代,即农业与手工业的分工,随着财富的增长和生产率的增长以及商业贸易的出现,氏族内部开始分裂,不仅出现了自由人与奴隶的对立,而且出现了富人与穷人的对立,从而国家在氏族制度的废墟上兴起。"氏族制度已经过时了。它被分工及其后果即社会分裂为阶级所炸毁。它被国家代替了。"④从而也就使得人类社会从野蛮时代进入文明时代,即卢梭所说的"文明社会"。"由于文明时代的基础是一个阶级对另一个阶级的剥削,所以它

---

① [德]斐迪南·滕尼斯:《共同体与社会》,林荣远译,商务印书馆,1999年,第55页。
② [法]卢梭:《论人类不平等的起源与基础》,李常山译,商务印书馆,1962年,第111页。
③ 《马克思恩格斯选集》,第四卷,人民出版社,1972年,第157页。
④ 同上书,第165页。

的全部发展都经常是在矛盾中进行的。"①这种剥削的最深层动因则是在私有制基础上的对财富的追求。恩格斯说:"卑劣的贪欲是文明时代从它存在的第一日起直至今日的动力;财富、财富,第三个还是财富,——不是社会的财富,而是这个微不足道的单个人的财富,这就是文明时代唯一的,具有决定意义的目的。"②

自从文明时代以来的人类社会是分裂的,而不是一个真正的共同体,这也就是马克思所说的"在过去的种种冒充的共同体中,如在国家等等中,个人自由只是对那些在统治阶级范围内发展的个人来说是存在的,他们之所以有个人自由,只是因为他们是这一阶级的个人。从前各个人联合而成的虚假的共同体,总是相对于各个人而独立的;由于这种共同体是一个阶级反对另一个阶级的联合,因此对于被统治的阶级来说,它不仅是完全虚假的共同体,而且是新的桎梏"。③ 这种分裂的结果是一个阶级对另一个阶级的压迫,即人类的深刻不平等,因而并没有真正的人类自由。卢梭指出:"法律与私有财产的设定是不平等的第一阶段;官员的设置是第二阶段;而第三阶段,也就是最末一个阶段,是合法权力变成专制的权力。因此,富人和穷人的状态是为第一个时期所认可的;强者和弱者的状态是为第二个时期所认可的;主人和奴隶的状态是为第三个时期所认可的。这后状态乃是不平等的顶点。"④社会中的不平等是全面而深刻的,不仅有着社会地位和财富的不平等,而且有着深刻的人类精神的不平等,奴役不仅仅使得人们被戴上枷锁,而且使得人们从精神上同意戴上枷锁。不平等是不自由的真正根源,因此,要实现人类的自由,也就必须实现真正的社会平等,从分裂和对立的社会进入到真正的共同体。卢梭所意识到的途径是通过社会契约进入真正的共同体,实践表明,所谓"社会契约"只是一种理论虚构,但它所引发的法国大革命所能实现的也只能是资产阶级的共和国。马克思和恩格斯则力图指明从分裂的社会进入真正的人类共同体的必要条件。摆脱不平

---

① 《马克思恩格斯选集》,第四卷,人民出版社,1972年,第173页。
② 同上。
③ 马克思、恩格斯:《德意志意识形态》,人民出版社,2003年,第65页。
④ [法]卢梭:《论人类不平等的起源与基础》,李常山译,商务印书馆,1962年,第141页。

等的分裂社会,使人类进入一种平等的共同体,恩格斯指出,"无产阶级抓住了资产阶级的话柄:平等应当不仅是表面的,不仅在国家的领域中实行,还应当在社会的、经济的领域中实行……平等的要求在无产阶级中有双重的意义。或者它是对极端的社会不平等,对富人和穷人之间,主人和奴隶之间,骄奢淫逸者和饥饿者之间的对立的自发的反应……或者它是从对资产阶级平等要求的反应中产生的,它从这种平等要求中汲取了或多或少正确的、可以进一步发展的要求,成了用资本家本身的主张发动工人起来反对资本家的鼓动手段;在这种情况下,它和资产阶级平等本身共存亡。在上述两种情况下,无产阶级平等要求的实际内容都是消灭阶级。"①在马克思主义看来,阶级对立与阶级冲突,是文明时代一切对立的主要体现,是社会分裂的主要表现。消灭阶级,也就意味着消灭阶级存在的根源。恩格斯说:"一旦社会占有了生产资料……人才在一定意义上最终地脱离了动物界,从动物的生存条件进入真正人的生存条件。"②消灭私有制,实现生产资料的社会占有,从而消灭人屈从人的根本前提,才能使得人类社会真正从分裂的和虚假的共同体进入真正的共同体。马克思和恩格斯认为,人类的分裂状态,即没有进入真正的共同体是人类的史前时代,而只有进入真正的共同体,人的史前史才真正终结,从而真正进入人的历史时期。"只有从这时起,人们才完全自觉地自己创造自己的历史,只有从这时起,由人们使之起作用的社会原因才在主要的方面和日益增长的程度上达到他们所预期的结果。这是人类从必然王国进入自由王国的飞跃。"③也就是说,没有真正的社会平等也就没有真正的人类自由,而没有人类的自由,也就意味着人类没有真正脱离动物界,人类的历史仍然只是自然史而没有真正成为人的历史。共产主义的实现——真正的共同体的实现,意味着人的动物阶段的终结,真正的人的历史的开始。

---

① 《马克思恩格斯选集》,第三卷,人民出版社,1995年,第448页。
② 同上书,第323页。
③ 同上。

第五节 反思启蒙与继续启蒙

"启蒙"是一个常说常新的话题。"启蒙"或"启蒙运动"是当代我国学术界使用频率最高的概念之一,在中国期刊网上,关于"启蒙"的学术文章达到了四万五千多篇,因此,可见我国学术界对这一主题的关注力度和学人的用力之多。2012年是卢梭诞辰三百周年,卢梭是法国18世纪启蒙运动的杰出代表,纪念卢梭也就使得我们再次回到了启蒙运动。

一、什么是启蒙与启蒙运动?

"启蒙"(Enlighten)这一概念,在英语中,是法语"Lumieres"的英文翻译,法语中这词的意思是"光明"。Lumieres是18世纪的讨论中经常使用的概念,它既指一种思想主张,又指那些正在阐明这一思想的人。每个人都有权拥有光明,这是一个由17、18世纪的知识分子从古代哲学中借用来的象征,它指代的就是智慧或理智。因此,对于启蒙这一概念的解释,必须联系到启蒙运动(The Enlightenment)来谈。简单地说,启蒙运动是在文艺复兴与宗教改革之后,欧洲的一次大的思想解放运动。它是一次欧洲国际性的思想解放或启蒙运动,其涉及面极为广泛。启蒙运动不仅盛行于其发祥地英格兰、苏格兰和法国,而且遍及全欧洲,而对于后来影响最大的就是法国18世纪的启蒙运动、苏格兰启蒙运动和德国启蒙运动。

欧洲17、18世纪所发生的启蒙运动,首先是一种思想的运动。从启蒙这一概念本身来看,启蒙就是使得我们的精神和思想摆脱愚昧、蒙昧、黑暗、迷信与偏见,使得我们走出长期以来我们走不出来的黑暗,使得我们的思想和精神能够见到光明和得到自由。就整个欧洲的启蒙运动而言,经验主义和理性主义都是被欧洲的启蒙思想家使用过的基本方法。就启蒙运动的经验主义而言,是指经由培根(英国文艺复兴的重要人物)、霍布斯等所开创的经验主义传统,在启蒙运动中为洛克以及牛顿等人所继承。如培根生活的年代比启蒙运动的开端要早一个世纪,但他的思想观念却成为启蒙运动的主要思想源泉之一。培根设想以一种全新的科学方法来改造全部人类的知识,这就是经验归纳法。这种方法要求从经验中和实验中精心收集观察资料,然后把它们组成全新的知识体系。一旦建立新的知识体系,就可促进人类的进步。后经英国皇家学会和各国致力于实验方法的科学家的努力,培根的学说最终进入到启蒙运动的话语和视野之中。伏尔泰在《哲学通信》中向普通法国公众介绍了牛顿的实验科学和洛克的感觉心理学,把培根列为证明了获得知识必须进行实验的哲学家之一。而以洛克为代表的感觉论的心理学和经验论以及牛顿的科学方法,则成为启蒙运动思想大厦的主要基础之一。牛顿将培根、洛克等人的感觉论的经验主义运用到科学研究之中,牛顿抛弃了不首先搜集观察数据就对自然现象进行推理或提出假说的方法,把对自然现象的观察置于科学研究的中心地位。牛顿力学的创立,万有引力的发现,鼓舞了当时所有的思想家,其科学的方法也成为启蒙运动中的思想家的方法。在牛顿的影响下,科学经验主义成为启蒙运动时期进行科学研究的主要方法。当然,这一时期也并没有排除理性主义。

理性主义是把理性当作一个真正知识之源的认识论。启蒙运动的理性主义可以追溯到17世纪的笛卡尔。笛卡尔的名言"我思故我在"就是从其理性主义的方法推导而来。即我可以怀疑一切,但不能怀疑我的存在,而我的存在在于我在思考。从我思中我们可以推出我的存在,这样,"我思"就是一个头脑中所固有的先天的、清楚明晰的观念,从这样一个先天观念出发,我可以推出我的存在,以及具有广延的外在物质世界的存在。并且,笛卡尔从"我思"这样一个真正的毋庸置疑的观念出发,通过论证,也试图证明上帝存在的真实性。启蒙运动的思想家,从理性主义这里找到了一个理解世界,摆脱愚昧和偏见的新的支点。当我们谈及法国的启蒙运动和德国的启蒙运动,理性主义是其主要的方法。

以理性主义进行启蒙,把理性看成是获得人类真知和摆脱愚昧和偏见的工具。在德国理性主义的启蒙运动中,提出了这样六个问题:一、什么是启蒙?二、启蒙能够和必须扩展到哪些对象上?三、启蒙的限度在哪里?四、什么是促进启蒙的可靠手段?五、谁获准对人性进行启蒙?六、通过什么后果人们认识到启蒙的真谛?对于第一个问题,有人回答说,只要我们有一双用于观看的眼睛,能够学会认识到明亮与阴暗的差别,能够认识到光明与黑暗的差别,就知道什么是启蒙。也就是说,启蒙就是使人摆脱蒙昧与黑暗。那么,怎样理解启蒙就是使人摆脱蒙昧与黑暗,而获得理智的光芒呢?康德在"什么是启蒙?"一文中曾有一句名言:要有勇气运用你自己的理智!这就是启蒙的座右铭。或者说,敢用你的理性,这就是启蒙。那么,我们怎么理解启蒙就是用你自己的理智或理性?这是因为,启蒙就是运用你自己的理性来进行判断、思考与反思,使你自己所使用的概念能够明晰或澄清概念。在这里,理性就是这样一种能力,即人能够运用抽象思维的方法清晰或明确地把握自己在日常生活中或理论思维中的概念,或使自己所使用的概念达到一种澄明的状态,或精确地使用概念。正如德国启蒙时期的思想家巴尔特所说,如果一个人已经用心掌握了一个知识体系,如法律,他能被称为一个启蒙了的学者吗?不能。那么,为什么不能?"不管谁来回答这个问题,他就会发现,具有一个人自己的知识,而不是具有盲目地模仿而来的语词,乃是内在于启蒙的。"在巴尔特看来,那些根据自己的思考和判断而来的知识,就是启蒙的体现。因此,启蒙不是别的,其首要的要素就是:"学会为自己思考。"①那么,怎样才能算是学会为自己思考呢?巴尔特提出了以下三个标准:一、对一个人在外在世界中自己已经加以确定、抽象、比较、考察的对象,自己具有明晰的概念,二、一个人自己知道真理的源泉和标准,能够进行真假和好坏判断,尤其是从自己的原则中引出这些判断,并且已经经常地思考、考察过这些判断的真实性根据。三、不论在什么地方和什么时候,都用自己的眼睛去观察,不盲目遵从权威,而是在相信这样一个权威之前,用自己的理性或理智去进行分析。在德国启蒙时期的赖因霍尔德说:"如果表达的能力甚至已经将一个单一的含混的概念都分解成为它的构成要素,那么成功的手段——启蒙,以及因此,真正的理性——就即将到来。"②在启蒙思想家看来,"在人类的表达方式当

---

① [德]卡尔·费里德里希·巴尔特:"论出版自由及其限制:为统治者、检察官司和作者着想",载[美]詹姆斯·施密特编:《启蒙运动与现代性》,徐向东等译,上海人民出版社,2005年,第100页。

② [德]卡尔·莱昂哈德·赖因霍尔德:"对启蒙的思考",同上书,第69页。

中经得起仔细审视的一切概念都是理性的概念,因此也是启蒙的对象。"① 把人类思想中的一切概念看成是理性审视的概念,也就是一切都要经过自己的理性的审视,这就是启蒙。巴尔特说:"人啊,独立于权威,独立于牧师、僧侣、教皇、教会和教廷的宣告,去思想和判断的自由,就是最神圣、最不可侵犯的人的权利。人们有理由珍惜这个权利,把它看得高于其他的自由和权利,因为它的丧失不只是削弱幸福,而是将幸福完全摧毁;因为没有这个自由,人的不朽的灵魂就不可能完善,因为人的美德、和平和安慰都依赖于这个权利;因为没有这个权利,人就会变成苦难的奴隶。"②

德国的启蒙运动还提出了启蒙的对象、启蒙的限度,启蒙的手段,谁有资格进行启蒙,和启蒙的后果问题。启蒙思想家认为,启蒙与蒙昧的区别就犹如光明与黑暗的区别。一个人在黑暗中不仅什么也看不清,也不知自己身处何处,不知自己前进的方向。而启蒙就在于以心灵的理性之光来驱散谬误和偏见所带来的黑暗,因此,启蒙应当把自己扩展到一切可能的对象上,而当光明遍布一切,这就是启蒙的限度。因此,启蒙没有限度。③ 启蒙思想家指出,确实有人对于光明的到来会感到不安。因为有人只能在黑暗中工作,如那些颠倒黑白、搞阴谋诡计的坏事的人。启蒙不可能征得他们的同意,而他们恰恰是启蒙的天然对手。而对于谁有资格进行启蒙的问题,启蒙思想家如康德认为,启蒙就是使人摆脱自己加之于自己的不成熟状态。因此,启蒙不是别的,就是敢用自己的理性,以自己的理性来打碎一切束缚自己的偏见和谬误,即启蒙并不意味着社会需要一部分人在理性上高出于其他人,从而使得他们才有资格对我们进行启蒙。以自己的理性对自己进行启蒙,说明启蒙运动所强调的

---

① [德]卡尔·莱昂哈德·赖因霍尔德:"对启蒙的思考",载[美]詹姆斯·施密特编:《启蒙运动与现代性》,徐向东等译,上海人民出版社,2005年,第69页。
② 同上书,第69—101页。
③ 康德在启蒙的限度问题上有着复杂的态度。一方面,他认为人人都有作为一个学者公开运用自己的理性的权利,然而,在每个人涉及他的职位事务问题上,则只能私下运用他的理性,即不论是否他认为这种服从是有问题的,都不是将理性告诉他的作为他行动的准则。(见"什么是启蒙?",载[德]康德:《历史理性批判文集》,何兆武译,商务印书馆,1990年,第24—26页)

是人人具有的平等权利,这种权利也就是一种摆脱偏见获得思想自由的权利。在启蒙思想家看来,这种平等的自由与权利是每个人与生俱来的、不可剥夺的权利。

二、法国启蒙运动与法国大革命

从现实背景来看,启蒙运动所面对的谬误与偏见是什么呢?欧洲大陆的理性主义启蒙运动的使命在于从封建专制主义和中世纪的神权思想观念下解放出来。在启蒙思想家看来,如果我们一味地迷信和崇拜那些传统的权威和在社会上所盛行的观念,那么,我们只能生活在愚昧和黑暗之中。启蒙就是要摧毁没有经过我们的理性审视就接受的或盲目接受的权威,从而生活在我们自己的理性所照耀的光明之中。18世纪法国的启蒙运动是历经几代思想家、文学家、自然科学家和哲学家的一场长达百年、波澜壮阔的伟大思想解放运动。启蒙思想家们大都高扬理性主义的大旗,对于基督教神学、上帝的观念和封建专制主义进行了激烈的批判和抨击。在法国启蒙思想家中,伏尔泰、孟德斯鸠、狄德罗、爱尔维修、卢梭都是名垂青史的人物。法国启蒙运动早期的思想领袖伏尔泰,激烈的反对基督教神学和上帝的观念,反对专制主义和蒙昧主义。在他看来,他那个时代,人类的理性已经成熟,而人们依照理性,可以认识自然、改造世界。发挥理性,就是推动历史,蒙蔽理性,就是阻碍进步。基督教神学和专制主义的罪恶在于它们否定和压抑理性,他指出,宗教狂热的表现就是扼杀理性。而专制则使人感到了枷锁的分量。伏尔泰明确地说:"专制独裁就是暴政。"①他对时下人们认为的上帝具有的"全知、全能、全善"的属性发起攻击,认为人们对于上帝的属性无从知晓。他认为,上帝只是作为世界的第一推动力,在推动世界运动之后他就退出历史舞台了。人类所服从的就是自己所制定的法律。即人类要获得自由,也就必须服从自己的法律。因此,他这样讲上帝也就是为人类的自由辩护。

---

① [法]伏尔泰:《风俗论》上册,梁守锵译,商务印书馆,1994年,第456页。他还指出:"我们应当尊敬的是凭真理的力量统治人心的人,而不是靠暴力奴役的人。"(伏尔泰:《哲学通信》,上海人民出版社,1961年,第44页)

以狄德罗为代表的百科全书派对于启蒙运动做出了突出贡献,在狄德罗身边集聚了一批思想家、自然科学家和哲学家,他们在观念上都受到洛克与牛顿的影响,宣扬自由平等与博爱,以及强调人们不依靠信仰而依靠自己的理性就可认识社会与自然的法则,因而反对宗教神学和封建专制对人们精神思想的专制统治。众多思想家的启蒙思想和启蒙观念形成了强大的社会思潮。而在众多思想家中,最值得注意的就数卢梭了。正如托克维尔所说:"起初人们只说要更好地调整阶级关系,但很快就起步、速跑,直奔纯粹的民主观念。一开始人们引证和评论孟德斯鸠,最后却只谈卢梭了。卢梭成为革命导师,并且始终都是大革命初期的第一位导师。"①卢梭之所以这样重要,是因为在卢梭的所有小说、散文、政论和论著中,有两部重要著作影响了法国大革命,这就是《论人类不平等的起源与基础》和《社会契约论》(当然,《爱弥儿》也相当重要)。卢梭在这样两部重要著作中,表达了启蒙运动的核心理念:自由与平等。这样两个理念,也就是法国大革命的核心理念。几乎所有的启蒙思想家都承认,人有着天赋的自由平等权利,这是不可剥夺也不可转让的。"人是生而自由的,却无往不在枷锁中"。卢梭在《论不平等》中指出,人的被奴役和受屈辱的地位,就在于社会使我们处于不平等的地位。在卢梭看来,自从文明时代以来的人类社会是分裂的,而不是一个真正的共同体。在他看来,社会中的不平等是全面而深刻的,不仅有着社会地位和财富的不平等,而且有着深刻的人类精神的不平等,奴役不仅仅使得人们被戴上枷锁,而且使得人们从精神上同意戴上枷锁。不平等是不自由的真正根源,因此,要实现人类的自由,也就必须实现真正的社会平等,从分裂和对立的社会进入到真正的共同体。卢梭的这些思想观念对于启蒙运动的发展,尤其是法国大革命有着直接的影响。

那么,是启蒙运动引发了法国大革命吗?我们先把这个问题放下,换一个提法,即,在当时的欧洲各国都在掀起思想启蒙运动,为什么除了法国,都没有引发那样一场改天换地的大革命?人们对于大革命前的法国君主制进行研究,发现大革命前的法国,其国王君主的权力已经极为

---

① 转引自[法]弗朗索瓦·傅勒:《思考法国大革命》,孟明译,三联书店,2005年,第67页。

脆弱,并且,法国的农奴制已经基本不存在,相当多的农民已经有了自己的土地;封建领主和贵族的权力已经受到严重削弱,虽然还享有特权,而外省乡村的行政权力体系中已经没有贵族的位置。然而,当时的德国和俄罗斯,还都处于农奴制之下,在俄罗斯,农奴还准许被买卖。因此,人们认为,相对宽松的社会制度环境在法国而非在德国的启蒙运动中成为引发革命的一个前提条件。其次,当时法国的第三等级与国王和以国王为中心的国家政权的矛盾空前激化,这是导致法国在1789年发生革命的社会原因。然而,我们要看到,法国革命的思想观念、法国革命所追求的社会理想,法国革命所体现的精神,是启蒙思想家们所提供的。正如鲁道夫·菲尔豪斯所说:"启蒙运动无疑属于法国革命的先决条件,但不是它的原因。"①他又指出:"法国革命无疑不是把启蒙运动转变为政治实践,但是,若没有启蒙运动,那么对法国革命的合法性及其目标的阐述也就变得不可思议,也就没有那些激动人心的口号,那场革命也就不可能成为人类及其进步的代言人。"②今天我们谈到法国大革命,不能不谈到启蒙运动。正是启蒙运动给予了法国革命的思想武器和指导方向,正是通过法国大革命,人类进入一个新时代,这次革命体现了这样一个新时代已经来临,"在这个新的社会政治秩序中,至高无上的人民进行统治,人权和公民权被保证是不可违反的,政府的权威被人民代表划分和控制。在那个秩序中,基于出身的特权和有产阶级的特权已经被废除,只有卓越的品质才是决定性的。在世界历史进步的一刹那间,这个不可分离的民主国家的公意已经使自由、平等和博爱的原则成为国家的基础。"③正是法国大革命,将启蒙运动所倡导的人权观念、自由平等的权利观念以及公民观念,作为国家政治生活的最基本原则和基础。我们看到,1789年,法国大革命爆发不久,即宣布了法国《人权宣言》(《人权和公民权宣言》[*Déclaration des Droits de l'Homme et du Citoyen*]简称《人权宣言》),把启蒙思想家所宣扬的自由平等原则以宣言的形式宣告出来,

---

① [德]鲁道夫·菲尔豪斯:"进步:观念、怀疑论和批评",载[美]詹姆斯·施密特编:《启蒙运动与现代性》,徐向东等译,上海人民出版社,2005年,第348页。
② 同上书,第345页。
③ 同上。

表明了这场革命的性质。人民主权的观念通过这场革命而得到确立。还有,法国大革命中的最著名的政治派别是以罗伯斯庇尔为领袖的雅各宾派。雅各宾俱乐部就是遍布巴黎各街区的群众革命组织,并且在革命高涨中获得政权。雅各宾的中心信条就是平等观念。因此,这是以平等和人民为名义行使主权的思想共同体和现代政党。它标志着现代民主政治降临于现代社会。它也使我们看到卢梭的思想如何从知识分子那里走向政治权力的中心。法国大革命的历史影响是多方面的。然而,正是从法国大革命,才有了现代的作为国家意识形态的民主政治。从前,人民在国王的领导之下,都是臣民,而在法国革命之后,才是公民。

就法国大革命而言,一个重要的问题是其中的暴力问题。即我们怎么看待法国大革命中的暴力横行,血流成河?启蒙运动给了法国大革命一套话语,一套意识形态,这里面有着对于现代最为宝贵的人权观念、自由平等的权利原则,以及人民主权的概念。将启蒙运动的思想家尤其是卢梭所给予的这套话语与大革命相结合,就成为了法国大革命的意识形态。而革命作为一个社会的非常时期,所造成的政治局面是,在所有人看来,权力已经空置。我们知道,路易十六被关进了巴士底狱,最后他因逃跑而被处死刑。卢梭的学说正在革命中大行其道,这就是他的人民主权说:人民就是政权,只有人民才有拥有政权的合法性。在卢梭这里人民主权是以公意来代表的,即人民的意志来代表的,而人民的意志恰恰是由人来代表的,"合法性(和胜利)属于那些象征性地代表人民意志并成功地统辖人民机构的人们。"①因此,公意作为合法性的象征符号,就成为那种能够作为体现这种公意的人走上权力宝座的护身符和合法外衣。"关键在于弄清谁代表人民,或者代表平等,代表民族国家,谁有能力占领并保持这个象征性地位,谁就决定胜利。"②而代表人民,代表平等或代表民族国家的这个"谁",是通过在各级议会和有群众集会的场所发声从而使人民知道其思想观点的人。当他的思想观点表达或符合了那时的革命舆论,他就表达了这种话语。正如傅勒所说:"制宪会议敌

---

① [法]弗朗索瓦·傅勒:《思考法国大革命》,孟明译,三联书店,2005年,第73页。
② 同上。

手如云,讲坛森严,在这种地方面对'舆论'发言,就像面对一个虚无缥缈而又无处不在的场所说话,必须倡言革命共识,言倡而始有权份。"①你要登上权力的宝座,也就必须为人民说话,而为人民说话,也就是表达革命共识,即说在革命中所形成的那种具有合法性的话语,从而使得人民把生杀予夺的大权交给你。作此话语者不乏行家与高手,他们炮制这种言说,又据此而成为此种权利与话语的意义与合法性的持有者,即成为大革命中的革命活动分子,也就是各级议会的议员。并且,议会的议员自认为代表人民并以人民的名义制定法律。巴黎各区的以及雅各宾俱乐部的活跃分子,自认为自己是革命警惕的哨兵,随时识破与纠正行动与价值的偏差,随时准备重建政治体,或者说,谁都希望亮相于政治舞台。在这里,不仅仅在于你在公众面前说得如何,还在于你自己做得如何。因为革命不仅仅是建立一个体现人民意志的平等权利的政权,而且在于重建一个新的道德世界,这个道德世界是一个没有被资产阶级所污染的世界,罗伯斯庇尔后来成为领袖,就不仅仅是因为他的言说能够代表那时的革命共识,而且还在于他被人们认为是一个不可被腐蚀者。

这些握有权柄的人,不仅自认为是人民意志或公意的代表,像罗伯斯庇尔就说过,他就是公意的代表,而且在这种意识形态之下的人民也相信他们就是公意的代表。反过来,谁拥有了权力,也就意味着他拥有了作为人民意志的特权。然而,由于大革命时期的形势的复杂,国王还在囚禁之中,但保皇党还在,甚至就在革命队伍之中,如大革命早期的著名人物米拉波暗中给国王写秘密书信,表示效忠国王。同时,整个欧洲在英国的积极策划下,普鲁士、奥地利、荷兰等国联合起来,组成第一次反法联盟。因此,革命中的法国战云密布。而"反革命"也就在自己的革命队伍中,这些人在暗处,革命中握有权柄的人随时都惧怕自己被阴谋出卖,权力被颠覆。"对大革命来说,阴谋就是惟一与之旗鼓相当的敌手,这个敌手是按大革命的身材打造出来的。阴谋与革命一样抽象,无处不在,具有母体的性质,但阴谋是暗藏的,而革命是公开的;阴谋是倒逆的,革命是正当的,阴谋是凶险的,而革命能带来社会的福祉。总之,

---

① [法]弗朗索瓦·傅勒:《思考法国大革命》,孟明译,三联书店,2005年,第75页。

阴谋有它的负面性,反向性和反原则性。"①当议员们为了证明攻占巴士底狱的起义具有正当性,就说起义防止了阴谋,而在革命进行中的一次次把同伴送上断头台的革命行动,据说是成功地粉碎了一次次的阴谋。"阴谋说迎合了革命意识的种种形构。它操纵这种因果式的大是大非,一切历史事实于是可以缩减到一个意图或一种主观意志;它敢担保,恶者必罪大恶极,因为罪恶是不可告人的,而消灭罪恶乃是一种卫生功能。"②这种阴谋论的背景,则是革命与反革命,人民与敌人的二元对立。可是,阴谋者是不在阳光底下的,阴谋者的阴谋是见不得人的,因此,必须把他揪出来,并且把他消灭。那么,谁有权能够确定谁是阴谋者呢?毋庸置疑,那些代表人民意志的人。在雅各宾专政期间,无论是雅各宾的右翼还是左翼,都遭到了罗伯斯庇尔的镇压:"雅各宾派……[于]1794年3月,逮捕埃贝尔(雅各宾的左翼——引者注)等人,以惩治密谋暴动罪把他们送上断头台。同月,丹敦(雅各宾的右翼——引者注)及其同谋者也被逮捕,经审讯后处死。4月间,又罗列一些莫须有的罪名,逮捕并处死肖美特(雅各宾的左翼——引者注)。肖美特等左翼领袖被处死,大大削弱了革命政府的群众基础。"③而反对革命政府的"阴谋"集团于7月27日发动政变,逮捕罗伯斯庇尔、圣·鞠斯特等人,最后他们也被人送上了断头台。傅勒说:"一个如此会摆弄人民/阴谋辩证法的人,一个把这种辩证法推演至必然血腥后果的人,最后却轮到他自己成为这种辩证法的牺牲品:其实这已经是人所共知的命数了:因为这种回飞镖式的效应已经击倒过布里索、丹东(即前面的丹敦)、埃贝尔等众多其他人,惟独对罗伯斯庇尔仿佛是行了历史选择的不朽之礼。生前,他代表人民就比别人长,也比别人更有信念;死后,他旧日的朋友们颇懂得这一套,给他安了个阴谋反对共和国的中心角色。"④透过1793年的雅各宾党人对其内部的清洗,我们看到,在它身后是一个长长的革命与对反革命的清洗,如斯大林在布尔什维克党内的大清洗。而毛泽东主席发

---

① [法]弗朗索瓦·傅勒:《思考法国大革命》,孟明译,三联书店,2005年,第81页。
② 同上书,第80页。
③ 周一良等主编:《世界通史·近代部分》上册,人民出版社,1972年,第二版,第168页。
④ [法]弗朗索瓦·傅勒:《思考法国大革命》,孟明译,三联书店,2005年,第85页。

动"文化大革命",也就是为了反对"睡在我们身边的赫鲁晓夫"。

三、现代性与启蒙问题

法国大革命开启了一个现代社会,民主真正从这个时候起才真正成为了社会的意识形态,同时,法国大革命又是20世纪20年代以来一切革命的母体。因此,法国大革命似乎有着双重的原罪,现代性之罪和革命的原罪。第一,我们面对的是法国大革命期间的暴力横行的问题,不少思想家和学者把它与卢梭在《社会契约论》中的"强迫自由"论点联系起来,并且把这一论点看作是20世纪法西斯暴行的现代思想源头,如其中著名的论点包括罗素的观点。① 贡斯当等人则反思革命,指出其中的重大问题在于革命期间是把古典的自由看成是我们现代的自由,而现代人的自由则不同于古代人的自由,因为我们所要的主要是个人自由,即个人有不受任意逮捕和干涉的自由。在贡斯当的思考基础上,当代政治哲学家伯林发展出了他的消极自由概念。捍卫消极自由成为当代自由主义的重中之重。

法国大革命开创了现代性,因而对现代性的批评,我们都不得不联系到启蒙运动。对于现代性的反思,人们对准的矛头之一就是启蒙理性主义。启蒙运动确立理性的权威,还在于启蒙运动把理性看成是具有普遍性,即启蒙理性是普遍主义的理性,这一普遍主义的理性观,相信存在着普遍永恒的理性真理,后现代主义所对准的就是这一理性普遍主义。在他们看来,启蒙运动借这一普遍永恒的概念,所推行的只是强权和压制。现代社会的知识状况如同维特根斯坦的语言游戏的"家族相似",是"异质多元"的,因而没有什么普遍永恒的真理。② 后现代主义的观点就像今天人们所认为的那样,没有普世价值。

第二,人类中心主义。人类中心主义的起源就可追溯到启蒙运动(甚至更远的文艺复兴)。启蒙运动确立理性的权威,将中世纪的上帝

---

① 罗素认为,就是俄国和德国的独裁统治,在某种程度上也可看作是卢梭学说的后果。参见[英]罗素:《西方哲学史》下卷,马元德译,商务印书馆,1982年,第237—243页。
② [法]让-弗朗索瓦·利奥塔:《后现代状况——关于知识的报告》,岛子译,湖南美术出版社,1996年,第187页。

作为价值中心,替换成人作为中心,必然导致人类中心主义。人们认为,笛卡尔以来的主体中心论,把理性看作是评判一切的标准,却从不对理性本身进行评判和审视,根本意识不到这种理性自身的局限性,因而这样一个理性不仅是主体在这个世界上的阿基米德点,而且相信理性不仅主宰我的世界,并且主宰非人类社会的自然世界,从而导致了人类中心主义。人类中心主义不承认理性在自然面前的限度,以征服自然的主人自居,结果是把人置于与生态环境对立的地位,从而导致现代社会人与环境的不协调,甚至导致对生态环境的严重破坏,破坏导致对人类生存环境的严重威胁。反思启蒙运动以来的主体中心主义,20个世纪60年代以来,提出要从人类中心主义走向非人类中心主义以及人与生态环境共存的整体主义。

第三,对个人主义的批判与质疑。启蒙运动强调每个人都应平等地运用自己的理性,而不是被某种权威将其意志专横地强加于我们头上,启蒙运动所体现的这种个人主义与文艺复兴中强调人的自我保存和个人的感性需求的合理性一道,构成了近代强调个人的生存权利、个人的价值、尊严,把权利置于中心地位的个人主义。当人们批评启蒙运动所导致的人类中心主义,是把它与近代以来所生产出的个人主义一起进行批判,即强调整体主义也就要否定启蒙运动或更远一点的文艺复兴运动以来的个人主义。当然,对个人主义的批判是集体主义及其所归属的社会主义和共产主义运动长期以来的基本论点之一。而从现代性问题出发,对个人主义进行批判,则是指出它在作为现代社会的基础的意义上就存在着问题,即反思人类中心主义,也就必然质疑个人主义。

第四,对科学主义的批判。启蒙运动的另一个对于现代性起作构建作用的就是科学主义的兴起。对于科学主义,是相信自然科学是最权威的知识,高于其他一切对生活的解释。"科学主义"这个概念具有贬义性,即相信科学知识和科学技术是万能的,在这个意义上,也可称之为唯科学主义。我们知道,在启蒙运动中,由于以牛顿为代表的自然科学的辉煌胜利,从而启蒙思想家普遍崇尚科学和科学理性,科学理性和科学精神渗透在一切人文社会科学之中,最后,使得科学取代和窒息了人文。这是因为,科学理性内在包含着工具理性主义,即科学理性本身是不包括价值理性的,而我们越是张扬科学,也就越是在张扬工具理性,工具理性与价值理性的分离是现代社会精神的一个特点,它导致了现代社会科学越发达,而道德精神则越堕落的可能,即我们处于一个技术专家统治的社会之中,但这个社会可能是一个没有人文关怀精神的社会,即专门家没有心肠,技术专家没有灵魂的时代。现代社会把这些问题发展出来了,因此,对于现代社会的弊端,我们不能一味不加反思地接受启蒙的遗产,而应当继续启蒙。

从社会政治层面,启蒙运动开出了两个层面的现代政治生态,即自由主义与集权主义。自由主义是以洛克式的英格兰启蒙运动为出发点,提出了自由平等的权利对于社会政治的基础性价值以及保障权利的社会政治要求,这种自由主义的政治,强调以个人权利为前提和基础,来建构社会政治结构和为其辩护;集权主义的或共同体主义的政治,就是以卢梭为代表,经过法国大革命实践洗礼的政治生态。这种集权主义或共同体主义的政治生态,同样也强调个人的自由和平等权利,但它认为,个人的权利只有在真正的共同体中才能实现,而这种共同体是由人民集体所形成的意志为代表的。对于这一层面的启蒙的反思,我个人认为,我们应当好好总结法国大革命中出现的问题,以及类似于斯大林的大清洗存在的机制条件。但我们不能因此而认为,由法国大革命所代表那样一种道德乌托邦就此覆灭了,而是应当看到,它所提出的自由、平等、博爱的理想,一直是它身后二百多年来人类社会前进的精神指南和光辉不灭的灯塔。然而,启蒙运动本身的问题确实意义深远。这也并不能因此而把它的根本精神否定掉。因此,这种双重性表明,启蒙运动及其所开启的现代性,是像哈贝马斯所认为的那样:它是一项未竟的事业,需要我们代代为之奋斗。

第四章 伯林的自由论

对正义的思考离不开对自由的思考,以赛亚·伯林(Isaiah Berlin)在当代的贡献在于他对自由的思考。伯林是 20 世纪非常重要的、也是中国读者所熟悉的政治哲学家。我们的学者对于伯林的熟稔,在于他所提出的"消极自由"概念,而伯林对政治伦理学的贡献是多方面。如伯林对自由与责任的思考,对于多元主义的提倡。在这里,我们就从以下三个方面进行分析。

第一节 自由与责任

伯林提出消极自由概念的《两种自由概念》一文为大家所熟稔,而对于伯林对决定论的质疑以及对自由与责任的考量,则相对来说并非那么广为人知。消极自由是相对于积极自由而言的,两者都是自由主义的自由问题。对决定论的质疑,以及与决定论命题相关联的自由与责任的问题,在伯林看来,这是讨论政治自由不可回避的一个基本问题。然而,目前学术界则把与决定论相关的自由问题,更多地看成是相对于政治领域的、主要为伦理学领域里的自由问题,并且这是政治领域里自由问题的哲学基础。在伯林的自由思想中,这一方面的自由问题占了相当大的分量。在伯林的重要著作,《自由四论》的扩展版《自由论》中,主要涉及伦理学领域里的自由问题的论文占了更大的篇幅。[①] 同时,伯林的伦理

[①] 在《自由四论》扩展版的《自由论》中,有一篇从《我的思想之路》(1987)中摘录的回顾性文章:《最后的回顾》,在这篇文章里伯林将自己的主要关注问题概括为两个问题,一是对决定论的质疑和反驳,二是消极自由。见 Isaiah Berlin, "Final Retrospect", in *Liberty*, edited by Henry Hardy, Oxford University Press, 1969, pp. 322-328; 以及中译本[英]以赛亚·伯林:《自由论》,胡传胜译,译林出版社,2002 年,第 366—374 页。

学领域里的自由观与他在政治领域里坚持消极自由论有着哲学上的内在相关性。

一、决定论

伯林思考的重心,是他那个时代所引发的重大社会政治问题。在他看来,决定论是影响他那个时代的政治和伦理生活最重要的政治哲学问题之一。所谓决定论？一般而言,"它是关于世界本质的形而上学论点。"① 也就是关于世界本性的一般性或形而上学观点,即它所回答的是这个世界以什么样的方式存在和运行下去。在伯林所关注的意义上,决定论不仅仅是关于整个世界(包括自然界)的本性,而且尤其是关于社会世界以及关于个体的人作为行为者的本性意义上的形而上学观点。

决定论有各种版本,自然物理的决定论,神学决定论以及社会决定论,心理与神经科学决定论等。所谓物理决定论,也称为因果关系或科学决定论,即伯林所反复强调的决定论,但伯林也同时指称类似于物理或科学决定论的社会或历史决定论。一般而言,物理或自然因果关系决定论认为,自然律严格地决定着事物变化发展的趋势和结果。牛顿天体力学是被人们所经常引证物理世界这一特征的体系。如人们可以准确地预言下一次月食出现的时间。神学决定论的核心是上帝的观念。在基督教的观念中,整个世界是为上帝所创造的,上帝不仅创造了这个世界,而且全能的上帝的意志决定着这个世界的特征以及万物的特征。如世上万物的秩序。莱布尼茨认为,我们不仅有充足的理由认为上帝出于本性决定了宇宙的每一个细节,而且我们可以确信上帝必然选择创造了一个并且仅仅是一个世界,即我们这个世界是可能世界中最好的世界。社会决定论和物质力量的决定论与精神决定论之分,即相信社会历史的运动最终是由物质力量或精神力量所决定的。历史决定论是19世纪以来的广为盛行的对于人类社会的一般性看法。社会科学家受到17世纪以来的自然科学的成就的鼓舞,认为人类社会的发展与自然物理世界的

---

① [美]洛伊·韦瑟福德:"决定论及其道德含义"(段素革译),《自由意志与道德责任》,徐向东编,江苏人民出版社,2006年,第35页。

发展　样,都是受到内在发展规律和某种精神力量所支配的,并且其运动发展的方向受到内在本性的规定。心理与神经科学(或神经生理)决定论,是指人的行为完全由大脑神经所支配,在他们看来,所有的行为完全为脑的功能所决定,而脑功能是由基因和经验的相互作用决定。[①] 西方一些研究神经科学的专家做出了从决定论到否认自由意志的推断,他们认为,神经科学为决定论提供了证据。例如,神经科学家格林尼(J. Greene)和科恩(J. Cohen)认为,神经科学的研究表明人的每个行动的内在决定过程完全是机械程序,结果完全由预先的机械程序所决定。他们把做出决定的实际的心理过程还原为神经生理过程,还原为生理电磁现象,从而认为完全可以从物理意义上来看待人的行为。在他们看来,当我们将人视为物理系统时,他们不能比砖块等更受到指责或值得称颂。[②]在神经科学的视野中,人仅仅被视为物理系统。心理与神经科学的决定论,是随着晚近几年来神经生理科学新的进展所提出的观点。在神经生理科学家看来,自由意志是人们的一种幻觉。关于神经生理与人的行为的关系,已经有了相当多的研究文献。我们认为,神经生理科学家虽然可以把人们做出决定的过程或思维过程还原为神经生理过程,但是,仍然不可把做出决定的过程或思维内容看成仅仅是一种物理现象而不是一种精神现象。伯林所谈论的决定论既是关涉到宏观世界的,也是关涉到个体行为的。从后者而言,在伯林看来,凡是认为人的行为或选择决定受到因果性前提事件(如性格、人格等因素)影响或支配的,都可称之为决定论的观点。

在伯林看来,从哲学上看,决定论具有因果性和目的论的特征。所谓因果性,即没有一个事件的出现不是没有原因的,在它之前的原因决定了它的出现或展现的样态。在早期的斯多亚派观念里,就存在着这种不可打破的因果事件链的观点,即每一个前在的事件都是后继事件的充

---

① M. Farah, "Neuroethics: the Practical and the Philosophical", *Trends in Cognitive Science*, 2005 (91), pp. 34-40.

② J. Greene, J. Cohen, "For the Law, Neuroscience Changes Nothing and Everything", *Philosophical Transactions of the Royal Society B: Biological Sciences*, 2004 (359), pp. 1451-1485.

分必要条件。在伯林看来,规律(law)这一概念所表达的就是这样一种决定性,规律的概念由于牛顿以来的自然科学的辉煌胜利,使得人们对于这个世界是按照自然规律来运行的信念坚定不移,并且人们受到自然科学的鼓舞,要在社会领域发现像自然领域一样的自然规律。伯林说:"决定论是一种千百年来为无数哲学家广为接受的学说。决定论宣称每个事件都有一个原因,从这个原因中,事件不可避免地产生。这是自然科学的基础:自然规律及这些规律的运用——构成整个自然科学——建立在自然科学所探讨的永恒秩序的观念之上。但是,如果自然的其余部分都是服从于这些规律的,难道惟有人类不服从它们吗?"①

目的论是与因果论内在相关的,或者说得到了自然科学的规律论决定论的支持。伯林正确地意识到,目的论的决定论是一种千百年来弥漫于西方思想界的形而上学观点,它在思想史的早期,表现为神意或上帝创造世界的目的论,而在自然科学的影响下,对于人类历史而言,为人类历史的目的论找到了新的依据。"通过把社会动物学扩展至研究人类,类似于对蜜蜂和海狸等的研究,人类的历史便成为自然科学"。②伯林说:"历史服从自然或超自然的规律,人类生活的每一个事件都是自然模式中的一个因素,这种观念具有深刻的形而上学起源。对自然科学的迷恋培育了这一潮流,但这并不是它的唯一抑或主要的根源。首先,它扎根于人类思想之开端的目的论见解。它有好多变体,但是所有这些变体共有的东西,是这样一种信念:人,所有生物甚至还有无生命的事物,不仅仅是它们所是的东西,它们还具有功能并追求目的。这些目的或者是造物主加在它们身上的……或者,是内在于这些所有者之中,以使每一个实体都具有一个'本性',追求对它来说是'自然的'特殊目的;而衡量每一个实体的完善程度,正在于它如何满足这个目的的程度。"③同时,对于目的论的类似自然科学的理解或解释,不仅在于说每个事物或

---

① Isaiah Berlin, "Final Retrospect", in *Liberty*, p. 322;参见[英]以赛亚·伯林:《自由论》,胡传胜译,译林出版社,2002年,第366页。

② Isaiah Berlin, "Historical Inevitability", in *Liberty*, p. 95.

③ Isaiah Berlin, "Historical Inevitability", in *Liberty*, p. 104;参见[英]以赛亚·伯林:《自由论》,胡传胜译,译林出版社,2002年,第115页。

每个社会存在物都有目的,而且在于说明,从宏观意义上看,整个人类历史都具有目的,而对于这样一个人类历史的目的(受到类似于自然律的规律的支配),我们任何人都不可能改变,"任何事件(事物)都因为历史机器自身的推动而成为其现在的样子,也就是说,它们是受阶级、种族、文化、历史、理性、生命力、进步、时代精神这些非个人的力量所推动。假定对于我们的生命机体,我们无法创造也无法改变,它,只有它,才最终对一切事物负责。"①在自然科学的影响下,古老的形而上学的目的论有了新的有力依据,即人类历史有着类似于自然规律那样的发展运动规律,并且使自己朝着某种本性的目的运动和推移。

二、自由

伯林认为,20世纪的一个重大问题就在于决定论与自由的兼容问题。在伯林看来,他并不认为决定论有什么错。他明确地说:"有人说我致力于证明决定论是错误的,这种说法——对我的论证的许多批评都建立在其上——是没有根据的。我有责任强调这一点。因为我的一些批评者(特别是 E. H. 卡尔)坚持说我持一种反驳决定论的主张。"②在目的论和因果论的意义上,伯林是要证明决定论产生的人类精神根源问题。然而,决定论必然导致对人类社会的某种一惟性的理解,即按照决定论来理解人类社会,则只能理解为社会内在的某种终极原因决定了它的根本趋势。这是伯林所反对的。伯林说:"如果真的存在某种最终解决方案,最终模式,能够据以安排社会,那么自由就将成为一种罪过——因为它是终极救赎,所以反抗它就是有罪。通过不断举出例子证明谬误,哲学更加忠实地服务于自由的事业,至少在最伟大的哲学家的作品中是如此。"③

---

① Isaiah Berlin, "Historical Inevitability", in *Liberty*, p. 104;参见[英]以赛亚·伯林:《自由论》,胡传胜译,译林出版社,2002年,第114页。

② Isaiah Berlin, "Introduction", in *Liberty*, p. 7;[英]以赛亚·伯林:《自由论》,胡传胜译,译林出版社,2002年,第7页。伯林在他这样强调时,神经生理或神经科学还没有发展出决定论的观点。因此,伯林此说并不包括对神经科学的决定论的评论。

③ [英]以赛亚·伯林:《现实感观念及其历史研究》,潘荣荣等译,译林出版社,2011年,第84页。

因此,伯林虽然不是主张决定论有什么错,但他的问题是,如果主张决定论,并且把它运用于人类社会领域,从而得出某种社会走向的最终方案,就存在决定论与自由和自由意志的兼容问题。①

伯林关于决定论与自由和自由意志是否兼容问题的讨论框架如下。无论是从自然界还是从人类社会历史意义的决定论来看,伯林认为都是对由于事物内在的本性或世界内在的本性因而具有的内在规律的确信,与这样一个决定论观点相关的还有一个关于人的本性的重要观点,即人是一个理性的人,能够认知和把握这个世界的内在本性和发展规律,伯林指出,这是自从柏拉图到近现代以来的哲学家们关于自由的一个基本论点,它典型地体现在斯宾诺莎所提出的自由就在于对必然的认知这一论点中。在斯宾诺莎看来,这个世界没有偶然,一切都是必然,而作为理性的人能够通过自己的理性认识到这个世界的必然。伯林认为,决定论与自由兼容论有着这样一个结构:"(1)事物和人具有本性——确定的结构,不受它们是否被认识之影响;(2)这些本性与结构受普遍的、不可改变的规律支配;(3)这些结构与规律,至少从原则上讲,是可知的;拥有关于它们的知识,便会自动地使人免于在黑暗中失足,使人不再做丧失理智的行动;根据事物与人的本性以及支配它们的规律,无理智的行动是注定要失败的。"②伯林所归纳的这三个基本特征实际上要说明的是,自由在于人对规律的认知与把握。人能够认识和把握规律,从而人

---

① 伯林以孟德斯鸠为例指出,虽然孟德斯鸠相信人类社会的发展有规律,但并非是像自然规律那样起作用。伯林说:"他相信自己所说的造成各种制度的'一般原因',这些制度使某些结果极不可能出现,也就是说,使某些——仅仅是某些——行为过程行不通。"([英]以赛亚·伯林:《反潮流观念史论文集》,冯克利译,译林出版社,2011年,第178页)在他看来,虽然一般原因在起作用,但是,"有些可能性不可能成为现实,以为它们仍有可能,是在不现实地解读历史。但这并不是说,不存在任何其他选择,只有一条道路有着因果上的必然性。"([英]以赛亚·伯林:《反潮流观念史论文集》,冯克利译,译林出版社,2011年,第178—179页)因此,伯林并不是在一般意义上认为是决定论错了,而是反对把社会规律看成是与自然规律一样起作用的决定论,因为这种决定论把人类社会的进程看成是只有某种最终方案。

② Isaiah Berlin, "From Hope and Fear Set free", in *Liberty*, p. 253;参见[英]以赛亚·伯林:《自由论》,胡传胜译,译林出版社,2002年,第287—288页。

就不是盲目的,而对于规律的知识越多,人也就越有自由。伯林的这一兼容论意义上的自由,实际上是从技术操纵意义上讲的,即我们对于外界事物的本性、结构及其变化趋势的把握,使得我们可以运用相应的知识来驾驭。

其次,这种理性驾驭的自由观前提在于对自由的这样一种假定:"自由乃是我的真实本性不受阻碍地实现,即既不受外在的阻碍又不受内在的阻碍……自由是自我实现与自我导向的自由;通过个人自己的行动来实现合乎其本性的真实目的。"①自由所要求的自我实现是在决定论背景之下,如果我们对于这个世界没有一个理性的把握或仅仅有着错误的认识或盲目的意识,那么,毫无疑义,要实现我的本性和我的目的活动就要受阻;然而,从我作为一个理性存在者的意义来看,我能够知道和理解我在做什么,但是,我只有有着对于这个世界以及我自己的本性的相关事实的知识,才能清除那些会危及我确立正确目标的障碍。因此,真正的自由就是能够自我导向,或理性能够为自我作主。决定论与自由的联结,就在于把理性与自由等同起来。"理性的思想是这样一种思想,它的内容或至少它的结论服从规则与原则,而不仅仅是因果性的或偶然性后果的集合;理性的行为是、或至少在原则上是,那种行动者或观察者可以用诸如动机、意图、选择、理由、规则,而不仅仅是用纯粹的自然规律来解释的行为。"②即人的自由体现在人的行动的各个环节,包括从动机、意图到实施这个行为。在行动实施的意义上,也就完成了从决定论到理性行为者的行动自由的转换论证。这里的关键点在于,理性行为者获得关于世界的本性以及人的本性的规律性知识,并且将这种知识转化为指导理性行为者的行动。如果没有这种真知或真理,理性行为者也就不可能真正获得自由。

然而,伯林问道,有了关于这个世界规律的知识,就可增加我们的自由吗?伯林这样提出问题,在于伯林承认,知识的增加,一方面,有可能增加我们的自由;但是另一方面,他认为,也可能不能增加我们的自由。

---

① Isaiah Berlin, "From Hope and Fear Set free", in *Liberty*, p. 252;参见[英]以赛亚·伯林:《自由论》,胡传胜译,译林出版社,2002年,第286页。

② Ibid., p. 254;参见同上书,第289页。

他说:"知识的增加有可能增加我的理性,无限的知识可能使我变得无限理性;它有可能增加我的力量与自由;但它不可能使我变得无限地自由。"①那么,在什么意义上知识的增加是增加了我的自由? 这就是知识对于我们理性行为者具有的解放的作用。即如果我们对于我们所未知的领域里的规律获得知识,那么,以往的障碍就清除了,从而增加了我们的自由。"知识通过发现那些影响我们行为的未被发现的因此未被控制的力量,把我从它们的专制力量中解放出来"。②伯林认为,即使这样讲也要看对什么事而言,我在某方面能力与自由的增加,可能以其他方面能力与自由的减少为代价。认识到某种病症或情绪易于发作,并不必然导致我控制癫痫病或阶级意识或印度音乐癖的能力的增加。"如果我宣称就像具有关于别人的知识一样具有关于我自己的知识,那么,即使我的资源更多或确定性更大,这种自我知识对我来说,既可能增加也可能不增加我的自由的总量。……根据上述理由,由知识的增加皆从某种程度上对我有所解放这个事实,并不能得出它必然增加我所享受的自由的总量这个结论。"③伯林这样理解决定论与自由的关系,是从理性存在者个体这一维度进行的。如果从人与自然的关系来看,人类知识的增长使得越是在时间上靠后的人类存在者,较之在以往的历史年代的存在者有着更多的自由。近现代以来的工业革命和现代化建设,就是在人类对于自然规律的认知空前增长的前提和基础上进行的。当然,人类到目前为止对自然的认知,仍然受到其认知水平、认知眼界和价值观的制约。人类对森林的过度垦伐,已经在不同历史时代和不同的地区遭受到了自然的惩罚。地球由于工业文明所带来的污染,从来没有像今天这样严重。如此下去,将会严重危及人类在地球上的生存,而地球到目前为止,还是人类生存的唯一家园。因此,人类要在自然界中获得自由,仍然受到未认识到的盲区的限制;还有,人类在征服自然获得自由的同时,不要忘记了,人类永远是自然之子。因此,人类的自由还需要调整自己与自然的

---

① Isaiah Berlin, "From Hope and Fear Set free", in *Liberty*, p.258;参见[英]以赛亚·伯林:《自由论》,胡传胜译,译林出版社,2002年,第293—294页。
② Ibid., p.259;参见同上书,第294页。
③ Ibid., p.255;参见同上书,第290页。

价值关系,不能把自己看成是自然的主宰,而意识不到自己与自然的共生关系。

伯林是从个体的层面来讨论决定论与自由的关系问题。当然,从个体行动的意义看,情形确实像伯林所说的。即个体对于事物规律的认知,可能增加了某一方面的自由,但并不一定意味着增加了我的自由的总量。如我有了某一领域里的知识和经验,那就意味着我对其他领域并不一定精通。因此,伯林并不认为对于必然性规律的认知与把握(知识),就必然地增加了我们的自由。伯林这样讨论决定论与自由相关的问题,实际上隐含着他接受决定论者关于自由的一般定义,即自由在于自我实现过程中的没有阻碍,或自由在于技术操纵对象的可能,行动或行动方案的实施无阻碍。当我掌握了某种必然性的知识,那就意味着消除了那种阻碍我在这一领域里实现我的努力的障碍。

伯林虽然承认必然性知识对于作为理性存在者的我们而言具有某种意义的自由,但认为,这样理解自由问题,并没有真正把握自由这一概念的核心。如从上述讨论我们可知,完全没有考虑到"选择",如果完全不考虑选择问题,是无从谈论自由的。"行动即是选择,而选择就是自由地奉行这种或那种做事与生活的方式;可能性不会少于两个:做或者不做,是或者不是。因此,将行动归咎于无法改变的自然规律乃是对现实的不当描述;在经验上不是真的,而可以证实是错的。"①在伯林看来,如果我们认同决定论的规律,那么,体现在理性行为者的行动上,也就不是一个选择的问题,未来成了未来事实的固体化的结构,以这种观念"来解释我们自己的整个行为并解释其他人的整个行为,这样一种倾向是经验性的错误,因为它超出了事实所保证的界限。在极端的形式中,这种教导根本废除了决定:我受我的选择决定,相信别的东西,如相信决定论或宿命论或机遇,本身就是一种选择,而且是特别胆小的一种选择。"②实际上在伯林看来,在这样一种决定论框架内,就没有选择可言。然而,我们可能认为,正确的选择恰恰只有以正确的知识为前提,否则,只能是错

---

① Isaiah Berlin, "From Hope and Fear Set free", in *Liberty*, p. 257;参见[英]以赛亚·伯林:《自由论》,胡传胜译,译林出版社,2002年,第292页。
② Ibid.;参见同上书,第292—293页。

误的选择。伯林认为,选择的观念恰恰不是以知识为前提,而是以无知或知识的不完善为前提。他说:"选择的观念本身反而依赖于知识的不完善,即一定程度的无知。对于任何一个行为问题,就像对于任何理论问题一样,只有一个正确答案。正确的答案一经发现,理性的人从逻辑上讲就只能与之保持一致:在两种方案之间自由选择的观念便不再适用。"①在伯林看来,遵从必然性认知而进行的选择,并不是选择。从选择自由观来看,伯林提出,知识会增加我们的理性,但不会增加我们的自由;如果自由不存在,我们发现自由不存在并不会因此而增加自由。实际上,伯林从选择自由的角度来讨论决定论与知识的问题,还隐含了一个前提,即决定论所认可的自然宇宙或社会世界的结构是一元论的,真理是一元性的真理。因此,对于人们的行动而言,只有一个可选择的维度,即符合这一决定论所揭示的真理。实际上,当我们自认为我们已经认识到了"真理",并且把这样的真理宣布为唯一的真理时,同时以为通过这样的真理就可以有行为自由时,其前提就已经错了,因为我们并没有把握到真正的真理。

其次,人类社会历史文化以及发展的多样性表明,人类不同社会生存与发展的道路是多样性的,而不仅仅只有某一条道路。因此,伯林隐含的认识是,人类的发展道路也可能不是在某种决定论所宣示的某种规律之中,并且,人类社会的发展是在实践中为自己开辟道路的,而不是在决定论所宣示的固化的未来事实的结构之中。因此,在这个观念中就隐含着伯林的多元论的真理观和多元论的自由观。伯林所认为的选择就不仅仅是在正确与错误之间的选择,而是在多种好之间都有进行选择的可能。伯林的观点是:"自由意味着能够不受强制地做选择;选择包含着彼此竞争的可能性——至少两种'开放的'、不受阻碍的候选项。反过来,这又完全依赖于外在条件,即到底有哪些道路未被堵死。当我们谈论某人或某个社会所享受的自由的程度时,在我看来,我们指的是,他面

---

① Isaiah Berlin, "From Hope and Fear Set free", in *Liberty*, pp. 264-265;参见[英]以赛亚·伯林:《自由论》,胡传胜译,译林出版社,2002年,第301页。

前的道路的宽度和广度,有多少扇门敞开着,或者,它们敞开到什么程度。"①在伯林看来,这才是自由概念的核心。伯林把自由从自我实现和自我作主转移到以选择为核心理念的自由观上来。在伯林看来,从决定论与自由关联的意义上看,自由就是在于个人获得多少自我实现的可能。然而,伯林认为,个人自由不在于表现为自我实现的程度,虽然自我实现在伯林的思想中仍然是自由的一个子项,但是,真正的核心不在此,而在不受强制的自我选择以及这个社会可能有的选择机会。不受强制的选择可能在于社会结构在多大程度上可以开放多种选择的可能。如果一个社会在其机制上压制人们的选择,或者堵塞了人们的选择多样性,真正的自由也就不存在。尽管无知阻塞道路,知识打开道路,但是,"自由的程度在于行动的机会,而不取决于有关这些机会的知识。"②行动自由问题是个实践问题,而不是知识论的问题。实践问题必须在社会领域里解决。因此,这完全取决于"外在条件"。伯林给出的条件是,至少存在着两种有着竞争可能的不受阻碍的候选项。进一步说,社会结构开放到什么程度,恰恰是自由的先决条件。因此,伯林认为,必须强调两种自由定义的区分,一是与知识论相关联的(技术上可以操作的)、无阻碍地做自己所喜欢做的事,即自我做主,二是自由在于客观地开放的可能性。在伯林看来,这两者之间有着本质的区别。③ 在《两种自由概念》一文中,伯林则明确地把前者称之为积极自由的概念,后者则称之为消极自由的概念。因此,在伯林看来,与决定论相关的自由概念,实际上是一个积极自由的概念,而他所强调的,则是与决定论不兼容的消极自由概念。在他看来,20世纪对于自由问题从决定论的立场来考量,偏离了自由问题的真正核心,即误把自我实现作为自由的核心。伯林也意识到,人类在这个方向已经行进很久了,自从柏拉图以来,把人们作为理性存在者,就蕴含着自我实现、自我作主的自由追求。17世纪自然科学的成就,以及18世纪工业革命带来的经济社会的飞速发展,进一步膨胀了

---

① Isaiah Berlin,"From Hope and Fear Set free", in *Liberty*, p.271;参见[英]以赛亚·伯林:《自由论》,胡传胜译,译林出版社,2002年,第308页。

② Ibid., p.273;参见同上书,第310页。

③ Ibid.;参见同上书,第311页。

人类自我实现和自我作主的理想。18世纪启蒙运动的理性主题也表达了人类的这一愿望。但人们没有意识到，在这一维度上追求自由的同时，也可能不会增加我们的自由，甚至带来我们的自由的变性。我们在对自然宣战中遇到了这个问题，我们在社会中也会遇到这个问题吗？这是伯林在积极自由与消极自由的区分中所讨论的问题。

三、责任

把决定论与理性存在者的人联系起来，并把决定论转化为知识问题，从而与自由联系起来，是伯林关于个人自由的讨论的一部分。然而，伯林关于自由与决定论的关系，在选择自由意义上，则认为是不兼容的。并且，从决定论上看，如果承认决定论，则与道德责任无关。因此，那还有个人可承担的道德责任吗？

前面指出，伯林从一般性意义指出决定论有两个特征，一是因果性，二是目的论。伯林认为选择是自由的核心含义。在伯林看来，决定论与选择自由是相悖的。在他看来"如果一方面承认，所有事件整个地是为其他事件所决定，从而使得它们是现在这个样子……另一方面又承认，人们能够在至少两种可能的行动过程中进行选择，因而是自由的——即自由不仅意味着能够做他们选择去做的事情（因为是他们选择去做这些事情），而且意味着不受在他们控制之外的原因决定去选择他们所选择的——这两种断言在我看来是自相矛盾的。"[①]在这里，前者说的是一个因果性的决定论概念，后者是一个自由概念，即没有外在原因来决定人们的选择。伯林认为，如果相信决定论，那么就不可能有选择自由。决定论与选择自由不兼容，这是伯林关于决定论与自由关系的第二种论点。并且，在伯林看来，即使是受到我们的性格、人格等不可控因素的影响或支配，也是决定论的，因而也是与自由不兼容的。他说，自我决定论的学说是这样一种学说，"按照这种学说，人的性格、'人格结构'以及源自它们的那些情绪、态度、决定、行为，在事件的进程中的确起着重要的作用，但是它们本身便是生理的或心理的，社会的或个人原因的产物，而

---

① Isaiah Berlin, "Introduction", in *Liberty*, p.5.

这些原因反过来，在一个不可打破的系列里，又是其他原因的结果，如此等等。按照这个学说的一个最知名的版本，如果我能做我愿意做的事情，并且也许能够在我准备采取的两个行动之中选择其一，那么我就是自由。但是我的选择却是因果地被决定的；因为如果选择不是因果性地被决定，那就是随机的事件；而这些随机事件穷尽了所有的可能性；因此，更进一步，将选择描述为自由的，描述为既非由原因所导致的又非随机的，就等于是无稽之谈。绝大多数哲学家在处理自由意志时采取的这种观点，在我看来只是更一般的决定论命题的变种。"①在伯林看来，如果我的行动决定联系到外在的原因，或以外在的因果性事件（包括我的性格等）为前提，那么，这就是决定论的观点。在伯林看来，这样以决定论为前提的行动选择或自由行动与道德责任的概念是不兼容的。他说："决定论明显地将整个道德表述系统排除在生活之外……很显然，决定论与道德责任是相互排斥的。"②

伯林把凡是有外在因果性前提或必然性前提的行为都看成是决定论意义上的行为，值得注意的是，这里的"决定论"这一概念是在个体行为意义上使用的，而不是在宏观自然或世界历史意义上使用的。有人把这一决定论与自由不兼容的说法概括如下："如果决定论是真的，亦即，如果所有事件都遵循不变的法则，那么我的意志也总是被我的内在性格和我的动机所决定的。因此我的种种决定都是必然的而不是自由的。但如果是这样的话，我对我的行为就不负有责任，因为只有当我能对我的种种决定的方向有所作为的时候，我才会对它们负有责任。但既然它们必然地源自我的性格和动机，我就对之无能为力。而且，我既没有造就它们，也对它们没有控制力：动机来自外部，而我的性格则是在我的生命过程中都一直在起作用的内在倾向和外部影响的必然产物，因此，决定论和道德责任是不兼容的。道德责任预设了自由，亦

---

① Isaiah Berlin, "Introduction", in *Liberty*, p.7；参见[英]以赛亚·伯林:《自由论》,胡传胜译,译林出版社,2002年,第8页。
② Ibid., p.6；参见同上书,第6—7页。

即对必然性的摆脱。"①那么,我们怎么看待这一观点?

首先,我们要讨论的是,作为理性存在者的个人在什么条件下不应当为自己的行为承担责任或道德责任?这个问题实际上是自亚里士多德以来两千多年来人们就一直讨论的问题。在亚里士多德看来,只有非自愿的行为才不是行为者本人承担责任的行为。亚里士多德对于什么是非自愿的行为有两种界说,一是把非自愿的与强制等同起来,即受到强制而非行为主体自愿的行为是一种行为主体无从自由选择的行为。强制的始点是外来的,行为者对此无能为力,是被动的。而一种强制的行为无从体现主体本身的考虑与选择。亚里士多德对强制的界定就是"当一个行为的始点在外时,它是强制的,而被强制者本人对这个行为毫无作用"。②所谓"始点在外"的行为,也就是行为主体的自我选择不起作用,不是行为者本人所选择的行为。亚里士多德举例说,就像海上的飓风把船只吹到了某地,又如暴君将某人的父母作人质,而让该人去做罪恶之事。其次,亚里士多德把无知的行为也看成是一种非自愿的行为。即如果行为主体完全知情,那他就可能不会做出那样的行动举动。不过,亚里士多德认为对于无知者而非自愿的行为也应当进行分析。即如果一个人对于他应该知道、又不难知道的事(诸如法律规定)无知而犯错,那就应该受到惩罚。另外,在粗心大意的情况下而不知道,说他无知就是不可原谅的,因为他完全可以主宰自己,而本可以细心一点。因此,在亚里士多德看来,一个精神正常而头脑清醒的人,即使在醉酒的状态下犯了错,同样要受到惩罚,因为他本可以不犯如此无知的错误。③从亚里士多德的自愿论的观点看,我的行动是自由的,就在于是自愿的。一般而言,在知情情况下的自愿行动,人们是应当为自己的行为承担道德责任的。那么,亚里士多德的观点可以对应到伯林的观点上吗?

从亚里士多德的观点看,自愿行为不排除以外在的因果性事件为前

---

① [英]莫里茨·石里克:"人何时应该负责任"(谭安奎译),《自由意志与道德责任》,徐向东编,江苏人民出版社,2006年,第56页。

② Aristotle, *Nicomachean Ethics*, with an English translation by H. Rackham, Harvard University Press, 1926,1110b16-17.

③ Ibid.,1110b18-1111a;1113b20-1114a.

提。就此而论,伯林意义上的决定论就是与自由和责任观兼容的。实际上,从伯林自己所认可的自由的核心含义而言,自由在于没有强制的自我选择。从因果必然性的决定论来看,外在的因果必然性是一种强制或强迫吗?必然因果性或规律对于自然界而言,并非是强制,而是一种自然的遵循。天体运动的法则或必然性并没有以任何方式来"强迫"行星运动。就社会领域里的个体行为者而言,因果必然性是一个复杂的问题。从马克思主义、当代社群主义、中国儒家或任何一个强调社会对个体的决定性影响的学说来说,自我并非是脱离社会关系或社会背景条件而孤立存在的个体,因而个体总在某种程度上是被社会化或被社会文化环境、政治环境以及价值环境所决定。以桑德尔的语言来说,自我是嵌入社会结构或社会共同体的结构中的。自我是社会关系之网上的某种网点,如中国儒家所认为的,任何人都不可能摆脱君臣夫妇父子兄弟朋友关系。不同的社会关系汇聚于此,同时又通过自我而向周边扩展或发散。因此,个体不可能不处于多重因果之链中。而在伯林所说的决定论的意义上,实际上存在着两种因果必然性,即宏观社会历史意义上的因果必然性和个体生存社会环境意义上的因果必然性。我们认为,宏观社会历史意义上因果必然性不仅是可以认知的知识(不过,有真伪知识之分),而且是我们行动的宏观历史背景,但对于我们具体的社会行动或活动,没有直观意义上的作用。人们可直观感受到的是生存环境意义上的因果必然性。然而,同时我们也应当看到作为理性存在者的自我的能动性,即他有着确立自我的目标、欲求和理想的能动性,即社会关系之网中的自我,同时又是一个自主的意志主体。存在着不同的社会关系以及相应的因果联系,并非意味着自我就没有自我决定和自我选择的可能。因此,自由并不与因果决定论相冲突,"因为如下两个论点都可以是正确的:其一,一个人的行动是因果性地必然为他的环境和意志的活动决定了的,其二,假如一个人有不同意愿的话,他也能够以其他方式行动"。[①]而洛克早就从这样一个维度界定了自由。洛克说:"我们不可设想有比

---

① William L. Rowe, Responsibility, Agent-Causation, and Freedom: An Eighteenth-Century View, *Ethics*, Vol. 101, No. 2 (Jan., 1991), p.243.

按照我们的能力行事更为自由的了。"①我们的意志给行动之前没有或无法控制的因果必然性事件能够施加我们的作用,打上我们的精神印记,而这恰恰就是伯林所说的"自由意味着能够不受强制地做选择"。②不过,我们的自由不仅包括我们意愿行动的能力,而且也包括我们不意愿那样行动的能力,即我完全可以自主地决定做或不做什么的能力。因此,我们的分析表明,尽管我们的生存环境意味着存在着前于我们的意志决定的因果必然性,但并不意味着这就是"强制"。对于决定论所宣示的规律或是因果必然性,只有一种情况存在着对人的强制或强迫,即社会以意识形态之力来强制人们相信只有这么一种宏观社会的规律或因果必然性,从而人像自然物那样被操纵和控制。但是,这样理解决定论的强制或强迫,已经不是在决定论本身,而是在决定论之外的社会条件之中。总之,必然性或因果必然性并不意味着与自由相悖。正如艾耶尔所说:"自由所对应的东西不是因果性,而是强制。"③

人们不可逃避社会生活中的因果必然性,但并不意味着因此人们没有自由。因此,也就意味着一个理性存在者在社会条件允许的前提下,有着不受强制地选择的可能。同时也就意味人们不可避免地承担着由于自我的选择而带来的相应的责任或道德责任。但在这里我们需要指出的是,这是就有着从常识意义上看的正常的人格或品格的理性存在者而言。伯林对于决定论与自由和责任不兼容的论点中还包括着一个论据:即一个有着偷窃癖的人的偷窃案,我们所给他的不是惩罚而是治疗。④ 伯林说:"人们通常并不谴责(视为'错误')行动者不得不做的事情(如,布思刺杀林肯,就是假定他不得不选择这种行为,或者不管他选不选择,他都得这样做)。或者,怀特至少认为,对人的被因果性决定的

---

① John Locke, *An Essay Concerning Human Understanding*, ed. by Peter H. Nidditch, Oxford University Press, 1975, Book 2, Chap. 21, Sec. 21.
② Isaiah Berlin, "From Hope and Fear Set free", in *Liberty*, p. 271;参见[英]以赛亚·伯林:《自由论》,胡传胜译,译林出版社,2002年,第308页。
③ [英]艾耶尔:"自由与必然"(谭安奎译),《自由意志与道德责任》,徐向东编,江苏人民出版社,2006年,第66页。
④ Isaiah Berlin, "Historical Inevitability", in *Liberty*, p. 124;参见[英]以赛亚·伯林:《自由论》,胡传胜译,译林出版社,2002年,第139页。

行为进行谴责是不厚道的。虽不厚道、不公平,但与决定论的信念并不冲突。"①伯林批评卡尔(E. H. Carr)的"成年人应当为他自己的人格在道德上负责"的论点,在他看来,卡尔的这个论点对他来说"有着不可解决的困惑",因为"如果人们能够改变他们的人格本性,而先前的事情都是相同的,那么,他否定了因果性,如果他们不能改变其人格,而人格又能对行为做出完全的解释,那么,谈及责任(在这个词的日常意义上,而这意味着道德褒贬)便没有意义。"②在伯林看来,强调人的性格或人格作为行动的必然性原因,这种说法是一般因果必然性的变种。他认为,在这种意义上无从谈及人的道德责任。换言之,如果一个人的行为是由于他的性格所导致,因而不可因此认为他的行为应当承担相应的道德责任。对伯林而言,如果某人的行动像有偷窃癖或杀人狂那样的神经病,即受他的内在人格或品格因果性的支配,那既无自由可言,也无行为者的责任可言。伯林的这一说法里隐含着这样两层相互关联的意思:一、如果一个人形成了他的人格或品格,并且不改变他的人格或品格,因此,他怎样做选择也只能按照他所性格或品格所决定的那种行为模式去行动,因而他受他的人格或品格的必然性支配,所以是不自由的。(但是,我们不禁要问,作为一个正常的理性行为者,谁的行动的背景没有他的品格或人格的因素?)二、像有偷窃癖作案的行为是不可追究他的道德责任一样,所有为性格或品格所决定的行为都没有道德意义。

现在要问,性格或品格作为内在的因果必然性决定一个人的行为方针或具体行为,就意味着不自由吗?当伯林这样提出问题时,已经偏离了他给自由的核心含义:"自由意味着能够不受强制地做选择。"以亚里士多德的语言来说,强制在于非自愿。从人格或品格的内在因果必然性来看,并不一定意味着某人处于一种强制之中。如果某人意识到了他的人格或品格中的缺陷,如任性,但他又无法克服他的任性,因此,我们也许可以把这称之为受到他的性格的必然"强制"。然而,从德性伦理学的观点看,德性或完善的德性是一个善者的人格或品格中的关键性因

---

① Isaiah Berlin, "Introductions", in *Liberty*, p. 13;参见[英]以赛亚·伯林:《自由论》,胡传胜译,译林出版社,2002年,第14—15页。
② Ibid., p. 11;参见同上书,第12页。

素。换言之,一个善者很乐意从他的品格或人格出发来行动,也意味着他处于一种强制之中?因此把一个理性行为者从其性格或人格出发的行为看成是一种强制,至少是以偏概全。其次,伯林所举的偷窃癖或杀人狂的例子,并非是一个理性健全者的例子。伯林以非理性健全者来论证(从性格或人格出发的理性行为者的行动表明)决定论与自由和责任不兼容这一命题,从逻辑上就不成立。最后,犯有偷窃癖或杀人狂犯罪心理的人,之所以不等同于正常理性行为者,在于他们没有建立一个与社会大众一致的评价欲望机制。在这里,当代哲学家法兰克福(Harry G. Frankfurt)对于欲望的区分很能说明问题。法兰克福把人的欲望(desire or want)区分为一阶欲望与二阶欲望,所谓一阶欲望,即人的原始的本能的欲望,或做或不做这件事的欲望,在他看来,一阶欲望是许多动物物种都具有的。所谓二阶欲望,即对于一阶的欲望进行评价或反思之后的欲望。在法兰克福看来,只有人这种物种能够形成反思评价能力,因而具有二阶欲望。人具有二阶欲望有二种情形,或者是他想要某种欲望(他意识到了他的某种一阶欲望),或者是他把某种他想要的欲望体现在他的意愿里,法兰克福把这称作"二阶意愿"(second-order volitions)或二阶意志。在法兰克福看来,一个人的行为如果是经由他的一阶欲望、进而为二阶意志的认同而来的,他的行为在意志的意义上是自主的;并且,如果一阶欲望得到二阶意志的认可,一阶欲望就是有效欲望。在法兰克福看来,一个自主的人的行动是与他的一阶欲望相关的,一阶欲望是促使他去行动的欲望(如他想喝酒),而二阶欲望则是对一阶欲望的认可(认可喝酒的欲望)。这种认可表明了二阶欲望与二阶意志的同一。法兰克福说:"一个行动者有二阶欲望,但没有二阶意志,这在逻辑上是可能的,尽管事实上不太可能。在我看来,这种生物不是人。我用'放荡者'(wanton)这个词来指代不是人的行动者,即他是拥有一阶欲望而没有二阶意志的行动者,而不论他是否还有二阶欲望。"①所谓"放荡

---

① Harry G. Frankfurt,"Freedom of the Will and the Concept of a Person",*The Journal of Philosophy*, Vol. 68, No. 1 (Jan. 14, 1971), pp. 10-11. 参见[美]H. G. 法兰克福:"意志的自由与人的概念"(应奇译),《自由意志与责任》,徐向东编,江苏人民出版社,2006年,第233页。

者",在法兰克福看来,也就是没有形成正确的评价能力的人,他们也不考虑受什么欲望的驱使,或者宁可为任何什么欲望所驱使。他们放纵、任性、胡作非为、粗暴、荒唐等等。在他看来,瘾君子就是这样的人。我们承认,像有偷窃癖或杀人狂这样犯罪心理的人,并非是他们没有丝毫理性,但是,他们在二阶意志上出了问题。即他们的行为失去了自我评价的可能。他们没有通过自己的反思评价而重新确立自己欲望的能力。而任何人的自我评价机制都不可脱离社会评价机制,个人生活于社会之中,不可能把自己完全置于社会道德评价系统之外。联系伯林的病态心理学,我们是在常识道德上来谈意志的社会机制问题。① 一个人如此对待自己的欲望和行为也就是把自己放逐于社会大众之外——如果他还有理性的话,否则,他就是一个精神失常的病人。对于一个精神病人而言,也就无从以社会评价标准来要求他的行为。而这样的精神失常者的行为,已经不在正常人的行为之列,已经失去了讨论他的行为的意义。正如沃森所说:"回到伯林的问题,可以看到,说决定论把我们所有的行为和选择与那些诸如'偷窃癖、饮酒狂等等'的'不自主的选择者'(compulsive choosers)的行动和选择视为有同等地位的说法是错误的。我认为,就这种不自主行为的特点而言,这种欲望和情感或多或少地在根本上独立于这些行动者的评价系统。一个偷窃癖的偷窃行为的不能自主

---

① 在这里我们所引用的法兰克福的理论是他的狭义的阶层分析论,这一阶层论遭到了人们的批评,批评意见之一就是一个人的高阶欲望何以对低阶欲望具有权威?(Ekstrom, W. L., "Keystone Preference and Autonomy", *Philosophy and Phenomenological Research*, No. 49,1999, p. 1061)以及一个人的决定是否自主的问题,即一个人可能被操纵问题(James S. Taylor, *Personal Autonomy*, Cambridge University Press, 2005)。法兰克福本人对这一理论后来进行了修正。不过,人们认为他的修正仍然没有解决这一理论的一些深层问题,如把意志看成是自我的自主体现,仍然有一个"真实自我"的问题,这一真实的自我仍然可能是被操纵的产物,如意识形态强化的产物。不过,苏珊·沃尔夫认为,自主的观点要求在行为者为自己的行为负责这一方面还是正确的,因为它抓住了真实自我的正确部分。一个不能正确运用理性能力的人或一个有恶劣行为的人,是丧失了某种基本的行善能力的人,她说:"如果一个人不得不做错误的事,那就没有办法做正确的事,并且因此就缺失了依据真和善行为的能力。"(S. Wolf, *Freedom within Reason*, Oxford University Press, 1990, p. 79.)在沃尔夫看来,自由行为者应当有能力依据正当的理由做正当的事。

的特征与决定论根本没有关系。(他的偷窃的欲望完全是任意的)毋宁说,正是因为他的欲望表达本身独立于他的评价性判断,我们才倾向于认为他的行动是不自由的。"① 因此,如果说一个人的性格或品格机制也可以看成是决定论机制,这并没有否定我们的自由,也没有卸下我们的责任。

结　论

决定论是影响以赛亚·伯林那个时代的政治和伦理生活最重要的政治哲学问题之一。伯林探讨决定论的问题,并非是要指出决定论有什么错,而是提出了那个时代以类似于自然决定论的历史和社会决定论来统摄人的行为,从而取消了人的行为自由与责任。决定论有着很强的知识论背景框架。然而,伯林指出,人的自由并非是在于更多的知识,而在于选择。伯林在这样说时,指的是并非因为我们发现了什么社会规律因而握有了什么真理,所以有了自由。伯林这样认识问题的合理之处在于,人类社会环境以及文化的多样性,并非由于遵循某种"唯一性"的规律因而有自由,恰恰是因为选择才有自由。因此,伯林强调自由在于没有强制的自我选择。就社会或历史决定论与自由的关系,我们认同伯林的观点。然而,当伯林在个人的心理、品格以及精神异常者的行为机制上谈自由,并以此为前提来提出决定论与个人行为之间的关系时,则是值得商榷的。这是因为,把性格或品格作为内在的因果必然性来提出自由问题,已经偏离了伯林自己所提出的自由的核心问题:自愿选择。即自己的品格或性格所决定的行为是自愿的。如一个有着德性品格的人,恰恰意味着他是一个自由而负得起责任的人。

第二节　消极自由与积极自由

正义与自由内在关联。对正义的探讨不可不对自由问题进行讨论。

---

① Gary Watson, "Free Agency", *The Journal of Philosophy*, Vol. 72, No. 8 (Apr. 24, 1975), p. 220.

在当代政治哲学史上,以赛亚·伯林最重要的贡献就是他对自由概念的内在区分以及他所提出的消极自由概念。在《自由与责任》中,我们指出伯林的自由概念的核心内涵是选择或选择自由,即一个人能够在至少两种可能性中进行选择,而与决定论相容的自由概念,即通过对于规律的知识,使得我们能够获得更多自由的论点,即是一种自我实现论的自由观。伯林在另一重要论文《两种自由概念》中,则把这样两种自由概念明确区分为消极自由与积极自由。同时,在政治哲学意义上,进一步丰富了这样两种自由概念的内涵。

一、消极自由

在伯林看来,在政治领域里最重要的是应当将自由概念区分为消极自由和积极自由。那么,何为"消极自由"? 伯林说:"它涉及回答这个问题:'主体(一个人或人的群体)不受他人干涉地要成为他所是的那种人的领域是什么或主体应当被允许做什么的那个领域是什么?'"又何为"积极自由"? 他说:"它涉及回答这个问题:什么东西或什么人,作为控制或干涉之源,来决定某人做这个而不做那个,成为这样的人而不是那样的人?"① 在另一个地方,伯林又把前者称之为不受别人阻碍地做出选择的自由,把后者称之为成为自己主人的自由。② 在伯林看来,消极自由概念并非是他的独创,在从霍布斯开始,经过洛克、边沁到密尔的自由理论,都蕴含着这样一个消极自由概念。因此,要讨论伯林的消极自由概念,我们可从霍布斯的自由理论开始。

霍布斯的自由理论与自然权利概念内在相关。自由也就是每个人以自己的力量来自我保存的自然权利。在霍布斯看来,人的自然权利是不可剥夺、不可转让的。如果我们的自我保存或生命存在状态受到威胁,那么,也就意味着我们的自由受到伤害或被剥夺。因此,自由也就意味着我们能够行使护卫我们生命的权利。从消极意义看,自由也就是

---

① Isaiah Berlin, "Two Concepts of Liberty", in *Liberty*, edited by Henry Hardy, Oxford University Press,1969,p.169;参见[英]以赛亚·伯林:《自由论》,胡传胜译,译林出版社,2003年,第189页。

② Ibid.,p.178;参见同上书,第200页。

"外界障碍不存在的状态"。① 这也是霍布斯关于自由的著名定义。在霍布斯的机械论的运动观看来,这一自由的定义不仅适合于人类,而且适合于一切有生命的有机体,甚至任何无生命的事物。因此,自由不仅意味着我们能够运用我们的力量或能力做什么,也在于无外在障碍地能够做什么。那么,伯林是怎么说的呢?伯林把消极自由看作是无干涉性或不受他人阻碍地选择自由。然而,伯林并非是泛泛而论地谈论消极自由,他所谈论的政治领域里的消极自由,并非是霍布斯在自然状态下所强调的自我保存的自然权利,而是现实政治中个人应当受到保护的领域或权利问题。他指出,密尔、贡斯当、托克维尔等人已经指出,应当存在着这样一个最低限度的、神圣不可侵犯的个人自由领域。因此,他既是在霍布斯的哲学意义上,更是在政治哲学的政治自由的意义上来谈论消极自由。如果承认这一点,那么,就必然提出这样一个问题,怎样划定私人领域与公共领域的界线的问题。因为我们所说的个人自由领域的问题,说到底是一个私人领域不容干涉的问题。然而,人与人之间是相互依存的,没有一个人的活动是完全私人性的,而"狼的自由就是羊的末日"。因此,即使是我们强调消极自由是一个关涉私人领域里的个人自由问题,个人自由也不是无限度的自由。并且,在一种专制制度之下,如在沙俄制度之下,如果仅仅我有个人自由,大批的农奴仍然处于贫困、悲惨或枷锁之中,也许这不是我的幸福,并且我会断然拒绝这种自由而与农奴共处灾难之中。在这个意义上,在一个社会中,仅仅只有某个人才有个人自由,而这种自由没有至上性。同时它说明了,普遍的个人自由才是自由主义所要争取的真正自由。因此,伯林所说的个人自由或消极自由,是在一个社会普遍成员意义上的个人自由。

那么,这样一个有限度的普遍的个人自由是怎样一种自由呢?伯林认为,自从霍布斯以来的思想家,虽然有人认为应当加强集权化控制以免社会成为弱肉强食的领地,但是,无论是强调控制还是强调自由的思想家,"两派都同意,人类生存的某些方面必须依然独立于社会控制之

---

① [英]霍布斯:《利维坦》,黎思复译,商务印书馆,1985年,第97页。

外。不管这个保留地多么小,只要入侵它,都将是专制。"①换言之,有一些私人领域或个人权利,是不得侵犯的。如贡斯当认为,在雅各宾专政之后,人们得到的血的教训是,至少宗教、言论、表达与财产权必须得到保障。虽然思想史上强调个人自由权的思想家所强调的权利有所不同,如密尔更强调言论自由权,但人们一致得出的结论是,"如果我们不想'贬抑或否定我们的本性',我们必须葆有最低限度的个人自由的领域。"②最后,伯林总结道,这种不得干涉的自由,也就是"在那虽然变动不居而永远界限清晰的疆域内有着免于……的自由。"③

不受干涉也就是不受强制。那么,在什么意义上我是受到了干涉或受到了强制,从而失去了自由?或使我没有自由?伯林说:"强制(coercion)意味着他人的蓄意干涉,而如果没有干涉,我则可以以别的方式来行事。"④伯林指出,他人人为阻止我达到某个目的,才可说是缺乏政治自由或政治权利。因为我受到强调,从而不能以自己的意愿来行动。伯林认为强制我不能干什么与受奴役的意思是一样的。典型地受人奴役就是在奴隶主与奴隶的关系中奴隶的状况。奴隶没有按照自己的意愿行事的权利,他的行动服从的是主人的意志,如果违反主人的意愿,就有可能受到惩罚,因而奴隶是不自由的。在这个意义上,伯林把强制与无能区别开来,如没有经济能力,因而我买不起面包,或因生理上的无能(残疾)不能远足旅行,这并不意味着因强制而失去自由,因此纯粹没有某种能力不能说是缺少政治自由。他人对我的强制使我失去自由,如关在铁笼里的性奴一样。不自由不仅指的是他人的干涉,也指的是制度导致的受奴役或受他人强制的状态。伯林承认,马克思主义关于经济制度的安排从而导致的经济奴役同样是一种使人失去自由的奴役。换言之,我买不起面包是因为某种制度的安排从而使我没有机会挣得更多的金钱,质言之,不公正的制度安排使我处于匮乏状态,因而使我受到经济的

---

① Isaiah Berlin, "Two Concepts of Liberty", in *Liberty*, p. 173;参见[英]以赛亚·伯林:《自由论》,胡传胜译,译林出版社,2003年,第194页。
② Ibid.;参见同上。
③ Ibid., p. 174;参见同上书,第195页。
④ Ibid., p. 169;参见同上书,第190页。

压迫或奴役,因而我失去了自由。因此,伯林说:"判断受压迫的标准是:我认为别人直接或间接、有意或无意地挫败了我的愿望。在这种意义上,自由就意味着不被别人干涉。"①我们要注意到,人们往往还在人的内在心理意义使用强制这一概念,如我有抽烟的坏习惯,我已经意识到抽烟对自己的身体有害,因而强制自己戒烟。这里使用"强制"这一概念,就是在内在心理意义上使用。还有,恶劣的天气使得我们无法出门,因而不得不取消了我们的旅行计划,这也可以说是一种自然环境的"强制",即自然环境使得我们不能遂愿。但伯林不是在这种意义上使用这一概念,他只是在人与人的关系意义上使用,因为即使是制度安排使得人们不自由,同样也体现一种人与人关系中的强制。并且,伯林只是在政治领域中使用强制这一概念,即消极自由就是指没有强制或强制不存在的个人空间或个人领域。对于这一领域,人们应当拥有不可剥夺的权利。尽管对于这一领域的限度(至少是最低限度)是多大在历史上仍然存在着争议,但对于自由主义思想家来说,存在着这样一个领域是毋庸置疑的。

从哲学意义上,虽然消极自由的理念可以追索到霍布斯;然而,在政治意义上,贡斯当对法国大革命的反思所提出的古代人的自由与现代人的自由的区分,强调现代人的个人自由观点,也就是伯林的"消极自由"理念的先声。伯林指出,正是从19世纪的贡斯当开始,才注意到了自由的两种理念的不同。在贡斯当那里,伯林的消极自由被称作现代人的自由,而对于伯林所说的积极自由,在贡斯当那里,被称作为古代人的自由。那么,什么是现代人的自由呢?贡斯当说:"自由是只受法律制约,而不因某个人或若干人的专断意志受到某种方式的逮捕、拘禁、处死或虐待的权利,它是每个人表达意见、选择并从事某一职业、支配甚至滥用财产的权利,是不必经过许可、不必说明动机或事由而迁徙的权利。它是每个人与其他人结社的权利。"②这些权利也就是伯林的"消极自由"

---

① Isaiah Berlin, " Two Concepts of Liberty", in *Liberty*, p.170;参见[英]以赛亚·伯林:《自由论》,胡传胜译,译林出版社,2003年,第191页。
② [法]邦雅曼·贡斯当:《古代人的自由与现代人的自由》,阎克文等译,商务印书馆,1999年,第26页。

的内涵,即个人所有的不受任意干涉的权利或领域。在古希腊,公民们可以集体方式直接行使完整主权的若干部分,如在广场投票决定国家的战争与和平问题,与外国结盟等重大事务。然而,他们作为个人,其行动则受到种种限制、监视与压制,因而几乎没有消极自由。贡斯当指出,现代人的目标是享有受到保障的个人自由。

这里需要讨论一下查尔斯·泰勒对消极自由概念的批评。泰勒指出,霍布斯式的消极自由概念把不受外在阻碍看成是其基本要件,但是,这种自由概念没有区分什么不受阻碍对于人们的行动构成自由来说是重要的这一问题。如路口的红绿灯对通行的阻碍和禁止人们进行宗教活动,无疑都是使人们的行动受到阻碍,但人们一般不把路口的红绿灯看成是对自由的干涉。然而,霍布斯式的消极自由没有这种区分。① 我认为,在哲学上,泰勒的这一观点是从物理运动的角度来看待自由问题,因此,并没有泰勒所说的非政治领域与政治领域等量齐观的问题。同时,霍布斯的消极自由定义涉及自然状态下的人的自然权利的无干涉状况,因此也并非是像泰勒所说的那样是泛化的理解。毋庸置疑,作为哲学概念应当有着高度的涵盖性或一般化特征,从这样一种要求来看,霍布斯的概念是粗糙的。然而,如果把霍布斯的消极自由概念仅仅运用于政治领域,像贡斯当和伯林那样,则是完全恰当的。运用这一概念无非是说,应当确立一个个人不受侵犯的领域。

二、积极自由

自由这一概念的另一重要内涵为积极自由。何为"积极自由"？伯林说:"'自由'这个词的'积极'含义源于个体成为他自己的主人的愿望。我希望我的生活和决定取决于我自己,而不是取决于随便哪种外在的力量。"②在什么意义上我们自己成为自己的主人？自己成为自己的主人,其意为在我与他人的关系中,我不受他人意志的主宰,我以我的意

---

① [加]查尔斯·泰勒:"消极自由有什么错?",载达巍等编:《消极自由有什么错》,文化艺术出版社,2001年,第76—81页。
② Isaiah Berlin, "Two Concepts of Liberty", in *Liberty*, p. 178;参见[英]以赛亚·伯林:《自由论》,胡传胜译,译林出版社,2003年,第200页。

志来决定我的行动,因而我是自我决定的行动主体,而不是服从于外在束缚或听从于外在意志的被动客体。成为自己的主人,不受他人的主宰,也就是在人与人的关系中,在人与社会的关系中能够不受宰制。换言之,积极自由是政治领域里的自由。

在伯林对积极自由的界说中,伯林的观点从起始意义上主要来自于对主奴关系的描述。在自由主义之前的自由观点中,摆脱奴役而成为自己的主人是其核心理念。马基雅维里是近代史上最早追求自由的思想家,他的自由思想就可以以主奴关系的模式来解释,不过,马基雅维里的自由主要是从国家这一层面来考虑,即一个国家只有摆脱奴役,才可获得自由。17世纪英国政治思想从古罗马自然法学派理论里继承了自然权利或天赋权利的思想。通过对罗马法的解释,一种新的公民自由的观念产生了。罗马法将自然人进行法的界定,把那些屈从他人的人界定为奴隶,而自由人则是不受任何人统治,有着自主权的人,即能够按照自己的权利行动的人。① 在当时英国的社会条件下,这表现为在英国君主政体下的公民的觉醒。昆廷·斯金纳指出:"对拥有自由意味着什么进行这样一种新罗马的分析包含了有关公民自由和国家体制之间关系的一种特别的观点。争论的本质是自由因为依从而受到限制,因此要成为自由公民,就要求国家的行动体现其公民的意志。否则被排除者将仍然依从那些能够按照自己的意志推动国家行动的人。其结果是……只有在作为自治共和国的公民而生活的条件下,人民才有可能享受个体自由。作为君主制的臣民而生活犹如作为奴隶一样。"② 如果马基雅维里,英国的罗马法学派把在国家或共同体中的自由看成是公民自由的先决条件,而这一考虑的模式同样是主奴关系模式,即如何使得公民真正成为自己

---

① 昆廷·斯金纳追述了这一观念的演变。他指出,是中世纪的法律文本使他们获得灵感,而罗马法对奴隶与自由民的区分性界定,则使得他们直接获得了对政治自由的理解。如在马罗法的《学说汇纂》中对人的界定:"自然人法内的基本分界是:所有男人和女人要么是自由的、要么是奴隶",而"奴隶制是万民法的一种制度,与自然相对立的是,在这种制度中,某些人屈从于其他人的统治。"见[英]昆廷·斯金纳和博·斯特拉斯编:《国家与公民》,彭利平译,华东师范大学出版社,2005年,第14—15页。

② 同上书,第17页。

的主人。法国大革命中的卢梭同样是以怎样摆脱自己的奴隶地位而成为自己的主人看成是自由的根本要件。卢梭在其《社会契约论》中,对于公民自由的讨论,首先就是从主奴关系开始的。在卢梭看来,人是生而自由的,却无往不在枷锁中。这种枷锁就剥夺了我们做自己主人的自由,而使我们成为他人的奴隶。在卢梭看来,是"强力造成了最初的奴隶,他们的怯懦则使他们永远当奴隶"。① 那么,什么是自由呢?卢梭指出,这就是打碎桎梏他们的枷锁,使自己重新做自己的主人。他说:"一旦人民可以打破自己身上的桎梏时,他们就做得更对。因为人们正是根据别人剥夺他们的自由时所根据的那种同样的权利,来恢复自己的自由。"②在卢梭看来,人们一旦达到理智年龄,可以自己判断自己的行为时,就是自己的主人。然而,正是不平等的社会制度使得人们失去了自己的自由,从而使得自己不能成为自己的主人,人类理想的自由社会就是重新实现使所有社会成员都能够获得自由或使自己成为自己主人的社会。因此,从思想史上看,以主奴关系为前提讨论人的自由被剥夺以及使人获得自由的自由观点,都是积极自由的观点。这也就是伯林所说的"我是我自己的主人","我不做任何人的奴隶"。③ 我怎样才能不做他人的奴隶呢?实际上,单凭自己的力量是不可能做到的。在洛克以及卢梭的古典契约论那里,所诉诸的是个人之间通过契约的联合。不过,洛克更强调的是权力对个人权利的保护,因而才有个人自由,而卢梭更强调通过契约所结成的共同体的作用,强调在真正的共同体中的自由。不过,无论是洛克还是卢梭,都承诺了一个基本的自由观:必须积极参与其中,才可获得自由。因此,积极自由涉及集体自我统治的自由,个人积极参与其中,从而使得我们获得不受他人奴役的自由。

不做他人的奴隶,也就是把自己从他人的奴役中解放出来,即使自己成为自我支配的自我。伯林指出,这种能够自我支配的自我,不仅在于我们从外在的奴役性支配中解放出来,而且还在于从内部使自我摆脱

---

① [法]卢梭:《社会契约论》,何兆武译,商务印书馆,1980年,第11页。
② 同上书,第8页。
③ Isaiah Berlin, "Two Concepts of Liberty", in *Liberty*, p.179;参见[英]以赛亚·伯林:《自由论》,胡传胜译,译林出版社,2003年,第201页。

非理性的控制和支配。使自我等同于理性,等同于我的"高级的本性""真实的""理想的"和"自律的"自我,或是处于"最好状态的自我"。摆脱非理性或嗜欲的理性自由,是积极自由的又一内涵。伯林说:"这种高级的自我与非理性的冲动、无法控制的欲望、我的'低级'本性、追求即时快乐、我的'经验的'或'他律'自我形成鲜明对照。"①自我支配自我,也就是使得自己的理性能够支配自己;而使得理性能够支配自己,也就是自己的理性能够控制和支配自己的非理性,这是柏拉图灵魂说的基本观点,也是西方思想史上长期以来的理性主义的自我观。在柏拉图式的理性主义观点看来,人的灵魂或心灵中的理性与情欲或非理性,是对立的两极,只有理性支配或控制非理性或情欲,人才是自己的真正主人。因此,理性自我的自由论实际上是把自我区分为两种自由:理性主宰的自我与非理性主宰的自我。

伯林指出,理性主义的理性即自由的自我观不仅把自由解释为自我内部的状态(内在真实的自我),而且一定会走向人与人之间的关系,以及自我赖以生存的社会或社会共同体(真实自我的化身)。历史表明,哲学意义上的理性自我会演变成超级自我,即在政治领域里的具有自由本性的理性自我演变为一个比个体自我更为广大的"整体",我们在前面已经指出积极自由是一种参与其中或介入其中的自由,即集体中的自由。同时,理性主义的理路也导致自我演变为超级自我。伯林说:"真实的自我有可能被理解成某种比个体(就这个词的一般含义而言)更广的东西,如个人只被理解为是作为社会'整体',如部落、民族、教会、国家、生者、死者与未出生者组成的大社会的某个要素和方面。"②也就是说,理性自我维度意义上的积极自由本身会变性,这种理性自我从内在的个体转变为外在的巨型实体,理性(或社会理性)化身为社会的某个整体、阶级、集团或国家等超级自我。伯林的这个思想是19世纪至20世纪沉痛历史经验教训的总结和体现。不仅如此,伯林指出,把哲学上的理性自我与非理性自我的对立,以及只有理性自我对非理性自我的支配才是

---

① Isaiah Berlin," Two Concepts of Liberty", in *Liberty*, p.179;参见[英]以赛亚·伯林:《自由论》,胡传胜译,译林出版社,2003年,第201页。

② 同上。

正确或自由的观点,或将这种理解模式搬到政治领域,积极自由就变成了超级自我对个体自我的宰制,或个人只有服从超级的自我才可获得真正自由。因此,积极自由作为参与政治生活的自由,则演变成服从超级自我的"自由"。伯林说:"这种实体于是被确认为'真正'的自我,它可以将其集体的、有机体的、单一的意志强加于它的顽抗的'成员'身上,获得其自身的因此也是他们的'更高的'自由。"①伯林指出,这里所谓的"有机体",实际上不过是一些人借以把他们自己的意志强加到别人头上的借口,而进行这种强制时,他们是把这些不服从的或意志不顺从的成员提升到一个"更高的"自由层次。这也就是卢梭所说的"强迫自由"。②

这种强迫自由的积极自由论还可以得到更深层次的理性主义的"辩护"。就柏拉图式的理性主义的理性观而言,理性就是能够认知事物或人的本质的能力;事物的法则或万物的法则就是理性的法则,服从理性也就是服从事物的法则或社会的法则。然而,人也可能受到非理性的情欲等因素的宰制,自我成为非理性情欲的奴婢,从而使得他自己并不是自己的真正主人,因而并不可能真正自己作主,因而也并不知道自己的真正自由是什么。在政治领域,这一理性观把理性与自由内在关联,把非理性与不自由关联,即自由并非是任意的不服从理性的自由。卢梭认为,个人往往会被情欲或原始的非理性的情感所惑,从而不服从理性的指导,因而需要"强迫"他"自由"。伯林认为,虽然在18世纪的思想家中,康德的自由思想有着相当多的消极自由观的成分,然而,在康德的法律自由论中,也有着类似于卢梭的思想,他引康德的原话说:"康德告诉我们,'当个体完全放弃他的野性的,不守法的自由,在一种守法的依赖

---

① Isaiah Berlin, "Two Concepts of Liberty", in *Liberty*, p. 179;参见[英]以赛亚·伯林:《自由论》,胡传胜译,译林出版社,2003年,第201页。
② 参见[法]卢梭:《社会契约论》,何兆武译,商务印书馆,1980年,第29页:"任何人拒不服从公意,全体就要迫使他服从公意,这恰好是说,人们要迫使他自由。"对于这段话,可以从伯林所理解的维度进行批评,也可以从卢梭的立场上为其辩护,即如果我们把侵犯社会正义、侵犯法律的犯罪绳之以法,在某种意义上,也就是迫使他服从,从而使他能够意识到什么是正确的行为,并且懂得什么是自由。

状态中没有损失地找回它时',这才是唯一真正的自由。"①因此,为何超越于自我之外的主体(超级自我)才是真实的自我?或只有天才的立法者才能发现那些理性的法则?就在于人们往往并非总是处于理性的支配之下。在理性自我面前,真实的自我异化为非我而是为社会或他人所代表。伯林指出,整个18世纪,几乎除了边沁之外,"所有关于人的权利的宣言所使用的思想与语言,也是那些将社会视为依据明智的立法者、自然、历史或最高存在的理性法则而构建与设计的那些人所使用的思想与语言。"②而这也就是真实的自我演变为超级自我的"秘密"通道。由于灵魂中的非理性的存在,以及在社会生活中,也必然表现为非理性者的存在,因而对于政治自由的问题就演变为:怎样使得这些人真正有自由的问题。伯林指出,对于这种理性主义的自由观而言,理性者要与非理性者生活在同一社会,因而要使生活对于理性者是可以容忍的,就需要对非理性者进行强制。③ 这是因为,在理性主义者看来,他们不仅是要使自己自由,而且有更伟大的胸怀,要使非理性者也获得"自由"。这个道理与灵魂内部理性发挥支配性作用是一个道理:"在我内部的理性要获得胜利,就必须消除压制我并使我成为奴隶的那些'低级'本能,即激情与欲望;同样……社会中的高级部分,受过教育的、更理性的、'对其时代与人民有更高洞见的人',可能会运用强迫手段使社会的非理性部分理性化,"④从而使得他们摆脱无知与激情,成为理性者应当成为的那种人。当然有时我们不能怀疑这类人有着真正伟大的心灵;然而,这也恰恰是能够为那些历史上的恶人所利用的论证,伯林指出:"这是每一个独裁者、掠夺者与恶霸在寻求为其行为开脱时都使用的某种道德的甚至美学上的论证:我应当为人们(或与他们一道)做他们做不到的事情,而且我不可能征得他们的允许或同意,因为他们没有条件知道什么对他们

---

① Isaiah Berlin," Two Concepts of Liberty", in *Liberty*, p. 194;参见[英]以赛亚·伯林:《自由论》,胡传胜译,译林出版社,2003年,第219页。
② Ibid., pp. 194-195;参见同上。
③ Ibid., p. 195;参见同上书,第220页。
④ Ibid., p. 196;参见同上书,第221页。

来说是最好的。"①伯林指出,不仅费希特使用了这种论证,费希特之后的殖民主义者、独裁者都使用了这种论证。可是,这已经离自由主义的出发点很远了。

三、消极自由与积极自由的关系

伯林在贡斯当的现代人自由概念基础上提出消极自由的概念,并且深入分析了政治参与或自我作主的积极自由概念及其内涵,指出积极自由变性的问题,这是伯林对当代政治哲学所做出的重要贡献。伯林指出积极自由的变性问题,但并不意味着伯林完全否定积极自由。自己欲求独立或不受奴役与主宰,是人类个体最深的渴求。伯林指出:"我并不是说自我完善的理想——不管是对于个体,还是对于民族、教会或阶级——本身就是应受谴责的,也不是说为之辩护的语言在任何情况下都是语义混淆或误用词语的结果,是道德或智识反常的结果;我试图表明的是,正是'积极'意义的自由观念,居于民族或社会自我导向要求的核心,也正是这些要求,激活了我们时代那些最有力量的、道德上正义的公众运动。不承认这点,会造成对我们的最关键的那些事实与观念的误解。"②因此,伯林并不怀疑积极自由的意义与作用,欲求自我主宰或自己成为自己的主人,是人类最深层的欲求。伯林指出积极自由在历史中变性的问题,因而在积极自由面前强调消极自由的极端重要性,并非是在否定积极自由,这也正如贡斯当所指出的:"个人自由是真正的现代自由。政治自由是个人自由的保障,因而也是不可或缺的。但是,要求我们时代的人们像古代人那样为了政治自由而牺牲所有人的自由,则必然会剥夺他们的个人自由。"③伯林承认人类在追求自由的历史过程中积极自由所占的地位,同时,他在指出人类拥抱积极意义的自由时,沉痛地指出如果没有为消极自由保留空间和地盘,那也就必然意味着新的奴役

---

① Isaiah Berlin, "Two Concepts of Liberty", in *Liberty*, p. 197;参见[英]以赛亚·伯林:《自由论》,胡传胜译,译林出版社,2003年,第222页。
② Ibid., p. 214;参见同上书,第242页。
③ [法]邦雅曼·贡斯当:《古代人的自由与现代人的自由》,阎克文等译,商务印书馆,1999年,第41页。

或公民的自由遭受到任意的侵犯。伯林指出:"卢梭所说的自由并不是在特定的领域里不受干扰的'消极'自由,而是社会中所有有完全资格的人(不仅仅是某些人)共享一种有权干涉每个公民生活的任何方面的公共权力。"①这样一种积极自由很容易摧毁被人们视为神圣的个人消极自由。

　　伯林是要在积极自由面前争得消极自由存在的权利。伯林告诉人们,如果人们仅仅得到积极自由,并且这种积极自由没有给消极自由留下任何地盘,那么,这就意味着生活于这种自由中的人们并没有真正的自由,因为他们是以牺牲个人自由为代价换取这种"自由"。伯林在自法国大革命至20世纪的历史教训意义上指出,在这种积极自由面前,放弃他们的个人自由是经常发生的事,他们把肯定他们的宗教、阶级、民族或国家看成是肯定他们自己,以集体或社会的化身来肯定他们自己。贡斯当指出,卢梭错把古代人的自由移植到现代,"在古代人那里,个人在公共事务中几乎永远是主权者,但在所有私人关系中却是奴隶。"②古代人没有现代人所弥足珍贵的个人自由,然而,个人自由或消极自由是真正的现代自由。伯林强调,"对'自由'这个概念的每一种解释,不管多么不同寻常,都必须包括我所说的最低限度的'消极'自由,即必须存在一个我在其中不受挫折的领域。当然,没有一个社会实际上压制其成员的所有自由,一个被剥夺了做任何他自愿做的事情的自由的人,已经根本上不是一个道德主体……不过,自由主义之父密尔和贡斯当所要求的比这一最低限度更多:他们要求与社会生活的最低限度的要求相适应的最大限度的不受干涉。"③在这里,我们可联系伯林在其他地方对于自由在于选择而不是自我作主的观点来看这个问题,伯林说:"自由意味着能够不受强制地做选择;选择包含着彼此竞争的可能性——至少两种'开

---

① Isaiah Berlin, "Two Concepts of Liberty", in *Liberty*, p. 208;参见[英]以赛亚·伯林:《自由论》,胡传胜译,译林出版社,2003年,第235页。
② [法]邦雅曼·贡斯当:《古代人的自由与现代人的自由》,阎克文等译,商务印书馆,1999年,第27页。
③ Isaiah Berlin, "Two Concepts of Liberty", in *Liberty*, p. 207;参见[英]以赛亚·伯林:《自由论》,胡传胜译,译林出版社,2003年,第233—234页。

放的',不受阻碍的候选项。反过来,这又完全依赖于外在条件,即到底有哪些道路未被堵死。当我们谈论某人或某个社会所享受的自由的程度时,在我看来,我们指的是,他面前的道路的宽度和广度,有多少扇门敞开着,或者,它们敞开到什么程度。"①在伯林看来,选择自由才是自由概念的核心,而选择自由,也就是社会能够为个人留下多少空间,留下多少不受干涉或侵犯的领域,因此,伯林是把消极自由看成是自由的核心理念。现代史以来人类对于自由的追求成为时代的最强音,然而,这种追求自由的潮流主要都在于获得集体自我的解放或自由,而却以许多人的个人自由受到严厉限制为代价,如法国大革命。因此,在追求自我作主、自我主宰的集体自由的同时,保留与现代生活最低限度相适应的最大限度的不受干涉的权利,才可有真正的现代自由。因此,伯林的贡献不仅在于区分了消极自由与积极自由,而且在于他力图指出人类自由的误区就在于人们将自由的核心理念看成是自我作主或自我实现,而不是看成应当存在一个不受任何他人干涉的选择领域或自由空间。

以下我们再讨论查尔斯·泰勒对伯林的批评。伯林提出消极自由的概念,几十年来引发了为积极自由辩护和为伯林辩护的激烈争议,泰勒以及斯金纳等人是为积极自由辩护的著名代表。在前面我们讨论了泰勒对消极自由的批评,泰勒的批评还需结合积极自由概念来讨论。泰勒承认霍布斯-伯林式的消极自由概念的核心是机会概念,即有多少门为你的选择敞开着。泰勒的这一把握是准确的。然而,泰勒把伯林所区分的"积极自由"仅定义为"自我实现",则并不是完整地理解了伯林。自我实现即为有着内在的潜能因而能够实现什么。应当看到,这是伯林的积极自由的重要内涵,但并非是全部。归纳伯林对积极自由的几层意思,可以看到,伯林这一概念首先包括自我主宰或作自己的主人的意思,其次,则是与理性主义的自我观相联系的理性自我主宰观,第三,则是把理性自我放大为超级自我,即在各种集体中实现自我或我的自由。应当看到,自我实现有着一种通过自我的努力去实现什么目标的基本内

---

① Isaiah Berlin, "Two Concepts of Liberty", in *Liberty*, p. 271;参见[英]以赛亚·伯林:《自由论》,胡传胜译,译林出版社,2003年,第308页。

涵,它有一种能动性的意义,或者如泰勒所说,是一种操作性的概念。伯林的摆脱奴役而作自己的主人的积极自由理念,并不意味着某种通过自己的努力或活动去实现什么。只是在第三层内涵的意义上,有着明显的自我实现的意味。

与自我实现的概念相联系,自由也可称之为一个操作性概念,即自由就在于一个能动的行为者能够做什么。就此而言,就有一个什么样的动机的问题,而什么样的动机才是真正能够达到自我实现目标的动机,也就存在着一个自我认识、自我理解以及自我控制的问题。换言之,只有正确的动机才可真正到达自我实现的目标。还有,我们自己的愿望是否是真正朝向自我实现的目标的愿望,人们对自我是否有着虚假意识或虚假愿望等等。泰勒指出:"一旦接受了自我实现的观点,或者是任何自由中的操作概念,那么有能力去做某事就不能被视为自由的充分条件了。因为这种观点给一个人的动机加上了某些条件。如果你有动机,但是恐惧、不真实的内在标准或者虚假意识都会妨碍你的自我实现。"①实际上,这早就是伯林从理性自我与非理性自我的区分中所包含了的论点。即积极自由的自由观点所承认的是那种能够正确表达和体现自我愿望的理性自我。泰勒接过伯林的这个前提是想导出这样一个结论,即如果把自我实现作为积极自由的核心理念,那么,就要看到,作为操作性的自由概念,不仅在霍布斯的外在运动意义上的不受阻碍是自由的基本内涵,而且积极自由也包含着消极性要求,即内在的不受阻碍,因为内在的非理性以及各种主观的、情感或情绪因素都有可能导致人们不可能达到自我实现的目标,因而不自由。因此,在泰勒看来,"自由的定义可以被修改为:对于我确实或者真正想要的事情没有内部的或者外部的障碍。"②泰勒据此批评伯林的消极自由概念太粗糙。不过,我们认为,泰勒也仅仅是把伯林对积极自由的讨论中的某些因素进一步扩展,并且因此把伯林的外在阻碍与理性主义的自我观中所包含的内容结合进来,并因此有意无意地冲淡了伯林思想中的最重要之点,即积极自由中的自我

---

① [加]查尔斯·泰勒:"消极自由有什么错?",载达巍等编:《消极自由有什么错》,文化艺术出版社,2001年,第73页。

② 同上书,第82页。

变性问题。

实际上,泰勒在关于自我实现问题上的讨论也承认,从积极自由的意义上,自由是能够做自己想做的事这一规定,从理性主义者的观点看,就内在包含着自我变性的可能。这是因为,如果能够确定自由就是我自己想做的事,那意味着,我不仅能够确认什么是我最强烈的愿望,而且能够确认什么是我真正的、真实的愿望和目标。然而,泰勒指出,对自由的内在障碍意味着我们不能仅仅以主体自己的认识为依据。他说:"主体不是最终的裁定者。因为他真正的目标,对什么是他想要摒弃的这个问题,他可能是完全错误的。"①那么,谁知道我对我自己的目标的认识或我居于自己的理解而产生的愿望是正确的或不正确的? 在我们的理性没有成熟时,是我们的家长或监护人,而在我们已经成长,还有人以我们的教导者自居的,是那些自认为已经握有真理的长者、先知或巫师等等。自由不是做非理性的、愚蠢的或错误之事的自由,而是做与理性或理性认知一致的事之自由。对于我的自由就成了一种这样的悖论:那些以理性或社会理性为化身的人,自认为他们才是我的"真实"自我的代言人或化身,并且以真实自我之名对我进行压制或强迫。因此,泰勒的这一论述恰恰使得我们可以把伯林的结论联系起来,即积极自由中的自我变性问题,或泰勒自己谈到的极权主义的问题。积极自由的自由观有着导向自我变性的内在逻辑,这恰恰是伯林的观点的力量所在。

不过,也应当看到,伯林在他的《两种自由概念》之中,有着褒扬消极自由和贬抑积极自由的倾向。当代哲学家尼桑在其文章中反驳泰勒等人的自我实现作为积极自由的重要核心观点,认为像柏拉图、斯多亚派以及马基雅维里和卢梭等人的自我实现的自由,不过只是没有障碍,不论这障碍是内在的还是外在的(实际上,这只不过是泰勒批评消极自由论的逻辑的必然结论,我们已经指出这点)。因此他提出,把自由概念区分为积极自由与消极自由可能包含着过多的内涵,而应当把积极自由的内涵压缩到消极自由的内涵中。即自我实现不过是没有外在或内在

---

① [加]查尔斯·泰勒:"消极自由有什么错?",载达巍等编:《消极自由有什么错》,文化艺术出版社,2001年,第90页。

的障碍,因此应当排除掉积极自由的意思来理解自由。① 我们认为,如果完全放弃自由概念中的积极自由意思,仅仅以消极自由来诠释自由概念是不妥当的。斯金纳通过对近代史上的自由思想尤其是马基雅维里的自由思想的研究指出,在马基雅维里那里,没有共同体的自由也就没有个人自由,而共同体的自由不仅仅是一个公民在其中享有什么权利的问题,更重要的是,每个公民都有维护共同体的自由的义务或责任,如参与对共同体保卫,使其免受侵犯的义务。② 我们认为指出积极自由的内在逻辑必然性以及历史中的问题,并非意味着我们要否定积极自由而只需要捍卫消极自由。正如贡斯当所指出的,政治自由是个人自由的保障。政治自由或积极自由不仅仅是实现个人自由的重要途径和方法,而且免于强制和免于外在干涉和障碍的消极自由同样也是健康的政治自由的内在要素,虽然积极自由存在着变性的可能,但并不因此而意味着积极自由在任何条件下都会变性。研究积极自由变性或在历史中败坏的历史教训,不是要使得我们放弃积极自由,而是要使得我们通过制度因素使得积极自由处于健康运行的状况,从而使它成为个人自由的制度保障。

第三节 多元主义与消极自由

伯林对于当代世界政治哲学的贡献,不仅在于他所提出的两种自由概念,积极自由与消极自由,而且在于他对价值多元主义的提倡。伯林的价值多元主义开辟了自由主义发展的新维度。自从约翰·格雷于1995年发表《以赛亚·伯林》一书以来,伯林的多元主义与自由主义的关系就是人们所关注的一个重点话题。依格雷的论点,伯林把自己与其他自由主义者区分开来,因为他力图把自由主义建立在一个新政治基础上——价值多元主义。格雷指出,如果价值多元主义是正确的,那么,除

---

① Eric Nelson, "Liberty: One Concept Too Many?" *Political Theory*, No. 33 (2005), pp. 58-78.
② [英]斯金纳:"消极自由观的哲学与历史透视",《消极自由有什么错?》,文化艺术出版社,2001年,第103—112页。

了自由主义的政治制度能够得到辩护外,自由主义的其他理念则难以得到辩护;然而,如果价值多元主义是正确的,由于伯林没有表明,价值多元主义又怎么能够以其普遍性权威来赞同自由制度,因而只能说,对于自由主义的政治制度的辩护也是不成功的。因此,格雷提出一个实质性的问题"价值多元主义支持自由主义吗?或这两者是相互冲突的吗?"① 为了回答这一问题,我们首先从价值多元论与一元论的讨论出发。

一、价值多元与价值一元

在讨论价值多元主义与价值一元论之前,我们还需把"价值"这一概念作一交代。在国内学术语境中,应当看到,对于价值这一概念的理解是与西方学术界有所不同的。在现代西方学术界是把所有的伦理概念、宗教概念都看成是价值概念。即将所谓"善"与"恶"以及其他伦理学的最基本概念都看成是最基本的价值概念。对好或善的目标的追求,也就看成是对最有价值的东西的追求。而相对应的"恶"的概念,也就是负价值的概念。还有,在宗教概念中,上帝是最高概念,那么,上帝就代表着人们所追求的最高价值。同时,任何宗教中也都有标示着负价值的概念,如地狱等。不同的政治理想也都有其所追求的最高理想。这类理想内蕴着其所追求的最高价值。价值多元主义也就是认为,不同政治观、宗教观、道德观等都内在蕴含着它的基本价值和最高价值,这些价值为其所使用的不同的概念所表明,或代表。中国学术界一般把"价值"这一概念看成是哲学概念,并且目前多数人是从"主体与客体"的关系模式来理解价值。即主体的需要与客体的属性两者之间所建构的关系是价值关系,并且为相应的概念来表达,这种表达者所表明的就是价值或价值概念。如我们称某物有价值或无价值,都是相对于相应的主体或主体需要而言的。在这个意义上,相当多的学者不承认西方学者的"内在价值"这一概念。因为所谓内在价值,指的是某一客观物或思想物(甚至是概念,如善概念)本身就是价值。内在价值是相对于外在价值而言的。所谓内在价值与外在价值,是指称某物所具有的手段价值和目

---

① John Gray, *Isaiah Berlin*, Princeton University Press, 1996, p.151.

的价值,如某物可成为获得他物的手段,如某门功课的成绩具有增加学分的功能,学分积累到一定数量,也就意味着学满学分,也就意味着可以毕业。对于完成学业而言,这就称之为这门课的学习具有外在价值。同时,学这门课本身也是目的,即一个某专业的学生需要学习这门课,就是为了掌握这门课的知识而不是为了别的,因而这门课对于这个学生来说,就具有内在价值。在哲学史上,有的哲学家认为,在一个价值系统中,有那么一个最高价值或终极价值,不是作为获得他物的手段而其他一切目的都为着它。这样一种目的或存在物,也就只有内在价值。内在价值又被称之为自有价值,即不因它物而具有的价值。这些价值概念,不是中国哲学界当前所使用的,而是我们文中所使用的。而所谓"价值观",也就是在那些人们所认为的各种价值中,或在自认为的某些价值中,有一些是最值得拥有或追求的基本观点。下面我们进入伯林的价值多元主义的讨论。

为了简化伯林的价值多元主义的观点,首先我们看看伯林关于价值一元论的观点。在"两种自由概念"这一部分之中,伯林把积极自由与一元论或价值一元论联系起来,把消极自由与多元论或价值多元主义联系起来。所谓价值一元论,在伯林看来,就是承认所有人类所崇尚的各种价值,在终极意义上和在实践中最终都是可以统一或和谐一致的。这种价值一元论是这样一种信念:"在某个地方、在过去或未来、在神启或某个思想家的心中,在历史或科学的宣言中,或者在未腐化的善良人的单纯心灵中,存在着最终的解决之道。这个古老的信念建立在这样一个确信的基础上:人们信奉的所有积极价值,最终都是相互包容甚或是相互支撑的。'自然用一条不可分割的锁链将真理、幸福与美德结合在一起。"①所谓积极自由,其内在核心是自我主宰,在伯林看来,这种自我主宰以及自我实现的自由观在理性主义的指导下,把自我的理想投射为人类的美好理想和美好的价值目标,认为只有在这样的理想目标的实现之中才有真正的自由。并且认为,所有人的理性都应当能够认识到这点,也就是说,所有人类成员所实现的自由在终极意义上都是同一的。这也

---

① [英]以赛亚·伯林:《自由论》,胡传胜译,江苏人民出版社,2003年,第240页。

就是伯林所认为的积极自由与一元论的价值观的同一。伯林承认,这种自我实现或自我完善的理想,不论是对于个体、还是对于民族、教会或阶级,其本身是不应受到谴责的。而且他认为,这种积极意义的自由观念,"居于民族或社会自我导向要求的核心,也正是这些要求,激活了我们时代那些最有力量的、道德上正义的公众运动。"①然而,伯林认为,历史的错误在于,过去人们普遍认为以这样一种一元性的信念来实现人们的多样性的目标。伯林说:"从原则上可以发现某个单一的公式,借此人的多样的目的就会得到和谐的实现,这样一种信念同样可以证明是荒谬的。"②很清楚,伯林认为无数人的多样性目标的实现不可能以某个单一的公式似的信念来解释。这是因为,就无数个体的价值追求而言,是多元的而不是一元的。

通过伯林对一元论的批判,我们清楚伯林所说的价值多元主义是什么。价值多元主义就是承认并非所有人的价值追求或目标是可以在终极意义上具有共同性或可以通约的(或可公度的),伯林说:"人类的目标是多样的,它们并不都是可以公度的,而且它们相互间往往处于永久的敌对状态。假定所有价值能够用一个尺度来衡量,以致稍加检视便可决定何者为最高,在我看来这违背了我们的人是自由的主体的知识,把道德的决定看作是原则上由计算尺就可以完成的事情。"③价值一元论也可以是以一个尺度来衡量所有的人类价值。价值多元主义则认为,所有人类价值并非是可以以一个尺度来衡量的。如果我们以"善"这一概念来标明人类的价值,那就是说,无数个人所追求的各种善:理想、美德、权利、自由以及善本身,都具有某种不可通约性。正如伯林的学生格雷所说,价值是不可通约的并非是因为它们在概念上是含混的,恰恰它们是在确定的意义上是不可通约的。各种价值的不同通约性是将各种价值置于一起后我们可以从中发现的一种关系特征,即它们不可以相互归

---

① [英]以赛亚·伯林:《自由论》,胡传胜译,江苏人民出版社,2003年,第242页。
② 同上。
③ 同上书,第244—245页。

约。因此,格雷指出:"不可通约性是一种关系特性。"①价值多元主义不是说在人们所共同认可的基本价值意义上,有一些基本价值如善、理想、权利、自由等等,是不可通约的,如果那样,从多元主义的立场出发,也就必然问道,共同认可的前提和基础是什么？因为从多元主义的立场看,这种所谓"共同"的立场即是某种一元性的理解,而多元主义是不承认的。从价值多元主义出发,也就必然承认,在不同的宗教、道德、哲学甚至政治理念下,都有它们所认可的各种基本价值或最高价值,如果把这些价值放在一起来进行比较,是不可排列出一个高低不同的一体性的等级秩序的。

价值多元主义其内含不仅仅是指各种价值的不可通约性,而且是指人类在多种宗教、道德和哲学观之下的生活方式,以及各种文化和传统意义上的生活方式的不可通约性。生活方式的核心观念是价值观,即在所有人类的生活方式中,我们都可发现人们所认为的善或好,人们总是将这类伦理观念置于他们生活实践的中心地位。善或至善、幸福、兴盛,理想或理想境界,这些理念是所有生活方式都不可回避的。不同的生活方式由于其传统、习惯和社会制度的迥然不同,因此,尽管在概念名称上是相同的,但其内在的价值追求则是大不相同的。如在传统的等级制的专制社会中,一部分人对另一部分人的压制或专制是这样一种政治制度所许可的。因而在这样的社会中也就不可承认人人平等的权利观念。还有,在相当多的社会或民族中,其宗教信仰对于其生活方式和价值追求来说,都被置于中心地位。因此,其信奉的宗教内含的核心价值观念就成为它们的生活方式的核心价值观念。

在伯林看来,多元主义价值对价值的不可通约性的认可,是基于对人类文明发展到当代的特征的基本认识,也体现了在当代文明条件下的人之为人的人性。伯林认为,也许我们可以把现代人所珍惜的价值要素列出几十个,当然不是无限之多。如自由、正义、权利、道德、良心、秩序、多种宗教的善功、世俗幸福的多种要素、美的追求、精神上的多种追求、

---

① [英]约翰·格雷:《自由主义的两张面孔》,顾爱彬等译,江苏人民出版社,2005年,第55页。

形而上学的或超越境界的追求等。对于现代人所珍惜的这些价值,并非意味着我们每个人类个体都可以有一个一致性地排序,即在每个人的心目中,或在不同的文化传统中,其价值排序都可能是不一样的,并且,在不同的个体或文化那里,这些人类所珍惜的价值,在不同的要素之间,在不同的社会或历史条件下,都可能发生冲突。伯林认为,这并非意味着他在提倡一种相对主义,他承认不同的价值之间可能存在冲突和人们所信奉的价值以及所珍惜的价值之不同,是对现代人的价值信奉的一种客观描述。这些价值的存在是客观的,伯林说:"我认为这些价值是客观的,也就是说,它们的本性以及对它们的追求,是作为人之为人的一个要素,它是一种客观的存在(objective given)。男人作为男人,女人作为女人,而不是作为猫或狗,不是作为桌子或椅子,这是一个客观事实,这个客观事实的关键在于,有一定的客观价值,并且只有这些客观价值,当人还是人时,是他们所追求的。"①因此,伯林强调,他的多元价值论是一种客观价值论,这种客观价值论就在于它所讨论的多元价值是人性的本质要素而不是任何一个人类个体主观任意想象的产物。伯林指出,我们总是生活于具有某种价值排序的文化价值系统之中,这种价值背景是我们作为个体与他人所共享的,也是我们与他人交往的前提。因此,这种客观事实也是一种超个人的共享性的事实。

二、消极自由与多元主义的内在张力

如果我们赞同价值多元主义,也就不可认为这些历史文化现象的多元性没有其合理性,更为重要的是,我们还应当承认体现不可通约的价值多元性的政治、文化以及生活方式存在的合理性,因而在这个意义上,伯林的价值多元主义就存在着一种为非自由的社会辩护的逻辑前提。假设存在着两种社会,一种是民主自由的社会,另一种则是非民主自由的社会。在前一种社会里,宽容多样性的多种价值,从而人们可以依据自己所信奉的道德与宗教观念,自愿自主地选择自己的生活方式。后一

---

① "Isaiah Berlin on Pluralism", in *the New York Review of Books*, Vol. XLV, Number 8 (1998).

种社会包括着多样性的社会,这些社会像荷马的社会、犹太教社会、传统伊斯兰社会等等,在这些社会里,虽然存在着多样性的生活方式或价值,但这种社会的主流倾向在于专注于某一种价值或生活方式,并且在所有这些多样性的社会里,都通过国家来压制人们对其他生活方式的选择。这些社会可能能够接触到并承认有着多样性的价值或生活方式的存在并且认为是不可通约的,但它们仅仅鼓励自己所遵从的价值而压制其他的价值或生活方式。即使是在现代民主自由社会里,也存在着以自己的价值观来压制其他价值观或生活方式选择的问题。在20世纪50年代,英国法官戴维林(Devlin,Patrick)为维护对同性恋的犯罪宣判,作了有名的法律辩护。戴维林强调,并非是同性恋有什么错,而是说,这样的性取向对于把英国人联系在一起的道德网络是一种威胁。在他看来,这样一种道德网络是重要的,因为如果缺失一种为文化环境所形成的、由伦理理想和文化教养所形成的连贯准则,人们的道德就易于堕落。维护一种道德价值或道德理想价值就成为社会强制的一个强有力的理由。

在多元价值的民主社会里坚持一元论的价值观也必然形成对其他价值观的压制。那么,从逻辑上看,对于多样性的非民主自由的社会所奉行的价值观,我们是以民主自由社会中的一元论的自由观还是从一种价值多元主义的观点来看待这一现象呢?即从多元主义出发,也就必然认为不论是自由主义的一元论,还是非自由主义的一元论,都是不可接受的。因此,从逻辑上也从宏观意义上看,如果不是从一元论的自由主义所认可的唯一正确的价值观出发,那么,我们就应当承认各种非民主自由社会中的价值合理性,因为多元,并非是讲自由主义的价值多元,而且从逻辑上也包括了非自由主义的多元,而且即使是在现代民主自由社会里,多元主义也可为反自由的价值或价值观进行辩护;其次,就这些非民主自由社会或专制社会持有这样一种压制他们所不认可的价值与反对他们不认可的生活方式而言,即从他们所进行的压制这一现象而言,则体现了一种价值一元论,这是伯林所反对的。因此,在如何对待像荷马式社会、犹太教社会和传统伊斯兰社会这样一类非民主自由的社会以及反民主自由的价值观(三种前现代社会中的价值观代表了三种非民主的价值观)而言,我们看到了伯林反对一元论提倡多元论的困境。实际上,伯林在他逝世前也说过:"多元主义允许各种非自由主义:对消极自由的压制。"①因此,我们必须认识到,伯林反对一元论,也就不仅是反对非自由的专制主义的一元论,因此也就在逻辑上不可能不反对自由主义的一元论,从而提倡多元主义或价值多元主义。当然,从伯林自己的逻辑来看,在自由问题上,他所反对的主要是那种唯一强调自我实现的自由观,把自我实现的自由看成是至上的自由观,但他因此也反对任何一种仅仅强调自由所具有的唯一至上价值而不把人类的其他价值置于同样重要地位的自由观。伯林的多元主义所强调的就是,没有一种人类价值是至上的,如果一套价值体系把某种价值看成是至上的,这就是一元论。因此,我们看到,这就出现了一个这样的问题:既然强调价值多元主义,也就不能像一元论那样,只把某一种价值看成是至上的,这对于伯林把消极自由看成是无比重要同样适用。

我们再回到伯林所讲的价值一元论,伯林直接反对的是现代社会主导性的价值一元论,包括自由主义的一元论,如建立在洛克哲学前提上的自由一元论,康德哲学前提上的自由一元论以及功利主义的自由一元论。这些一元论都包含着自由的自我主宰的核心理念,然而伯林的多元主义强调,即使是自由理念,也应是多元的而不是一元的。所谓多元,即自由主义理论所提倡的这些自由理念也是不可通约的,没有一个可以在价值排序上凌驾于它者之上。由于它们是不可通约的,因而我们不可专注于其中的某一个而排斥其他。其次,伯林的多元主义是反对自我实现式的积极自由理念的,把人们的理想追求看成是受到单一公式支配的自由理念,因为在伯林看来,人们的价值理想是多元的。伯林的这个逻辑当然可以用到他自己头上。即如果没有什么价值可以看作是超越于其他价值之上,那么,如果我们要坚持价值多元主义,又如何来为伯林所坚持的消极自由辩护呢?

三、消极自由与价值多元主义的相融性

伯林在《两种自由概念》中说,"多元主义以及它所蕴含的'消极'自

---

① Isaiah Berlin and Beata Polanowska-Sygulska, *Unfinished Dialogue*, Amhert, MA: Prometheus Books, 2006, p.86.

由标准,在我看来,比那些在纪律严明的威权式结构中寻求阶级、人民或整个人类的'积极的'自我控制的人所追求的目标,显得更真实也更人道。"①在这里,伯林明确谈到他的消极自由是与多元主义内在一致的,并且他自己说得更清楚,多元主义是内在蕴含着消极自由的理念的。那么,伯林为什么这样说呢?我们知道,在他看来,无论是自由主义的一元论还是专制主义的一元论,都无视了人类价值取向是多元的,因而如果坚持价值一元论,也就必然会产生对多样性的价值的压制。相反,如果坚持价值多元主义,而不是价值一元主义或一元论,那么也就意味着尊重多样性的价值而不是以支配性的态度来对待多元性的价值取向。因此,理解伯林关于多元主义与消极自由内在蕴含关系的关键在于,坚持消极自由是多元主义的而不是一元论的自由主义观点。即我们只有把消极自由观看成是多元主义本身的主张,才可在伯林的意义上为伯林辩护。

那么,消极自由是不是一种至上论的自由论?如果消极自由论不是一种至上论的自由论,而是一种基础性的自由,在这种基础性自由之上,可以展开或在价值上允许多种不可通约的自由或多种价值的存在,那么,我们就可承认,消极自由与多元主义的价值论是相容的。所谓消极自由,也就是贡斯当所说的现代人的自由或个人自由,这种现代人的个人自由也就是贡斯当所说的:现代人的"自由是只受法律制约,而不因某个人或若干人的专横意志受到某种方式的逮捕、拘禁、处死或虐待的权利,它是每个人表达意见、选择并从事某一职业、支配甚至滥用财产的权利,"②以及迁徙自由、结社自由和信奉宗教自由的权利等。在贡斯当看来,古代雅典人的自由是在公共参与政治活动中的自由,他们是在政治权利的行使中体会到其个人的价值,而几乎没有个人自由可言,贡斯当指出:"我们必然会比古代人更为珍视自己的独立……古代人的目标是在有共同祖国的公民中间分享社会权力;这就是他们所谓的自由。而现代人的目标则是享受有保障的私人快乐;他们把对这些私人快乐的制度

---

① [英]以赛亚·伯林:《自由论》,胡传胜译,江苏人民出版社,2003年,第244页。
② [法]邦雅曼·贡斯当:《古代人的自由与现代人的自由》,阎克文等译,商务印书馆,1999年,第26页。

保障称作自由。"①伯林则把贡斯当所说的个人自由归结为"免于……的自由",也就是为自我留下一片个人自由的空间,外在的权威不得干涉而自我作主。这里的自我作主与伯林所区分的积极自由意义上的自我主宰意义是不同的,积极意义上的自我主宰或自我实现是做什么和实现什么的自由,而消极自由则是免于什么的自由,即有一片不受干涉的自由领域,这样一个个人自由空间的存在,也是以免于强制、免于专横、免于强暴或专制侵害为前提的。如果我们把伯林所珍视的这种消极自由看成是伯林所珍视的唯一至上价值,我们就陷入了伯林所反对的一元论的陷阱,但如果我们把伯林的这种消极自由不仅看成是一种政治价值,而且更重要的是,把它看成是我们能够正常而自由的生存空间。在这一空间里,多种人类所珍视的价值都可以追求和实现,那么,这样一种消极自由观,就是一种多元民主的价值观,即它必然是承认多元善的追求的合理性的。实际上,伯林的消极自由论存在着多种解释的可能,当然,只有后一种解释可以站在伯林的多元主义的立场上为他的消极自由论辩护。

正因为多元主义既可以为人类生活方式所体现的多种价值进行辩护,并且也可以据此来反对自由主义所主张的某种一元论的价值,因此,人们认为,伯林的多元主义主张与消极自由主张之间没有很强的逻辑关联性。然而,如果认为,伯林强调消极自由与多元主义的一致,是对人类文明成就所达到的程度的尊重和认可,在这个意义上,我们可以看到这两者之间的内在联系。所谓人类文明成就所达到的程度,也就是体现当代文明所认可的与野蛮相区别的标准,如最低限度的人权标准。如果一个现代文明社会中那些最低限度的人权标准如生命权、自由权和财产权都不能得到满足,那么在某种意义上也就不能被看作是现代文明社会。这里我们看看罗尔斯在《万民法》中所提出的人权标准问题。

罗尔斯在《万民法》中,区分了五种不同社会:一是民主自由社会,或自由人民,二是正派的等级制社会,或正派等级制人民(decent hierar-

---

① [法]邦雅曼·贡斯当:《古代人的自由与现代人的自由》,阎克文等译,商务印书馆,1999年,第33页。

chical people),三是法外国家(outlaw states),四是负担不利条件的社会(societies burdened by unfavorable conditions),五是仁慈的专制主义社会(benevolent absolutist societies)。所谓法外国家,即为拒绝遵守万民法的国家。负担不利条件的社会,是指这类社会虽不事侵略扩张,但缺乏政治文化传统,缺乏人力资源的技能,而且缺乏秩序良好社会所必需的物质与技术资源。所谓仁慈的专制主义社会,是指该社会尊重大多数人的人权,但否认其社会成员在政治决策中有其意义。从罗尔斯的区分标准来看,人权是一个基本尺度。而罗尔斯在《万民法》中所提出的人权标准,与《正义论》中的有很大的区别。罗尔斯在《正义论》中所提出的人权清单,即为他的正义第一原则所确保的自由体系,是一个罗尔斯认为在自由民主社会中应当充分实现并且是人类文明所应达到的人权项目。在《万民法》中,罗尔斯考虑到了现代世界不同社会可能实现的人权程度的不同,因此,他没有提出一个在当代世界意义上要求很高的人权标准。如他所说的,在当代世界除民主自由社会之外也应当被肯定有正当性的社会,就是正派等级制社会,而对于正派的等级制社会,罗尔斯就降低了对其人权标准的运用。前面已述,罗尔斯在这里提出的是三种人权,一是生命权,即维持生存与安全,二是自由权,即摆脱奴隶制、农奴制等,三是财产权。罗尔斯认为:"这样理解的人权不应看作是专属于西方传统的特殊自由而遭到拒绝,它们没有政治的地域性。"[①]然而,我们要注意到,罗尔斯所列的人权清单与1948年联合国所通过的《世界人权宣言》(Universal Declaration of Human Rights)相比,省略了几个重要的条款。如罗尔斯省略了表达自由(人权宣言第19条)与集会自由权(第20条),以及民主政治的参与权(第21条)。应当看到,罗尔斯在制定他的万民法的人权清单时,是考虑到了联合国的《世界人权宣言》的。罗尔斯对这一人权宣言是有研究的,但罗尔斯的取舍是有选择性的。在《万民法》中,罗尔斯对《世界人权宣言》所列的人权清单进行区分,指出有些人权是与公共善相关的,而有些人权则显然是以特别种类的制度为前提的。罗尔斯所省略掉的上述几种重要的人权,表明罗尔斯认为在非自

---

① John Rawls, *The Law of Peoples*, Harvard University Press, 1999, p.65.

由的等级制国家,上述人权是不可能得到保障的,它们是自由人民(社会)的基本权利。罗尔斯认为,在自由意义上的人权是西方历史的特殊产物,尤其是宗教战争的产物①,因此,他把绝大多数国家都已表态赞同的人权限于西方国家的范围内,而不认为具有全球的普遍性。当代西方国家有学者认为这是他在自由主义立场上的倒退。但我们可以看到,这是罗尔斯的现实主义的态度,因为罗尔斯对那类他心目中的正派的等级制社会是十分清楚的。正是这些权利把自由人民与非自由的正派等级制人民区别开来。但我们从罗尔斯的考虑上看到,这样一份有限人权的清单,实际上是罗尔斯认为再也不能缩减的人权清单,也就是在当代世界意义上,它可以得到超出西方式民主自由国家的认可。但这份有限人权清单,也表明了罗尔斯对当代文明成就的认可。即就那个认可专制与压迫的历史时代已经一去不复返了。

因此,罗尔斯的这一人权清单所蕴含的最低限度的人权,实际上体现了罗尔斯对当代文明所包含的最低人权要求。如维持生命与安全的需要,摆脱奴役与专制等。正是在这个意义上,我们可以回到伯林。伯林的消极自由也就是"免于……自由"。伯林强调这种自由,但并不意味着把它放在一种至上的地位。"免于……自由"是一种起始性自由,然而它体现了当代人类文明对自由的最低要求,如果我们不能摆脱奴役,不能摆脱人对人的专制压迫,那也就不能认为我们还处于现代文明之中。在这个意义上,消极自由内在蕴含着对现代民主自由社会的认可,而不是专制制度的认可。然而,这是在最低限度的人权意义上的,即使人免受任意逮捕和任意侵犯的自由,以及免于压迫和奴役的自由。这

---

① 这里涉及罗尔斯的两个相关性思想。一是罗尔斯认为西方社会所强调的人权是需要相应制度的保障。罗尔斯说:"1948年的《世界人权宣言》第1条:'所有人是生而自由的,并享有平等的尊严与权利。人各赋有理性与良知,诚应和睦相处,情同兄弟。'其他条款则显然是以特别种类的制度为前提条件的,如第22条,社会保障的权利,以及第23条,平等的劳动、平等的报酬的权利。"(Ibid., p.80)其次,罗尔斯在《政治自由主义》中说:"政治自由主义(以及更一般意义上的自由主义)的历史起源,乃是宗教改革及其后果,其间伴随着16、17世纪围绕着宗教宽容所展开的漫长争论。类似对良心自由和思想自由的现代理解正始于那个时期。"([美]罗尔斯:《政治自由主义》,万俊人译,译林出版社,2000年,第12页)

是人类文明几千年来发展所取得的成就,即对每一个人类个体的平等尊严与权利的承认,这种承认首先体现在最基本的个人权利或自由能够得到尊重,而这也就是伯林的消极自由所要表达的。伯林把这一自由看得无比重要,但并不意味着它在现代生活中处于一种至上的地位,恰恰相反,它是处于一种最基础性的地位,它对于现代文明的进步与发展有着奠基性的作用。它虽不是凌驾于其他价值之上的绝对价值,但却对现代文明生活的展开起着基础性作用。如果没有它,我们可能还处于古代文明中,即使是古希腊社会,也不理解个人自由或伯林式的消极自由。因此,这是文明的进步,也是文明的转换。这种转换也必然体现在政治生活和人类对自由的理解之中。

在伯林强调消极自由对于现代人的生活所起的基础性地位的同时,他也强调人类文明的发展,其成果也体现在现代人的生活是以最低限度的一套道德要求作为人们交往与共同生活的基础。伯林的多元主义在于强调,有一系列虽然不是无限系列的价值,是现代人所珍视的,这些价值构成了现代人生活的最基本的价值图景。这些价值及其排序在不同的个人甚至不同的文化那里是不同的,因此,没有一个至上的价值要素应当得到所有人的共同认可。而为了维持人们的这种多元性的价值追求,以及使得这样一些有着不同价值追求的人能够和谐地生活在一起,那么,就应当还有一个我们能够共同生活的基础性的价值认同,这就是消极自由所表达的那些我们所不能触犯的基础性价值或最基本的人权,如罗尔斯在《万民法》中所列出的那些人权项目。现代文明已经发展到这种程度,多元性的价值追求都可以在其中实现,而为了确保公民的多样性价值追求的实现,则必须确保着最低限度的免于……的自由。伯林说:"就人类的实践目的、就最大多数人在最大多数时间和地方而言,有着那些作为人而言具有共同性的核心价值,从这个意义上,我们似乎可以把客观与主观区分开来……一个最低限度的共同的道德基础——有着内在关联的概念和范畴——是内在于人们的交往的。这个道德基础[的因素]是什么,在它的力量的下面,是多么灵活,多么易于变化,这些是经验的问题,是为道德心理学、历史和社会人类学所宣称的领域,在这些领域,它是那么令人兴奋而重要,可却是没有充分地得到探讨。"①伯林的消极自由,也就是要保护这片人之为人的生存所需要的道德基础。在这个最低限度的道德基础之上,则是不同的社会和文化以及不同成熟男女所信奉的多元价值,这就是多元主义与消极自由两者的统一,两者所反映的都是现代文明的文明程度。

---

① Isaiah Berlin, *Four Essays on liberty*, Oxford University Press, 1969, p. xxxii.

第五章 阿伦特的自由与人权观

汉娜·阿伦特(Hannah Arendt,1906—1975)是当代重要的政治哲学家和伦理学家。作为犹太人的阿伦特,在第二次世界大战期间的生死逃亡的深刻沉痛的经历,使她对于当代政治哲学的自由与人权观念有着不同于他人的体验与反思。同时,阿伦特又是一位思想史学家,她的讨论总是具有思想史的眼光,这把我们带到思想观念的起源处,从而为我们的思考提供了新的视角。

第一节 自由何为?

自由是当代政治哲学的核心概念。自从洛克以来,自由作为人的最基本权利已经成为自由主义和整个当代政治哲学的常识。然而,自由又是一个内涵丰富,在不同的思想家和作家手里具有不同内涵意义的概念。汉娜·阿伦特从自由的概念史出发,为我们揭示了当代自由概念的演变,使我们对自由概念有了一种历史的理解。

一、自由与政治

汉娜·阿伦特认为,自由概念从古希腊到当代社会发生了深刻变化,从而当代政治哲学的自由概念与古希腊时期所使用的自由概念并非是一回事。在阿伦特看来,自由概念由于脱离了古希腊人所赋予的意义,而已经变得扑朔迷离,自由的问题成了一个难题,并让哲学也迷失了方向。阿伦特说:"造成这种晦暗不明的原因在于,自由现象根本不出现在思想领域中,无论是自由还是它的反面,即不自由,都不会在我和我自己的对话中被经验到,而伟大哲学及形而上学问题却都是从这种自我对话中产生的。还有,哲学传统不但没有按照自由在人类经验中被给出的方式来阐明自由理念,反而歪曲了自由理念,把它从它原初所在的政治领域和一般的人类事务领域,转移到了意志的内在场所,在那里接受自我省察。"①因此,在阿伦特看来,从思想领域来探讨自由问题,本身是找错了地方。那么,怎样理解自由所在的领域呢?

从阿伦特的观点看,自由并非是一个哲学问题而是一个政治领域里的事实。她说:"无论我们知不知道,当我们谈及自由难题的时候,政治问题以及人是一个天生赋予行动能力的存在者的事实,都总是在我们的心中浮现出来;因为在人类生活的所有能力和潜能当中,行动和政治是唯一我们如果不至少假定自由存在着,就根本无法想象的东西。"②在阿伦特看来,在政治领域里,没有自由也就不可能存在共同生活的理由。"没有自由,政治生活本身就是无意义的。政治的存在理由是自由,它的经验场所是行动。"③因此,从阿伦特的观点看,无自由即无政治。然而,这是哪种政治概念呢?

我们知道,有一个叫卡尔·施米特的德国人,在国外政治哲学界名声很不好,可在中国大陆,由于某些人吹捧,则大行其道。从施米特的观点看,自由与政治了无干系。政治是以自身的最终划分为基础,而一切具有特殊政治意义的活动均可诉诸这种划分。如道德领域是善恶的划分、审美领域是美与丑的划分。他说:"所有政治活动和政治动机所能归结成的具体政治性划分便是朋友和敌人的划分。这就提出了一个合乎规范的定义,它既非一个包揽无遗的定义,也非一个描述实质内容的定义。"④所谓规范的定义,即不是在事实层面,而是在应当层面,即政治领域就应当是相互对立的敌对者之间斗争的场所,而不是阿伦特所说的自由的领域。所以应当分清敌友,而最大限度地争取朋友和孤立敌人,从而实现征服和统治。那么,怎么理解这一斗争呢? 施米特说:"只有那些实际的参与者才能正确地认识,理解和判断具体的情况并解决极端的冲突问题。每个参与者均站在自己的立场上判断,敌对的一方是否打算否

---

① [美]汉娜·阿伦特:《在过去与未来之间》,王寅丽等译,译林出版社,2011年,第138页。
② 同上书,第138—139页。
③ 同上书,第139页。
④ [德]卡尔·施米特:《政治的概念》,刘宗坤等译,上海人民出版社,2003年,第138页。

定其对手的生活方式,从而断定他是否必须为了维护自己的生存而反击或斗争。"①因此,所谓政治就是敌我之间你死我活的斗争。在施米特看来,"一切政治的概念、观念和术语的含义都包含敌对性,它们具有特定的对立面,与特定局面联系在一起,结果……便是敌—友阵营的划分"。②敌我之间没有中间势力的存在,所谓友方即为与我方同一战壕的战友。因此,在施米特那里,政治这一概念的使用首先就在于这种敌对性,而与对手是否还可称之为非政治性无关。换言之,与敌方的关系也许还有某种非政治性关系,如敌方可能还是我的亲戚,有血缘关系,但这种非政治性关系必须服从政治性关系,大义灭亲。敌对性也就意味着发生斗争的可能性,而政治的斗争不是别的,就是你死我活。他说:"事实上,人类的整个生活就是一场'斗争',每个人在象征意义上均是一名战士。朋友、敌人、斗争这三个概念之所以能获得其现实意义,恰恰在于它们指的是肉体杀戮的现实可能性。"③在这个意义上,如同阿伦特所说,政治就是行动,但不是自由的行动,而是你死我活的斗争。在施米特看来,他难以想象,如果没有了敌对性,还是不是有政治。因此,他认为,自由主义是在逃避和忽略施米特意义上的政治,并且提出了非军事化、非政治化的概念体系。他说:"自由主义以相当系统的方式逃避或忽略国家和政治,并且总是摇摆于两个不同领域的两极之间,即伦理与经济、文化与贸易、教育与财产之间。对国家和政治的批判性不信任很容易在下面这种体系的原则中得到解释,即个人必须始终保持既是起点又是终点。如果需要,政治统一体必须要求牺牲生命。这样一种要求在自由主义思想的个人主义看来无论如何都毫无道理。"④施米特这里把他的法西斯主义政治理解与自由主义的政治理解清楚地区别开来,使我们认清

---

① [德]卡尔·施米特:《政治的概念》,刘宗坤等译,上海人民出版社,2003年,第139页。
② 同上书,第144页。
③ 同上书,第145页。
④ 同上书,第196页;阿伦特在《极权主义的起源》中在讨论纳粹的集中营和种族灭绝营的相关章节中,对于法西斯主义的极权主义这样写道:"极权主义最初阶段血腥的恐怖,确实是用来完全对付反对派的,以便不可能再遇到反对派;但是完全的恐怖只在克服第一阶段的障碍之后发生,这个政权不再害怕任何反对派。"[美]汉娜·阿伦特:《极权主义的起源》,林骧华译,三联书店,2008年,第550页。

了他的敌友关系的政治实质。

阿伦特看来,把政治看成是敌对关系,完全偏离了政治的本意。阿伦特对于政治的理解是亚里士多德式的,即把政治看成是全体自由公民参与的社会管理之事。在亚里士多德看来,城邦是以全体公民的幸福为最高目标的社会团体,这个团体也就是一个政治体系,在这里,公民们各司其职,为了一个统一的目标而联合起来。并且,公民也就是能够参与城邦政治事务并且具有相应美德的人。因此,如果公民没有自由,就难以想象公民怎么能够参与政治事务并且治理城邦。因此,政治并非是你死我活的敌对斗争,而是全体公民人人有份的自由行动。这也就是阿伦特所说的"自由实际上是人们在政治组织内共同生活的理由"。

二、公共领域

在这里,把政治与自由相关联,还有一个中介,就是公共领域或公共政治领域。在阿伦特看来,城邦与公共领域的兴起几乎是同时性的,即如果没有一个可以展开公共论辩的公共领域,也就没有全体公民都可参与的城邦政治。阿伦特把城邦与公共领域的兴起与家庭和家族这样的私人领域的性质进行对比,指出,城邦公民的自由平等以家庭内部的不自由和不平等为代价。她说:"城邦与家的不同在于它只认'平等',而家庭则是最严厉的不平等的中心……在家庭领域里,自由是不存在的,因为它的主人,即家长只有在他有权离开家庭并进入人人平等的政治领域时,他才被认为是自由的。"①"平等"在于在城邦中的公民,既不是统治者,也不是被统治者,而人人都平等地享有参与的自由。这样的参与无疑需要一个公共的组织化的空间,个人既需要表演或言说同时又需要有他人在场。"这样一种显现空间并非只要人们一起生活在一个共同体内就理所当然地存在了,希腊城邦一度正是那样的'政府形式',为人们提供了一个他们可以在其中行动的表现空间,一个自由得以展露的舞台。"②阿伦特指出,要回答什么是"政治"这一概念,不能像施米特那样

---

① [美]汉娜·阿伦特:《人的条件》,竺乾威等译,上海人民出版社,1999年,第24页。
② [美]汉娜·阿伦特:《在过去与未来之间》,王寅丽等译,译林出版社,2011年,第146页。

臆想,而是必须回到古希腊的"城邦"这一概念的意义上去。这是因为,在西方现代语言中,"政治"这一词的原意就是"城邦"。而这并非随意而起,也并非有意索沉钩远。"在所有欧洲语言中,这个词都是从历史上存在过的希腊城邦国家这一独特组织中派生出来的,不仅在词源学上,而且在学者对这个词的使用上,这个词都始终回响着最早发现了政治领域及本质的城邦共同体的经验。"①什么是政治领域及其本质?阿伦特在这里给出了一个完全不同于施米特的理解,即不是敌对势力之间的斗争,而是公民们共同参与的领域,这里"自由"是其核心。从历史渊源看,无论怎样也不是施米特所说的敌对斗争。阿伦特说:"谈及政治及其最内在的本质,却不在一定程度上借鉴希腊和罗马的古代,无论如何都是困难的甚至误导的。"②如果像施米特那样理解政治,把人与人之间的你死我活的斗争看成是人类社会最重要的事件,甚至将权力对民众生命的杀戮也看成是合理合法的,那么,对犹太人的屠杀都是可以在"政治"的口号下进行辩护的事件了。当然,施米特在西方思想史上并非是一个孤立的现象,法国历史学家梯也尔在总结法国大革命的著作《法国大革命史》中就把法国大革命看成是敌我之间你死我活的阶级斗争。然而,如果把政治仅仅理解是为了权力和维护权力的你死我活的斗争,并且把一切社会成员都以此划线,那么,就离政治恐怖不远了。阿伦特说:"就自由和政治的关系而言,还有一个原因就是,只有古代政治共同体是明确建立在为自由人……服务的目标上的。从而,如果我们在城邦的意义上理解政治的话,政治的目的或存在理由就是建立和保存一个空间,让作为'秀异'的自由得以展现。在那个空间里,自由成了一个看得见摸得着的世间实在,在言语中可听,在行动中可见,在事件中可谈论、记忆并转化为故事,最终融入人类历史的伟大故事书中。任何发生在这个显现空间里的事情本质上就是政治的,即使它不是行动的直接产物。"③从阿伦特的论点,我们很自然地联想到贡斯当关于古代人的自由与现代人

---

① [美]汉娜·阿伦特:《在过去与未来之间》,王寅丽等译,译林出版社,2011年,第146页。
② 同上。
③ 同上书,第146—147页。

的自由的观点。在贡斯当看来,法国大革命所争取的政治自由是古代人的自由,而我们作为现代人,更需要个人自由。所谓个人自由,也就是不因他人的专横意志而受到任意逮捕、拘禁、处死或虐待的权利以及迁徙自由、结社自由和信奉宗教自由的权利等。但从施米特的观点看,这一切都没有存在的理由。那么,什么是古代人的自由呢?古希腊的自由与政治相关联,也就是在公共领域中的平等自由。古希腊的公民自由是一种政治自由,并且确实没有贡斯当所说的对个人消极自由的保护。但是,即使是如此,也不是施米特式的政治生活。因为雅典的公民在政治生活中确确实实体会到了自己作为主人的自由。

当然,古希腊的情形也是复杂的。在古希腊,公共领域是一个自由的领域,是与城邦政治内在相关的。从亚里士多德的观点看,城邦是自然演化的结果,从家庭到村落,再到城邦。他说:"早期各级社会团体都是自然地生长起来的,一切城邦既然都是这一生长过程的完成,也该是自然的产物。"①阿伦特则进一步指出,城邦的兴起是与家庭、家族的衰退相对应的。既然社会团体的演化达到了城邦这一更高级层次,那么也就意味着家庭和家庭的衰退。而家庭和家族从来就是私人领域。阿伦特说:"从历史上看,城市国家与公共领域的兴起很有可能是以牺牲家庭和家庭的私有领域为代价的。"②家庭领域作为私人领域,承担着提供生活必需品以及繁衍后代的功能。家庭与城邦的关系,提供生活必需品是城邦自由的前提。依阿伦特的理解,家庭并非是一个自由的领域,因为在那里,是家长在统治,同时,古希腊的家庭还有奴隶。因此,强制与暴力在这个领域是正当的。阿伦特说:"城邦与家的不同在于它只认'平等',而家庭则是最严厉的不平等的中心。要想自由就意味着既不受制于生活的必需品,也不屈从于他人的命令。这样,在家庭领域里,自由是不存在的,因为它的主人,即家长只有在他有权离开家庭并进入人人平等的政治领域时,他才被认为是自由的。当然,政治领域中的这一平等与我们观念中的平等鲜有共同之处:它指的是与同伴共处并必须与之交

---

① [古希腊]亚里士多德:《政治学》,吴寿彭译,商务印书馆,1965年,第7页。
② [美]汉娜·阿伦特:《人的条件》,竺乾威等译,上海人民出版社,1999年,第22页。

往,它预先假设了'不平等的人群'的存在。"①古希腊的公共领域作为一个自由的领域是与私人领域有重大差别的。其次,如果没有这样一个不自由的私人领域,也就不可能有自由的公共领域。古希腊将私人领域与生活必需品等同起来,在私有领域,每个人必须自己掌握生活必需品。"私人财富成为进入公共生活的前提条件,这不是因为它的主人忙于积聚财富,恰恰相反,而是因为它以适当的确定保证了其主人不必再忙于为自己提供消费的手段,并且能自由参与公共活动……在这里,占有财产意味着握有一个人自身生活的必需品,因而潜在地成为一个自由人,自由到超越个人的生活,进入所有人共同拥有的世界。"②

这样一种政治与公共领域一体化领域,随着社会的变化,已经变形。阿伦特通过考察发现,公共领域从古希腊到现代社会,已经发生了深刻变化,以至于我们很难说现代公共领域还有与古希腊公共领域同样的性质,从而也难以把它的存在与自由相等同。阿伦特指出,从古希腊到罗马时期,一个重要变化是社会领域的兴起,社会领域把原本在古希腊那里的私人领域的事务纳入其中,从而改变了公共领域的性质。或者说,"社会已经征服了公共领域。"③那么,什么是社会?阿伦特说:"社会是这样一种形式,在这一形式中,人们为了生活而不是为了其他互相依赖,这一事实便具有了公共含义;在这一形式中,与纯粹的生存相联系的活动被获准出现在公共领域。"④生活必需品的获得、生计的维持都成为现代公共领域的事务,最突出的是,劳动成为社会领域或社会公共领域里最引人注目的活动,而古希腊公共领域中的言说活动(这可说是他们自由的体现)则成为次要的活动。这一变化导致的重大问题在于,把生活必需品的需要看成是争取自由,从而模糊了两者之间的界限。

当在古希腊时期的属于私人领域的事务成为社会领域或社会公共领域的事务时,从古希腊的观点看,是私人领域的消失;然而,一种对于私人领域的新的理解开始出现。这就是将私人领域朝向个人内在的主

---

① [美]汉娜·阿伦特:《人的条件》,竺乾威等译,上海人民出版社,1999年,第25页。
② 同上书,第49页。
③ 同上书,第32页。
④ 同上书,第36页。

观性发展。阿伦特说:"对私有领域的现代发现似乎从整个外部世界进入了个人内在的主观性,这种主观性以前受私人领域的遮掩和保护。"① 阿伦特以卢梭为例,指出卢梭对内在心灵的发现以及对于丰富的情感生活的发现,体现了这样一种主观性。而私人领域朝着个人内在性方面发展,又与自由从政治领域向意志维度的转变内在关联。

三、自由的转换

在古希腊,自由是与政治紧密相连的。在阿伦特看来,像贡斯当那样把个人安危看成是最重要的自由的自由主义,实际上也是把自由概念逐出政治领域。因为这等于是把政治看成是"一门心思地关心维持生计和生命利益"②,从而把自由逐出政治领域。那么,这样一种对自由认知的转换是怎样发生的呢?

阿伦特指出,与古希腊政治领域或公共领域存在理由是自由不同,现代政治理论中所强调的是免于外在强制而感觉自由的内在空间,即内在自由。"这种自由既然不在外部呈现,按定义也就与政治无关"。③ 阿伦特指出,无论这类自由有怎样的合法性,无论它在古代晚期得到了多么精彩的描述,它都是历史上较晚出现的现象,"并且原本都是避世离俗,迫使世界经验向内在自我经验转化的产物。"④这样一种自由观的出现,实际上是那些在这个世界上得不到自由,而不得不退缩到内心去寻求的人的自由。因此,如果说这是一种自我经验,这种经验也是从这样一种经验中派生的。以自我本身作为绝对自由场所的向内属性,是那些在这个世界上找不到自己的位置的人所发现的一种不以外在状况所转移的内在性。

阿伦特指出,从外在的政治自由向内在自由转化的一个关键性人物是爱比克泰德(Epictetus,又译为"爱彼克泰德",约55—约135)。爱比

---

① [美]汉娜·阿伦特:《人的条件》,竺乾威等译,上海人民出版社,1999年,第52页。
② [美]汉娜·阿伦特:《在过去与未来之间》,王寅丽等译,译林出版社,2011年,第147页。但问题是,如果我们的生命都得不保障,又哪里有政治参与自由的可能?
③ [美]汉娜·阿伦特:《人的条件》,竺乾威等译,上海人民出版社,1999年,第139页。
④ 同上。

克泰德是古罗马著名的斯多亚学派哲学家,出生于罗马弗里吉亚的一个奴隶家庭。童年时被卖到罗马为奴,后师从斯多亚派哲学家鲁佛斯,并获自由。此后,他一直在罗马教学,建立了自己的斯多亚派学园。爱比克泰德强调的是自己的内在自由不以外在的环境条件为转移,即使是你被关进监牢里,你的内心仍然是自由的。或者说,即使在世为奴,也不失为自由。阿伦特说:"爱彼克泰德式自由,不过是对古代通行的政治观念的一种反动。"① 这种政治之外的自由概念,又以"意志自由"的概念展现出来。"意志"的概念,最早出现在早期基督教的保罗的观念里。在《新约全书·罗马书》第七章中,保罗说:"我所愿意的,我并不做,我所恨恶的,我倒去做……我所愿意的善,我反不做,我所不愿意的恶,我倒去做。"② 这种个人意志内部的冲突,个人的意愿与行动之间的张力,为保罗所发现,从而在西方思想史上,第一次提出了意志与行动之间的关系的问题,意志自由的问题也由此提出。阿伦特指出,意志的本质就是下命令和服从。阿伦特指出:"历史事实则是,意志现象最初体现在这样一种经验中:我愿意的我不做,另外还有一种可能'我愿意却不能'"。③ 阿伦特指出,这样一种意愿与行动之间的张力是古希腊人所不知道的。我们只要看看柏拉图是怎样坚称知道统治自身的人如何就有权去统治他人并摆脱服从的义务就够了。"假如古代哲学了解'我能'(I can)和'我愿意'(I will)之间的冲突的话,它就会把自由现象理解为一种'我—能'的内在属性。'"④ 而正是从这样一种张力中,从早期基督教的精神意义上,发现了意志概念。

意志概念的出现,改变了人们对自由的理解。人们从我愿意或我意欲与我能的张力来看待不自由,而自由则在于我意欲和我能的合一。即只有我想做的与我能做到的两者的统一,才可说是自由。我能做到是我的权限,因此,我愿意与我能的统一,也就是意志(will)与权力(power)的统一。意志与权力的统一,权力就居于意志机能中。然而,这种内在统

---

① [美]汉娜·阿伦特:《在过去与未来之间》,王寅丽等译,译林出版社,2011年,第140页。
② 《新约全书·罗马书》,第七章。
③ 同上书,第151页。
④ [美]汉娜·阿伦特:《在过去与未来之间》,王寅丽等译,译林出版社,2011年,第151页。

则有可能与自我内部意志的因素产生矛盾,同时也与外在必然性有着发生冲突的可能,从而我愿意会让"我能"陷入瘫痪状态,似乎在人们想要自由的那一刻,就丧失了成为自由者的能力。意志力图使自我从世俗欲望中摆脱出来而进行殊死的斗争,同时又面对外在世界的阻力,因而意志可能获得的东西反而是压迫。阿伦特特别强调意志与自我内部的不利因素之间发生冲突的问题。她说:"无论如何,我们通常所理解的意志和意志—权力,都是从意欲和行使意欲的自我之间的冲突中生发出来的,这意味着'我—愿意(不论意愿的是什么)'始终受自我的钳制,意志回击它,驱使它,接着激发它或被它毁灭。"①

意志与权力的统一不仅是对自我的征服,也是对世界的征服。因此,当意志自由的问题成为哲学问题时,如此的自由运用到政治领域,并因此而成为了一个政治问题。即自由已经不是古希腊城邦政治中的存在状态而是一种选择自由,自由不是在城邦公共领域生活中的卓越而是成了从自我意志出发的征服他人的主权(sovereignty)概念。阿伦特指出,从意志概念中发展出这样一个主权,其典型代表是卢梭。她说:"卢梭始终是主权理念的最坚定的代表,他直接从意志中发展出主权理念,从而完全按照个人的意志—权力的形象来设想政治权力。"②我们知道,卢梭在《社会契约论》中提出的哲学意义上的最高政治概念就是"总意志"(general will)或公意,而其政治的核心概念就是主权或人民主权的概念,这一主权概念直接来于总意志。并且,卢梭对于怎样形成总意志或公意也有很清楚的讨论,即公民投票形成的多数代表了总意志或公意。因此,卢梭清楚地意识到了自由理念在近代以来的转换。

实际上,我们在意志与权力、意志与主权的内在联系中发现了伯林所说积极自由变形和变性的问题。积极自由也就是要想做什么的自由(be free to do),是自己想要做自己的主人,也就是一个意欲—权力的问题。伯林说:"'自由'这个词的'积极'含义源于个体成为他自己的主人的愿望。我希望我的生活和决定取决于我自己,而不是取决于随便哪种

---

① [美]汉娜·阿伦特:《在过去与未来之间》,王寅丽等译,译林出版社,2011年,第154页。
② 同上书,第155页。

外在的力量。"①然而,这种把自由理解为自我对自我的主宰,会演变成一种超级的自我的主宰,即把自我放大为一类超级自我,伯林说:"真实的自我有可能被理解成某种比个体(就这个词的一般含义而言)更广的东西,如个人只被理解为是作为社会'整体',如部落、民族、教会、国家、生者、死者与未出生者组成的大社会的某个要素和方面。"②也就是说,自我会把自己看成是一个整体中的某种因素或方面,从而把自己与整体不可分割地联系在一起,因而自我也就演变成了一个超级的自我。而当自我演变成为一个超级自我时,那个真正真实的自我的自由也就可能会被这个超越的自我轻而易举地剥夺掉了。权力意志或意志权力就成了一种压迫意志和权力。阿伦特也从自由与主权等同的意义上谈到了这样一个问题。她说:"政治上把自由等同于主权,也许是在哲学上把自由等同于自由意志的最有害、最危险的结果。因为这会导致对人类自由的一种否定,即一旦认识到人无论如何都不可能完全自主(sovereign)的时候;或者导致这样一种结论:要得到一个人、一个团体或一个政治体的自由,就要以牺牲所有其他人、其他组织的自由即主权为代价。"③实际上,这也就是伯林所说的积极自由的问题。我们也从这里,从意志—权力的内在联结发现了施米特政治概念的根源。

在把意志自由与积极自由的内在相关性问题提出之后,还有一个关于消极自由的问题。阿伦特认为,由于把自由看成是意志自由的问题,从而使得自由问题从政治领域里分离出来。阿伦特说:"把政治自由定义为一种潜在的脱离政治的自由,这一定义不仅仅是我们最切近的经验迫使我们学到的;而且这个定义在政治理论史中也占有重要地位。我们无需追溯得很远,只要想想18、19世纪的政治思想家就够了,他们往往简单地把政治自由等同于安全。"④阿伦特这里所说的"把政治自由等同

---

① Isaiah Berlin, "Two Concepts of Liberty", in *Liberty*, edited by Henry Hardy, Oxford University Press,1969,p.178;参见[英]以赛亚·伯林:《自由论》,胡传胜译,译林出版社,2003年,第200页。
② Ibid.,p.179;参见同上书,第201页。
③ [美]汉娜·阿伦特:《在过去与未来之间》,王寅丽等译,译林出版社,2011年,第156页。
④ 同上书,第142页。

于安全",也就是贡斯当所说的"现代人的自由"和伯林所说的"消极自由"。因为把政治自由等同于安全,因而"政治的最高目标,'政府的目的',是保卫安全;反过来,安全使自由成为可能,'自由'一词指一种发生在政治领域之外的活动的要义。"①所谓政治自由等同于安全,也就是说不受任意逮捕、查抄和专横干涉的自由。然而,这样一种自由已经与古希腊的公共领域里的存在样态的自由没有干系。

阿伦特敏锐地考察了自由在西方思想史所发生的变化。由于古希腊政治公共领域的消失,以及自由从外在的公共自由转向内在的意志自由,再从意志自由生发出现代意义的政治自由(积极自由),以及由于现代人已经不在古代人的意义上谈论自由,从而强调的是消极自由。这都表明自由的特性发生了根本性的变化。我们也要看到,现代政治自由也不仅仅是意志自由的体现。罗尔斯的两个正义原则中的第一个原则,所包含的实际上是在现代民主制度下公民所享有的基本政治自由的体系。罗尔斯说:"每个人对于平等的基本自由的完全充分的体系都拥有一种平等的权利,这种自由的体系是与对所有人而言的相似的自由体系相容的……在正义的第一原则中,平等的基本自由可以具体表述为下列项目:思想自由和良心自由;政治自由和结社自由;个人的自由与[人格]完整性所具体规定的那些自由;最后是法律规则所包含的各种权利。"②毋庸置疑,罗尔斯提出自由在于公民的各项权利得到保障,是在现代民主社会的政治背景之下的问题。这与古希腊的政治公共领域里的自由还是有区别的。不过,我们认为,不仅要认识到自由的特性已经不同于古希腊,而且还要看到,现代社会也不可能回到古希腊城邦国家的政治生态。这是因为正如阿伦特自己的考察所知的,公共领域在社会领域兴起之后,已经发生了根本性改变。

第二节 人权:一个沉重而具体的话题

在当代政治哲学话语中,谈论正义问题几乎没有不涉及到权利

---

① [美]汉娜·阿伦特:《在过去与未来之间》,王寅丽等译,译林出版社,2011年,第142页。
② John Rawls, *Political Liberalism*, Columbia University Press, 1993, p.291.

(rights)或人权(human rights)概念的情景。自从洛克强调自然权利以来,权利或人权概念就是政治哲学和伦理学的基础性概念。当代讨论人的权利与洛克时代的不同在于,他们所说的是自然权利,而我们所说的是人的权利,实际上,这两者是同一个东西。洛克强调的自然权利,是有着一个超验的背景诉求的,在洛克看来,我们人的不可剥夺、不可转让的权利来自于造物主上帝。卢梭虽然没有这样的超验背景来谈论自然权利,但他也把权利看成是人与生俱来的天然权利,把人的权利看成是不证自明的具有先验性的特征。当代思想家则放弃了权利所具有的这种"自然"特性,而是强调权利作为人的权利的特征,但没有形而上学的诉求,如罗尔斯强调人的两种道德能力(道德自我)作为人人具有普遍权利的依据。权利或人权概念不仅在当代政治哲学中,而且在国际政治领域里也是常用语。权利概念的重要性使得我们有进行深入研究的必要。阿伦特对于权利概念的反思之所以值得我们注意,在于她提出了令人深思的问题。

一、人权概念的抽象性

阿伦特注意到了人权概念在当代政治与伦理话语中的重要性。人权概念之所以如此重要,首先在于两次世界大战之后,人们开始反思两场战争,尤其是第二次世界大战中法西斯暴行给这个世界和犹太人带来的灾难,把人权观念对于生存于世的人类而言的重要性,以《联合国宪章》和《世界人权宣言》的形式明确下来。《联合国宪章》"序言"的第一句就是:"欲免后世再遭今代人类两度亲历惨不堪言之战祸,重申基本人权,人格尊严与价值,以及男女与大小各国平等权利之信念。"《世界人权宣言》的第一条是:"人人生而自由,在尊严和权利上一律平等。他们赋有理性和良心,并应以兄弟关系的精神相对待。"其第二条强调说:"人人有资格享受本宣言所载的一切权利和自由,不分种族、肤色、性别、语言、宗教、政治或其他见解、国籍或社会出身、财产、出生或其他身份等任何区别。"并且,在西方各国以及其他现代国家的宪法中,都有着保障人权的庄严宣告。由此可见人权在现代社会有着何等重要的地位。

然而,当世界各国的精英们庄严地为《联合国宪章》和《世界人权宣言》签署同意时,人们是否想起,无数人在两次世界大战中失去了后来为联合国文献所保障的人权,并非根源于欧洲历史上没有人提及人权。恰恰相反,近代以来的政治哲学,就已经把人权概念置于核心地位。这里需要指出,在霍布斯所开创的近代契约论传统中,现代"人权"概念是以"自然权利"这一概念来表述的。在霍布斯、洛克、卢梭等契约论者看来,自然权利是在没有政府之前人就有的权利。这些权利是生命权、自由权和财产权。洛克、卢梭等人关于自然权利的学说是如此深入人心,以至于在法国大革命中所颁布的《人权宣言》,就把他们所宣布的自然权利作为人权庄严地规定下来。汉娜·阿伦特说:"18世纪末的《人权宣言》是一个历史转折点。它的意义在于,从此以后,法律的来源不是上帝的命令,也不是历史的习俗,而是人。人权宣言无视历史赐予某些社会阶层或某些民族的特权,显示了人从一切监护下的解放,宣布了他的时代的到来。"①既然在18世纪末就已经庄严地宣告了人权的神圣性,为什么到了20世纪还会有如此人间惨剧发生?

汉娜·阿伦特看来,在契约论者以及《人权宣言》的起草者宣布人人具有不可剥夺、不可转让的权利——普遍权利时,十分吊诡的是,他们几乎没有意识到,"宣布人权,同时也意味着新时代里有一种迫切的保护需要,因为个人在这个时代里,不再能安全保有出生时即有的财产,作为基督徒而在上帝面前的平等也不再得到肯定。"②阿伦特通过历史的研究,指出欧洲犹太人在现代世俗化的时代到来之前,所拥有的那些权利"不是为政府和宪法所保障,而是由社会的、精神的、宗教的力量来保障"。③ 因此,在阿伦特看来,并非由于契约论和人权宣言的起草者确立一个人权到来的时代因而才使得人权得到了保护,《人权宣言》只是意味着一个新的人权时代的到来,这样一个时代将传统上由社会习俗、宗教以及其他社会精神所保障的权利转换成了政府和法律保护的权利。但是,这也就意味着人们失去了传统意义上的世俗精神和宗教的保护。从此以后,人们唯一可诉求的就只有政府和法律的保护了。而当人们得

---

① [美]汉娜·阿伦特:《极权主义的起源》,林骧华译,三联书店,2008年,第382—383页。
② 同上书,第382页。
③ 同上。

不到政府和国家法律保护之时,所宣布的人权对于某个人或某个民族而言,就有可能处于灾难之中。这就是犹太人的历史命运。

当我们回顾自从《人权宣言》发表一百多年来,尤其是20世纪犹太人所遭受的种族灭绝的大灾难时,我们不得不深思,为什么人们已经庄严宣布了的人权会如此被人所践踏?阿伦特向我们提出了这个问题。在她看来,17、18世纪的思想家们所宣布的人权,是一种摆脱神和宗教庇护的权利,它没有任何别的权威,这种权利的根据就在人自身。"人是自己之本,也是他们的最终目的之本。另外,没有哪一种具体的法律能必然保护他们,因为一切法律都取决于他们。就法律而言,人是唯一的主人,正如就政府而言人民被宣布为它的唯一的主人一样。"①应当看到,西方近代思想把人自身确立为价值的中心,从而取代上帝中心,是西方走出中世纪而进入近现代社会在思想史上的重大转折。这一转折自从笛卡尔确立"我思故我在"的本体论支点就已经开始。没有这一转折,也就没有近现代所倡的人的权利、人的价值和人的尊严。在我们看到这一伟大的历史进步之时,阿伦特向我们指出这一转折所潜藏的危害。她认为,把人宣布为自己权利的最终根据,是一种脱离社会实践、脱离社会背景的十分有害的论点。实际上,在古典契约论者那里,并非是所有思想家都把人宣布为自己权利的最终根据,如洛克就把内在于自然法的自然权利看成是造物主所给予的(洛克关于自然权利的来源问题比较复杂,在相关论文中得到了讨论)。洛克认为人们都是全能和无限智慧的创世主的创造物,并且是唯一的最高主宰的仆人,他说:"理性与公道的规则正是上帝为人类的相互安全所设置的人类行为的尺度,所以谁玩忽和破坏了保障人类不受损害和暴力的约束,谁就对于人类是危险的。这既是对全人类的侵犯,对自然法所规定的全人类和平和安全的侵犯。"②然而,就阿伦特来说,即使是洛克式的人权,也并非是从社会关系来把握。她说:"人几乎不作为一种完全解放的、孤立的存在而出现,不依托某种更大的全面秩序而在自身得到尊严,他很可能再度消失在人群

---

① [美]汉娜·阿伦特:《极权主义的起源》,林骧华译,三联书店,2008年,第382—383页。
② [英]洛克:《政府论》下篇,叶启芳等译,商务印书馆,1964年,第7—8页。

中。从一开始,在宣称不可分离的人权中就包含了一种吊诡,即它重视一种好像根本不存在的'抽象'的人,事实上,即使连野蛮人也生活在某一种社会秩序里。"①

因此,从阿伦特的观点看,当法国《人权宣言》把人们从传统的神学、习俗的保护下解放出来之时,实际上也把人们抛入一种除了民族、国家、政府之外而没有传统力量保护的无助境地。17、18世纪以来,欧洲社会开始了一个现代民族国家形成的历史过程。政治生活中压倒一切的决定性的倾向是对民族国家的承认。民族国家取代了传统宗教、家族和世俗力量对个人的保护,现在,唯有民族国家保护个人。不幸的是,国家仍然被认为对于保护哪些国民具有选择权。而对于国家怎样做,国际法没有施加任何限制。因此,当1948年联合国发表《世界人权宣言》时,阿伦特第一个反应就是,这是仅仅从精神和态度上重复了法国18世纪末所发表的《人权宣言》的错误,因为人权在20世纪的极权主义面前已经陷入了深刻的危机。1948年,阿伦特以英语发表她质疑《世界人权宣言》的文章,题为"人权,它们是什么?"其后用德语发表此文,题目为"只有一种人权"。在她看来,《世界人权宣言》所宣告的人权"没有现实性"。② 在她看来,宣称这样一种人权,由于极权主义,不仅没有现实性,没有在实践上实现的可能,而且也使得人权的概念本身成为问题。她认为,人权宣言的作者们所提出的只是一种"应当",而没有问是否"能够"。

为什么阿伦特对于以《人权宣言》为代表的人权概念会有这样一种看法? 这是因为,阿伦特认为,把人宣布为权利的根据,权利之本在于人自身,实际上是一种抽象的人的权利。她说:"当人权被首次提出时,被看作和历史无关,也和历史所造成的社会阶层无关。这种新的独立事物构成了新发现的人类尊严。从一开始,这种新的尊严就带有相当暧昧的

---

① [美]汉娜·阿伦特:《极权主义的起源》,林骧华译,三联书店,2008年,第383页。
② 转引自:Christoph Menke, The "Aporias of Human Rights" and the "One Human Right: Regarding the Coherence of Hannah Arendt's Argument", *Social Research*, Vol. 74, No. 3, Hannah Arendt's Centenary: Political and Philosophical Perspectives, Part I (Fall 2007), pp. 739-762。

性质。历史权利被自然权利取代,'天性'取代了历史,而且其中还暗含了一层意思,自然比历史更接近人的本质。"①这种权利是"自然的"、超历史的,是在人的天性中产生的。她还说:"它究竟同'自然的'权利有关,还是同神的指令有关,其实相对地看并无区别。"②当阿伦特这样写道时,无疑她心中想到了洛克与其他人的不同。然而,她认为,这没有实质性的区别。一种与历史以及任何社会共同体无关的权利,是抽象权利,它有可能游离于任何具体的历史和社会。我们看到,任何一个自然权利论者和法国大革命起草《人权宣言》的作者们,确实是这样论证权利的。如法国《人权宣言》第一条:"在权利方面,人们生来是而且始终是自由平等的。"第二条:"任何政治结合的目的都在于保存人的自然的和不可动摇的权利。"人权是"生而具有,以及自然的权利"。这些权利论者宣布各种权利为人权:如生命权、自由权、财产权等等,我们看到这在政治思想史上的进步作用,即无论是把这些权利看成是自然的还是神授的,都在于强调这些权利不可转让、不可剥夺,即如果有人忽略这些权利或剥夺这些权利,其行为或权力都没有合法性。但是,阿伦特认为,如果不与具体的历史与社会,与民族国家中的权利相结合,则就会成为一句空话。因此,阿伦特认为,要拥有这些权利,还必须有一种权利,即公民权。阿伦特说:"我们开始注意到还存在一种权利,即获得各种权利的权利……和从属于某种有组织的社群的权利。"③而这也就是她最早那篇对于《世界人权宣言》进行质疑的德文文章标题:"只有一种权利。"如果我们失去了公民权,也就失去了家园和政治身份,也就等同于被逐出人类。

二、人权与具体权利

对于洛克以及法国《人权宣言》的作者们所宣称的权利,边沁早就进行了批判。边沁把自然状态和契约都看成是一种虚构,因而没有霍布斯和洛克等从自然法理论而来的"权利"。边沁认为,权利从来都是具

---

① [美]汉娜·阿伦特:《极权主义的起源》,林骧华译,三联书店,2008年,第390页。
② 同上书,第391页。
③ 同上书,第388页。

体的权利,如"制定法律的权利"。① 在他看来,所有权利都来自于立法权,他说:"要懂得如何解释一项权利,就需去了解在所谈论的情况下,将构成违背此项权利的那种行动:法律通过禁止该行动来确立该权利。"② 因此,没有自然权利,也没有神授的权利,而任何权利既是在法权下的权利,那也只意味着,权利都是具体的,或当地的,而不是抽象的、普遍的。其次,他进一步否定"权利"概念的实质性内涵。他认为,"制定法律的权利"这一句中的"权利",也没有意义。在他看来,"附加在'权利'一词上的含义,并未超出句子前半部分所包含的内容,不过在前半部分没有用这个词来表达,而在后半部分则用这个词来表达。"③因此,在边沁看来,"权利"这一词或者有它的含义,或者没有。换言之,"权利"这一概念本身是可有可无的。边沁甚至说,权利概念这整个一类是"虚构体"。④

对法国大革命持有异议的柏克也反对法国大革命的普遍人权观,他以英国在争取人民权利和限制国王权力方面的进步来说明,权利是在一个民族国家内的立法或法律所确定的。自然权利并非是法定权利,"人们不可能同时既享有一个非公民国家的权利,又享受一个公民国家的权利"。⑤ 他认为,法国大革命所提倡的自然权利是一种形而上学的权利,"高谈一个人对食物药品的抽象权利又有什么用呢?问题在于怎样取得和支配它们。从这方面考虑,我总是劝人去请求农夫和医生的而不是形而上学教授的帮助。"⑥柏克认为,当形而上学的权利进入日常生活,就会像光线穿透稠密的介质一样,折射而变弯。即这样的权利必然变质。在柏克看来,那些号称这样权利的人,在政治上和道德上都是虚假的。⑦

阿伦特同样认为,这样所宣称的普遍人权其现实可能性是可疑的。

---

① [英]边沁:《政府片论》,沈叔平等译,商务印书馆,1995年,第200页。
② 同上书,第268页。
③ 同上书,第201页
④ [英]边沁:《道德与立法原理导论》,时殷弘译,商务印书馆,2000年,第267—268页。
⑤ [英]柏克:《法国革命论》,何兆武等译,商务印书馆,1998年,第78页。
⑥ 同上书,第78—79页。
⑦ 同上书,第81页。

从人的本性或自然具有的意义上,权利只具有规范性,而不具有现实性。在阿伦特看来,要使规范性的权利成为现实的权利,必须有拥有权利的权利(right of rights)。而当人们失去了那一种权利,所有宣称的权利都不存在。阿伦特说:"每当人们不再是任何主权国家公民时,就无法实行人权——即使是在那些以人权为宪法基础的国家里。这一事实本身就够烦扰的了,人们还须看到近来许多制定新的人权法案的尝试所带来的混乱,这显示出似乎无人能够明确地界定的这些一般人权(它同公民权不同)究竟是什么。尽管每一个人好像都一致认为,这些人的处境恰恰是丧失人权,但是谁也不知道他们失去的人权是哪些权利。"① 什么权利被丧失了?依据犹太人在第二次世界大战中所遭受的种族灭绝的旷世悲剧,阿伦特的回答是,丧失人权者所失去的第一种权利就是家园。"这意味着失去他们出生的和为自己在这个世界上确立一个独特的整个社会环境。这在历史上已有先例;历史上的个人和整个民族由于政治和经济原因而被迫迁移,这好像是每天都在发生的事。"②犹太民族在罗马帝国统治时期,由于多次激烈的反抗,使得罗马统治者觉得这个民族是一个最难驯服的民族,从而在公元 70 年被罗马人放逐,散落在世界各地。然而,"历史上没有先例的倒不是失去家园,而是不可能找到一个新的家园。突然地,世界上没有一个地方是移民可以不受最严格的限制而去的,没有一个可使他们同化的国家,没有一块领土可供他们建立自己的新社群。"③而失去家园也就是失去自己政府的保护。阿伦特把这称之为失去了第二种权利。这两种权利实际上就是一种权利,即公民权或一个国民在其国家政府之下受保护的权利。20 世纪以来直至今日,随着民族国家和主权国家的出现,公民或国民身份是以地球上居住的空间来确定的。当着一个人以自己的生命为代价力图逃出某个极权主义国家,而当他逃出之后,却发现自己根本没有立足之地,他的生存都已经没有合法性了。阿伦特说:"失去家园和政治身份,只有在一个完全有组织的

---

① [美]汉娜·阿伦特:《极权主义的起源》,林骧华译,三联书店,2008 年,第 385 页。
② 同上。
③ 同上。

人类社会里,才等同于被逐出人类整体。"①那些自然人权或普遍人权的提倡者们的论点在极权主义的现实面前不得不说是苍白无力。

阿伦特指出,在现代民族国家出现之前,这样一种人权是人类状况的总体性特征,只不过没有给予"人权"这一标签。在历史上,失去这样一种人权,也就是失去了言论权利,或剥夺了他的话语权,同时也失去了一切人类关系,因而也就失去了人类生命的一些最本质的特征。阿伦特认为,只有奴隶才处于这样悲惨的处境,所以亚里士多德并没有把他们归为人类。因此,奴隶制从根本上是侵犯了人权。那么,奴隶制侵犯人权是在什么意义上呢?阿伦特认为是它将人区分为"自由人"和奴隶,使得一些人生来就享有自由,而另一些人则生来就是奴隶。奴隶制剥夺一部分人的自由,它忘记了是人把人的自由剥夺掉了,而把它归之于自然。然而,"根据晚近一些事件[指第二次世界大战中犹太人的命运——引者注],可说甚至连奴隶们也仍然属于某种人类社群,他们的劳动被需要、被使用、被剥削,这使他们被保留在人类范围之内。做一名奴隶,毕竟有一种明显的特点,在社会中占有一个地方——不止是抽象意义上单纯的人。"②然而,在现代社会,阿伦特紧接着说:"降临在越来越多的人头上的灾难就不是失去具体的权利,而是失去愿意保护其任何一种权利的社群。"③现代国际社会有着向因政治、信仰等原因而失去自己社群的人提供避难的权利,然而,当失去公民权者人数空前巨大,问题就来了。"新难民被驱逐不是因为他们的行为和思想,而是由于他们那些不可改变的方面——生在一个错误的种族,一种错误的阶级。"④失去公民权也就意味被关进集中营和非人道的死亡命运在等待他们。因此,比较古代奴隶的悲惨命运,现代犹太人更加不如。而这种丧失的人权,在人权范围内从未被提及。在如此文明进化的20世纪,犹太人遭受到比奴隶还更为悲惨的种族灭绝,这不能不说是对人类文明的莫大讽刺。

---

① [美]汉娜·阿伦特:《极权主义的起源》,林骧华译,三联书店,2008年,第389页。
② 同上书,第385页。
③ 同上书,第390页。
④ 同上书,第386页。20世纪还有一种情况是值得我们注意的,即古拉格群岛中关押的人,他们不是没有祖国,然而却不可能有自由,并且等待他们只有死亡。

三、共同体与权利

由此我们联系到当代社群主义者沃尔泽的思想。在阿伦特的意义上,沃尔泽强调,公民资格是一种基本善,而只有这样一种基本善,才有资格享有公民所享有的一切权利。现代民族国家的存在首先是一种地理意义的存在,即在地球的某个陆地上存在,而表明它的存在的,首先就在于它的地理边界。地理边界标明了它的领土。领土对于一个国家政治共同体成员而言,在双重意义上是社会的善。罗尔斯提出基本善的概念,但他不是在这样的意义上使用这一概念。罗尔斯所分配的基本善,是以沃尔泽所提出这种基本善为前提的。它是其成员的安全生活的空间,也是其成员的土地、水和矿产资源以及潜在财富的来源。其次是它的人口。即那些因为其祖先而世世代代居住在这里的人们,或者得到承认而移居这里的人口。在现代移民国家出现以前,构成国家政治共同体的主要人口不是移民,而是世世代代居住在这里的人民,某个民族或多个民族的人民。他们因为血缘、文化传统以及语言等因素而成为一定地区的居民,同时也是这里的国家政治共同体的基本成员。沃尔泽说:"政治共同体可能是接近我们理解的有共同意义的世界。语言、历史和文化结合起来(在这里比在任何其他时候以及别的地方结合得更为紧密)产生一种集体意识。作为一个固定而永久的精神情结的民族特性显然就是一个神话。但一个历史共同体成员有共同的感情和直觉却是一个生活事实。"①沃尔泽指出,在这样一个国家政治共同体中,政治是人们之间的一种共性纽带。这种纽带把他们联系起来,为塑造他们自己的命运而斗争。而斗争将由这个共同体的制度结构所决定。在沃尔泽看来,国家政治共同体作为共同体成员的共同背景,一个重要因素还在于,共同体有着诸多的公共善在其成员之间分配。然而,在对其成员进行政治、经济、卫生保健等方面的社会善进行分配之前,最重要的还在于决定谁

---

① [美]迈克尔·沃尔泽:《正义诸领域:为多元主义与平等一辩》,褚松燕译,译林出版社,2002年,第34—35页。在沃尔泽看来,政治共同体大概是他能够想象的最重要的、也是最大的共同体,而能够合理取代它的唯一可能的替代物,只有人类本身,或民族构成的社会和整个地球。参见同上书,第36页。

是成员！或者说，谁有资格享有这些社会物品或社会资源。这就是共同体的成员资格，或作为政治共同体成员的公民身份。因此，在获得所有生存权、自由权和政治权之前，首先是公民权。而这也就是沃尔泽的"成员资格"概念的实质内涵。

一个有边界的共同体世界，决定了在一定范围内可分配物的边界，这个边界内的合格成员才有资格享有共同体内的共同善和各种权利。成员资格是沃尔泽的共同体理论中的重要概念。在沃尔泽看来，不同的人类政治共同体，这样一个个的群体的构成因素不是别的，恰恰首先为成员资格所决定，即共同拥有某种成员资格的人成为这样一个政治共同体。历史地看，这是现代国际政治社会的特征。他说，他的意思不是这个群体过去是怎样构成的，也不是关注不同群体的历史起源，而是他们在当下为他们的现在和将来的子孙所做出的决策。因此"在人类某些共同体里，我们互相分配的首要善（primary good）是成员资格。而我们在成员资格方面所做的一切建构着我们所有其他的分配选择：它决定了我们与谁一起做那些选择，我们要求谁的服从并从他们身上征税，以及我们给谁分配物品和服务。"① 政治共同体是为具有成员资格者来组成。在沃尔泽看来，成员资格即公民身份是最重要的分配物。这是因为，没有这样一种成员资格的人，即使你居住在这样一个国家里，也享受不到那些需要分配的社会公共善，即你不可能拥有这样的权利。人权对于那些没有成员资格的人来说是不具有享有权的。因此，成员资格就是最基础性的善，最首要的、也是最基本的善。那么，有什么样的社会公共善是在其成员之间进行分配而非成员是享受不到的呢？如政治权力，在古代希腊，如果不是公民而是外邦人，如尽管你长期居住在雅典行商，那也不是公民或没有公民身份，因而不可参与雅典的公民政治事务，从而不可具有分享雅典公民的政治权力的权利。沃尔泽指出，在现代社会，那些集体性分配的安全和福利，如公共卫生，对于没有成员资格的人没有保证，因为他们在集体中没有有保障的位置。成员资格是一种社会公共善

---

① [美]迈克尔·沃尔泽：《正义诸领域：为多元主义与平等一辩》，褚松燕译，译林出版社，2002年，第38页。

的保障。这种保障甚至延伸到政治共同体的范围之外。如在2009年8月间美国前总统克林顿前往朝鲜营救两个持有美国护照的、遭到朝鲜关押的美国记者。美国公民身份使得他们的生命安全即使是在美国的地理边界之外也得到了相应的保护,美国政府甚至是不惜代价对其进行保护。近年来我国政府对于在其他国家和地区工作或旅游的公民,在他们的所在地发生危难时,也及时采取援救措施,把他们从动乱或和危难的地区接出,从而也担当了保护本国具有公民权的公民的责任。世界其他国家政府也同样把其本国公民在其他国家的安全看成是其政府的责任。然而,如果不是其成员,即不是其公民,则不可能享有这种保护权。

沃尔泽是当代重要的社群主义者,他提出的多元复合平等的正义论,在英语学术界有着一定的影响力。他自认为他的理论与罗尔斯不同,罗尔斯从虚构的原初状态作为出发点来讨论社会正义,而他则是现实主义者,即从现实政治出发,来讨论社会正义问题。他提出的成员资格即公民身份理论就是从现实政治出发,客观地讨论在一切权利和基本善之先的权利,就是成员资格或公民身份。然而,像沃尔泽这样的现实主义者,他只是承认现实,客观地指出成员资格或公民身份是最重要的和基础性的善。但是对于那些失去这样资格或身份的人,即被迫生活于任何一个政治共同体之外的人,或被他的政治共同体放逐的人,他的社会善或人权何在?阿伦特说:"既然他们不再被允许参与人类创制,他们就开始像动物属于某一具体动物种类一样从属于人类。人权之丧失的吊诡是,这种丧失和另一种事例同时发生:当一个人变成了一般意义上的人——没有职业、没有公民资格、没有言论、没有用以具体地验明自身的行动——并且在总体上与众不同,完全只代表他自己绝对的、独特的个体,被剥夺了在一个共同世界里的表现以及对这个共同世界产生作用的行动,这个个体就失去了全部意义。"① 在这个意义上,阿伦特是更为深刻的。因为沃尔泽仅仅看到了公民资格或成员资格的重要,但是,如果失去了呢?那意味着什么?因此,人权的困境并非因为承认公民资格或公民身份为最重要的权利或最重要的基础性善而消失。现实地看,人

---

① [美]汉娜·阿伦特:《极权主义的起源》,林骧华译,三联书店,2008年,第395页。

权只有在公民权能够得到保障的前提下,才是现实的权利,因此,人权总是具体的权利而不是抽象的权利。当然,近年来中东地区的难民尤其是叙利亚大量难民涌入欧洲为欧洲各国带来的困境,给人们提出了新的问题。即中东的人道主义灾难给欧洲各国政府的接纳提出的难题。由于战争,他们不是被赶出,而是逃离自己的家园,然而,当几百万难民涌进欧洲时,为了保护难民的人权,当地居民的人权是否受到了损害?换言之,出于人道主义的同情,欧洲接纳难民的底线在哪里?还有,伊斯兰国(IS)成员混进难民从而使得欧洲居民的危险空前增高,更加增多了接纳难民的问题。因此,阿伦特提出的问题并没有完结,它还在历史的拷问之中。

第六章　公共理性与公德

现在转入另一个话题,正义的实践与公共理性的关系问题。正义的实践需要诉诸一个理性的概念。实践领域里的理性概念也就是公共理性的问题,理性具有公共性,为所有有理性的存在者所共有。然而,公共理性要发挥作用,需要有一个公共领域。因此,公共理性问题与公共领域的问题是联系在一起的。公共领域是在历史中演变与发展的。公共领域的演变涉及对于政治以及相应伦理的理解。其次,公共领域的存在又与公德的问题内在关联。现代生活与传统生活的一个重大区别,就是公德与私德的区分。公德与私德相区分,那么,它又有什么特性呢?

第一节　公共领域与公德

公共领域里公德的问题引起我们的关注,是现代化进程中必然出现的现象。这是因为,在从传统向现代转换的过程中,公共领域与公德的问题就会变得突出。而公共领域本身又是正义德性何以可能在现代化的进程中具有践行性的前提条件。

一、公共领域

在任何一个社会中,都存在着公共领域。公共领域的存在是与社会生活的特性分不开的。任何个人的生存都是在社会中的生存,任何个人的活动都是在社会中的活动,人作为社会动物,如果没有群体,离开了群体,个人就不可能在社会环境中生存下去。这尤其体现在人的语言思维形成的童年阶段。如果在这一阶段没有适当的条件使自然人转变为能够思维的社会人,也许这样的个体就永远不再可能回到文明社会中生存卜去,如许多被发现的印度的狼孩。然而,个体在社会中的生活,是有着多重生活,即多重身份的多重生活。个人有着以个人兴趣、个人利益追求为主的个人生活,他个人作为个人的精神生活和情感生活,个人作为家庭成员,过着家庭生活。同时,这样的个人还是某个社区的成员,过着一种社区生活;他还是某个组织单位的成员,作为单位成员工作和生活。这样一个人,还是某个城市的居民,过着城市居民的生活,并且,他还是某个民族、国家的公民,在这个国家作为公民生活。个人的这样多重生活,又可以划分为私人生活与公共生活,而私人生活的领域为私人领域,公共生活为公共领域。公共领域是相对于私人领域而言。那么,何谓"公共领域"?公共领域在于领域的公共性或公开性。公共领域是向所有人敞开的生活领域,是公开的社会领域,而私人领域则是私人生活的领域,它的特征在于其私密性以及私人自主性。私密性以及私人自主性决定了私人自由的特性。阿伦特说:"公共一词……它首先意味着,在公共领域中展现的任何东西都可为人所见、所闻,具有可能最广泛的公共性。对于我们来说,展现——即可为我们,亦可为他人所见所闻之物——构成了存在。"①在公共领域里,即使是私人生活中最隐秘的情感、思维和感觉上的快感,都要改变或非个性化而转化为一种公共可接受的形态。公共领域的存在要以某种公共场所的存在或公共媒体空间的存在为前提。公共场所或公共媒体提供了我们与陌生人共享的东西,或我们与他人就构成了一种公共性,在公共场所,任何人都碰巧进入他人的视域,外在行为没有掩藏性,你与我在公共场所照面,从一种相互可接受或以可接受的方式进入他人的世界。

  公共领域是行动着的交互主体所形成的公共空间。公共领域是通过交往而产生并通过交往而再生产。个人也只有在与其他人进行交往的实践中,才可意识到他对于一种集体性的生活或公共生活的归属性地位。个人在与他人交往之中,才可意识到与他人的同一性和差异性。在这种集体性的自我理解过程中,人们可以获得一种共享性的道德情境理解。公共领域是人类交往行动发生的基本领域,在交往行动中,人们不

---

① [美]汉娜·阿伦特:《人的条件》,竺乾威等译,上海人民出版社,1999年,第38页。

仅要运用日常语言进行交往,从而使得我们的行动有可理解性;同时,也需要对于交往的主体有着相应的尊重与理解,从而使得交往能够进行下去。这些都说明,行为主体在公共行动之中,需要遵守相应的规则。因此,公共领域的交往本身自发地产生着对于利己主义行为的排斥。如果人们不能与他人共享某种交往形式,或交往规则,即使存在开放的公共领域,但对于他来说,也会受到自身限制而无法真正进入。

公共领域的存在是社会生活的需要,公共领域所维系的是公共的善或公共利益。公共领域所涉及的是与公众相关或与公共性事务相关的问题。然而,公共领域所体现的对公共善的维系,不同于社会体制化的决策部门通过某项政策的实施来确保公共利益,它是通过公众的声音来反映公众的利益,和人民大众的根本利益。在这个意义上,首先可把公共领域理解为可向所有相关者开放的公共空间。公共领域不是封闭性的决策机构,它是公众表达意见的地方,在合理的交往结构影响之下,公众的意见形成为代表性的公共意见或舆论,但不可把它看成是每个人的意见的简单相加,它产生的是一种具有公共意志性的公共意见。它是其社会成员或公民利益的反映,或多种声音的体现。或者说,它表达着社会性的重叠共识。社会公共的善不仅体现在公共设施的公共福利性上,更重要的是应当体现在对于社会基本成员的利益的考虑上。而是否能够产生真正的具有公共意志的公共意见,取决于实践的交往结构或实践的交往规则。所有相关者是否可以自由参与以及得到平等的尊重,是否可以得到充分信息,以及充分发表意见从而形成公共舆论,是公民的社会空间能否真正形成的关键所在。一种受到专横权力压制的公共领域的结构必然排除真正有成效的问题的讨论,并形成虚假的公共意见。换言之,公共领域是一种规范性的领域,它要受到合理规范的制约,排除强制权力的制约。在当代社会,这几乎是一个理想的乌托邦,因为强权对公共领域的干涉几乎无处不在。其次,我们可以把公共权力部门就看成是公共领域,或政治公共领域。这是因为,政治公共领域代表了作为社会管理或社会治理而存在的领域,其责任在于全体公民的幸福或全社会成员的幸福。但是,政治公共领域有专制的公共领域与民主的公共领域的区分,只有民主的政治公共领域是向公民开放、公民可以自由表达意见的领域;而专制的公共领域则是一种封闭的、少数人具有话语权并为统治者谋利益的领域。在这个意义上,它并不具有真正的公共性。但从它仍然承担着社会治理的社会责任而言,仍然是一种不够格的公共领域。

与公共领域的公共性、公开性相对照的是私人领域的私密性,隐私或私密是私人领域的特征,两性之爱的情感在某种程度上的私密性,如有的情爱一暴露于公众,就有可能被扼杀或死亡。个人的某些行为领域和家庭生活领域具有隐私性的一面,这种隐私性保障了人的行为的私人自主性,是社会和他人不得任意侵犯的领域。在现代社会,私人领域除了私密性的特征外,其最大特征是私人自主性。作为私人的个人有着自我行动的选择权和决定权,只要这种行为不伤害他人和社会,他人和社会就没有权利干涉。个人的生命权、行动自由不受干涉的权利,以及个人的财产权,都是私人领域里的权利,只要这些权利的行使没有给他人和社会带人负面影响或危害,社会的法律就应当给予保护。个人的意志自由、信仰自由与良心自由是私人领域里的权利体现,这种自由既然是私人领域里的自由,也就同样有着私人性的特征,这些特征体现的是个人自主选择。法律对个人自由的保护维护着个人的人格独立与尊严以及人格的完整性。

然而,公共领域与私人领域并不是截然区分开来的领域,在现代民主社会,私人自主与公共自主是不可分开的。没有公共领域的公民的自主性,公民的政治自主权得不到保障,私人领域里的良心自主或个人自由的自主权也得不到保障。虽然贡斯当强调要区分古代人的自由与现代人的自由,即体现为政治自由与私人自由的区分的东西,但是,私人自由必须在政治自由的前提下得到保障。不过,不可把政治自由等同于私人自由或在政治自由的前提下取消了私人自由。私人自由本身的脆弱性在于,它离开了真正的政治自由的保障,就什么也不是。

历史地看,私人领域的出现是人类进入文明时代以来才有的社会现象。在原始社会,集体性的活动都是公共性的活动,即使是家务劳动也具有某种公共性。自从进入文明时代(这主要是西方历史的情形),家庭私有制的出现,家庭生活退居公众的视域之外,而成为一种不具有公共性的领域。值得注意的是,在西方思想史上,政治公共领域的出现是与家庭以及维持个人生活的需要的工作领域退出公共领域同步的。在古希腊时期,政治公共领域等同于全部的公共领域。全体公民都有资格参与全部的城邦事务,而公民们如果没有政治事务,只有个人事务,那只能说他不是一个完整的人。一个人如果不参与公共政治事务,而离群索居,在亚里士多德看来,那不是野蛮人,就是神。希腊人是把野蛮人即外邦人和奴隶看成是没有发展到希腊自由民的自由高度的人,而如果是一个希腊人,也就是一个把公共事务看成是个人的一切事务的人,家庭以及私人的事务则不在希腊公众的视线之内,因而如果只有个人事务,那就等于说没有事务。私人领域重新出现或具有重大社会意义是在近代以来才产生的。文艺复兴、宗教改革和启蒙运动是发现个人价值的历史时期,随着对人的价值、人的尊严的发现和重视,个人相对于公共的价值意义也必然得到相应的历史重视,一个新的领域也随之出现了,也就是重视个人隐私、个人私密的领域的出现。同时,这一领域的出现也改变了公共领域的结构或性质,即对这一领域的保护也就成了公共领域本身的话题。公共的善的一个重要成分在于保护个人的自由。

　　中国历史与西方历史的发展很不一样,中国没有像古希腊那样,切断氏族、家族的自然纽带而进入一种文明的新时代,中国文化是血缘家族为基础的传统文明,这种传统文明的形式,保留了家族、宗族的天然权力,并以家族的宗法制作为社会政治的基础。因此,在中国传统社会,没有像古希腊社会那样将家庭以及个人事务活动排除出公共领域的情形。在一个自然村落里,宗族祠堂是全村的政治和祭祀的中心,而族长握有最高的权力。中国的宗族事务即为公事,每个家庭自己的事务则为私事。一个宗族有自己的公田。公田的收获是全宗族的公产。因此,这种公与私的区分,实际上将家庭的扩大视为公共的。公私之间有着密切的内在关联。就全国而言,在汉文化的地区,除了战乱时期以外,都有一个全国性的政治中心,政治公共权力作为政治公共领域而存在。不过,我们要看到,这种政治公共领域由于其统治的基础是全国乡村的宗法制度,因而其性质也具有宗法制的特点,即家族继承制。政治公共话语没有离开家族制的特点。在一个宗族里,族长握有某种绝对权力,就整个国家而言,皇帝则握有一个国家的绝对权力。在某个自然村落,一个宗族的权力可能因某种社会原因而衰弱,但在一个家庭内部,家长的权力不可能动摇。整个政治意识形态和法律维护着家长的绝对权力,如同维护着整个国家的皇权一样。因此,家庭事务与社会事务以及私人领域与公共领域没有绝对区分的可能。

二、公德

"公德"也可以说是"公共道德"。那么,什么是公共道德?公共道德是能够使得公共领域里的活动进行下去,公共的善得到维护的德性或道德。因此,公德的需要是与公共领域与私人领域的区分为前提的,也就是说,有公共领域,才有公德。而公共领域与私人领域的区分,又表明了公德与私德的区分的存在。没有公共领域与私人领域的区分,也就没有道德上的区分。公德的必要性在于公共领域里的公共生活的必要性。一个公开的,开放性的公共领域的存在,对于所有参与者来说,都是一种交往的场所,一种对于公共事务进行表态、讨论的场所或领域。进入公共领域进行公共性的活动或私人性的活动处于公共领域之中,都必须遵守相应的交往规则才得以进行下去。这种规则在个人那里,体现为一种公德,在公共领域方面则体现为一种制度或规范。公共生活或公共秩序的维持,都需要相应的道德与道德规范。这也许是最低层次的公德。

但公德问题是一远为复杂的问题。公共场所是最为一般性的公共领域,也就是所有对公众开放的公共场所。如道路、剧院、集会场所等。在公共场所,所有人的外部行为都处于一种无掩蔽的状态之中。在现代城市生活中,公开场所所遭遇到的人,几乎都是陌生人。在这里维持公共场所的设置及其卫生是最基本的道德要求,其次则是交往所需要的交往伦理。交往伦理是公共空间的维持的主要道德要求。交往伦理作为交往中的道德要求,所要求的是对对方的尊重。这种尊重是一种类似于路人的相互冷淡的尊重,即互不侵犯而又相互冷淡。这种消极的要求,所体现的是对对方人格和生命安全的尊重。不相互侵犯,意味着把对方看作是与自己同样具有人格尊严的人。在这个意义上,公德所保障的是公共领域里的个人自主性,或个人人格价值在公共领域里的实现。没有相应的道德保护,个人的人格不可能得到尊重。而人格的尊重也在公共领域里实现。个人的私人人格,不可脱离公众的态度而独立。一个人的世界无所谓共同规则问题,一个人的人格尊严是在他人那里得到实现的。公共领域里的交往是一种人格平等的交往。因此,在这里存在着一种交互主体性的结构。互尊的伦理必须在这里得到实现。我们前面谈到的公共领域里的个人自主,其前提条件也就在于公共领域里的个人尊严能够得到保护。如果没有尊严的保护,个人作为公民的自主无从产生。如果在公共领域里只有强权的横行,交往的交互主体性的结构就必然遭到破坏和损害,那只有单方面的某种意志的横行,而普遍主体的意志得不到尊重。在这种情形下,公共领域的性质就会起变化,公共领域就会变成少数人的意志的天下。公共领域的公共性就成了问题。

陌生人现象所带来的另一个公共道德课题是对个人隐私的保护问题以及现代的悖论。中国社会正在从乡村熟人社会向城市陌生人社会转变。我国城市居住人口已经超过了乡村居住人口。实现从农村人口向城市人口的过渡迁移,是所有发展中国家向现代化国家过渡转移的一个重要方面。中国也不例外。熟人社会的特征在于生活私密的开放性,熟人社会里的个人隐私没有保护的意义。中国古代隐私刺探的发达,长舌妇的得势都可证明这点。实际上,不用长舌妇,熟人日常生活的频繁交往已经把个人私己的空间压缩到了最低程度。发现隐私的意义与作为个人权利保护的意义是在现代社会。现代社会发现了隐私对于个人价值的意义。私人领域的发达在于私人空间的扩大。因此,城市生活一方面扩大了公共空间,同时也扩大了私人空间。私人领域的扩大也改变了公共领域的性质。在公共领域里对普通大众个人隐私的保护成为一种基本的道德要求,成为一种公共善的要求。然而,现代社会一方面要求对于普通大众的个人隐私的保护,也在另一方面要求公众人物公开他们的个人私事。公众人物包括他们的爱情生活的一切成为了公众的热门话题。公众人物不断制造花边新闻,是公众人物使得自己不被忘却而在公众中生存的手段。值得指出的是,现代网络时代的博客文化,恰是通过把自己的个人隐私公开,从而使这些隐私成为公共舆论的一部分。公共领域与私人领域辩证地转化了。如木子美正是把自己最隐秘的性生活史公之于众而成为以性解放著称的当代名人。我们怎么看待这个现象？我们认为，自己公布自己的隐私与一个人公布别人的隐私有本质的区别。前者体现的是现代社会的个人自主性原则，它表现了公共领域里的公共自主与私人领域里的私人自主的贯通性。而后者体现的是对他人尊严和人格权的不尊重，如果不是在本人承诺或默许的前提下的话。如果是她或他自己公布或炒作自己的隐私，则属于她或他自己个人行动自由的范围，只要这种自由权的使用没有侵犯他人利益的话。

公共领域里的道德问题不仅仅是涉及到个人自主的问题，还有一个更为基本的问题，即有没有属于公共领域里的道德规范或德性，即所谓在人们所理解的意义上的"公德"的问题？如梁启超先生所说的中国的公德问题。他说："旧伦理之分类，曰父子，曰兄弟，曰夫妇，曰朋友；新伦理之分类，曰家族伦理，曰社会伦理，曰国家伦理。旧伦理所重者。则一私人对于一私人之事也；新伦理所重者，则一私人对于一团体之事也。以新伦理之分类归纳旧伦理，则关于家族伦理者三：父子也，兄弟民，夫妇也；关于社会伦理者一：朋友也；关于国家伦理者一：君臣也。然朋友一伦绝不足以尽社会伦理，君臣一伦尤不足以尽国家伦理。何也？凡人对于社会之义务，绝不徒在相知之朋友而已，即绝不与人交者仍于社会上有不可不尽之责任；至国家者成非君臣所能专有，若仅言群臣之义，则使以礼，事以忠，全属两个私人感恩效力之事耳，于大团体无关也，将所谓逸民不事王侯者岂不在此伦范围之外乎？夫人必备此三伦理之义务，然后人格乃成。若中国之五伦则唯于家庭伦理稍为完整，至国家社会伦理不备滋多，此缺憾之必当补者也，皆由重私德轻公德所生之结果也。"①梁启超处于中国社会发生大变革的历史时代，梁启超先生敏锐地意识到了中国传统的伦理已经不能适应新的社会环境。这里的变化主要在于，传统的公共领域与私人领域的不可分性已经不存在了，新型的公共领域随着传统的几千年的家国一体的政治制度的消解出现了。因此，建构在家庭、家族伦理基础上的传统社会伦理已经不适应这个变化了的社会环境。不可否认，强调社会和国家伦理的重要，首推黑格尔。

---

① 梁启超：《饮冰室合集》，第六卷，专集之四，中华书局，1989年，第12—13页。

正是黑格尔在《法哲学原理》中,将国家伦理作为最后的也就是最重要的一个伦理环节提出来了。并且,正是黑格尔,他仅把家庭伦理作为一个次要的环节放在书中。应当看到,中国传统伦理将家庭伦理放在中心地位,五伦关系中占了三伦,是与中国传统社会中的家国同构的政治体制相关的。家庭结构是整个社会结构的基础,家庭伦理同样处于整个社会伦理的中心地位。在梁启超看来,人人独善其身者谓之私德,而人人相善其群者谓之公德。但我们要看到,中国古代不仅强调独善其身,而且强调兼善天下,即他所说的人人相善。只是我们要看到,中国传统伦理所强调的核心不在人人相善,而在于私德的重要性。五伦伦理尽管有其不足之处,但却确实是抓住了中国传统社会的本质结构,提出了传统社会核心的伦理关系以及伦理规定的学说。

当然,我们要看到,梁启超提出的区分私德与公德的问题意识到了公德的本质特征,即公德有互惠互利的一面,以及以公共利益或公共的善为依归(这一点也就是他所说的社会伦理和国家伦理)。但梁启超忽视了,即使是黑格尔强调社会与国家的伦理,他仍是说,在国家之中,才能真正见到自由的本质,或是人的自由的真正实现。当然,黑格尔所说的自由绝不是任意的自由,而是那种在规定中的自由,即在国家中,一方面,"国家、全体必须渗透一切",另一方面,"正义的形式原则作为人格的抽象的共性,而以个人的权利为现存的内容,亦必须浸透全体"。① 因此,社会伦理或国家伦理并非是抽象的公共利益观,而是以保障公民个人权利作为现实内容的公共利益观。个人权利的平等实现,也就是在国家领域里的自由。在黑格尔这里,既强调的是国家全体的利益高于一切,同时强调的是个人权利的毫不动摇的基础地位,这两者的有机结合,可以看作是现代民主社会的公德所保障的两个根本方面。如果两者发生冲突怎样办?自由主义学说认为,应当毫不动摇地保障个人权利。政府的存在和社会的公共利益必须以保障所有社会成员的根本利益或权利为依归,而不是把所谓虚幻的公共利益凌驾于社会成员的根本利益之上。如果那样,那就变成了虚幻集体了。实际上,这也就是马克思主义

---

① [德]黑格尔:《哲学史讲演录》,第 2 卷,贺麟、王太庆译,商务印书馆,1960 年,第 265 页。

的主张。然而,个人权利的保障,其根却深扎于私人领域的不可侵犯性上。现代宪法和法律所保障的个人的生命权、自由权和财产权,都是作为私人的权利被给予保护。因此,公共领域里的公德与私人领域里的私德既因两者的区分而区分,也因两者的密切相关而关联。

还有一个问题,即究竟有没有完全独立于私德的公德或公德规范?这个问题我认为应当历史地理解。如当我们考察古希腊的四主德时,我们可以说,那完全是私人的德性,即属于个人的德性的智慧、勇敢、节制和正义。其中,也许我们会说正义并不仅仅可算作是个人性的,但我们要知道,古希腊的正义德性与正直的德性这样两层含义是不可分离开的。正义的人,一定是一个正直的人。然而当我们把古希腊的四主德与古希腊的政治公共领域联系起来时,就会发现,这样四个德性,完全是政治公共领域里的主要德性。智慧是统治者的德性,勇敢是护卫者的德性,节制主要是被统治者的德性,正义是维持国家社会秩序的德性。柏拉图就是这样认为的。因此,当我们面对古希腊的情景时,难道我们还会说古希腊只有私德,没有公德吗?

最后,就公德而言,历来政治公共领域官吏的道德问题是一个最为重要的问题。政治领域之所以是公共性领域,在于政治领域负担起社会管理的责任,政治公共领域的责任是全体社会成员的幸福。然而,这一领域里的行为主体本身亦有着自身的特殊利益可以谋求。政治领域负担起全社会的管理责任,同时也握有全社会的资源(分配之权)和以社会名义集中起来的财富。如此巨大的权力本身是会腐蚀人的。不受制约的权力会使权力的行使者为所欲为,并使以全社会的幸福之名集中起来的财富转化为少数人的幸福资源。因此,政府公务人员的道德就不仅仅是私德的问题,而是影响到全社会的道德问题和社会基本成员的幸福问题。腐败的严重性是公德衰败的表征,也是整个社会道德出现的严重问题。对于腐败问题的严重性已经引起了全党全国人民的高度重视,党和政府也采取了多重措施。然而,其中根本的一条,在于必须将政府公务人员的行为置于社会公众的视野之内,从而使得政治领域真正成为一个公共领域。没有政治的公开性、公众性,政治领域就会变为一个对于公众而言的封闭的领域,政治领域里的从业人员逃脱于社会公共舆论的监督之外，公共领域的公共性质就必然改变，其道德的败坏也就是必然的。因此，必须将政治公共领域与社会公共舆论一体化，并将政治公共领域置于社会公共舆论领域的制约之下，以确保政治公共领域的公共性，从而确保公德的健康发展。

第二节 理性的公共性与公共理性

"公共理性"这一概念在当代著名哲学家罗尔斯理论中有着十分重要的意义。公共理性概念无疑在罗尔斯的理论中有着特定的内涵。然而，何为公共理性的问题，又是一个十分复杂的问题。首先，理性为人类的个体所拥有，人类理性并不是超越人类个体的理论抽象，它普遍存在于成熟而正常的人类个体的思维里，理性思维是人类正常思维的基本特征。然而，人类的理性本身是一个复杂的现象，首先，它并不是仅有个体所有者的特殊性，必然还有其共性，共性是其所具有的一般性特征；其次，对于人类的理性，尤其是实践理性而言，公共性是它的本质特征。公共性所表明的是理性或理性成果为所有有理性的存在者所共享，即理性的公用。没有实践理性的公共性，也就没有公共理性。同时，理性的共用与公共领域以及社会领域的演变本身又有着密切关系。为了深入讨论，我们可从实践理性的特性以及公共领域的问题上展开这一问题。

一、实践理性与公共领域

在人类的社会实践领域，不可否认理性起着十分重要的作用，如果说不是关键性的作用的话。那么，人类的理性是怎样在实践领域里发挥它的作用的呢？一般而言，既可作为认知理性和工具理性发挥它的作用，也可作为价值理性和目的理性发挥它的作用。就后者而言，也就是我们所说的实践理性。认知理性或工具理性对于实践主体的实践活动起着工具性的作用，实践理性则起着规范性或指引性的作用。就认知理性或工具理性而言，对于实践主体具有某种特殊性的作用，它是人们以认知范畴，以及各种学科知识或经验性知识等为工具，以达到人们认知世界、把握世界或改变世界的目的。就不同实践领域（如不同的生产实践领域)的行为主体而言,由于其认知对象和实践作用的对象的不同,以及各个思维主体的思维能力和思维模式的不同,因而其特殊性的一面显得十分突出,虽然我们不否认认知理性具有普遍共性的一面,如知识范式等的共性。然而,就实践理性而言,不同的主体都需要有共同的行为规范和目的理性的要求,这些要求不仅在逻辑上要求普遍性,而且要求共通性。在康德看来,有两类法则,一类是服从于因果律的自然法则,另一类则是自由的法则,所谓自由的法则,即是人类的自由意志为自我的立法,这类法则的存在,不是服从外界的自然律,而是服从人类的自由意志。人类的自由意志是这类法则也是人类行动合理性的根源所在。认知理性所处理的对象是那些或主要是那些具有自然因果性的对象,因而将因对象关系的不同而有着不同的特殊性。实践理性则建基于人类的自由意志,它要以规范或价值来调节人的关系或人与自然的关系。但是,道德作为自由意志的立法,如果被看作是一个孤独的意志的法则,则完全失去了规范存在的意义。规范的存在首先在于对不同层面的人际关系调节的需要。规范要能够起到调节关系的作用,在于为一定社会中的人们共享或共同认可。仅有一个人遵守的规则不能称为社会规则,只能称为私人性的行动习惯。因此,实践理性虽然在不同的行为主体那里呈现出不同的水平或层次,如有的人停留于习俗性道德的层次,而有的是则处于理论反思性的道德层次,但是,实践理性本身则具有某种普遍性或共通性。如康德的实践理性的绝对命令:"要这样行动,使得你的意志的准则任何时候都能同时被看作一个普遍立法的原则"①,所诉诸的就是逻辑上的或形式上的普遍性,即它是不考虑一切意志的主观上的差异而确立的一条法则,是对一切有理性的存在者而言的法则,只要他们一般地具有意志,即具有一种通过规则的表象来规定自己的原因性的能力②,他们也就能够依据先天的实践原则来行动。这种逻辑普遍性或形式普遍性,不仅是说,我们的主体的理性有着相同或相似的结构(我们的行动不可违反同一律),而且是说,处于相同或相似的背景条件下的所有

---

① [德]康德:《实践理性批判》,邓晓芒译,人民出版社,2000年,第39页。
② 同上书,第42页。

主体都将应当采取同样的行动。这是把单个的行动主体放在所有主体的视域下来思考,是以一种交互主体性的视域来考虑自我主体的行动。因此,实践理性的法则,是一种交互主体性的法则,不是单个主体的法则,是一种需要得到相关主体共同承认或共同遵守的法则;质言之,相关的主体如果不遵守,则不可能得到合理辩护。他不可能为他的违反行动进行合理的辩护,如果仅仅是出于他的主观原因的话。因为这些规范是在一种相互期望中得到默认而应当遵守的。因此,实践理性的法则如果失去了普遍性或共通性,就变成了某种假言命令,而不具有实践理性法则的特性了。从这里我们又可以得出一个结论,理性尤其是实践理性本身,具有一种公共的性质,理性的载体虽是个人的,但它的本质却是公共的,实践理性虽然在不同意志的主体那里,呈现出一种不同意志主体的特性,但如果没有公共性,则没有实践理性。公共性的特征也就是具有超出单个主体认同的普遍性,为一定的人群所共有。

从表现形态上来看,理性都为一定的行为主体所拥有。理性在行为主体那里,并不是单独存在的某种思维或行动的要素或特征。理性总是某个人的理性,而这个社会中的人总是处于某种社会的或文化的背景之中,因而具有某种文化传统、语言、宗教和道德,以及政治观念,因此,所谓理性或实践理性总是具体的人的实践理性,它与整全性(或完备性)的宗教、道德以及政治观念结合在一起,是他的世界观的组成要素,哲学和道德的基础。任何人的内在世界都是一个私人世界。这个私人性的世界,通过他的行动和言语向世人展露其中的一部分或大部分。但问题在于,他的视域是私人性的,他总是从他的宗教、道德或世界观出发来观察和行动。如果他要在人群中生存,他还必须学会从他者的视域出发,从私人世界转换到一种公共的世界中来思考。他的私人世界总有某种封闭性、隐蔽性,但如果没有某种程度的公开性、公共性,他人则不知如何与他交往,建构某种可期望的关系。而在互动中建立一种相互关系的意愿是双向的。也就是说,人们总需要发现某种在他人的精神中与自己共通或共同的一面,从而能够建构一种人际间的关系。行动的主体必须从交互主体性共存的事实出发,从私人世界转换到一种交互性主体的世界,从主体意志上和客观上达到一种主体际的共存。在这样建构公共世界的时候,理性展现了自身的公共性,以自身的公共性达成一种公共性的理解和共识。理性成为人们所共享的资源。或者说,在这样一种转换过程中,也就是行动主体将自己的理性公用,发现理性的公共性的一面。如果理性本身没有公共性,就像某些专业人士具有专门技艺,其他人则没有,那么便不可能相互理解,达成生活的某种默契,从而建构一种共同的生活秩序和生活世界。

实践理性的公共性特征表明的是人类公共生活的需要。没有人类的群体性生活,也就没有具有公共性的理性。公共生活本身造就了人类的实践理性。人类天生是社会性的动物。不过,从西方思想理论上看,对于人的公共性的理论发现首先是在政治公共领域。这是因为在希腊社会,在自然组织的家庭之外,出现了城邦这样的公共组织。亚里士多德曾指出,人天生是政治动物。当他这样说时,是把家庭生活这一私人生活的领域排除在外的。在古希腊那里,人类自然组织与政治组织呈现一种正相反对的关系,正是家庭关系的解体,城邦的基础才得以产生。家庭领域是古希腊的私人生活的领域,城邦则是公共生活的领域。两者之间存在着鸿沟并且私人生活领域在公共的视线之外。公民们生活的中心是城邦的政治事务,在伯里克利看来,如果没有政治事务,他就不是公民。一个不关心政治的人,不是说他只关注自己的事务,而是说他根本没有事务。如果一个人仅仅过着个人生活,或是由于本性或是由于偶然,不归属于任何城邦,他如果不是一个野蛮人,那就是一位神。亚里士多德反复强调公共生活对于人的本性的重要性,凡隔离而自外于城邦的人,如果不是一只野兽,就是一位神。同时,私人生活本身并不是人的本性的体现。因此,仅仅旨在谋生、维持生命进程的家务活动和相关活动不允许进入政治领域。因此,古希腊人所讨论的德性是公共政治生活的德性,正义的重要性在于调节公共关系的重要性,智慧德性的重要性在于统治的德性,节制的德性的重要性在于被统治的德性,勇敢的德性在于护卫国家的重要性。在柏拉图的后期,则强调法律作为理性的重要性,同时也是强调政治公共领域里的理性的公用性。同时,在古希腊人那里,自由体现在公共生活之中,自由是公民的平等自由,政治参与的自由。在这个意义上,亚里士多德的实践理性就是公共生活的理性,也可以说是公共政治生活的理性。因为在古希腊人那里,公共生活就是政治生活。古希腊的实践理性的这一视野首先是以公共领域与私人领域的对立为前提的,其次,则是将实践理性的公共性等同于政治公共性,从而把理性的公共性的其他内涵也就遮蔽掉了。

当古希腊思想家说人是政治动物时,在于他们完全从政治性来理解人的社会性,从而掩盖了对人的全面社会性的理解。阿伦特指出,近代以来相较于古希腊发生的重大转换,是社会领域的发现。近代人思想的一个变化是把政治公共领域看成是在社会领域之内。近代思想家如霍布斯、洛克、卢梭等人在强调自然状态与社会状态对立的同时,发现了社会领域的重要性。然而,近代以来的社会领域有着不同于古代政治领域的特征,即它强调某种对于社会全体成员的齐一性理解,如近代以来的平等要求,以及从人性的共同性来强调社会成员的共性,如共同的人性以及共同的权利观等。值得指出的是,近代社会领域并非是在公共领域之外出现的,只是人们扩大了古代人所理解的公共领域范围,与人类的共同生活相关的生活领域进入到公共的视域里而成为社会所关注的领域,理性的规则不仅仅是政治生活的规则,同样也是个人生活的规则。德性的重要不仅在于人们能够参与政治生活,更重要的是能够成为合格的社会成员。因此,在人们重新理解社会的同时,则是公共领域的结构性转换。社会是人们为了生活而不得不相互依赖的形式,因此,与纯粹的生存相联系的活动——如劳动被获准出现在公共领域。还有一个特点是,在古希腊,私人领域并非是一个引起公共话题的领域,而在近代,私人领域的重要性也凸现出来。阿伦特指出,卢梭等浪漫主义作家从对社会的反叛中发现了私密空间,这一反叛针对的是社会领域的同一性,社会的一致性。现代的社会平等追求体现的是这种基本倾向。实际上,古代对公共领域的理解是对社会的片面理解,即完全从政治的意义上来理解社会。因而,在古代哲学家那里,如柏拉图和亚里士多德等人那里,对实践理性的理解集中于与公共领域相关的政治理解,而把关注的重心放在德性与法律上。近代以来的人们发现了社会规范对其社会成员的普遍意义,实际上恰恰是实践理性规则的普遍性对于社会成员所起的作用。

相比较古代的公共领域,对公共领域的扩展性理解导致所谓"社会领域"的兴起的同时,一种对于政治的新理解使政治公共领域重新得到重视。这就是近代以来契约政治论的兴起。近代以来的社会契约论者如霍布斯、洛克、卢梭等人,反复谈论自然状态、社会状态,以及政治社会,说明那个时期的人们对于社会与政治公共领域的内在关联的重视。在他们那里,政治公共领域也就是政治社会。在卢梭看来,人是从自然状态过渡到社会状态,而再从社会状态进到政治社会状态。就人而言,有一个从自然人到社会人再到政治人与道德人的发展。卢梭受柏拉图的古典政治的影响,所以把道德人放在人类发展的最后阶段。但这一图式表现了他对社会状态与政治社会的思考。但在卢梭看来,社会领域是使人堕落的领域,而只有在由自由人缔结契约所结成的政治社会中,人才能重新获得自由。社会使人堕落是由于不平等社会的不平等的政治经济结构以及相应产生的道德所致。而在由自由人的契约所结成的政治社会,不仅在于形式结构上的平等与自由,还在于人们听从自己的道德理性。同时,卢梭认为,政治公共领域里人们所服从的是公共意志,或总意志(general will,或译"一般意志",又译为"公意")。只有服从总意志或公意才有真正的自由。公意代表公共人格或公共意志。结成政治社会的全体成员是政治社会的主权者,每个人都是这个主权的构成部分。公意代表着主权者的意志,人们只有服从这个集体性的公共的大我,才有作为社会成员的小我的自由。在卢梭看来,这个公共意志或者说总意志不会犯错误,而个人的意志总会犯错误,因此,人们应当永远听从理性的声音,不是自我情感的声音。理性能够使人们听从公意。因此,卢梭在总意志或公意之名下所谈到的是人们在政治公共领域里服从理性规则的问题。从近代以来的社会领域的兴起,我们看到了理性的双重功能,一是作为一般实践理性对于全体成员的日常生活以及相互关系所发挥的规范调节作用,二是作为政治公共领域里的实践理性的作用。在这里,不再是德性处于中心性的地位,而是公意(公共意志)处于中心性的地位。公共领域的转换导致实践理性的转换。卢梭正确认识到,人民主权处于新兴的政治公共领域的中心地位,在古希腊的城邦制那里,对于城邦政治公共领域而言,不论是哪种政体,只有德性或法律的统治才是古希腊思想家所得出的结论。德性与法律都可看作是实践理性的体现。总意志在卢梭那里,同样也是理性的声音或实践理性的体现。但实践理性已经有了不同的表现形态。

二、公共理性

卢梭的公共政治领域里的总意志是实践理性的体现。不过,卢梭的这个概念是含混的。卢梭不清楚什么意志才真正是"总意志"。为什么会出这种情况?从现代对卢梭的研究成果看,卢梭的问题至少出在,他不知道如何从程序上保障他所说的总意志或公共意志就确实是总意志或公共意志。或者说,什么意志是总意志?因此,他只得回到老路上去,求助于天才立法者的意志。实际上,这仍是某个主体的意志,而不是人民的意志,或人民所形成的一般意志、公共意志。表现为主权所有者的人民的公共意志为现代民主制度的程序所制作。或者说,通过一定程序的官吏选举以及在涉及公共政策方面进行公开论辩,甚至全民公决,即通过一定程序的讨论或决策机制形成的共识,表达着这个一般意志(或说总意志)。而通过选举、公开论辩、讨论所形成的共识,也就是理性的公用,即所有参与者的理性达成的共识。这是在这个意义上,我们可进而讨论罗尔斯的公共理性的概念。

罗尔斯公共理性概念有着多层次的内涵。首先看看罗尔斯对理性这一概念的规定。在罗尔斯的理论中,"理性"(the rational)和"合理性"(the reasonable)是相对应的一对概念。在罗尔斯看来,理性与合理性的区分可追溯到康德那里,即对绝对命令与假言命令的区分代表了理性与合理性的区分。在这个意义上,理性的概念意味着一种道义原则的至上性,而合理性则意味着功利目的或对个人利益(善的)追求的正当性。但罗尔斯是在更为限定的意义上使用理性概念,即提出与尊重公平合作的条款意愿联系起来,并将它与认识到的判断负担并接受判断的负担联系起来。因此,理性是作为公平合作体系的社会理念的一个要素,而为所有人接受的理性的公平条款,也是其相互性理念的一部分。合理性的概念适用于人们如何认定适当的利益与目标以及对采取何种适当手段的选择。在这个意义上,罗尔斯指出,理性是公共的,而合理性则不是,

"正是通过理性,我们才作为平等的人进入他人的公共世界,并准备对他们提出或接受各种公平的合作条款。这些条款已作为原则确立下来,它们具体规定着我们将要共享、并在我们相互间公共认作是奠定我们社会关系基础的理性。"①实际上在康德哲学的意义上,人们也是通过体现实践理性的普遍法则才与普遍他者相关联的。正是这种价值理性或道义理性,才使得我们得以进入他人的公共世界,而且理性建构了这种公共世界的框架。他说:"只要我们是理性的,我们就会创造出公共社会界的框架……没有一个确定的公共世界,理性就会成为空中楼阁,而我们就可能在很大程度上诉求合理性,尽管理性总是在约束着人对人像狼一样的相互厮杀(foro interno)的现象(用霍布斯的话说)。"②因此,罗尔斯的理性概念实际上就是我们所讨论的实践理性的概念,正是实践理性使得人们能够相互合作和相互规定,从而形成一个公共世界。

对于公共理性的把握,还有一个与之相关联的概念,这就是公共性(publicity)的概念。罗尔斯提出,作为公平的正义理念所理解的公共性具有三个层次的内容。第一层次是在社会受到公共的正义原则有效调节下达到的,即公民们接受这些正义原则,并了解他人也同样接受这些原则,这种知识反过来又为公众所认识。罗尔斯认为,公共性第一层次的内容是为原初状态所塑造的。在原初状态下的各方代表考察他们的正义观念,他们必定将一致同意的原则作为公共的政治正义观念来发挥作用。第二层次涉及普遍信念的问题。人们依据关于人性以及政治的和社会的制度一般应如何运作的普遍信念,接受那些正义的首要原则。罗尔斯认为这些信念是与公共正义相关联的,并且这些普遍信念可以得到公共分享的研究方法和推理方式的支持。在罗尔斯的理论中,无知之幕下的各方代表的选择可以看作是这种对正义原则接受的范例。也就是说,各派只从公民们所共享的作为公共知识的普遍信念出发来进行推理。公共性的第三层次涉及对公共正义观念充分证明的问题。罗尔斯认为,这一充分证明也将为公众所了解,或者至少也可在公共范围内得

---

① John Rawls, *Political Liberalism*, Columbia University, 1993, p.53;参见罗尔斯:《政治自由主义》,万俊人译,译林出版社,2000年,第56页。

② Ibid., pp.53-54;参见同上。

到恰当证明。也就是说,如果有些人到目前为止并不想为政治生活做哲学反思,但是,如果他们想去做这种反思的话,这种充分证明就表现在公共文化中,反映在它的法律制度和政治制度上,反映在解释它们的各种主要历史传统中。罗尔斯对公共性的这三个层次的划分和解释,虽然立足于他自己的公平正义理论,但也可以反映出他对公共性的一般理解,即与社会基本结构、基本制度以及调节基本结构与制度的正义原则相关的公共知识、普遍信念以及对政治正义观念的公共范围的充分证明。在这里,罗尔斯所言的公共性,是以公共领域与私人领域相区分为前提的。公共权力、公共善(利益)、公共场所,理性的公共性证明等都属于公共领域。不过,罗尔斯所言的"公共",仅指公共领域里最基本的或核心的部分。

罗尔斯对理性与公共性的规定是我们理解公共理性这一概念的前提。公共理性的概念体现了这两方面的特征。罗尔斯说:"公共理性是一个民主的民族[人民]的基本特征,它是它的公民的理性,是那些共享平等公民身份的人的理性,他们的理性主题是公共善;这是政治的正义观念对社会基本制度结构所要求的,也是这些制度应当服务的目的所在。于是,公共理性便在三个方面是公共的;作为公民的理性自身,它是公共的理性;它的主题是公共的善和基本正义问题;它的本性和内容是公共的,这一点由社会的政治正义观表达的理想和原则所给定。"①公共理性的公共性就有三种含义:一、它是民主国家公民的理性、平等公民的公共理性;二、其主题是公共性的善(利益),关涉到公共利益和公共政策以及公民权利的保护;三、其本性和内容是公共的。

有公共理性,也就有非公共理性。公共理性是与非公共理性区别开来。罗尔斯认为,他所说的公共理性并不是与私人理性相区分的,而是与非公共理性相区分的。在罗尔斯看来,公共理性只有一种,但非公共理性有许多种。在非公共理性中,有各种联合体的理性,如教会、大学、科学团体和职业群体(行会)。合作性群体需要对将要进行的活动进行推理,相对于该活动的成员而言,这种推理是公共的,但相对于政治社会

---

① John Rawls, *Political Liberalism*, p. 227.

和那普遍公民而言,则是非公共的。罗尔斯把这种联合体的理性又看成是社会理性,也存在着社会中小型群体的理性,如家庭理性。非公共理性由许多公民社会的社会理性所构成,与公共政治文化相比,它属于"背景文化"。它不是公共理性,或不构成公共理性的内涵,但对于公共理性起着背景性作用。

公共理性具有限定性实质内容和普遍公民所共享的推理方式。就限定性内容而言,只适用于那些包含着可称为宪法根本和基本正义问题的政治问题。那么,什么是宪法根本(constitutional essentials)的内容与基本正义问题?罗尔斯说:"(1)具体规定政府的一般结构和政治运行过程(包括立法、执法与司法权;多数规则的范围)的基本原则;以及(2)立法的多数不得不尊重的公民的平等的基本权利和自由,诸如选举的权利和政治参与权利、良心自由、思想和结社自由,以及法规保护。"①罗尔斯提出,这两种宪法之间有着根本区别。一是具体规定政府一般结构和政治过程的根本内容,二是具体规定公民的基本平等权利和自由的根本内容。其次,罗尔斯认为,公共理性与其他所有人类理性一样,都具有某些共同的要素;判断概念、推论原理、论证规则以及其他许多因素,一种推理方式必须把各种基本的理性观念和原则统合成正确的标准和证明标准。掌握这些理念的能力是人类理性共有的部分。因此,公共理性本身包括在公共范围内的充分证明的可能。公共推理(理性)的标准也就是我们自由的外在限制性的标准。那些具体规定着我们的基本权利和自由,并有效地引导和调节着我们所服从的政治权力的理想、原则和标准,既是我们理性判断的结果,同时也是我们理性判断的标准,也是对我们的自由的外在限制。因此,从公共理性的意义上,自由主义的政治观念除了其正义原则外,也包括了各种探究指南(guideline of inquiry)。这些探究指导具体规定着各种与政治问题相关的推理方式,和检验各种与政治问题相关的信息标准。没有这类指导,我们就无法运用各种实质性的正义原则,而且会使得政治观念不完善。在这个意义上,罗尔斯所说的公共理性,是立法者、执政者(比如总统)、法官、各派政治领导人以及

---

① John Rawls, *Political Liberalism*, p.213.

公民对宪法和基本正义问题投票表决时的推理理性。从公共理性的内容看,涉及宪法中公民权利的保护,基本政治制度的维护以及公共政策的合理辩护等诸多方面。在这些方面,都需要公共理性起到维护的功能。

在这里我们可以看到罗尔斯的公共理性概念的三层次的理论内涵,一、罗尔斯的公共理性概念是以实践理性概念为前提的概念,因而它包括了实践理性概念的内含,在罗尔斯这里,也就是公民的正义感的能力和善观念的能力;二、民主制度下的平等自由公民的理性;三、民主制度下的政治公共领域里的政治活动(者)的理性。前一层内含奠定了后两层内含的基础,因而它具有一般实践理性的公共性的特征,但它又不仅仅限定于一般实践理性的规定。简单地说,它以罗尔斯的政治的正义观念为基本内含和标准。在这个意义上,罗尔斯以公共理性取代卢梭的一般意志,确立公共理性对于政治公共领域的核心地位,消除了卢梭一般意志所体现的个人意志的特征。因为这一公共理性是必然反映政治的正义观念的理性,而不是可以以某个人的意志为转移的东西。同时,公共理性不仅仅局限于政治活动,它同时体现在这一政治制度之下的普通公民的理性之中,甚至体现于家庭关系的结构之中。如家庭内的平等公民关系,以及家庭对于培养平等自由的公民所起的其他领域不可替代的作用。这是因为,公共领域与私人领域并不是截然分开的,公共领域与私人领域是辩证的关系。政治公共领域是社会生活的核心领域,需要相关的私人领域的支持。而政治公共领域的核心概念也必然深入到私人生活的领域之中,获得相关领域的支持,这样一种制度才是稳定的。

同时还要看到,公共理性还有建构性的一面。这个问题比较复杂。在罗尔斯看来,公共理性只是公共领域里的公民共有的理性,实际上,也就是公民的部分理性。而公共理性之所以是公共的,还在于,它是多种整全性的宗教、道德和哲学学说的重叠共识的部分。也就是说,不同的宗教、道德和哲学学说都认同两个正义原则这一政治观念,从而达成一种政治的共识,这一共识所体现的也就是公共理性。在这里也就涉及各种宗教、道德与哲学理性与公共理性的关系问题。在这个意义上,公共理性也就不是一个已经具有确定性的东西,即虽然公共理性有着它的政治的正义观念的标准,但是,在一些公共问题的讨论中,各种不同的宗教、道德和哲学观点都在从各自的世界观出发,来得出自己的结论,那么,我们怎么说哪些是符合公共理性的,哪些是不符合公共理性的?或者说,在这样一种情形下,还没有真正形成公共理性,公共理性只是一种预设,一种需要追求的东西。罗尔斯说:"公共理性理想的关键是,公民应当在每一个人都视之为政治的正义观念的框架内展开他们的基本讨论,这一政治的正义观念是建基于那些可以合乎理性地期待他人赞同的价值,和每个人都准备真诚捍卫的可做如此理解的观念上。这意味着,我们每一个人都必须具有一个有关那些原则和指南的标准——这些原则与指南是我们可以合乎理性地期待其他公民(他们也是自由平等的)也一道赞同的——且准备解释那些原则和指南的标准。"①换句话说,公共理性要求公民们把为公共政策等方面的辩护的正当理由建立在政治的正义观念之上,而不是建立在整全性的宗教、道德和哲学学说之上。然而,问题在于要区分这两者在实际操作中存在的困难。也就是说,要进行这种区分是很困难的。这是因为,任何一种合理性的宗教、道德和哲学学说,都涵盖着一定的对于公共领域里的相关事务的观点。如果相应的不同的整全性观点能够达成一致,这种共识可称为重叠共识。按罗尔斯的意见,持不同的整全性学说的人之间会产生不可通约的意见,在许多问题上可能达不成一致,甚至会产生根本的分歧。现在的问题是,在民主制度下,我们不可能压制这些不同而有分歧的意见,然而,我们又必须在一些根本问题上达成一致,否则,则会危及制度的稳定性。如在美国的政治民主实践中,在对待伊拉克问题上,共和党人和民主党人的立场和观点的分歧几乎是截然对立的;在希拉里与川普的总统竞选中,尤其是如此。如果仅仅诉诸为罗尔斯的政治的正义观念标准,是解决不了冲突和分歧的。实际上,是民主程序本身解决问题,即诉诸对宪法的忠诚和民主程序的公正性来解决不可解决的深刻冲突。罗尔斯也意识到这类问题的复杂性,认为对这类问题的解决不能依靠僵硬的标准,而必须回溯到民主社会的长期发展所形成的公共文化土壤中来寻求答案。

---

① John Rawls, *Political Liberalism*, p.226.

因此,从抽象的公共理性概念到实际的可操作性,仍有一些复杂的问题存在。除了诉诸抽象的公共理性的标准(如宪法根本的标准)外,是否我们可以从其他方面来寻求公共理性的基础或寻求达到公共理性的途径?我们注意到,罗尔斯注意到了讨论的重要性。实际上,我们可以把公共理性方面的预设看成是一种文化预设,一种论辩的理论背景,而不是现成的答案。把公共理性看成是理性所建构的,而不是既成的。在这里,哈贝马斯的话语商谈伦理学,也许可以丰富罗尔斯的公共理性的学说。即罗尔斯的公共理性说,需要一个商谈论辩的程序主义的补充。哈贝马斯的商谈认辩程序主义,首先预设的交往的理想条件,即所有具有道德资质的行为主体,都无条件的可以参与到话语商谈之中来,参与者是充分知情的,话语商谈本身是无压制的,每个参与者都可以充分表达自己的欲望、态度与需要,而话语商谈本身的公正性,则是由相应的原则来保障的,即"判断的公正性是以这样一个原则来表达的,即这个原则约束所有相关者以一种利益平衡的方式,采取所有他者的视野。而这个原则旨在使角色进行普遍交换"。① 在哈贝马斯看来,分歧或冲突在于分歧或冲突的双方固守于自己的第一人称的立场,而要使冲突的双方达成一致,或产生共识,首先就是要转换所有参与者的视野,使他们从第一人称的视野转换到所有他者的视野上来,即放弃自己原有的视野,这样才能有共识的基础。那这不是类似于罗尔斯的原初状态中的无知之幕吗?哈贝马斯并不这样认为,在他看来,转换视野本身是建构一个共识或妥协的认识论前提,而达成共识,还在于要使得满足每一个参与者的利益的规范得到普遍遵守,哈贝马斯把这称作是在没有演绎关系的逻辑空白上搭桥,因此,他的普遍利益原则就是话语商谈的搭桥原则。结合罗尔斯,也就是说,达成宪法指导下或政治的正义观念下的公共话语的共识,达到某种公共理性的成果,除了需要一个政治的正义观念的框架外,还需要使得所有相关的利益都得到考虑,社会作为一种合作体系,其互惠性也是公共性的基础,公共理性不可没有互惠性的基础。

从公共意志到公共理性,是罗尔斯对当代政治哲学的贡献。公共治

---

① Jüergen Habermas, *Moral Consciousness and Communicative Action*, MIT, 1993, p.65.

理的最高权威不是统治者的独断的意志,而是全体公民的正义理性。罗尔斯以及哈贝马斯等理论家对于公共理性所提出的规范性内容,为公共领域里的行为或决策的合理性提出了合理辩护的途径和理由。在民主制度的背景下,公民对于公共议题的充分参与、公开讨论和论辩,以及对主权的充分分享,既是达成公共理性的途径,也是公共理性本身的体现。

第七章 罗尔斯与正义

罗尔斯(John Rawls)的正义论是当代最重要的正义论。罗尔斯的正义论激发了当代哲学界以及法学、经济学等领域里的广泛而热烈的讨论,并使得政治哲学成为一门显学。在罗尔斯的正义论是洛克、卢梭和康德的古典契约论在当代的复活和进一步提升。罗尔斯把自己的正义论称之为"公平正义",平等是其核心理念。以基本善为分配对象的公平正义观又被称为资源平等分配理论。罗尔斯的契约论方法和资源平等分配论,在当代政治哲学中,受到了众多的批评,同时也推动了当代政治哲学的发展。其次,对于罗尔斯的理论方法即建构主义以及正义社会的稳定性问题,都是政治哲学的重要问题,在这里,也是我们关注的重点之一。对于罗尔斯的分配原则,不同学派的人提出了自己的批评,而人们也提出了不同的改进意见。我们在这里从罗尔斯出发,提出多重分配原则的问题。

第一节 能力与平等

罗尔斯的正义论又称之为"作为公平的正义"(justice as fairness),平等是罗尔斯正义论的核心理念。当代政治哲学在平等方向的探求,既是沿着罗尔斯所开启的方向进行,同时也是在对罗尔斯的批评中推进。这里讨论两种对罗尔斯相当尖锐的批评,一是针对罗尔斯的资源平等以及契约论的方法问题,二是从契约论的主体引申出来的问题,即残障(残疾)人问题。为了讨论这些批评,我们先简要地论述罗尔斯的正义理论,其中主要为了引出问题而着重阐述罗尔斯的基本善、立约主体以及社会合作体系观念。①

一、公平的正义

罗尔斯的正义论以两条正义原则为核心,这两条正义原则就是他的公平正义观的体现。罗尔斯在《正义论》中对于两个正义原则的完整表述是:"第一原则:每个人对于平等的基本自由的最广泛的总体体系(the most extensive total system)都拥有一种平等权利,这种自由是与对于所有人而言相似的自由体系相容的。第二原则:社会和经济的不平等应当这样安排,以至于使它们:(一)在与正义的储存原则一致的情况下,适合于最少受惠者的最大利益;以及(二)依赖于在机会平等的条件下职务和地位向所有人开放。"②第一条正义原则指的是平等自由,第二条原则涉及社会机会平等以及平等倾向的经济分配原则。第二原则在经济分配方面,又称为差别原则,即照顾最小受惠者或提高最小受惠者的经济期望值。罗尔斯指出,他的两条正义原则的排列是辞典式的,即第一原则对于第二原则处于优先地位,而且第二原则应当贯穿第一原则的平等精神。

理解罗尔斯的两个正义原则,关键还在于他的"基本善"(primary goods)的概念。权利、自由与机会、收入与财富,以及自尊的基础都包含在他的基本善的概念里,这些善可称之为社会善。当然,我们也可说,空气、水等也是基本善,但这是自然性的基本善,不在需要政府调节的范围内。在他看来,正义原则实际上是指对这些社会基本善进行分配的原则。对于社会基本善,不仅有一个如何在公民之间进行公平分配的问题,而且有一个如何保护公民所有的社会基本善不受侵犯的问题。正义原则对于这样两个方面都起作用。不过,罗尔斯主要是把他的正义原则看成是分配原则。即人们如何分享社会基本善。罗尔斯说:"一个社会体系的正义,本质上依赖于如何分配基本的权利与责任,依赖于在社会

---

① 对于罗尔斯政治哲学的全面研究,可参看笔者所著的《罗尔斯政治哲学》(商务印书馆,2008 年)一书,这里主要收集笔者对罗尔斯研究的一些最新成果。

② John Rawls, *A Theory of Justice*, Harvard University Press, 1971, p.302.

的不同阶层中存在着的经济机会和社会条件。"①

还有,罗尔斯所说的社会正义是一定社会范围内的正义,因此,这就涉及谁是正义权利与责任/义务的主体。换言之,我们还需理解罗尔斯在表述两个正义原则中所指涉的"每个人"和"所有人",所指的是谁?为了理解这个问题,就必须联系罗尔斯的"原初状态"来说明。罗尔斯的原初状态类似于洛克、卢梭等的古典契约论中的"自然状态"。以罗尔斯自己的说法,他是把古典契约论提升到一个更抽象的程度,即从实质上继承了这一契约论。这样一种原初状态的设置是把所有进入这一状态中的人置于一个自由平等的地位。在洛克等人那里,处在自然状态下的人们是自由平等的,他们有着先天的自由与平等权利。这些人在自然状态下,经过契约同意,转让一部分权利从而进入政治社会。在罗尔斯这里,他所设想的人们,也是自由平等的,对于这种自由平等,罗尔斯以"无知之幕"来表达。即所有人由于无知之幕的缘故,因而不知道自己的出身、社会阶层或阶级地位、财产状态、受教育程度以及自己的个人天赋状况等。换言之,罗尔斯实际上是以这种方式来形象地指出,他的原初状态如同洛克、卢梭等人的自然状态,所设想的生活在这种状态下的人是平等的,所有个人的特殊信息都已经被屏蔽,也就是说,所有个人之间没有在财产占有、出身地位以及受教育程度等等方面的特殊性,无人知道他们自己的特殊社会运气和自然运气,因而他们处于一种人与人之间的平等的状态。同时,这种原初状态也如同洛克等人所设想的,是没有至上权威统治的状态,因而他们既是自由的,也是平等的。然而,罗尔斯与洛克、卢梭等人不同的是,罗尔斯的设想是处于原初状态中的人们并非是经过契约直接进入某种政治体系,而是他们在原初状态下以契约同意的方式,选择对于社会体系或基本社会结构有着实质性意义的正义原则,尔后再以这些原则指导国家制度的建设,首先是宪法创立,而后则是法律制度、经济制度等,从而建立一个以正义原则为灵魂的正义的国家。如同洛克等人一样,在罗尔斯理论中处于原初状态的人们,也就是之后在其政治社会中享有公平正义的成员。

---

① John Rawls, *A Theory of Justice*, Harvard University Press, 1971, p.7.

在这里,理解罗尔斯的契约特性是理解他的契约主体与社会主体的前提。从霍布斯以来的社会契约论,都内在蕴含着契约主体并非只是一个人,而是复数的行为主体。其次,任何契约的进行或协议的达成都不可能是无条件的,即使是假设的契约,同样也应当具有真实契约所发生的条件。即立约双方应当是有着意志自由的独立主体,达成的协约或契约要表达立约双方的真实意愿,也就要处于一种无压制的平等地位,合约就是双方自由意愿的表达。在罗尔斯的契约论中,也就是各方都应共同分享这些假设条件。这些条件是对于各方都平等的条件,罗尔斯说:"假定原初状态中各方的平等似乎是合理的,也就是说,所有人在选择原则的程序中都有同等的权利,每个人都有提议权,并说明接受它们的理由等等。那么显然,这些条件的目的就是要体现作为道德主体的人类存在者的平等,作为有善观念(conception of good)和正义感(sense of justice)的人(creatures)之间的平等。平等的基础在这样两方面是相似的。目的体系并不依价值排列,每个人都被假定为具有必要的理解力和实行所采用的任何原则的能力。这些条件和无知之幕结合起来,就决定了正义的原则将是那些作为平等的关心自己利益的有理性的人们,在无人知道自己在社会和自然的偶然因素方面有利或不利情形下都会同意的原则。"①罗尔斯的契约主体就是具有两种道德能力即自我善观念和正义感能力的人,罗尔斯指出:"个人因其在必要程度上拥有两种道德人格能力(powers)——即正义感的能力(capacity)和善观念的能力(capacity)——而看作是自由平等的个人。"②在《政治自由主义》中,罗尔斯还在某处加上理性能力来谈个人。他说:"我们把公民看作是自由平等的人。基本观点是:拥有公民的两种道德能力(正义感的能力和善观念的能力)和理性能力,即与这些能力相关的判断、思考和推理的能力,他们是自由的。拥有对一个社会合作成员所要求的最低限度能力而言,他们是平等的。"③这里需要指出的是,罗尔斯在谈到"两种道德能力"时,所用的是"power"这词,而在谈到正义感和善观念时,所用的是"capacity"这

---

① John Rawls, *A Theory of Justice*, Harvard University Press, 1971, p.19.
② John Rawls, *Political Liberalism*, Columbia University Press, 1993, p.34.
③ Ibid., p.19.

词。使用 capacity 一词表达能力,是指人本身应当具有的能力,而使用 power 一词,则是在能力可发挥或起作用的力量的意义上使用。就平等而言,罗尔斯不仅从契约主体的意义上谈人的平等,而且从社会合作的意义这样说。因此,这里涉及罗尔斯对社会的规定。

罗尔斯把社会看成是一种合作体系,而对于正义的社会而言,这种合作体系就是一种公平的合作体系。他把"公平合作体系"看成是他的正义论的基本理念。他说:"在这种正义观念中,最基本的理念是社会作为一个世代相继的公平的社会合作体系的理念。"①罗尔斯认可亚里士多德的人是社会政治人的观点,认为一个孤立的人并非是一个社会人,社会作为一个所有社会成员的合作体系,每个人都是生入其中,死出其外。那么,公民在什么意义上被看成是平等的人?他说:"我们认为,他们是在这种意义上被当作平等的,即他们全被看作拥有最低限度的道德能力,以从事终身的社会合作,并作为平等的公民参与社会生活。我们把拥有这种程度的道德能力当作公民作为人而相互平等的基础(《正义论》,第77节)。也就是说,既然我们将社会视为一个公平的合作体系,平等的基础就是拥有某种最低限度的道德能力和其他能力,以使我们能够充分地参与社会的合作生活。这样,这种公民的平等在原初状态中就表现为他们的代表的平等。"②任何一个人都是处于社会合作体系之中,并且是能够终身从事社会合作,因为社会合作,所以社会成员需要的最低限度能力主要为两种道德能力。罗尔斯认为每个人都是终身充分参与社会合作,因人们自身能力参与社会合作因而是自由平等的。这个平等不仅是说政治平等,而且是体现在对于基本善的分配上的平等。但基本善的所有项不可能都是完全平等的分配,这尤其体现在财富或收入分配上。罗尔斯的处理是以差别原则来使得最少受益者得到最大利益,即惠及最少受益者,逐步提高其社会期望值。

---

① [美]罗尔斯:《作为公平的正义——正义新论》,姚大志译,上海三联书店,2002年,第5—6页。
② 同上书,第33页。

二、何种能力的平等？

罗尔斯讨论正义的这一路径，如果从原初状态作为出发点和基础看，可以看作是契约论的方法，如果从把基本善作为分配与再分配的对象来看，可以看作是一种资源平等的方法论，即以资源平等来讨论正义原则问题。罗尔斯的这一理论方法，受到了阿玛蒂亚·森（Amartya Sen）和玛莎·努斯鲍姆（Martha Nussbaum，又译为"纳斯邦"）等人的批评。我们先看看他们对罗尔斯的资源平等的方法论的批评。当代学界对于平等的讨论，也多集中于分配领域，而对于分配正义而言，人们的讨论不是围绕着"为什么要平等"，而是围绕着"什么的平等"这一问题展开的。

我们知道，自由与机会、收入与财富，以及自尊的基础都包含在罗尔斯的基本善概念里，而森等人则主要看重的是这个基本善品清单中涉及到物质性财富方面的内容，并且从这样一个角度对罗尔斯的基本善的分配正义论提出批评。罗尔斯的基本善清单实际上是对两个正义原则所涉及分配内容的概括，而罗尔斯的两个正义原则中的第一原则是公民平等自由的权利原则。因此，当森等人批评罗尔斯的基本善作为一种资源分配时，是回避了这一问题进行的。正是由于森把罗尔斯基本善中的自由（内在包含权利）这一重要项放在一边，因而他可以把罗尔斯的基本善方面的平等要求看成是一种手段与方法。① 森援引亚里士多德的说法，"财富不是我们所追求的善，它只是作为我们追求别的东西时有用的工具而有价值"。② 我们对于财富，并非因其自身缘故而去拥有它。换

---

① 森认为，基本善的分配只是作为实现或达到人的自由的手段，我们认为，罗尔斯的两个正义原则既包含了手段也包含了目的，其目的就是罗尔斯在第一原则即公民的平等自由权利原则中表达的，经济与社会机会方面的第二原则，罗尔斯强调必须体现第一原则的精神，并且可以看成是对于平等自由追求在经济和社会领域的实现。因此，我们也可以把第二原则看成是实现公民自由的手段。不过，我们也看到，罗尔斯第一原则所包含的平等自由观与森心目中的自由概念不同，森自己说他强调的是"实质自由"，如生存能力，而罗尔斯的第一原则所包含的自由则是以政治自由、思想自由等为基本内容的自由。

② Aristotle, *The Nicomachean Ethics*, Harvard University Press, 1926, p. 17.

言之,它仅仅是我们达到某种目的的手段。并且,在森看来,一个人如果拥有了罗尔斯所说的基本善如财富,并不能因此说他就是幸福的。A如果拥有比B更多的财富,但A却患有严重疾病,而B却身体健康,我们并非能够因为A的财富而断言A比B更幸福。我们也不能因为A占有更多的财富即资源而认为A比B处于更为有利的地位。依森之见,财富作为手段是达到什么目的呢?森认为,这个目的是自由。不过,要看到,森的自由与罗尔斯在第一原则中的自由其内涵不是一回事。森的自由概念指的是个人能够在多大范围和多大程度上在人生多重领域里具有支配性的权利。财富在一个患有绝症的人那里,不可能改变他将要离开人世的命运,而占有更多财富即资源,能够使得健康的个人有着更多的实质性自由,即人生机会。森认为,这种区别是罗尔斯的理论无法回答的问题。因此,他提出了一种新的方法,即(可行)能力(capabilities)①方法。从(可行)能力方法来看,人的能力是多方面的综合体。如在A与B的例子里,财富对于一个患绝症的人来说,没有价值,因为财富这一资源不可能转化为他的可行能力。而在B那里则完全不同。

森的"(可行)能力"概念(capabilities)所表达的是具体个人的实际能力,或人在实践中能做对自己有意义或有价值的事或行动的能力。森说:"当我试图根据一个做有价值的活动或达至有价值的状态的能力来探讨处理福祉(well-being)和利益(advantage)的某种特定方法时,也许我本可以选择一个更好的词。采用这个词是为了表示一个人能够做或成为的事物的可选择的组合——他或她能够获得的各种'功能性活动'(functionings)。"②如联系到个人利益,那么,就是"根据个人获得各种作为个人生活的一部分且有价值的功能性活动的实际能力来评价利

---

① "capabilities"这一概念,即为"能力",然而,由于国内目前多数译者将其译为"可行能力",故在讨论这一概念时,除中文引文外,将"可行"两字放入括号"( )"内,表明这一概念中文译法的不同。
② [印度]阿玛蒂亚·森:"能力与福祉"(龚群译),载阿玛蒂亚·森和玛莎·努斯鲍姆:《生活质量》,中国社会科学文献出版社,2008年,第35页。

益"。① 理解森的能力或可能能力概念的一个关键是理解他的"功能性活动",即因为有了可行能力而能够起作用或发挥作用,这种作用对于个人利益的获得或福祉的增进具有价值。在这个意义上,森把能力与自由联系起来,森的自由与罗尔斯的区别在于,他所说的"自由"是实质性自由。如人们所说:"对于森而言,他把现实的自由看作是有效的选择,一个正义的社会将最大程度的这种自由给予最大多数人。能力方法把我们的注意力从资源转换到它们的结果。如果一个人有更多的能力,那就有更大的有效自由来选择他的生活和工作。"②实际能力也就是人们能够有自由来进行选择。

在《以自由看待发展》一书中,森通过贫困、收入减少或收入相对被剥夺、失业、医疗保健、文盲、性别不平等等方面,有力地说明了这些因素在实践中对(可行)能力的消极作用或负面影响。如非洲地区和印度某些地区长期存在的营养不良以及饥饿现象,使得这些地区的人的生命长期处于危机状态,基本的生存能力都受到威胁。就美国而言,美国的黑人与白人在35—54岁年龄组的死亡率,前者要远高于后者。因此,"将信息基础扩展到基本可行能力,极大地丰富了我们对不平等和贫困的理解。"③然而,森并没有明言哪些可称之为基本(可行)能力。不过,从其论述中,我们可知,"相关的能力具有基本性意义,这种能力的缺乏表明一个人不能满足他自己的基本需要。"④所谓"(可行)能力",即人的生存能力、工作能力、交往能力以及享受自然寿命所给予的生活的能力等。森从这些方面的能力来看待个人自由,如森所说:"我集中讨论了一种非

---

① [印度]阿玛蒂亚·森:"能力与福祉"(龚群译),载阿玛蒂亚·森和玛莎·努斯鲍姆:《生活质量》,中国社会科学文献出版社,2008年,第36页。
② Noel Whiteside and Alice Mah,"Human Rights and Ethical Reasoning: Capabilities, Conventions and Spheres of Publication", *Sociology*, Vol. 46, No. 5, *Special Issue*: "The Sociology of Human Rights" (October,2012), p.924.
③ [印度]阿玛蒂亚·森:《以自由看待发展》,任赜等译,中国人民大学出版社,2002年,第93页。
④ [英]G. A. 柯亨:"什么的平等? 论福利、善和能力"(龚群译),载阿玛蒂亚·森和玛莎·努斯鲍姆:《生活质量》,中国社会科学文献出版社,2008年,第31页。

常基本的自由,即生存下来而不至于过早死亡的能力。"①人们在这些方面的能力越强也就越有自由,因而他是从发展的意义上来看待自由。他把这些方面个人获得的发展看成是实质性自由的发展,而把政治自由、经济条件、社会机会、防护性保障等看成是工具性自由,他说:"这些工具性自由能帮助人们更自由地生活并提高他们在这方面的整体能力,同时它们也相互补充。"②

值得指出的是,被多数中文版本译为"可行能力"(capabilities)一词的英文,与罗尔斯在表述人的自我善观念的能力和正义感能力所使用的英文都是一个词:capability。但森认为,他使用这个概念与罗尔斯不同,因为罗尔斯使用这一概念所讲的是道德能力,而森则不是。罗尔斯使用这一概念表明人人平等的基础和前提,而森使用这一概念所表明的则是多方面的实践能力。因此,森表明了与罗尔斯相区别的一种本体论前提的颠倒。在罗尔斯看来,人的道德能力都是平等的,因为我们都是理性的人,能够获得基本相同的道德能力,或具有这样的潜能。罗尔斯以这样的本体论前提来奠基他的正义论,从而推导出人人自由平等的正义原则,并据此以基本善作为分配物。罗尔斯的契约论方法需要这样一种人人平等的本体论前提。在洛克那里,是人人具有的天赋权利,在康德那里则是理性存在者的理性,而在罗尔斯这里,则是人因具有理性而有的道德能力。森指出,从这样一种进路所得出的正义观是一种先验主义的正义观,其目标是探讨建立一种完全正义的制度(perfectly just institution)。洛克、卢梭和康德以及罗尔斯等人,他们都主要致力于先验的制度分析,是一种着眼于制度安排的正义研究进路。而森从(可行)能力出发,进行的是经验性的研究,指出不同地区、不同国家以及不同性别和不同种族的人们在实质性自由意义上的能力的差别。以他自己的说法,他是着眼于现实的(realization-focused)正义研究方法,"关注人们的实际行为,而并不假定所有人都遵循理想的行为模式。"③因此森不可能由此

---

① [印度]阿玛蒂亚·森:《以自由看待发展》,任赜等译,中国人民大学出版社,2002年,第18页。

② 同上书,第31页。

③ Amartya Sen, *The Idea of Justice*, The Belknap Press of Harvard University Press, 2009, p.7.

推导出一个普遍的正义原则,而只是进行个人可能获得的实质自由的比较研究。但这并不意味着森没有平等观,而是不同于罗尔斯的平等观。在"什么的平等"的讲座中,森提出的平等是基本能力的平等,所谓基本能力,即满足最基本需要的能力或可行能力,"这种能力的缺乏表明一个人不能满足他的基本需要(need)"。① 从森对于(可行)能力缺乏后果的研究表明,这种满足基本需要的能力,也就是决定一个人存在或正常生活的能力。

森指出,他的(可行)能力方法与罗尔斯的契约论方法或资源平等方法是根本不同的,罗尔斯的理论使得什么是正义的社会成为关注的中心,而他要进行的则是基于社会现实的比较,研究正义的进步或倒退。森的心目中有一个能力平等的观念,但他则是从不同地区、不同国家、不同性别、不同肤色等人的生存状况的角度来研究人的(可行)能力的不同。因此,相对于什么是"完全正义的制度",他所要回答的问题是,从现实出发,如何才能推进社会正义。以森自己的话来说,这两种进路或方法的对立导致这样的问题:"对正义的分析是否一定要局限于如何改进基本制度和一般规则上?难道我们不仅应该考察社会中出现了什么,包括在既定的制度和规则下,人们实际上过什么样的生活吗?而且还应考察包括不可避免地影响到人类生活的其他实际行为?"②换言之,(可行)能力方法从现实出发,来回答现实社会中的正义问题。

从(可行能力)方面发展当代正义理论,还有另一个重要人物,这就是玛莎·努斯鲍姆。在森提出能力方法之后,努斯鲍姆与森一道,推进了能力方法的研究。努斯鲍姆也说:"我认为,对某些核心的人类能力的说明应该为政治规划提供一个关注点:作为社会正义的一个最基本的必要条件,公民应该保障这些能力的一个阈限水平,不管他们除此之外还具有什么其他的能力。"③森与努斯鲍姆在能力研究方面的一个不同是,森没有提出一个最基本的或核心能力清单,而只是从不同方面来谈论满

---

① [英]G. A. 柯亨:"什么的平等?论福利、善和能力"(龚群译),载阿玛蒂亚·森和玛莎·努斯鲍姆:《生活质量》,中国社会科学文献出版社,2008年,第31页。
② Amartya Sen, *The Idea of Justice*, The Belknap Press of Harvard University Press, 2009, p. 10.
③ [美]玛莎·努斯鲍姆:《善的脆弱性》,徐向东等译,译林出版社,2007年,第11页。

足人的最基本需要的能力等。努斯鲍姆经过多年的研究,提出了她的(可行)能力清单。她说:她使用这个方法"是要对核心的人类权利(entitlement)理论给予一种哲学的支持,这些核心的人类权利应当得到所有国家政府的尊重和[政策]上的体现,把它作为尊重人的尊严所提出的最低限度要求……一个基本的社会最低限度的观念为聚焦于人的能力(human capabilities)的方法所提供,而'人的能力'是说,人们实际上能够做什么和能够成为什么,而这是为这样一种直觉观念所把握:人的生命因有尊严而有价值。我提出了一个主要(central)的人类能力的清单,并主张,所有这些能力都隐含在具有人类尊严的生命价值观念里。"① 努斯鲍姆这里说得很清楚,她是面向现实的,她不仅像森那样从一般意义上指出他们所说的"(可行)能力"概念的内涵是什么,而且她与森不同的地方在于,她提出了一个主要能力清单,并且,她认为这个清单是为尊严概念所涵盖。这个清单包括人的预期寿命,身体健康,感觉、想象与思想能力,情感能力,实践推理,归属感,与环境友好相处,娱乐,参与政治与拥有财产权等十个方面。② 她多次在不同的著述中提出了这个清单,她在《正义的前沿》一书中列举完后说:"基本的观念是,考虑这些方面的能力,我们能够说,想象一个生活如果没有这些(可行)能力,这样一个生活就不是一个具有人类尊严的生活。"③在她看来,她的这个清单具有全球性的普遍性,但同时又是开放性的,因而可以修改的。她提出这个清单,并非是要像罗尔斯那样,以此为标准,而建构一种完善的政治制度,或一种完全正义的理论。如同森那样,她要回答的是什么是不正义,即"什么对于全人类来说都是不正义的?"在努斯鲍姆看来,那就是缺乏主要(可行)能力。人在什么时候、什么条件下会不要主要可行能力清单里的内容呢?可能确实如森所设想的,只有当他们受到更严重的威胁时,例如人们只有在面临饿死时才会"愿意"做奴隶。而让人做出这种选择本身就有损人的尊严。从这样一个方面也可以说,努斯鲍姆的清单

---

① Martha Nussbaum, *Frontiers of Justice*, The Belknap Press of Harvard University Press, 2006, p. 70.
② Ibid., pp. 76-78.
③ Ibid., p. 78.

是要说,一个正义的社会是能够在最低限度上保障或实现人的这些能力的社会。因此,努斯鲍姆并非是要追求一个完美的正义制度,而是把最基本的(可行)能力作为政治原则,追求人人能够发展或实现最低限度能力的社会安排。

应当看到,这样两种理论进路或方法各有其理论上的优势或不足。森与努斯鲍姆的能力方法不是以理想社会为取向的方法,他们通过负面因素考察人最低生存能力的缺失,因而具有很强的现实性,罗尔斯的契约论方法设想的是一个完全正义的社会是一个怎样的社会,从而对比现实中的不正义并对其进行强烈地批判。努斯鲍姆的十个方面的能力清单也完全可以从最理想的层面来进行描述,因而也可以将其转换为一种理想性的社会目标来追求。然而,一个这样的清单本身由于太具体因而并非是一种哲学层面上的思考,它应当是一种社会学意义的能力清单。在《正义的理念》一书中,森也着重以专门的篇幅充分肯定了罗尔斯正义论的理论贡献。① 在本书的第二章中,森从七个方面谈到罗尔斯方法的积极意义。在其中,森指出罗尔斯的道德能力方法把善观念的能力和正义感的能力置于基础性地位是一重大贡献,因为这完全改变了对于经济学界把人看成是完全自利的看法。因为如果照这样的观点看,则人就完全没有考量正义的能力和意向。其次,指出罗尔斯不仅强调公平与平等,而且把自由置于优先地位或首要地位,从而使人们在衡量社会制度的正义性时,有充分的理由考虑自由的价值。然而,其问题在于,如果某一社会没有条件实现接近完善的正义制度,那么,森认为,在多种不同的选择方案面前,我们只能根据社会后果或现实结果来对其进行评价。森举了印度教中的至尊人格神奎那师(Krishna),即化身为驭手的大神黑天和富有责任感与同情心的大神阿朱那(Arjuna)在印度史诗《摩诃婆罗多》中关于战争的一段著名对话的例子。阿朱那对于战争后果即战争要杀无数的人感到不安,而奎那师则以责任和道义之名劝说阿朱那进行这场战争,而不是要顾及战争的后果。但森认为,事实上阿朱那是对的,战

---

① Amartya Sen, "Rawls and Beyond", *in The Idea of Justice*, The Belknap Press of Harvard University Press, 2009, pp. 52-73.

争虽然符合道义与正义,但战争所带来的可怕后果证明如果不进行这场战争可能更正确。因此,在森看来,"'即使是世界毁灭,也要实行公正'(Fiat justitia, et pereat mundus)的说法是不可取的。"① 如果有这样一种极端的后果,那么,并不值得为这样的正义辩护。不过,我们认为,森以这样极端的例子来批评罗尔斯可能是有失偏颇的。一个正义的制度并不是使得世界毁灭的制度,恰恰相反,一个不正义或丝毫没有正义性的制度,如法西斯的灭绝人性的制度,恰恰能够使得世界毁灭。

三、残障人问题

森不仅以(可行)能力方法将他的正义论与罗尔斯的正义论区别开来,而且以(可行)能力方法对罗尔斯的基本善的分配提出质疑,柯亨称其是对基本善分配的彻底反驳。② 在"什么的平等"中,他称基本善是一种商品拜物教(fetishism)的表现,在他看来,拜物教使得人们只关心善品(goods)本身,而不关心善品(goods)"能够对人做什么"。③ 我们前面已述,森的这个意思主要是针对罗尔斯的基本善中的收入与财富等内容,收入与财富的分配是资源分配,强调平等也就是资源平等。而森认为,如果我们不问分配的资源能够对人们做什么,那么,并不意味着能够实现平等。在森看来,同样的物品对于人来说,能够起的作用是不同的。这是因为,虽然同样的物品对于人来说,能够提供同样的东西,如一种一定量的食品对于个人来说,能够提供一定的热量或营养,但是,对于不同的人来说,所起作用是不同的。对于一个处于极度饥饿状态的人来说,一片面包可能救命,而对于一个正常饮食需要的人来说,一片并不能填饱肚子,因而不能起多大作用。一顿有鱼有肉的美餐对于一个没有高血

---

① Amartya Sen, *The Idea of Justice*, The Belknap Press of Harvard University Press, 2009, p.21.
② [英]G. A. 柯亨:"什么的平等? 论福利、善和能力"(龚群译),载阿玛蒂亚·森和玛莎·努斯鲍姆:《生活质量》,中国社会科学文献出版社,2008 年,第 19 页。中文对于"Cohen"有两种译法,一是柯亨,二是译为"柯恩"。
③ Amartya Sen, "Equality of What?", in S. McMurrin ed., *Tanner Lectures on Human Vaues*, Vol. i, Cambridge University Press, 1980, p.201.

脂、高脂肪的人来说,是健康而有益的,而对于一个有这样高血脂症的人来说,则并非是有益的。因此,森认为,仅仅依靠一个人占有多少善品来判断一个人是否得益或处于优势地位是极易误导人的。因此,应当把注意力从基本善品本身转到这些善品能够对人做什么或对人起什么作用。换言之,森所强调的不是能给人什么分配物,而是所分配物对不同的人而言,能做什么。

森特别以残疾人的例子来反对对基本善品的平等分配。在他看来,依据罗尔斯的平等原则对一个四肢健全的人与一个下身瘫痪的人进行平等的物品分配就有严重问题。即使是以差别原则来区别对待不同收入水平的人群,使最小受惠者获得最大利益,但这里的"最小受惠者"如果仅仅从收入水平来识别,并且,以基本善(主要是收入与财富)作为惠及的分配物,那么,如果一个是残疾穷人,另一个是身体健康的穷人,同等的补偿分配物或货币所起作用是很不相同的。如同样的收入水平低,下肢残疾者需要政府提供免费轮椅,而健康人则没有这一额外需要,这无疑使得残疾人需要更多补偿。还有,可能同样是残疾人,因为精神状态或精神气质的不同,如一个人天性多愁善感,心情阴郁,另一个则是天生的快乐汉,人对外在善品的感受或态度可能不一样,但这种不同不应该成为我们提供或不提供给他们帮助的理由。森以一个缺乏基本生活必需品而格外有阳光气质的下肢残疾者为例,可能他有着天生的快乐气质,因而并不因他自己的身体残疾和缺乏必要的生活必需品而心情沮丧。"因为他有一种快乐的气质,或者因为他志向水平低,每当他看到彩虹时,他的心情激动万分。"①但即使是一个人有着这样快乐的心态,我们在直觉上仍然有对他进行补偿的必要。柯亨赞同森对罗尔斯的批评,他说:"考虑一下既穷又跛但有着阳光气质的蒂尼·汤吧。以任何福利主义的标准看,蒂尼·汤实际上是幸福的。并且我们还可以假定,由于一种天生的内在气质,他很幸运地享有大量获取幸福的机会,他并不需要很多努力就可得到它。在这种情形里,平等主义者并不会因此就把他

---

① Amartya Sen,"Equality of What?", in S. McMurrin ed., *Tanner Lectures on Human Values*, Vol. i, Cambridge University Press, 1980, p.217.

从免费轮椅接受者的行列里排除出去。因此,他们并不认为轮椅的分配应当唯一地为那些需要轮椅的人对福利机会的要求所决定。不论他们为了幸福或为了能够过得幸福是否还需要轮椅,他们都需要它来充当其适当的辅助工具。"① 柯亨认为平等的直觉告诉我们,残障人需要特殊资源的帮助,并不因他的心情或精神心理状态如何而改变。而罗尔斯分配平等的基本善观念,并没有从这样一个方面来考虑人与人的差别。丹尼尔说:"对基本善的批评,一个方面是说,它没有抓住基本的道德直觉,即对平等的关注,这个直觉是,当我们由于并非我们自己造成的原因或我们不能控制的结果而使自己的处境最坏,那么,我们就有请求他人帮助或补偿的合法要求。罗尔斯用基本善使我们不能以一定的方式来回应处于这种情景中的个人,所以他的原则没有响应这种基本的平等直觉,阿里森和柯亨发展了这种直觉,罗尔斯自己也在别的地方回应了这种批评。另一种批评是在个人能力方面的变化,即从基本善转变为自由或能够做什么的能力,或者他们是因功能性活动而成为他们所选择的状态。在人的能力方面的变化,即从基本善到能力的变化表明,基本善的概念是不灵活的,最终将失去基本的道德关注,即在能力方面的较大平等。森发展了这个批评,揭示在罗尔斯使用的'基本善'概念中有一种拜物教(fetishism)成分,森的理论最终关注的不是基本善而是能力——能力是'人与善品关系'的结果。"②

努斯鲍姆从残障人的问题对于罗尔斯的契约论进行了激烈的批评,认为罗尔斯的契约论方法是把人类成员的一部分排除在正义领域之外。努斯鲍姆指出,从霍布斯、洛克、卢梭以及康德形成的传统,是把契约论作为探讨正义的一个基本方法,这一方法为罗尔斯所复活,而"所有的契

---

① [英]G. A.柯亨:"什么的平等?论福利、善和能力"(龚群译),载阿玛蒂亚·森和玛莎·努斯鲍姆:《生活质量》,中国社会科学文献出版社,2008年,第21页。

② Norman Daniels, "Equality of What: Welfare, Resources or Capabilities?" in *Philosophy and Phenomenological Research*, Vol. 50, Supplement (Autumn, 1990), p.275. 丹尼尔对于这类批评的归纳是很中肯的。在这里,他提到罗尔斯对这类批评也进行了回应,在《作为公平的正义》一书中,罗尔斯以"基本善指标的灵活性"一节来回应这类批评。不过,罗尔斯仍然是从两种道德能力出发来为自己辩护。(见[美]罗尔斯:《作为公平的正义》,姚大志译,上海三联书店,2002年,第276—288页。)

约论都倚靠对商议过程中的合理性的说明,都假设缔结契约的人和确立原则的那些公民是同一群人"。① 这些人之所以能够订立契约,就在于他们能够正常进行商谈讨论因而是具有理性的人。因而契约论方法必然有它不可考虑的方面,即任何社会中都有那种在身体与精神方面不健全或患有残疾的人,这些人不可能进入到契约活动中来。罗尔斯假定所有人都具有理性,因而具有两种道德能力,我们也可以说,这些患有残疾或残障的人,并非在生命的全部时间或过程中都有如此严重的情况,或者如婴儿,虽然还不具有理性,但应当是潜在具有理性,因而也可以由他/她的代表来参与契约讨论。但是,就真的没有那种终生都不具有理性能力的人吗?有。如出生就有智力缺陷的人:智障儿。努斯鲍姆指出,霍布斯以来的罗尔斯意义上的传统契约论,契约的订立者是"自由、平等、独立(free, equal and independent)"的主体,这些主体是将互利作为社会合作的目标(mutual advantage as the purpose of social cooperation),参与各方都有自己的动机,而契约的目的就是为了达成对各方都有利的目标。② 努斯鲍姆指出,社会契约论的模式在政治哲学中有着非常强的优势,然而,这种契约方法将重度残疾人排除在社会订立的契约之外。在契约论正义论中,契约所规定的内容就是正义的内容,无法成为立约人也就意味着将一些严重的问题排除出了正义的范畴。③ 罗尔斯的回答也表明了这一点。他说:"在开始的时候,我将把具有这样严重缺陷的人作为极端情况抛开,而具有严重缺陷的人是指他们从来无法成为正式的、有贡献的社会合作成员。相反,我仅仅考虑两种情况:在这两种情况内,我称之为正常范围的东西,即在公民需要和要求的差别范围内的东西,同每个人成为一个正式的社会合作成员是相容的。"④如果我

---

① Martha C. Nussbaum, *Frontiers of Justice*, Belknap Press of Harvard University Press, 2006, p. 66.
② Ibid., pp. 28-35.
③ 努斯鲍姆在《正义的前沿》(*Frontiers of Justice*)一书的"导言"中提出,契约论的正义论至今有三个没有解决的重大问题,有着身体和精神上残疾的人的问题,二是全球正义问题,三是动物权利问题。
④ [美]罗尔斯:《作为公平的正义》,姚大志译,上海三联书店,2002年,第279页。

们像努斯鲍姆那样,把智呆儿这样可能终生智障的病人纳入到契约主体的范围之内,马上就可以看出这是不可能的。因为契约订立的前提是有立约和履约能力。而智障病人是不可能有这样的能力的。罗尔斯坚持以正常的社会合作成员为契约主体是合乎这一方法的逻辑前提的。

人们可能还会以差别原则来为罗尔斯辩护。罗尔斯虽然不可能把这些有着严重智力缺陷的人纳入到契约主体的范围内,但是,他的差别原则则是对所有弱势群体给予关照的原则,如果把这类人看成是社会成员,因而仍然是在正义原则所考虑的范围之内。罗尔斯本人也做了这方面的辩护。他说:"公民……这种情况的独特地方在于,公民在这种情况中暂时——在一定时期内——降低到最低必要能力之下,而这种最低必要能力是成为正式的、完全的社会合作成员所必需的。当思考政治正义观念的时候,在开始的阶段,我们可以将注意力整个地从疾病和事故移开,而把政治正义的基本问题视为规定自由平等公民之间的公平合作条款的问题。但是,我希望,作为公平的正义不仅有助于解决这个问题,而且还应该扩展到能够解决在需要方面所存在的差别,而这些需要方面的差别产生于疾病和事故。"①罗尔斯的这个辩护承认了人们有时会因为疾病和事故因而丧失最低必要能力,并且认为差别原则应当对这些问题进行考虑,但他仍然认为任何人并非是终生不能进行有效合作,因而对于社会不会没有贡献。

这里涉及罗尔斯的社会合作论。罗尔斯之所以把人的两种道德能力置于本体地位,在于他把所有人类的成员都看成是充分参与进合作体系的成员,而不仅仅是把他们看成是契约中的立约人。然而,罗尔斯所说的社会成员之间的合作,是"充分而终身"的。他说:"个人也就是某个能够成为公民的人,也就是说,一个正常而充分并且终身参与合作(normal and fully cooperating member of society over a complete life)的社会成员,我们之所以加上'终身'(a complete life)一词,是因为我们不仅把社会看成是封闭性的,而且也把它看作是一个或多或少完善自足的合作体系,它自身内部已为一切生命活动——从出生到死亡——和必需品

---

① [美]罗尔斯:《作为公平的正义》,姚大志译,上海三联书店,2002年,第281页。

准备了条件。"① 在罗尔斯看来,人们之所以能够在原初状态中选择正义原则,那是因为人们有两种道德能力因而能够合作,并且同样能够在将来的理想社会中合作。换言之,他们都是具有理性和道德能力的人。努斯鲍姆等人在这里发现了问题,如果这样认为,那一出生就有身体或智力残障的人呢?那些身体或智力方面有缺陷的人也能够这样进行合作吗?罗尔斯的《作为公平的正义》一书中,几次说到公民个人是作为"终身、正常与充分"的合作体系的成员,应当看到,这是罗尔斯反复思考之后再次给批评者的答复。在这本书里,罗尔斯还说道:"当由于疾病和事故我们降到最低必要能力以下从而不能在社会里扮演我们的角色的时候,这种观念[指终身合作成员的观念——引者注]又指导我们恢复我们的能力,或者以适当的方式使我们的能力得到改善。"② 我觉得,我们应当更充分理解我们上面所引罗尔斯的那段话。那段话的意思不仅是说我们都是终身充分合作的成员,而且还说明了理由,即怎样理解我们个人与社会的关系。在罗尔斯看来,作为合作体系的社会是为我们每个来到这个社会的人准备了一切生存条件,而我们是终身生活于其中的。从合作体系的意义上看,这意味着我们就是这个合作体系中的一员,并且,罗尔斯从来没有说什么人不是正常的成员(我们还可以说,难道罗尔斯不知道婴儿没有理性吗?而罗尔斯这里的意思是说,个人从出生就是正常成员)。当然,人们可从契约论的原初状态说理性能力和两种道德能力才是正常成员的条件。但罗尔斯说,即使是因为疾病和事故使我们降到最低必要能力之下,仍然是被看成是正常的合作成员,这也就是所谓"这种观念指导我们恢复我们的能力"的意思。我们也可以把这样一个思想推演到原初状态,即虽然作为一个现实的人类群体,不可避免地有着那些先天残疾或发育不全的个体,但他来到这个世界,也就是这个合作体系中的一员。我们也可以设想如果他是正常的理性人和具有两种道德能力的人,他应当选择怎样的正义原则。换言之,恰恰是那些具有两种道德能力的理性人,是正常而又能够充分合作的人的代表,同时

---

① John Rawls, *Political Liberalism*, Columbia University Press, 1993, p.18.
② [美]罗尔斯:《作为公平的正义》,姚大志译,上海三联书店,2002年,第287页。

也代表了那些潜在的理性存在者和那些可以设想为应当具有理性的存在者。即使是那些先天残疾的智障者，他也应当享有人之为人的尊严，他作为人的本质存在是为理性存在者所代表的。

第二节　政治建构主义

罗尔斯的正义理论是一种建构主义理论。罗尔斯把个人权利等政治要素看成是先行给定的，而社会正义制度则必然是依据一种建构论方法建构起来的。然而，自由主义内部则有着罗尔斯的建构主义与哈耶克的非建构的自发秩序之争。罗尔斯的政治建构主义与哈耶克的自生自发秩序论的对立是当代西方自由主义政治哲学给世人出的一道难题。要罗尔斯？还是要哈耶克？几乎成了一种非此即彼的选择。罗尔斯的建构主义真的为哈耶克的自生自发秩序论驳倒了吗？哈耶克的自生自发秩序论的力量在哪里？

一、罗尔斯的建构主义

罗尔斯的正义论提出以后，德沃金第一次在"正义与权利"一文(后收入《认真对待权利》一书，哈佛大学出版社，1977年)中把罗尔斯的正义论称为一种建构主义理论。在《政治自由主义》中，罗尔斯明确承认自己的理论是政治建构主义，直接阐明了自己的建构主义理论。① 依据罗尔斯的理论，政治建构主义是把政治正义的原则或内容描述为某种建构程序的结果。因此，罗尔斯的政治建构主义不仅提出了正义原则，提出一种指导基本制度和社会结构的正义原则；而且还提出了一种建构性程序。罗尔斯理论的建构主义特征集中体现在《正义论》中。主要有这

---

① 罗尔斯前期即《正义论》中的建构主义与后期即《政治自由主义》中的建构主义有很大不同。前期的建构主义是康德式的建构主义，后期则不是。建构主义是要论证规范的合理性问题。本文不涉及罗尔斯两种建构主义有什么不同的讨论，而讨论建构主义本身的合理性问题。罗尔斯自己对建构主义的讨论，见他的论文："Kantian Constructivism in Moral Theory", in John Rawls, *Collected Papers*, edited by Samuel Freeman, Harvard University Press, 1999。

样几个方面:第一,构成原初状态的几个基本要件,原初状态中的无知之幕、正义环境,以及自由平等权利的当事人是为建构(或设计)设置的,而不是建构的产物。第二,正义原则是建构程序的产物。第三,政治制度设计本身是一个建构过程,即罗尔斯提出了一个制度性的程序设计。我们知道,将原初状态设定为无知之幕对于罗尔斯的正义理论具有基础性的地位。而原初状态是被建构起来的,以无知之幕为原初状态就是一种建构设计的产物。其次,《正义论》中的制度性建构程序,是一个逐步解除无知之幕的程序。罗尔斯提出了一个四阶段过程。在第一阶段,在原初状态下确立正义原则;一旦正义原则得到确立,在原初状态中的各方回到社会条件中来,召开一个立宪会议,并依据正义原则制定一部宪法,这部宪法要保护公民的权利与基本自由,这是第二阶段。罗尔斯通过在第一阶段所选择的正义两原则,其中自由平等的第一原则即为立宪的原则。第三个阶段是立法阶段,即制定涉及社会基本结构和经济活动的法律,在这个阶段,法律、经济和社会政策的正义性得到了考虑;第四个阶段是司法及正义规范的实践阶段。这四阶段的过程就是从理论原则到社会建制的活动,实际上也就是从理论程序设计到制度程序设计。并且,理论程序设计是服务于制度设计的。

无知之幕随后的三个阶段,也就是无知之幕逐渐被掀开的过程。在立宪阶段,公民们已经有了有关社会事实的一般性知识,如社会的自然环境、资源、经济发展以及政治文化水平,无知之幕已经被部分排除了,但他们还不知道自己的社会地位以及自然天赋等个人的特殊信息。但这时,他们能够以他们所确立的正义原则来评判关于社会制度的各种主张,并且将选择最有效的正义宪法。在第三阶段,政治宪法不再是讨论的对象,他们的信息也更多了,他们将选择罗尔斯所推荐的福利经济和其他社会政策。罗尔斯认为,这两个阶段应当有一个分工,第一原则即平等自由原则构成了立宪会议的主要标准,宪法确认平等公民的共同可靠地位,实现政治正义。在立法阶段,第二个原则即公平机会以及分配正义的原则发生作用,它表明社会经济政策的目标是在机会均等和维持平等自由的前提下,最大程度地提高最少受惠者的长远期望。最后一个阶段,每个人都可接触到所有事实,对知识的限制不复存在,并且可以看到在对正义基本结构的充分理解前提下对规则的充分运用。到这个阶段,正义原则已经化为真正的政治操作过程了。

从上简述可知,罗尔斯的建构主义方法对于罗尔斯的理论具有十分重要的作用。罗尔斯正是从建构性思路来提出他的正义理论。对于从原初状态到现实的政治过程的这个具体建构过程,有人批评罗尔斯解除无知之幕的过程太快了。但在这里我们不考虑这一点,而是要从根本上提出问题,这种建构主义本身的合理性何在?如果不能证明这一点,那它就不能从根本上得到辩护。

二、制度设计的合法性问题

罗尔斯始于原初状态的建构主义理论,是从理论到政治实践的建构主义思路。从古典自由主义的契约论传统来看,自洛克以来,自由主义的政治制度就是通过契约同意而建构起来的。罗尔斯的正义论继承了这一契约论的传统,也通过建构方法来解决社会基本制度的设计问题。然而,人类社会制度是可设计的吗?如果认为人类的社会制度本身不是人为可设计的,那么,整个自由主义传统中的一个关键性环节就被击碎。因此,我们首先要辩护的是,为何对契约论的自由主义而言是不言而喻的合理性问题,制度设计要对其进行质疑?即制度设计本身在什么意义上是可辩护的?①

契约论自由主义的建构主义在深层次上建基于对于人类理性的诉求上。历史地看,人类文明时代以来的社会制度是自原始社会以来的习俗制度演化而来的,或者说,人类社会有史以来最初有文字记载的社会制度是自发形成的。亚里士多德认为从家庭、村落到城邦是希腊城邦制度自生自发形成的。然而,一个社会的发展往往会出现一种至关重要的历史时刻,在这种时刻,人类反思到自己的存在或自己社会的存在,从而以自己的理性来调节或变革其制度,换言之,对人类社会基本制度的设想或构建,是人类对自身存在的一种觉醒。人为设计也就是人类以自己

---

① 本文直接把合法性意义与合理性关联起来。如果制度设计失去了合理性或没有合理依据,即在规范意义上是不可辩护的,那意味着这一制度设计的意义是虚假的,从而也就失去了它的合法性。

的理性来设计自己的制度。这种设计从人类的理性意识到社会制度可由人的理性来建构之时起就可能存在。从中国历史看,周代的分封制就是中国历史上最早有记载的制度设计,不过,这种设计带有自发的血缘宗法制的特征。秦朝的郡县制则是中国历史上最成功的制度设计。汉袭秦制,秦虽早亡,但秦朝的社会建制却延续了两千多年。中国的封建制度只是到了近代遭到了挑战。

20世纪是一个世俗理性胜利的世纪,人类对自身理性的自信也表现在20世纪的人类对于社会制度的大规模的重建上。中国人也重新思考了自己的社会制度并进行了制度重建。然而,站在21世纪初期这一历史点上反思20世纪人类的理性设计,尤其是当20世纪最重要的制度设计——苏联模式的计划经济制度建构随着历史的变迁而逐渐消失在人们的视野之外时,再重新思考20世纪大规模的制度建构,制度设计的合理性及合法性问题就被提到学术界的面前。哈耶克强调自发秩序的观念的力量也充分体现在这上面。但是,这里的问题是,20世纪大规模设计的制度淡出人们的视野,是否就是制度设计完全丧失合法性的证据所在?或者说,如果还要坚持认为制度设计是可以辩护的,那么真正合理的制度设计的合法性在哪里?

对这一问题的回答我们还需要缓一缓。20世纪大规模的制度设计绝不是凭空而起,它是18世纪以来人们理性自信的一个持续证明。20世纪大规模的制度设计基于对理性的信赖,从渊源上看,它发轫于启蒙运动。启蒙运动在宗教祛魅的同时,确立起理性的权威。康德在《什么是启蒙?》一文中说道,敢用自己的理性!这就是启蒙运动的口号。在启蒙思想家看来,中世纪之所以处在长期黑暗之中,就在于没有理性光芒的照耀。理性的最大功用就在于对人类合理制度的设计。启蒙运动的这种理性观,早在英国的契约论的传统中就已经系统地得到的阐述。启蒙运动的思想家都熟读这些契约论的专著,而且其中卢梭同样也是这样一个契约论者,坚信理性能够再造一个理想的政治社会。社会契约论就是相信理性的制度设计的最好见证。无论是霍布斯、洛克还是卢梭,都相信社会制度是通过人的理性契约而合理地建构起来的。自由主义与卢梭—马克思的社会改造方案在这里相遇。①

然而,社会契约学家们的这种理性信念并非没有理据,应当看到,它有着深厚的人类生活根源。理性的规则或秩序建构是理性的基本功能之一。它几乎存在于人类生活的所有方面。人类对规范性普遍内容的把握以及把它运用于具体情境的理性能力,早已是哲学研究的主题。应当看到,这是亚里士多德的实践哲学的一个中心议题。亚里士多德强调的人的理智的德性,体现的就是这种理性能力。② 人类的理性不仅能够遵守、把握规范与规则,而且更重要的是,能够建构规则。实践理性具有的规范建构性功能体现在社会生活的各个方面。人类的各种游戏规则从无到有的建构,是实践理性的功能。一盘棋如何下,首先是个规则问题,这类规则是人的理性建构的。没有规则就没有某类游戏活动,建构规则对于这类活动具有本体性作用。还有一类规则,则是有活动在先,而规则起着调节性作用。交通领域里的交通法规的确立以及人们的习惯性遵守,体现的是实践理性的功能。没有交通法规则,车辆也得通行,这类规则具有调节行为活动的功能。除了人类的理性有意识地建构的规则外,在不同的文化活动中还有从习惯而来的即自发生成的规则。自发生成的规则同样是理性所遵守的规则。建构规则、遵守规则与人类的理性活动不可分离。人类的活动在一定的意义上,也就是遵守规则前提下的理性设计。就人类的生产活动而言,马克思曾经指出,就是最蹩脚的工程师也比蜜蜂建造蜂巢的活动高明得多。因为工程师在建造一个产品之前,在他的大脑里已经有了他的产品的蓝图,这是像蜜蜂这种动物的活动不可能有的。这也就是说,这种大量的日常性的生产活动也离不开人类的理性设计。实际上,小至一个产品的设计生产,大到一个企

---

① 人们一般认为,卢梭的社会政治方案是社群主义的方案,也是整体主义的方案,马克思则延续了从卢梭到黑格尔的整体主义和历史主义。黑格尔的国家自由观有着卢梭在《社会契约论》中的影子。

② 亚里士多德的"中道"德性观,即所谓既不太多也不太少,既不过度也不不及,是一种没有既定答案的东西,它是需要道德实践者在具体情境中通过自己的理智判断来把握的东西。亚里士多德对勇敢德性的论述生动地说明了这点。见亚里士多德:《尼可马科伦理学》,苗力田译,中国社会科学出版社,1991年,第32页。

业的生产开工,都离不开人类实践理性的设计与构想。

人们对自身的存在状态、对社会生活的反思,都可说带有某种价值意义,都在探求某种善。在这种反思的过程中,人们自觉或不自觉地运用理性建构能力进行规范性内容的设想。因此,对于某种宏大的社会主题如社会制度的反思,必然具有某种实践理性精神,依据某种社会理想或善的目标对社会制度进行某种理性建构是在不同时代、不同社会思想领域里的一个基本模式。在古希腊思想家那里,对于实践理性建构性功能的强调无过于柏拉图。柏拉图的《理想国》所论证的是一个哲学王所统治的国家是最好的国家,哲学家的哲学智慧或哲学理性使他最有资格为王。启蒙运动的思想家们所向往的也就是一个理性支配的世界。在法国启蒙思想家那里,宗教、自然观、社会、国家制度,一切都受到了最无情的批判,一切都必须在理性的法庭面前为自己的存在做辩护或者放弃存在的权利。思维着的理性成了衡量一切的标准。恩格斯指出:"我们已经看到,为革命做准备的18世纪的法国哲学家们,如何求助于理性,把理性当作一切现存事物的唯一裁判者。他们要求建立理性的国家、理性的社会,要求无情地铲除一切和永恒理性相矛盾的东西。"①近代以来的空想共产主义或空想社会主义的思想家们,如莫尔、康帕内拉、圣西门、傅立叶等,则是直接进行社会理想蓝图的设计。卢梭的社会契约"理想"在恐怖时代得到实现,而当人们为了摆脱恐怖,最后却不得不陷于拿破仑的专制统治,虽然拿破仑所代表的是市民社会的精神。理性的设计在政治恐怖中实现了它的可怖的一面,正如恩格斯所说的:"当法国革命把这个理性的社会和这个理性的国家实现了的时候,新制度就表明,不论它较之旧制度如何合理,却绝不是绝对合乎理性的。理性的国家完全破产了。"②空想社会主义对未来的美好设计则由于他们设计的空想性而完全找不到实现的途径。20世纪的思想家再回过头来看柏拉图,指出柏拉图的理想国也就是一种专制主义的国家,以波普的话来说,柏拉图是开放社会的敌人。实际上,我们也看到,计划经济体制是20世纪最

---

① [德]恩格斯:《马克思恩格斯选集》第三卷,人民出版社,1972年,第407页。
② 同上。

大的经济体制的设计,以为一个至上的理性可以一览无余地指挥整个社会的生产、调拨整个国家的社会产品以及以指令来支配整个国家的经济生活。这种无视经济生活价值规律的作用而企图以一个至上的理性来支配一切的社会计划,只能给经济生活带来重重困境。随着苏东的瓦解,中国、越南等社会主义国家从计划经济体制迈向市场经济体制,从而也宣告了这种理性万能论的破产。契约论的建构传统在20世纪被卢梭—马克思方向发挥到了极限,这迫使人们重新思考理性本身的功能。

因此,一方面,要看到实践理性的建构功能是人类活动正常展开的前提之一;另一方面,不得不看到理性对社会(制度)设计的潜在的危险。那么,是不是人类的理性只能进行那种日常性的生活或生产性的设计,只能在建构日常生活的事件中发挥作用,而对于宏大的社会主题,如一个社会的基本(经济)制度、基本结构,则是理性所不能触及的?换言之,当人们从那种日常经验培养出对实践理性的自信,从而着手对诸如社会制度的设计,就必然陷于虚幻或狂妄?如果是这样,制度设计还有合理性吗?借用哈贝马斯的语言,它的合法性在哪里?这个"合法"并不意味着符合某种法规,而是在于它存在的理由。如果它没有存在的理由,那制度设计就是不合法的。

三、哈耶克的自发秩序论

面对20世纪大规模的制度设计问题,当代思想家哈耶克是最自觉地进行反思的一个。哈耶克持有一种激烈的反理性设计的基本观点。哈耶克把坚信制度设计的合理性观点归为建构论的理性主义。但他并非完全反理性,而是持有一种"进化论理性主义",即相信制度渐进演化的理性主义。在他看来,这是与"建构论唯理主义"相对立的。这种对立是两种传统的对立。进化论的理性主义是以大卫·休谟、亚当·斯密等为代表的苏格兰哲学家所阐明的传统,保守主义者的伯克也对这一传统做出了贡献。进化论的理性主义基于自生自发的程序而对各种传统和制度进行解释;在建构论的唯理主义传统中,最为知名的代表人物乃是笛卡尔、百科全书学派学者、卢梭和孔多塞等人,建构论的唯理主义则旨在建构一种类似于乌托邦式的社会制度。所谓自生自发的程序,按照哈耶克的说法:"在各种人际关系中,一系列具有明确目的的制度的生成,是极其复杂但却条理井然的,然而这既不是设计的结果,也不是发明的结果,而是产生于诸多并未明确意识到其所为会有如此结果的人的各自行动。"①("制度"与"秩序"在英文中可以用一个词即 order 来表示)建构论的唯理主义则立足于每个个人都倾向于理性行动和个人具有理智和追求善的假设,认为凭借个人理性,个人足以知道并能根据社会成员的偏好而考虑到建构社会制度所必需的境况的所有细节。进化论的理性主义并非不承认理性,在哈耶克看来,个人理性只是一种工具,一种抽象思想的能力,理性的功能在于引导个人在一个他无力充分理解的复杂环境中进行活动,并使他能够把握复杂情境中的一般性规则,并进而进行决策。因此,哈耶克的进化论的理性主义强调社会秩序以及制度的自生自发以及自然演进性,同时,把理性的功能仅限于个人活动。

不过,哈耶克进化论的理性主义并非像表面看起来那样与他所说的建构论的理性主义对立。这是因为,他还有两种秩序论。哈耶克认为,社会秩序具有两种类型,一是内部秩序,二是外部秩序。他认为外部秩序是人为建构的,或通过人的意志而强行制定的,而内部秩序则是自生自发性的。在他看来,自由市场经济秩序是最典型的自生自发程序,当然,并不局限于市场程序。他甚至认为,道德、法律、语言、书写、货币与市场以及整个社会秩序都归属于这一自生自发秩序范畴,即社会本身的秩序是自生自发的秩序。另一方面,他认为在社会秩序王国里,组织是一种外部秩序,组织是一种经过人的深思熟虑而设计出来的结构,其所以被创造,是为了实现某一目的。与自发秩序不同,组织是服从某一头脑的指挥的,因而相对来说是一个简单的秩序。但政府是一个兼有两种秩序规则的组织系统,或者说它使用了两种不同类型的规则,它以自生自发性秩序为依托,从而使它可以运用外部秩序。在哈耶克看来,建构论的理性主义倾向于把一些完全不适用于非人为设计过程的东西归之于社会,进化论的理性主义则把社会看成是一个非人工设计的过程。建构论的理性主义要么就是看不到自生自发秩序与精心构造的秩序的差

---

① Hayek, *The Constitution of Liberty*, London and Chicago, 1960, pp.58-59.

别,或者就是相信构造出来的秩序比自生性秩序优越。他们意识不到人为建构的秩序不可取代自生自发的秩序在社会生活中的功能。在哈耶克的理论中,必须注意到他所强调的是规则系统的人为设计与进化生成的区别所具有的关键性作用。他所要批判的是那种"认为所有的社会制度都是,而且应当是,审慎思考之设计的产物的观念。"①因此,哈耶克并非反对理性,而是反对理性的滥用,认为只有在累积性框架内,个人的理性才能得到发展并成功地发挥作用。在他看来理性并非万能,我们必须维护那个理性不及、不受个人理性控制的领域。理性不可对这个领域进行人为的设计,但这个领域却是个人理性得以发展和有效发挥作用的环境。反过来说,哈耶克强调外部秩序是人为建构的。因为外部秩序并非是自生自发的,而是人们建构设计的产物。

哈耶克认为自发性社会秩序是自发性规则系统,这一规则系统本身是在文化的进化过程中发展起来的。文明社会中的成员都并非有意构建一些行为模式,这是牢固确立的习惯和传统所导致的结果。对这类习惯的普遍遵守,乃是我们在这个世界上得以生存的必要条件。而规则系统及其生成进化的进程乃是一种理性不及的过程。像道德、法律这类规则,产生于这样一个过程,一开始被采纳是由于其他原因,或出于偶然,尔后这些惯例得到延续,乃是由于采用这些规则的群体能够胜过其他群体。因此,有效规则的采纳,并非是理性选择的结果,而只是这些规则约束了我们,使我们能够更好地生存。行为规则因有益于实施它的人们而到了发展。在哈耶克看来,应当区分两种规则,一是形成于人类的生物进化过程之中的,从而具有普遍性的规则;一种是由于文化进化而具有的规则,这些规则与人的生物的本能相对,依据个人的理性也无力评价和理解这些规则的作用方式(我们只有遵循这些规则但我们往往不知其存在的理由),文化规则由于文化的多样性而具有多样性与可变性。(哈耶克还在外部秩序与内部秩序的意义上谈了两种规则,即内部规则和外部规则。内部规则是自生性秩序的规则,而外部规则则是立法机关对个人从事某一特殊任务的指令性规则)。但这并不意味着人们可以脱

---

① Hayek, *Law, Legislation and Liberty* (1), University of Chicago Press, 1973, p.5.

离具体情境的文化规则而进行理性的设计,而是要把自己确立在文化进化生成的行为规则的限度内。值得指出的是,哈耶克认为在这个限度内,人们可以谈制度改革。他说:"在我们力图改善文明这个整体的种种努力中,我们还必须始终在这个给定的整体内进行工作,旨在点滴的建设,而不是全盘的建构,并且在发展的每一阶段都运用既有的历史材料,一步一步地改进细节,而不是力图重新设计这个整体。"①

那么,哈耶克对建构论的唯理主义的批判是否已经回答了我们提出的问题?启蒙运动(具体来说,法国大革命)对社会制度的设计以及计划经济的秩序设计之所以不成功,仅仅是由于人们以自己的个人理性触及到了那个不可触及的领域?哈耶克正确地意识到了社会的生活秩序不是设计出来的,而是进化演进来的。因此,作为社会秩序之整体,是不可能通过设计创造出来的。计划经济体制对整个经济秩序的设计就是以一个至上主体的理性来代替整个自发性经济秩序,而没有意识到整个经济秩序是个人理性所不及的。法国大革命的失败则要复杂得多。整体性社会秩序是长期社会演化的产物,而不是理性设计的结果。理性设计由于触及这一理性无能的替代自生自发性的功能领域,从而招致失败,这是问题之一。另一问题是,法国大革命力图重构整个社会道德。麦金太尔指出:"雅各宾俱乐部及其垮台的真正教训在于,当你试图重新创造的那种道德表达方式一方面为普通大众所不相容,另一方面又与知识精英格格不入时,你不能希望在全民族的范围内重塑道德,以恐怖方式把道德强加在他人身上的企图——圣·贾斯特丹的方法——是那些瞥见这个事实但却不愿意承认它的人出于孤注一掷的权宜之计(所以我认为,正是这个问题而不是公德的理想滋生了极权主义)。"②法国大革命期间,固执的单身汉被看作是德性的敌人,过分注重外表也是一种恶,长发是德性的象征,而去理发也是一种恶,衣着简朴、居住简陋被看作是有德性等等。毫无疑问,这种重构社会道德的愿望是与文化进化所生成的道德规则相冲突的。文化演进生成的社会道德规则较之表层的制度规

---

① Hayek, *The Constitution of Liberty*, London and Chicago, 1960, p.70.
② [美]麦金太尔:《德性之后》,龚群等译,中国社会科学出版社,1995年,第300页。

则,更处于民众生活的底层,有着深厚的大众社会心理和集体无意识的支撑,幻想在一个短暂的生活时期彻底改变社会生活的道德准则(造就"新人"),并且以激烈的社会暴力来强化这种愿望,所招致的只能是更为激烈的社会反抗。

其次,哈耶克激烈地反对建构性唯理主义,但最后他并没有排除对制度设计的可能,只是认为不可全盘进行设计,如像莫尔的乌托邦那样的设计。应当看到,哈耶克所真正反对的是对整个社会制度的全盘性重构,而且是没有文化根基地或无视历史文化进化环境地进行理性的重构。因此,哈耶克的自生自发理论实际上是为建构主义留下了一条出路。在他看来,制度设计的合法性在于尊重传统与历史文化遗产。并且,他认为外部秩序是人为设计的。他也并不认为外部秩序没有意义,而是认为政府是在两种秩序规则的意义上运作的。正是在这个意义上,布坎南认为哈耶克的理论是与契约论的建构主义相容的。布坎南说:"哈耶克本人就是一个基础立宪改革的坚定倡导者,这种基础立宪改革体现在非常具体的改革建议中。因此,哈耶克实际上把进化论观点同建构主义—立宪主义观点结合起来了。"而且,"这种立场使得他的观点在其体系内保持一致,也同我们这些作为契约论者的,或许更容易归类为建构主义者的人的观点相符合。"①因此,哈耶克的自生自发秩序理论实际上只是强调了任何建构或改革必然尊重文化传统及其历史前提,但并不意味着不可进行建构。同时,他将社会秩序进行外部秩序与内部秩序的区分,在某种意义上是强化了人为设计,因为这种观念隐含着:没有理性设计,外部秩序不可存在。因此,哈耶克强调反对理性的僭越,提出理性的局限性,并非是认为不可进行制度设计,而是认为这种设计应是尊重历史前提下的创新,一如美国宪法的设计体现了对洛克、孟德斯鸠等人思想的继承,以及对英国自由大宪章以来的传统和清教徒的追求自由的传统的继承。美国宪法创造了一个新秩序,一个新制度,但并不意味着在原有的文化中没有根基。恰恰相反,它可说是这种文化理念的现实化。同时,我们又不可否认它的创新性。作为一种制度,它确实是原有

---

① [美]布坎南:《自由、市场与国家》,平新乔等译,上海三联书店,1989年,第85、117页。

社会所没有的。在这个意义上,理性虽不是万能的,但又确实不是无能的。因此,个人理性也有那种可以透过历史事件发展的内在线索,把握历史进程从而推进历史的可能。否则,我们也无法理解哈耶克自己推进制度改革的努力。①

当然,对于制度设计不仅有如计划经济体制那样的理性所不及的问题,而且也涉及类似政治制度设计本身的理性的政治倾向问题。如柏拉图理想国的极权主义和专制主义问题(以及相类似的乌托邦问题)。但是,这并非由于柏拉图对社会制度所进行的理性重建这一行为本身,因为任何人都可能有他自己的未来社会蓝图,只要他还是一个理性存在者。柏拉图的问题在于他自己就是一个拥护极权主义和专制主义思想的人,他的理想国设计体现了他的这个倾向。依波普尔之见,柏拉图虽从逻辑上得出结论只有哲学家才可为王,他的哲学家的定义是"热爱真理的人"。但作为王者的哲学家,为了城邦的利益,则是靠谎言与欺骗来进行统治。因此,波普尔认为这个定义显得柏拉图并不十分诚实。波普尔指出,在柏拉图的理想国中,国家的利益支配着公民从摇篮到坟墓的全部生活,而毫无个人自由的空间。② 并且,这个国家知识、哲学、科学以及数学的需要都是为了统治的需要,而不是个人发展的需要。艺术与神话都是危险的,因为它们与统治的需要不相符合。

由此观之,对社会制度或社会基本结构进行理性的建构是在多重危

---

① 哈耶克自己不仅写了《自由宪法》(The Constitution of Liberty),中译本名为《自由秩序原理》),也提出了理想宪法的说法。如在《法律、立法与自由》第三卷中就详细地讨论了理想宪法的问题,即立宪问题。在这里,他还提出了立法议会与政府议会间职能划分的改革主张。他在谈到宪法传统时,认为世界上只有少数几个国家颇为幸运地有着一个强大的宪政传统,许多国家还缺乏相应的传统和信念作为宪法的支撑(在这些国家我们怎样诉诸它们的自生自发秩序?)。同时也谈到了移植西方民主制度在许多国家的失败。他认为这种失败的原因之一是没有把在西方国家默认的原则写进宪法中去,但如果这些只是西方国家所有的,而不在当地的文化进化规则之内(按照哈耶克的逻辑),我们把西方所默许的观念写进去又有什么用呢?而这样做是否是理性的僭越?参见 Hayek, Law, Legislation and Liberty (III), University of Chicago Press, 1979, pp. 105-128。

② 参见 K. R. Popper, The Open Society and Its Enemies, Rouledge, 1957(波普尔:《开放社会及其敌人》),第八章。在这一章里,波普尔从多个方面十分犀利地批判了柏拉图的极权主义和专制主义思想。

险中穿行。那种真正对人类社会具有危害性的理性重构(当然所有的设计从设计者的愿望来看都是"善"的或为了实现"善"),一旦得到社会的实行,就是那个实行这种理性方案的社会的大灾难。因此,并非可以一般性地反对理性设计或建构,恰恰要反对的是那种专制主义倾向的社会设计(以及相信理性万能的设计)。同时,真正有助于社会进步的理性的建构也必须立足于文化进化自身的根基,才不至于成为乌托邦或社会灾难。但需要指出的是,不能以在自身的文化传统中没有任何根基为理由来反对进行制度性的改革设计。应当看到,在一个民族的悠久的历史文化中,绝不可能只有有利于专制统治的文化因素,而没有有利于民主发展的因素。印度自独立起就实行现代民主制,但在这之前,印度这个大国至少在近代史上就没有民主制的经验。因此,如果在某种倾向于专制的传统中,以及身处暴政的统治之下,仍然以维护自生自发的秩序为借口,以这种文化中没有民主倾向而只有专制倾向为借口(这可能不符合任何一个民族的历史事实)来反对任何推进改革的活动,那只能意味着为黑暗政治进行辩护。因此,上苍绝不可能把一个民族永远留在社会灾难之中,任何一个民族的深重灾难都会有尽头,如果上苍不想让这个民族灭亡的话。

四、宪法与建构主义

人类历史上有过理性的僭妄,但并非意味着理性的制度设计不可辩护。罗尔斯的建构主义可上溯至契约论的传统,但同时并非意味着一种无视现实的理性万能论。首先,罗尔斯的建构主义是一种方法论,其理论具有思想试验的性质。罗尔斯通过建构主义的方法,设置原初状态,是要引出他所提出的正义原则,并依据这个原则来指导制度的建构。其次,在制度的建构中,宪法处于极重要的地位。在罗尔斯的理论中,一部正义的宪法是一个正义的社会基本结构(社会基本制度)的关键所在。社会基本结构的基础是宪法①,而构成宪法基础的是政治原则,即两个

---

① 罗尔斯强调,宪法是社会结构的基础,是用来调节和控制其他制度的最高层次的规范体系。因此,每个人都有同样的途径进入到宪法所确立的政治程序中。参见 John Rawls, *A Theory of Justice*, 1999, p. 200。

正义原则。罗尔斯的正义原则实际上是指导宪法的原则,是宪法的实质性灵魂。如果没有宪法,罗尔斯的原则就是永远悬于空中的幽灵,由此我们也可看到宪法在罗尔斯理论中的重要性。并且,正是通过宪法,罗尔斯以其建构主义方法导出的正义原则,与现实政治制度密切相联。

宪法(institution)为规定国家根本组织形式之大法,以罗尔斯的语言来说,社会基本结构是为宪法所确立的。宪法作为国家之根本大法而区别于其他一般性法律,所谓宪法即是指国家机关的组织及权限的法律。自中世纪萌芽的现代宪法首先强调的是对国王权力的限制。历史地看,最具有现代意义的就是1215年英国颁布的大宪章(Magna Carta),该宪章为英王与当时大小贵族及教会人士所缔结的一种契约,其目的是限制国王的权力。自16世纪路德宗教改革至18世纪末英法革命期间,可看作是现代宪法观念逐渐成熟的时代。"根本法"(lex fundamentalis)逐渐成为学者及政治生活中的常用名词,而当时根本法的观念,就受到以霍布斯、洛克和卢梭为代表的社会契约论的深刻影响。因此,现代宪法不仅仅是通过一部根本法来确立国家组织结构,更重要的是,现代宪法与人权或公民的基本权利的概念是内在相关的。人权或公民权利是宪法的内核,宪法是人权或公民权利的固化。

宪法与人权的关系是规范与价值、法定形式与实在内容之间的关系。人权或公民权利并不是因宪法而产生,人权并非源于宪法,但宪法则应为人权或公民权利而存在,人权或公民权利是由宪法来保护的。宪法是人民自由的宪章,是人权的宣言书和保障书,宪法就是一张写着人民权利的纸。相反,如果不以人权为基本内容,或虽规定有部分人权条款却纯属点缀,那么,宪法的存在也只是徒具虚名。而背弃人权或者不保障人权的宪法可以说就不是宪法。罗尔斯通过建构程序首先确立的恰恰是公民自由平等的权利。宪法调节国家生活和社会生活的各个方面,规定国家的根本制度和根本任务,但贯穿宪法规范的最主要线索只有一条,那就是公民的基本权利与公共权利之间的关系。宪法既要约束政府权力使其正当行使,同时又要保障公民各项权利的真正实现。正像美国政治学家卡尔·J.弗里德里希所说:"宪法和宪政的真正本质……可以通过提出这样的问题而被揭示,宪法的政治功能是什么?因为其功用旨在达成特定的政治目标。在这其中,核心非功过的目标是保护身为政治人的政治社会中的每个成员,保护他们享有的真正的自治。宪法旨在维护具有尊严和价值的自我,因为自我被视为首要的价值,这种自我的优先,植根于……基督教信仰,最终引发了被认为是自然权利的观念。因此宪法的功能也可以被阐释为规定和维护人权的……在整个西方宪政史中始终不变的一个观念是:人类的个体具有最高的价值,他应当免受其统治者的干预,无论这一统治者为君王、政党还是大多数公众。"[1]

我们再回到罗尔斯的建构主义本身。前面指出,罗尔斯的建构主义程序的第二阶段即为立宪阶段。宪法的实质在于以根本大法的形式确立了公民权利。罗尔斯的正义原则实质上是体现了现代宪法的实质性精神。换言之,罗尔斯的《正义论》把自1776年《独立宣言》以来所体现的原则给予了一种哲学概括。当然,从罗尔斯的理论思路看,罗尔斯首先所要确立的是两个正义原则,然后把它运用到社会环境中去。同时,从罗尔斯提出的四阶段论看,他明显是一个制度设计论者。"宪政主义者"(constitutionalist),从词源上看,也就是制度设计者。创制(to constitute)也就是创造或者产生。在某种意义上,罗尔斯的正义论之整体也就是从设计者的观点出发的正义论。他从设计者的观点出发来理解人类的社会制度或基本结构,并由此提出对于社会基本结构和社会制度的理性重建。

结 论

我们再来看看罗尔斯的正义论通过制宪活动对社会基本结构的重建。首先,罗尔斯的前提是两个正义原则。这一原则是得到理论论证的原则,其次,这一正义原则体现了洛克以来的自由传统的原则。哈耶克的理论突出了自生自发的秩序与制度设计的对立,但在哈耶克的理论里,也并非认为自生自发的秩序就是十全十美的秩序,他只是强调制度设计不能不顾文化演进所生成的基本规则(不过如果夸大这种观点,历

---

[1] [美]卡尔·J.弗里德里希:《超验正义——宪政的宗教之维》,周勇等译,三联书店,1997年,第14—15页。

史可能就要特别惠顾某些民族,而听任某些民族永远处于悲哀境地:因为它们没有文化自发演进生成的伦理原则!)。就罗尔斯而言,他的宪政观并没有游离西方社会的公民或美国公民的基本政治直觉。正如哈贝马斯所指出的:"他提出的那样一种正义论,可以找到与它联系的文化,是通过传统和习惯培养已经在日常交往实践和单个公民直觉中扎下了根子的自由主义基本信念。"[1]罗尔斯的正义原则要通过制宪在社会基本结构中体现出来,其结果就是保障普通公民的基本权利、限制政府的僭越权力。因此,正义原则的倾向是反专制主义的、民主的倾向。埃尔金说:"在传统上,西方宪政思想的突出主题是要设计一些政治制度来限制政治权力的行使。政治制度被认为是一些人用来谋求取得对另一些人的优势的手段。但是,当制度得到适当的安排时,它们就能阻止这种企图沦为专横和主宰。因此,古典的宪政思想传统上关注于最大限度地'保护社会成员彼此不受侵害……同时将政府侵害其公民的机会降至最小程度'。它的目标就是'避免暴政'。正如麦基尔韦恩所说的,宪政就是意味着'对政府施加合法的制约……[它的]反面是专制统治。'"[2]罗尔斯就是这种宪政论者。不过,在当代意义上,宪政论有古典宪政论与新宪政论之分。古典宪政论着意于设计一种政治体制,它提供一个使公民在其中管理自身事务的框架。社会问题大都通过私人间的互动来解决,法律与市场使这种互动成为可能。社会福利的增进是通过私人的努力而不是通过政府的行动来实现的。新宪政论在古典宪政论的基础上,为自己提出了更多的要求。即在维护政治生活的民主化的同时,积极关注与推进社会福利。而在组织公民之间的利益分配的同时,又不至于使得政府陷于专制之中。新宪政论的这种努力典型地体现在罗尔斯的两个正义原则以及两者的关系上。在这个意义上,罗尔斯不是自生自发的秩序论者,但也不是哈耶克所批判的靶子。罗尔斯的理论表明,理性的政治建构主义并非没有存在的合理性。

---

[1] [德]哈贝马斯:《在事实与规范之间》,童世骏译,三联书店,2003年,第75页。
[2] [美]斯蒂芬·L.埃尔金:"新旧宪政论",《新宪政论》,朱叶谦等译,三联书店,1997年,第27页。

第三节　正义社会的稳定性问题

正义社会的稳定性(stability)或称政治稳定性是罗尔斯理论中的重要问题,也是使得罗尔斯从整全性(comprehensive)的政治、道德学说向单纯的政治哲学转换的关键问题所在。然而,这也是在罗尔斯研究中相对被人忽视的一个重要问题。罗尔斯在他的前后两部重要著作《正义论》(*A Theory of Justice*, 1971)与《政治自由主义》(*Political Liberalism*, 1993)中以相当的篇幅讨论了正义社会的稳定性问题,为了阐明这一问题,我们需要探讨罗尔斯对稳定性问题的不同处理。

一、《正义论》中对稳定性问题的考虑

罗尔斯在《正义论》中,几乎用了三分之一的篇幅来处理正义社会的稳定性问题,在他看来,建构一个能够长治久安的真正正义的社会,是正义理论的目的所在。通过原初状态的设置以及正义原则的选择,建构一个以正义原则为灵魂的正义社会,还必须回答,这样一个正义的社会能够稳定存在下去吗？在罗尔斯看来,如果我们所建构的正义社会只是一个短暂的、经一代或几代人之手就可能由于内部原因而垮掉的社会,那就没有什么意义。罗尔斯认为,他的公平正义理论分为这样两个部分:在第一阶段,制定出一种无政治立场(但当然是道德)的适合于社会基本结构的观念,第二阶段则是公平正义是否足够稳定的问题。如果不能如此,那么,就不是一种令人满意的政治正义观念,就必须以某种方式加以修正。[①] 从罗尔斯的这一论述来看,稳定性问题如果不能有说服力,他的理论也就没有证成。在《政治自由主义》的"导论"中,罗尔斯指出,他在《正义论》中的稳定性策略有严重问题。正因为如此,罗尔斯才转向政治自由主义,即重新塑造了他的理论。

一般而言,"稳定性"这一概念所讨论的是政治制度(秩序)的稳定性,它是政治制度的一个属性。当代政治哲学中,李普塞特对于现代民

---

① John Rawls, *Political Liberalism*, Columbia University Press, 1993, p.140.

主政治稳定性的一个说法可以作为代表,他说:"自从第一次世界大战以来,政治民主没有中断而持续,超过25年没有大规模的政治运动反对民主的'游戏规则'。"①一个"稳定的"民主制的特征就是能够长时间(长期)持续平稳地履行民主制度的功能而不至中断。而其他社会制度的稳定性,也应当具有同样的性质。② 然而,罗尔斯对稳定性的讨论则不是直接从制度本身开始的,他的进路是从观念的稳定性到社会制度的稳定性,即从道德观念的稳定性来探讨政治社会的稳定性。罗尔斯认为,一个组织良好的社会是由公开的正义观念来调节的。这样一个良秩社会能够持久,也说明它的正义观念是稳定的。罗尔斯说:"当制度(按照这个观念的规定)公正时,那些参与着这些社会安排的人们就获得一种相应的正义感和努力维护这种制度的欲望。一个正义观念,假如它倾向于产生的正义感较之另一个正义观念更强烈,更能制服破坏性倾向,并且它所容许的制度产生着更弱的不公正行动的冲动和诱惑,它就比后者具有更大的稳定性。"③罗尔斯认为,社会基本制度决定社会的秩序,因此,当一种社会基本制度为正义原则所确立时,那也就意味着这个社会是良秩的社会。而良秩社会能够持久,在于参与这一社会生活的人们在这种制度之下所形成的正义感。这种正义感越强烈,维护这一制度的欲望也就越强烈,并且,越持久,其制度也越持久。当然,罗尔斯所理解的正义制度的稳定性或政治稳定性并非意味着没有改革或变革的可能,而是说一个正义的社会如何长治久安。在罗尔斯这里,政治制度的稳定性是以正义感的稳定性为前提的。即如果在这一制度之下,人们的正义感是强烈而持久的,那么,这一制度就能够是稳定而持久的。因此,罗尔斯并非就制度本身的稳定性来探讨,而是把制度稳定性的根由放在人们的道德观念或道德能力上。因此,罗尔斯改变了探讨的方向,即一种正义制度的稳定性在于公民稳定而强有力的正义感。

---

① Seymour M. Lipset, *Political Man: The Social Bases of Politics*, Anchor Books, p. 30 (rev. ed. 1981).
② 如古希腊的民主制就是不稳定的,如雅典的民主制就易于蜕变为僭主制和寡头制。德国的法西斯专制就是从民主制蜕变而来。
③ [美]罗尔斯:《正义论》,何怀宏等译,中国社会科学出版社,1988年,第441页。

我们知道,罗尔斯对于道德人的理解主要是两种道德能力,即正义感的能力和自我善观念的能力。那么,我们怎么能够获得我们的正义感呢？在回答这一问题之前,我们要理解罗尔斯理论的结构,在他那里,有着无知之幕的原初状态是理论预设,是一种虚拟的状态,是他的建构主义理论的出发点。其次才是一层层掀开无知之幕而进入宪法和社会基本制度结构的环节,即进入"现实乌托邦"的理想社会的环节。在原初状态里,为未来社会确立社会正义原则的代表本身就具有两种道德能力和理性能力的正常人；而在进入理想社会这一阶段,则面临着如何培养具有两种道德能力的公民的基本问题。罗尔斯在这方面,有着类似于柏拉图的观点。柏拉图认为,只有在正义的制度下,我们才可找到正义之士,而在非正义的制度之下,正义之士是非常稀少的。罗尔斯认为,在一个良秩社会里,或在一个接近正义状态的社会里,"由于这样一个社会的基本结构是公正的,由于从社会公共的正义观念来看所有这一切安排都十分稳定,这个社会的成员将普遍具有那种恰当的正义感,并且都希望看到他们的制度的巩固……一个组织良好的社会代表性的成员将发现他希望其他人也具有那些基本德性,特别是具有一种正义感。他的合理的生活计划是和正当的约束性条件一致的,同时他必然会要求其他人也接受这些限制。"①罗尔斯理论进路首先是正义原则的选择及其制度的建构,然后才从个人的道德感上来论证正义感产生的必然性。

在罗尔斯看来,正义感与正义的基本制度内在关联。罗尔斯说:在他的理论"第一部分中,当事人的目标是选择出最好的原则,这些原则能够保证他们所代表的这些人的善以及他们的切身利益,而不管具体的心理因素。只是当暂时地掌握了正义原则之后,在第二部分,当事人才会考虑稳定性问题。他们现在开始思考具体的心理问题,开始检查在正义制度下成长起来的这些人是否发展出充分坚定的正义感"。② 而他的正义感理论有着一个个体道德的发展论的理论模式。即其产生可以得到道德发展、道德学习和道德心理学的支持。个人道德有一个从权威道德

---

① John Rawls, *A Theory of Justice*, Harvard University Press, 1971, p.436.
② [美]罗尔斯:《作为公平的正义》,姚大志译,上海三联书店,2002年,第303页。

阶段进到团体道德阶段,再进到原则道德阶段的过程。罗尔斯的社团道德所设想的社团,多少有着罗尔斯所设想的社会作为一个合作体系而存在的意蕴。他认为社团是一个合作系统,因而社团道德有着合作道德的特征:正义、公平、忠诚、信任与正直等。在罗尔斯看来,社团道德有着自然演进至原则道德的可能。即一个有着社团道德的人,应当具有对正义原则的理解力,并且,社团道德会自然地导致对正义标准的认知与把握。在罗尔斯的理论意义上,也就是当人们经历了前两个阶段的道德发展,也就必然可以认可罗尔斯的两个正义原则,并且产生相应的正义感。正义感使我们接受和维护正义的制度安排,以及为了建立正义制度、改革当前制度或为实现社会正义的安排而努力。或者说,为了把正义原则付诸实践,在一步步解除无知之幕而进入现实社会、在立宪阶段以及司法层面,以及其他的制度建构层面,有着正义感的人们就会在道德情感上认同正义原则,并以正义原则来指导。应当看到,罗尔斯的这个道德情感发展论吸收了皮亚杰以及柯尔伯格的道德发展阶段论的学说,尤其是对于权威道德的描述,是皮亚杰与柯尔伯格式的。而在社团道德与原则道德方面,则体现了罗尔斯自己的理论特色。从这样一种道德发展阶段论来看,罗尔斯的正义感理论,又少不了道德发展的前提。并且认为社团中所形成的正义、公平以及友爱的观念对于正义制度之下的正义感都是不可或缺的道德资源。从现实来看,完全公正而秩序良好的社会是一种理想,当人们了解了这种社会的充分知识内容,就有实现这种理想的愿望。换言之,正义感可以在这样一个过程中通过对原则的认同而产生。罗尔斯说:"正义原则的内容、它们产生的方式以及道德发展的阶段,表明了在作为公平的正义中这样一种解释如何可能。"[1]从这里可知,他的正义感理论并不完全像柏拉图,罗尔斯既强调对于正义原则的认知与正义感生成的关系,同时也强调个人的道德基础与前提。当然,如果真正进入一个公平正义的社会,无疑正义感是在制度之下形成与产生的。

当一个正义社会的基本成员都形成了稳定的正义感,制度的稳定性

---

[1] John Rawls, *A Theory of Justice*, Harvard University Press, 1971, p. 477.

也就有了道德的基础或道德前提。但仅仅有了正义感,正义的制度就是稳定的吗?换言之,社会基本制度的稳定性与正义道德感的形成与发展是一个问题还是两个问题?从罗尔斯的理论来看,罗尔斯确实是把这两个问题当成一个问题来处理。但他也意识到这两者并非可以完全归结为一个问题。罗尔斯注意到,一个社会的稳定性问题还有一条思路,即霍布斯的思路。霍布斯的政治社会是自私的人们为了自己的利益而从相互争斗中走出,通过缔结转让权利的契约而建构的。然而,霍布斯认为契约是言词而不是剑,没有使得人们服从的强制力量,只要人们觉得对自己有利,就会随意违反契约。这是说,自利的人们不可能建立一种信任的关系,必须以强权来制服。换言之,霍布斯不认为人们能够形成正义感,从自己的内心来维护这样一种制度。但罗尔斯则认为,人们具有了做公正的事的态度,就没有人以不公正的、损害他人的方式来发展自己的利益,并且,由于人们认识到公正的情操是通行和有效的,那也就不会有人有理由认为他必须违反规则来保护自己的合法利益。实际上,罗尔斯在这里持有一种与霍布斯不同的人性观。罗尔斯从康德式的自我出发,认为人虽然关心自我利益,但对于他人利益也应当尊重。在霍布斯那里,是一个随时可能毁约的自利人,在康德这里,则是一个遵守自己所定规则的道德人。正因为其人性论的依据不同,罗尔斯认为他的稳定性策略不同于霍布斯。换言之,罗尔斯在这里诉诸人们的道德动机和道德心理,当我们形成强而稳定的道德动机和道德心理,社会政治的稳定性也就落实了。但人们批评罗尔斯在《正义论》中没有将道德稳定性与社会稳定性区分开来①,罗尔斯的回答是:"关键的问题是这种稳定性是什么样的,以及保证它的力量是什么性质的。这里的思想是,某些规定了理性的人类心理因素和人类生活的正常条件的假设是,已定的条件下,在正义的基本制度——作为公平的正义本身所施行的制度——下成长起来的这些人拥有充分的理由忠诚于这些制度,从而使它们足够稳定。"②在罗尔斯的心目中,正义感之所以是政治稳定的关键所在,在于

---

① 参见周保松:《自由人的平等政治》,三联书店,2010年,第156页。
② [美]罗尔斯:《作为公平的正义》,姚大志译,上海三联书店,2002年,第305页。

他认为,生活于正义的基本制度之下的人们所形成的正义感是如此稳定,从而足以抵制可能发生的不正义倾向。

其次,罗尔斯认为能够不以霍布斯的策略来解决稳定性问题,在于正义与个人之善(好)之间的一致与融合。换言之,如果正义与个人之好发生冲突,那么,也就很难说人们形成的正义感是稳定的,因而也就很难说正义制度能够得到来自稳定的正义感的支持。那么,什么是对于个人而言的善或好呢？罗尔斯认为,构成个人之善的,首先是一个人的合理计划,并且是根据审慎的合理性而采用的计划。这样一种合理性计划是一旦满足一定的条件人们就乐于选择的计划。在这里,罗尔斯强调个人理性对个人的责任。他说:"按照审慎的合理性来行为只能保证我们的行为不受责备,并且只是使我们长期把自己作为人来对待。"①因此,合理性的善首先是一种理性自主的善。其次,合理性的善是一步步地去选择和追求更高级的计划,罗尔斯认为这是人们的一种基本动机机制,他把这称这为亚里士多德原则。最后,罗尔斯认为,当我们进行合理性规划时,我们不可能不把自己与他人共处于一个社会,人们是相互依存的事实考虑进来。也就是说,个人之善不可能完全是个人主义的或原子主义的,一个人的自由要与他人的自由相融并存,而不是伤害或损害他人自由。换言之,个人之善不是与正义原则相冲突的,而是一致的。因此,在罗尔斯看来,人类之善是受到正义约束的。罗尔斯说:"合理计划必须与正义原则相一致。相似的,人类的善也是受约束的。所以,人的情感和友谊,有意义的工作和社会合作,对知识的追求和对善的对象的塑造和观照,所有这些人们所熟悉的价值,不仅在我们的合理计划中是突出的,而且在大多数情况下能够以一种正义所允许的方式得到发展。"②相应地,欺骗、教唆他人犯罪以及处事不公都不是人类之善。同样,把个人之善或好看成是与正义的原则或要求相冲突,也就必然意味着那并非是个人之善,而只是个人之恶。然而,即使是如此问题,罗尔斯也认为,这并非是他所设想的经过原初状态下的契约而建构的社会的普

---

① John Rawls, *A Theory of Justice*, Harvard University Press, 1971, p.422.
② Ibid., p.425;参看[美]罗尔斯:《正义论》,中国社会科学出版社,1988年,第412页。

遍情形。如果发展到如此情景,那就等于是实际上的普遍利己主义的盛行。在罗尔斯看来,根据他的契约论的观点,人们的价值选择不会普遍朝向这个方向。因此,不存在着像霍布斯那样需要运用制度化的惩罚来对待普遍的利己主义行为的情形。他认为,在以两个正义原则指导建构的正义的社会,设想存在着普遍利己主义行为是站不住脚的,虽然罗尔斯也不反对制定惩罚措施。他说:"正当与正义原则在总体上是合理的,正是为了每个人的利益,人们应当按照公正的安排去做。同时,对正义感的总的肯定是一个极大的社会财富,它建立在相互信任和自信的基础上。在正常情况下这对每个人都有利。所以,在一致同意制定一个稳定合作系统的处罚措施时,各方接受了在确定正义原则的优先地位时承认的对自我利益的同种限制。假如对平等的自由的限制和法规得到充分的承认,那么,一旦依照经过考虑的根据接受了这些原则,使必须维护的公正制度的措施富有权威就是合理的。"①

就此而论,罗尔斯也并非不认为,不存在那种搭便车或逃票乘客一类的人。即他并不认为不存在那种只想得到正义社会之利而不想尽责任的人。对他们来说,社会公正的安排的确不符合他们的本性,而这只能说是他们的不幸。这样的人的行为无疑是与正义原则不一致,并力图摆脱正义原则的约束的,也无疑是对人类之善和公共利益的损害。如果人人都如此,那正义感必然是不稳定的。罗尔斯也注意到了这样的问题。他首先是从道德情感上进行分析。罗尔斯指出,一个欺骗他人的人会感到既负罪又羞愧,他感到负罪是因为他已经损害了一种信任关系,他不公正地为自己谋得好处;他感到羞愧是因为他使用了这样的手段,从而使他在他人眼里成为不值得信任的人。换言之,罗尔斯以康德式的自律概念作为道德人的基础性概念,从而他所诉诸的是个人的道德自觉。其次,人们也可能会问,在一个社会中,所有成员的正义感都是很强的吗?有天生没有正义感的人吗?罗尔斯的回答是,假设某人由于先天的缘故生来就缺乏正义感,那只能说是一种缺陷;但是,我们几乎不可以说一个民族或已得到公认的人类群体会缺少这种特性。但罗尔斯承认,

---

① John Rawls, *A Theory of Justice*, Harvard University Press, 1971, p.576.

在一个社会中,一些成员的正义感可能是参差不齐的,但并不能因此否定任何一个理性存在者有着这样的能力或潜在的能力。并且,我们不能因为某人较低的正义能力而剥夺他享有充分正义保护的权利。

罗尔斯认为,我们相信人们富有正义感,不仅仅在于康德的自律人的概念是其前提,而且在于,一个以公平正义原则为基本原则而建构的社会(制度),人们的正义感与善观念是内在一致的。人们不需要以违背正义原则来谋取自己的好。在这个意义上,罗尔斯提出正义与个人之善的契合。正是这种契合,确保了正义感的稳定性。在他看来,如果许多人感觉不到一种正义感是与他们本身的利益或善一致的,人们的正义感必然会被削弱。在这种情形下,惩罚措施必然发挥较大作用。然而,一个社会越是缺乏这种一致性,产生不稳定性以及相应的恶的可能性也就越大。

罗尔斯的正义感的稳定性还在于他的公平正义原则与功利主义的正义观相比较,有着更多的优势。罗尔斯承认有多种正义感,如以功利主义正义原则为内容的正义感。罗尔斯认为在公平正义原则指导下的制度(社会)中,正义与个人之善的契合度更高。功利主义的正义观以提高全体人口的幸福总量为其目的,但它同时认可一些人的较大利益可以抵偿另一些人的较小损失,那么,我们能够指望那些比较幸运的人的受益可激起受益较少的人对他们的友好情感吗?当那些幸运者总是强调受益者的满足感的重要性时,他们之间还有这样一种情感吗?因此,罗尔斯说:"互惠原则不能发挥作用,诉诸功利只会引起怀疑。"①罗尔斯指出,以功利原则来调节的社会对于所有人的关心,并不是对人的平等关心,因而远不是公平正义原则调节的社会对人的关心,它必定会损害一部分人的利益,它损害了人们之间的互惠,在这样的情形下,社会多数成员能够达到情感的同一几乎是罕见的情形。由此产生的正义感是不稳定的。罗尔斯还指出:"实行功利主义原则会破坏失败者的自尊,尤其是当他们已经陷入不幸的时候。让整个社会秩序去要求人们为了一个更高的善而自我牺牲,去否定个人的价值,去减少社会交往,这是权威

---

① [美]罗尔斯:《正义论》,中国社会科学出版社,1988年,第486页。

道德……的特征。"①在罗尔斯看来,公平正义原则体现的互惠性将产生一种普遍稳固的自我价值感,从而也产生稳定的正义感。罗尔斯的契约论使得人们在原初状态就选择了两种正义原则而没有选择功利主义的正义原则,这意味着在原初状态的选择中蕴含了道德感(正义观念)的稳定性。当人们都从情感态度上接受由这样的原则所指导的制度安排时,这样的社会较之功利主义原则指导的社会无疑有着更大的稳定性。从稳定性的意义上看,原初状态中的代表在不同的正义原则之间进行选择时,也把正义社会基本制度的稳定性放在其中,而这种考量则把相当的重量放在了道德心理学的支持上。罗尔斯自己也承认,如果他的道德心理学不正确,那么,"作为公平的正义就会有严重问题。"②当然,罗尔斯并非觉得他的道德心理学出了问题,而是仅仅认为从道德心理学来寻求正义社会的长期稳定支持是远远不够的。当代民主社会的基本结构表明,一个社会制度的稳定性既是公民正义道德感的支持,同时也有基本结构本身的合理性问题。如阿肯顿勋爵所说的"权力使人腐败,绝对的权力导致绝对的腐败。"以往的专制制度就是君主有着绝对权力的政治制度,从而也就是导致绝对腐败的制度。以权力制衡权力,可以得到社会和公民大众有效监督的政治结构,是当代政治体制走出绝对腐败的成功经验之一。世界历史的政治经验表明,腐败丛生的专制制度必然是不稳定的和脆弱的,而廉洁的政治体制有着远比专制制度稳定得多的优势。当然我们可以说,罗尔斯是在政治哲学层面而不是在政治学的层面来讨论稳定性问题,他从道德心理学角度来讨论正义社会的稳定性,仍然是对政治稳定性讨论的一个贡献。

二、对稳定性问题的重新思考

《正义论》发表之后,受到了当代无数哲学家前所未有的关注,也迎来了无数的批评。罗尔斯的著作被人们认为从事这一领域里研究不可绕过的著作。罗尔斯的后期著作《政治自由主义》,一是罗尔斯自己对

---

① [美]罗尔斯:《正义论》,中国社会科学出版社,1988年,第487页。
② John Rawls, *Political Liberalism*, Columbia University Press, 1993, p.252.

稳定性问题的长期思考的结果,二是罗尔斯接受他人批评的产物。罗尔斯在《政治自由主义》"导论"中提出,《正义论》中有一个严重问题,即对稳定性解释的问题,而《政治自由主义》与《正义论》的差异就在于消除这一问题。那么,这是一个怎么的问题呢？即与公平正义相联系的良秩社会的稳定性是建立在他所认可的整全性学说的基础上的,也就是康德式道德学说(康德式的本体自我、康德式的自律道德)以及相应的政治学说的基础之上。罗尔斯现在意识到,这是不现实的。罗尔斯说:"这个严重的问题是:一个现代民主社会不仅具有整全式的宗教、哲学和道德学说的多元化特征,而且是不相容而合乎理性的整全性学说的多元化特征。这些学说的任何一个都不可能得到公民们的普遍的认肯。"①因此,如果将社会制度的稳定性仅仅确立在对某一种整全性的学说认同的道德正义感之上,无疑与民主社会的现实严重不符。如果承认这一现实,那么,罗尔斯公平正义的理论形态也就必然改变,即从一种政治、道德与哲学的整全性的学说转换为非整全的政治学说,公平正义观念被称之为政治的观念。② 并且,还有在《正义论》中没有出现的重叠共识、公共理性、政治建构主义等重要理念。因此,将正义感仅仅确立在对某一种整全性学说的认同前提下的理论构架必然改变。这一改变导致两个方面的理论建构:一是罗尔斯将形成正义感的道德心理学进行了重新解释,二是针对合乎理性的多元性的整全学说即理性多元的事实,提出重叠共识论,把正义的政治制度的稳定性既建立在对公平正义的政治观念认同的正义感上,同时更重要的是,建立在重叠共识的基础上。

  前面提到,罗尔斯的公平正义理论分为两个部分,制定出公平正义原则仅仅是第一阶段,而第二阶段则是稳定性问题。在第二阶段的稳定性问题中,重叠共识是罗尔斯后来最为强调的一个方面,罗尔斯指出:"没有合理的重叠共识,也就没有对政治社会的公共辩护(public justifi-

---

① John Rawls, "introduction", *Political Liberalism*, Columbia University Press, 1993, p. xvi.
② 正是由于这一转变,人们认为这是罗尔斯的自由主义立场的重大转变,即从《正义论》中的普遍主义转向具体情景为背景的特殊主义,或具有社群主义特色的自由主义。参见 Ed Wingenbach, "Unjust Context: The Priority of Stability in Rawls's Contextualized Theory of Justice", *American Journal of Political Science*, Vol. 43, No. 1 (Jan., 1999), pp. 213-232。

cation)，这样一种辩护对于正当理由以及合法性而言，是与稳定性的观念联系在一起的。"①对于稳定性问题，不应仅仅理解为是公平正义原则的可行性问题，而是直接影响到正义原则的公共辩护和正当性。既然稳定性被视为正义原则的公共辩护的必要条件，则它从一开始就为公平正义的可辩护性设下了一个条件，一个可辩护的原则必须满足社会稳定性要求。哈贝马斯提出，如果把稳定性问题看成是对于正义原则进行道德辩护的一个必要部分，并且像罗尔斯所认为的那样，是一个实践问题，严重的后果之一就是产生某种道德妥协。② 这样，正义原则的道德基础就会削弱。因为公平正义的原则本来因其自身的合理性而在原初状态下为人们所选择的，即原初状态的设置就已经确保了它的正当合法性，然而，现在却需要在现实经验层面来接受重叠共识的考验，如果不能通过，则公平正义原则本身就不具有合法性或正当性。如果是这样，人们也会认为，可能的问题就是政治自由主义不能保证公民会对政治自由主义有一致共识，而成为临时协议。③ 但这个问题实际上罗尔斯自己已经进行了回答。对于把稳定性作为正义原则公正证成的必要部分，从而认为这会削弱道德基础的问题，罗尔斯的理论回答是，如果能够成功地进行重叠共识的论证，也就是得到了正当性与合法性的辩护，反而更增强了公平正义原则的道德吸引力，从而这个道德基础的稳固的。像周松保所提出的，一旦没有共识，罗尔斯得退回第一阶段，修改正义原则的内容。但实际上这样的忧虑并不存在，因为罗尔斯在理论上建构的重叠共识是可以证成的。

还有，稳定性问题与正义原则的合法性(正当性)是内在关联的吗？是决定正义原则的必要条件吗？有人认为，"正义是一回事，而正义是否能够在一个社会中长久地持续下去则是另一回事。这两个问题，同样重

---

① John Rawls, *Political Liberalism*, Columbia University Press, 1993, p.386；对于"public justification"这一词级中的"justification"，有的译为"证成"，或"证明"。
② Habermas, "Reconciliation Through The Public Use of Reason: Remarks on John Rawls' Political Liberalism," *The Journal of Philosophy*, 1995: 109-131.
③ 周保松：《自由人的平等政治》，三联书店，2010年，第165页。

要,但却不可在概念上混淆,认为前者必然涵蕴后者。"①在人们看来,罗尔斯似乎也接受这点,认为建立一个自由而稳定的社会是自由主义的首要目标。但如果接受这点,把稳定性看成是证成正义原则的必要条件一开始就错了。我们认为,首先,罗尔斯确实把这两者看成是两个问题而不是一个问题。这可以从罗尔斯在原初状态的代表进行正义原则的选择时,罗尔斯所列举的多种正义原则得到证明。其次,罗尔斯的理论是一步步向前推演的,原初状态的设置只是制定出正义的原则,或证成了公平正义可以得到参与者的一致认可,但仍需要在无知之幕解除之后,从理论中证明是否在实践中可以建构一个稳定的正义社会。在《正义论》中,罗尔斯只是从正义感入手,强调公平正义的原则在道德正义感方面的优越性,指出强大的道德动机的支持是一个正义的制度长久持续的深厚基础所在。反过来说,如果罗尔斯认为人们所选择的正义原则得不到人们的道德认同,或道德认同感不强,这个正义的原则就难以在现实中维系下去。最后,稳定性问题又从这个方面说明了正义原则本身的正当性或合法性问题。即如果一个政治正义观念得不到道德正义感和重叠共识的稳定支持,只能证明这一正义观念本身是有缺陷的。罗尔斯原来只认为有了道德上的正义感的稳定支持就可以了,但当他认识到理性多元的问题之后,认为如果不能证成重叠共识,公平正义原则在民主社会的可行性就会成问题。正因为如此,罗尔斯才下了大力气进行政治自由主义的转向。

罗尔斯在《政治自由主义》中指出,就政治稳定性问题而言,如果不考虑民主社会的政治文化的多元性这个事实是有问题的。有三个普遍事实:一是合乎理性的、整全性的宗教学说、哲学学说和道德学说并非仅仅只有一种,而是多元的,并且将永久存在。二是所有公民不可能仅仅认同这其中的某一种整全性学说,除非国家使用压迫性的权力。三是一个持久而安全的民主政体,必须得到该社会在政治上持积极态度的公民的多数支持。这样三个事实也就决定了,不可能寄希望于全体公民仅仅在某种整全性的学说所提供的道德与价值观念基础上达到某种道德正

---

① 周保松:《自由人的平等政治》,三联书店,2010年,第166页。

义感,从而实现对制度的稳定支持,即不可能从不同公民所认同的多样性或多元性学说这一前提来寻求永久而合乎理性的政治一致性的基础。因此,"既然没有一种合乎理性的宗教、哲学与道德学说能够得到全体公民的认可,那么,在一个秩序良好的社会里得到认可的正义观念,就仅限于我称之为'政治领域'及其价值观念"。① 因此,罗尔斯现在把正义观念看作是政治的正义观念。也就是说,在民主社会中的公民的正义感,并非来自于某一种整全性的宗教、道德、哲学学说,而是来自于这一制度以及制度本身所体现的价值。

为何可以将公平正义原则称之为政治观念? 这样称呼不仅仅是一种称谓的改变,更重要的是性质的改变。罗尔斯的理由是:公平正义原则具体规定着某些基本的权利、自由与机会,这些基本权利、自由与机会是由社会基本结构来确保的,并且赋予这些权利与机会特殊优先性;其次,它不仅仅是关于社会基本结构的实质性正义原则,而且还包括着各种对于公共事务的探究指南或推理原则。② 公平正义原则涉及宪法根本以及社会的基本正义,在这个意义上,它相对独立于各种整全性的宗教、道德与哲学学说。

当然,也不排除可以把它看作是一种道德观念,然而,在把它定性为政治的正义观念之后,如果把这种政治的正义观念也看作是一种道德观念,"那它也是为特殊主题所创造出来的道德观念,亦即为政治制度、社会制度和经济制度所创造出来的道德观念。尤其是,它适用于我将称之为社会'基本结构'的领域。"③从道德观念的意义上,罗尔斯指出,政治的正义观念与其他道德观念的区别,仍在于范围的不同。如果是适用于广泛主题,并普遍面向诸如人生价值、人生理想以及友谊、家庭等主题,这样的道德观念是普遍性的,并且也是整全性的道德学说的体现,而政治的正义观念作为道德观念,仅适用于社会基本结构,不涉及到广泛性主题,因而并非是整全性的。

---

① John Rawls, *Political Liberalism*, Columbia University Press, 1993, p.38.
② Ibid., p.223.
③ [美]约翰·罗尔斯:《政治自由主义》,万俊人译,译文出版社,2000年,第11页;John Rawls, *Political Liberalism*, Columbia University Press, 1993, p.11.

在《正义论》中,公民的正义感有着道德心理学的基础,那么,在《政治自由主义》中,还有同样的道德心理学基础吗?我们知道,在《正义论》中,公民们是在权威道德、团体道德之后,在原则道德阶段上达到对正义原则的道德认同,即由于对公平正义原则的认同而产生了正义感。罗尔斯指出在公平正义原则前提下的正义感有着远比功利主义原则更强的稳定性。在《政治自由主义》阶段,罗尔斯放弃了对于整全性的宗教、哲学和道德学说的承诺,也就意味着对于稳定性的道德心理学不可能再寻求以某种学说为其前提。罗尔斯认为,不可能诉诸同样的以道德学习、道德发展为前提的道德心理学,但他仍然承认有某种道德心理学的基础。不过,从政治观念来看而形成的正义感,仍然有着道德心理学的基础。首先,罗尔斯认为正义感不是建立在对于某种整全性学说承诺的前提上,而是人们在正义的良秩社会背景下的对公平的接受与认同,形成了公民的正义感。从道德心理学上看,他们的正义感足以抵制各种非正义的倾向,公民们愿意这样做,是为了他们相互之间能够永远公正地对待。这符合他们的利益。

为区别于《正义论》中的论证,罗尔斯现在称道德心理学为"理性的道德心理学"。但什么是"理性的道德心理学"?这里的关键在于理解"理性"这一概念。罗尔斯这里的理性是实践理性,即参与社会合作的理性。他强调理性的第一个基本方面在于提出社会合作的项目并参与这些项目的意志,第二个方面则是判断的负担。即理性是多元的,人们对于自己理性判断的负担承担相应的责任。作为理性的人和作为合理性的人,我们不得不做出各种各样的不同判断,我们不得不权衡我们的各种目的以及它们在我们生活中的适当位置。由于我们所承诺的整全性学说的不同,因而不能认为我们所认可的都为真,但并不因此而不承担我们的判断后果。因此,我们不能期望正直而有理性的人们总能达成一致的判断。理性的道德心理学也就要求我们包容基于不同的整全性学说而得出的判断,即承认整全性宗教、哲学与道德的多元性。

现代社会中的理性既是多元的,也有公共性的一面。这个问题以下将展开更多论述。这里只是指出,理性分歧或理性多元是我们承认整全性的宗教、哲学与道德学说的前提,但这并不意味着公民们没有理性共识的理性前提,这前提就是理性的公共性。因此,罗尔斯相信,只要我们是理性的,我们就能够创造出公共社会的空间,并且,自由而平等的公民之间的社会合作,也应当满足充分公共性的要求。当政治正义观念满足这一要求时,基本的社会安排和个人行动就完全能够获得正当性的证明,公民就能够为自己的信念找到正当理由。罗尔斯说:"当他们相信制度或社会实践是正义的或公平的(如同这些概念所具体表明的)时,他们便准备并愿意履行他们在这些安排中所负的责任……如果其他人有明确的意图去努力履行他们在正义的或公平的安排中所负的责任,那么,公民就易于发展相互间的信赖和对他人的信任;合作性安排的成功保持得愈长久,这种信赖和信任也就愈强烈愈完善;同样真实的是,随着确保我们根本利益(基本权利和自由)的基本制度愈稳固,则公民们愈乐意承认。"①毋庸置疑,罗尔斯所说的这一切,就是稳定性问题。在罗尔斯看来,这也是一种道德心理学,但不是从人性科学的心理学,而是从公平正义的政治观念中引出的道德心理学。公平正义的制度本身与稳定的正义感两者之间存在着一个双向来回增强的机制。

从这一理性的道德心理学的论证来看,罗尔斯虽然强调了现代民主社会的理性多元的整全性学说这一事实,但并没有完全放弃从道德的稳定性来论证社会的稳定性。当然,从道德的稳定性意义上,也有了变化,即罗尔斯把从某一种整全性学说为前提的正义原则之下的道德感转换成政治的正义观念之下的正义感。这种道德的稳定性同样是罗尔斯论证一个正义社会稳定性的策略。因此,即使罗尔斯强调要正视整全性宗教、道德和哲学学说的多元性这一事实,但他仍然认为道德稳定性是社会稳定性之根本,而仅有道德稳定性不足以回答正义社会的稳定性问题。

三、对重叠共识的两个异议的澄清

罗尔斯在《政治自由主义》之中,较之《正义论》中对于稳定性问题的重大改变,是基于多元理性的整全性的宗教、哲学与道德学说,基于公

---

① John Rawls, *Political Liberalism*, Columbia University Press, 1993, p. 86.

民们不可能完全认同某一种整全性的学说而提出的重叠共识论。罗尔斯在《政治自由主义》中指出,稳定性包括两个问题:一是正义制度下成长起来的人是否获得了一种正常而充分的正义感,以使他们都能服膺这些制度。这个问题我们已经讨论过。二是由于民主社会公共文化的普遍事实,尤其是理性多元性的事实,有一个这些理性多元的学说是否可以在政治观念上实现重叠共识的问题。这一问题还包括一个问题:罗尔斯所荐举的政治正义原则或政治观念是否可以成为重叠共识的核心。即要达成重叠共识,这一核心在哪里,或围绕什么实现共识。

我们先回答最后这个问题。我们知道,在《政治自由主义》中,罗尔斯仍然以他的原初状态来说明两个正义原则的根源。在这个意义,即不论是现实中的公民实际上信奉何种宗教、道德和宗教学说,在原初状态中,就已经选择了各种政治的正义原则或观念,从而选择了罗尔斯所荐举的两个正义原则。其次,罗尔斯指出,在现代民主政治社会,最符合理性的政治正义观念是自由主义的观念,这意味着它保护人们所熟悉的那些基本权利并赋予它们以特殊的优先性。有人认为,"罗尔斯低估了多元社会分歧的深度……即使是在《政治自由主义》中,罗尔斯强调多元分歧的意义,但他仍然假定多元社会的成员是合乎理性的,就大多数情况而言,'合乎理性'意味着接受自由主义的宽容原则。"[1]我们认为,罗尔斯并非没有意识到分歧的深度。同时,合理性的多元对不同学说的宽容是有前提的。罗尔斯认为,政治的正义观念是借民主社会中的某些基本理念表达的,而这些基本理念隐含在民主社会的公共政治文化之中,此种公共政治文化由一立宪政体的各种政治制度、司法解释等公共解释传统以及共同知识的历史文本所组成,而各种整全性的宗教、道德与哲学学说则是这一公共文化的背景。当代恐怖主义所造成的暴力冲突所表明的,并非是罗尔斯的理论错误,而恰恰表明了,恐怖主义的基本理念并非隐含在民主社会的公共政治文化影响之中。罗尔斯强调,公平正义是从这一政治传统内部开始的,而且也把世世代代长期传承的公平合作

---

[1] Alexander Kaufman, "Stability, Fit, and Consensus", *The Journal of Politics*, Vol. 71, No. 2 (Apr., 2009), p.533.

体系以及自由平等的公民看作是它的基本理念。罗尔斯因此证明了以公平正义两正义原则为内容的政治的正义观念成为各种合乎理性的整全宗教、道德与哲学学说共识的充分理据。

即使人们承认重叠共识是必然达成的，但也并不意味着这就是现代民主社会长期而必然的现象。第一个异议是：各种整全性学说的支持或达成共识，只是一种权宜之计或临时协议。罗尔斯现在把政治制度或社会基本结构的稳定性诉诸重叠共识，如果重叠共识只是一种权宜之计或临时协议，那意味着将具有公平正义原则视为灵魂的政治制度的稳定也就成了一句空话。临时协议指的，只是一种利益的平衡，如发生冲突的两个民族之间的一种临时性的协商条款。如果这种利益平衡被打破，那么也就意味着协议可能会遭人违背。在这里，双方都把遵守协议看成是自己民族的利益。然而，罗尔斯指出，一般而言，两国都想以牺牲对方的利益来达到自己的目的，而如果它们这样做的话，谈判条件随时都可能发生变化。这种背景显示了临时协议的特征。

罗尔斯认为，政治正义观念所形成的重叠共识不具有这种临时协议的性质。这是因为，政治的正义观念本身是一个道德观念，罗尔斯说："它是在道德的基础上被认可，这也就是说，作为道德观念它包含着社会的观念和作为个人的公民观念，也包括正义的原则和政治德性论，因有这些德性，那些正义的原则具体体现在人的品格之中，也表现在人们的公共生活中。"①也就是说，所有公民对政治的正义观念的认可，有着内在的道德基础与前提。因此，重叠共识不像两个战时的国家那样，其共识仅仅建立在自我利益或群体利益的基础上，从自我利益或群体利益的需要出发来接受某些权威，或服从一定的制度性安排。所谓临时性协议，也就是这种协议会因为自我利益需求的变化而改变。然而，由于重叠共识有其道德前提与基础，因而那些从自身的宗教、道德与哲学立场出发认同政治正义观念的人，不仅不会撤回他们对政治正义观念的支持，而且还会随着正义制度实践的发展而不断得到增长，从而更加稳定。在《作为公平的正义》中，罗尔斯也指出，重叠共识不是乌托邦。我们也

---

① John Rawls, *Political Liberalism*, Columbia University Press, 1993, p.147.

许可以假设,接受公平正义的原则是一种纯粹的权宜之计,如同宗教改革之后把自由原则作为权宜之计接受下来。然而,对于没完没了的、毁灭性的内乱来说,这是唯一的选择。我们现在要问的是,"对作为权宜之计的作为公平的正义的最初默认如何能够经过世代的交替而发展为一种稳定而持续的重叠共识?"①罗尔斯认为,公民在确认公共的政治观念时,用不着考虑这种政治观念以什么方式同他们的其他观点相联系,即他们有可能首先根据这个观念本身来确认它,如与功利主义的正义原则相比较,公平的正义原则无疑会收到更多或更普遍而稳定的认同。罗尔斯说:"这样我们推测,当公民开始赞赏自由主义观念所取得的成就的时候,他们就获得了对它的忠诚,而且这种忠诚愈久弥坚。他们开始理性地和明智地考虑应当将它当作表达政治价值的正义原则来加以确认,这些政治价值通常超过可能同它们发生冲突的任何价值。从而,我们就获得了重叠共识。"②

第二个异议是,如果把政治的正义观念看成是独立于各种宗教、道德与哲学学说的政治观念,那么,怎么看待政治的正义观念与真理的关系?或者说,这是否真的意味着对于政治的正义观念要持冷漠或怀疑主义的态度。如果认为政治的正义观念具有这种怀疑主义的冷漠性,从而也就把自己置于与大量的整全性学说和观点相对立的地位,因而也就从外部使各种整全性学说之间无法达成重叠共识。罗尔斯的反驳理由是,首先承认所有公民都是从自己所信奉的那些整全性的宗教、道德与哲学学说出发来认可政治的正义观念,因而从他们自己的立场出发,是认为公平正义的政治观念为真,质言之,将该政治观念作为真实而合乎理性的观念予以接受。罗尔斯说:"那么,如果一个政治的正义观念得到恰当的理解,对待哲学和道德学说中的真理的冷漠态度,并不会比得到恰当理解的宽容原则对待宗教真理所持的更多些。"③罗尔斯提到,对于冷漠或怀疑主义的态度问题,可能并不因此而得到了澄清。因为人们还会这样质疑:如果不是持有冷漠或怀疑主义态度,不会搁置根本性的宗教问

---

① [美]罗尔斯:《作为公平的正义》,姚大志译,上海三联书店,2002年,第318页。
② 同上书,第320页。
③ John Rawls, *Political Liberalism*, Columbia University Press, 1993, p.150.

题、哲学问题和道德问题。这些分歧是如此重大,如宗教分歧在西方历史上所产生的根本性分歧,就导致了国内战争。罗尔斯的回答是,关键不在于是否把这些问题排除在政治议程之外,也不在于这些冲突是不是根本性的,"相反,我们应诉求于政治的正义观念,来区分那些可以合乎理性地排除在政治议程之外的问题与那些不能排除在政治议程之外的问题。至少在某种程度上,哪些问题属于政治议程之列仍是有争议的,这对于政治问题来说是正常的"。[1]

在什么时候把什么问题列上政治议程,在不同的历史时期可能由于社会、政治、经济和宗教的缘故而不同,然而,它能不能成为政治议题在于这样的问题是否与宪法根本、社会基本制度或社会秩序的运行相关。这也就是罗尔斯所说的诉求政治的正义观念的原因,因为政治的正义观念关涉到宪法根本与社会基本结构。如罗尔斯所解释的,在现代民主社会,平等的良心自由,是公平正义原则所包含的基本自由之一,这一自由将宗教真理问题排除在政治议程之外,因为它已经是公民所认可的基本自由的信仰自由问题,而信仰自由是平等良心自由的内容之一。然而,在两三百年前,并没有确认这样一种自由,现代民主社会能够走到这一步,是与西方社会在历史上经过了宗教宽容的艰难时期分不开的。还有,罗尔斯指出,为公平正义的政治观念所认可的这些自由通过排除奴隶制而把这些制度的可能性排除在政治议程之外,这也是政治文明史的进步使得我们今天的政治议程可以不把它放在其中。当然,在任何社会的任何一个历史时期,都可能会有不同的政治问题,哪些问题将进入政治议程的争议也许是不可避免的。但这并意味着人们就因此而对某些问题产生了冷漠。

四、宪法共识与重叠共识

重叠共识之所以必须,是因为现代民主社会存在着多元理性的各种整全性的宗教、道德和哲学学说,重叠共识之所以可能,在于在现代民主政治文化的背景下,在政治观念方面存在着重叠共识的政治文化前提;

---

[1] John Rawls, *Political Liberalism*, Columbia University Press, 1993, p.151.

更重要的是,从公民自身来看,则是公共理性起着关键性的作用。换言之,多元性理性事实是一个方面,另一方面,则是公共理性。那么,什么是公共理性?公共理性是公民的理性,其目标是公共善和根本性正义,其内容所涉及的是宪法根本或基本正义问题。如选举权问题、机会平等问题、财产分配或分配正义问题等,这些问题以及相类似问题都是公共理性的特殊主题。公民都有着自己所信奉的整全性宗教、道德与哲学学说,人们是根据这些学说所给出的理论与立场来看待自我的价值与善的。在这个方面,就公民本身而言,可以看作是有着特殊理性的个人,从社会层面看,则为理性多元。因此,公共理性与特殊理性或多元理性似乎存在着悖论。然而,当政治的正义观念获得各种合乎理性而整全性的学说的重叠共识支持时,这种看似存在的悖论也就不存在了。罗尔斯说:"民主社会包括着社会基本结构内公民间的一种政治关系,他们生于这社会之中并正常度过其终生。这意味着,公民们还平等地分享着他们通过选举和其他方式而在相互间所实施的强制性政治权力。作为理性的公民,知晓他们所认可的合乎理性的宗教学说和哲学学说的多样性,可以解释他们行为的基础,这个基础即是每个人都能合乎理性地期待他人可能赞同的,与他们的自由和平等相一致的说法。试着符合这个条件是民主政治的理想要求我们的任务之一。理解我们作为民主政治的公民应如何行动,包括着对公共理性理想的理解。"[1]然而同时,所有那些认可政治的正义观念的人们,从他们所信奉的整全性的观点出发,以其宗教的、道德和哲学的学说为基础而得出他们的认可结论。"事实上,人们依据他们自己的前提认可同样的政治观念,并不意味着这使得他们更少一些宗教的、道德的哲学的色彩,因为在这里,他们真诚地持有的这些前提决定了他们认可的性质。"[2]罗尔斯把公共的正义观念表达为独立于各种整全性的学说之外的观念,即这一政治的正义观念不提供超出该政治观念本身意思之外的特殊的宗教学说、形而上学和认识论学说。但是,"该政治观念是一个标尺(module),一个根本性的构成部分,它在不

---

[1] John Rawls, *Political Liberalism*, Columbia University Press, 1993, p.217.
[2] Ibid., p.147.

同方面都适合于并能得到各种合理性的、整全性学说的支持,这些学说在为它所规制的社会中长期存在。"①公共理性涉及的是根本性的政治问题,如投票选举问题。从公共理性的要求来看,公民根据政治价值的理性要求来进行投票选择,公民们所信奉的多元性的、合乎理性而整全性的学说,无疑又为其政治选择提供了深刻的背景支持。而公民们所信奉的多元性的、合乎理性而整全性的学说之所以能够为公民们的政治选择提供背景支持,在于这些多元性学说本身就是民主政治文化的构成部分,对于政治价值或宪法根本等的政治议题有着内在达成共识的要素。

在理性多元的各种宗教、道德与哲学学说之间达成对于政治的正义观念的共识,罗尔斯认为应分两步,即两个阶段。第一阶段是达成宪法共识,第二阶段才是重叠共识。宪法共识也就是把根本性的政治原则仅仅看成是宪法之根本,这些原则仅仅作为原则来接受,而不是把它作为个人的政治观念和社会观念的依据,也不把它看成是一种共享的公共观念。在这个意义上,共识并不深。宪法共识可以产生?可以这样设想,在某一时代,由于各种历史事件或偶然性所致,人们把某些自由主义原则仅仅作为一种临时协议接受下来,并且将这些原则带入现存的政治制度。或者说,人们将这些原则确认为指导基本制度的根本性原则,从而这种临时性协议最后则确定下来,其所认可的原则最终成为宪法共识。在罗尔斯的心目中,美国建国过程中所达成的宪法共识似乎就在他的视野之内。在这里,宪法共识与整全性学说之间是一种怎样的关系?罗尔斯设想了三种情况:一是政治原则是从一种整全性学说中推导出来的,二是虽然政治原则不是从该整全性学说推导出来的,但却是相融的,三是政治原则与该整全性学说不相容。然而,罗尔斯却认为,我们无须研究这种复杂的情况。这是因为,在他看来,就大多数公民所信奉或持有的那些影响他们政治选择的宗教、道德与哲学学说而言,并非是像理论形态那样完备而充分,并且在不同方面每个人的程度也不同。因此,罗尔斯认为,在这中间存在着许多弹性,自由主义的正义原则在许多方面都与那些(部分)整全性学说保持着松散的连贯性,在自由主义的正义

---

① John Rawls, *Political Liberalism*, Columbia University Press, 1993, p.144.

界限内,在许多方面都允许在没有意识到这些政治的正义原则与其他观点有特殊联系的情况下,就认可或接受那些已经体现在社会制度之中,并已融入其政治实践的正义原则。而随着时间的推移和自由主义的政治价值赢得人们的忠诚,并且,当自由主义原则有效地调节基本政治制度时,宪法共识就达到了一种稳定性状态。

  稳定性的宪法共识趋向一种重叠共识。在罗尔斯看来,重叠共识达到这样一种深度:对于政治原则的共识建立在一种政治的正义原则基础之上,并且这一正义原则从宪法的根本性原则扩展至适用于这一社会和个人的基本理念;就其广度而言,也超出了政治原则制度化的民主程序,而扩展到包括基本结构整体的原则。罗尔斯认为,重叠共识是宪法共识的扩展,达成宪法共识,就要进入公共政治论坛进行政治对话和讨论,在公共论坛中形成自己的政治话语,并形成多数,而在这样做的过程中,政治的正义观念得到了系统的阐释。这些观念提供了共同讨论和发展公共议题的基础,同时也为每个有着自身利益需求的集团所认可的原则提供了一个更为深刻的基础。这表明重叠共识达到了一个深度。就其广度而言,有这样两个方面:以根本立法来保障各种自由,如良心自由和思想自由,以及结社自由和移居自由等;并且,在这个阶段,人们认识到,宪法共识所包括的权利、自由和程序等,仅仅涵盖了根本性政治问题的有限部分,而种种力量都倾向于对宪法做某些方面的修正,以使其包括更深刻的宪法根本内容,或者以必要的立法来达到这一效果。"在这样两种情形中,不同集团都将为了以一种政治一致与连贯的方式来解释他们的政治观点,从而倾向于发展一种涵盖基本结构作为整体的宽广的政治观念。"[1]就此意义而言,罗尔斯认为他对公平正义的政治观念,或政治的正义观念的公共辩护已经完成。因为它是基于公共理性的前提和基础上,对于公共领域里的政治观念的辩护。这一政治观念是通过原初状态所制定的,并以此作为宪法的根本原则。在这个意义上,即以公平正义为根本原则的自由民主社会,其合法性和正当性可以得到辩护。

---

[1] John Rawls, *Political Liberalism*, Columbia University Press, 1993, p. 167.

第四节　多重共同体与多重分配正义原则

分配正义是当代正义问题讨论的中心问题,同时也是当代中国正义理论建构不可回避的重大问题。对于分配正义有着两种理解,一是将分配正义理解为仅仅是生活资源的分配或经济财富的分配,一种是广义的所有社会可分配的资源都在分配正义的视野范围内。在这里,我们是从后一视野来展开这一问题的讨论。

一、罗尔斯两个正义原则的不同特性

罗尔斯的正义论提出了两个著名的正义原则,即平等自由原则和分配正义原则。平等自由原则涉及一系列的基本自由项,或自由权利项目。这些自由权利是作为公民在公民社会条件下所享有的基本权利。其次,分配正义原则涉及收入财富以及社会机会的分配问题。一般认为,第一原则所涉及的是社会政治制度问题,第二原则所涉及的是经济制度的问题。并且认为,分配只涉及经济制度的问题。然而,在罗尔斯的理论中,罗尔斯把两个正义原则所涉及的需要社会制度来安排调节或分配的清单内容都称为社会"基本善"(primary goods)。罗尔斯说:"所有社会价值——自由和机会,收入和财富,自尊的基础——都要平等地分配,除非对其中的一种价值或所有价值的一种不平等分配合乎每一个人的利益。"[①]基本善是罗尔斯对他的正义原则所调节的项目的总称,因此在罗尔斯的公平正义理论中占有一个相当重要的位置。罗尔斯把这些基本善都看成是可以平等分配的对象,因此,罗尔斯的两个原则都可称之为分配正义原则,在这里"分配"即为社会调节之意。只不过第一原则主要调节的是公民的基本自由项目,第二原则调节的经济收入与社会机会。其次,我们注意到,罗尔斯强调的是平等分配以及它附加的让步从句,即如果其中的某一种善(或价值)的不平等分配能够合乎每个人的利益,那么,这种分配也就是正义的。所有基本善都要平等分配,这

[①]　John Rawls, *A Theory of Justice*, Harvard University Press, 1971, p.62.

表明了罗尔斯的平等主义倾向。然而,罗尔斯的让步从句所表明的允许不平等分配的要素是什么,则是不明确的。他说的一种价值或所有价值的不平等分配,只要这种分配能够合乎每一个人的利益。但事实上,罗尔斯的正义原则所表明的,是多重自由权利如政治参与权、投票权、良心自由权、人格完整的自由权等,是不可不平等分配的,或应当由社会基本结构来平等保障的。罗尔斯强调,保障平等自由的第一原则较之于机会与财富分配的第二原则具有优先性,这种优先性不能以效率等理由来改变。罗尔斯把这称之为优先性原则。所谓优先性也就是不能以任何理由来拒绝公民平等自由的实现。因此,在罗尔斯的理论中,不是"所有价值的不平等分配合乎每一个人的利益",而是只有涉及收入与财富的不平等分配,即由罗尔斯的第二原则所派生的差别原则所确立的不平等分配才是合乎每个人的利益,尤其是合乎处境最不利者的利益,从而是正义的。

罗尔斯希望通过以基本善的平等分配或不平等分配来把他的两个正义原则的要旨概括出来,其理论背景还在于他的社会基本结构和把社会作为一个合作体系的概念。罗尔斯所谈到的所有分配对象无疑都是处于他所说的社会基本结构和合作体系之中的。在他看来,所有社会基本结构或合作体系中的公民,都是只能生入其中而死出其外。因此,他们终生都与社会所能分配的基本善相关联。社会怎样分配这些基本善才是正义的,决定了他们的生存状况的美好与否。在这个意义上,罗尔斯是把社会看成是一个公民们在其中追求自己利益的共同体。这个共同体有着需要社会来分配和调节的诸多善,公民们的欲望和追求通过实现这些善而得到满足。

然而,如果我们要坚持罗尔斯两个正义原则,就要看到两者具有不同的特性,即第一原则的平等性不可动摇,第二原则则强调了它的差别或不平等分配的正义、正当性,那么,就要看到,有待分配的社会基本善有着不同的性质。这种不同性质,又是由什么所决定的呢?我们认为,这是不同共同体的特性所决定的。公民们生活在不同性质的多重共同体中,如家庭共同体、单位共同体、邻里共同体等。从宏观意义上看,两种不同性质的分配原则隐含着两种不同的共同体:公民共同体和合作性共同体。在这里,我不是在严格意义上使用"共同体"这一概念,即不是在参与共同体的成员,有着共同追求的共同性善这一严格意义上使用这一概念,而是在这种意义上使用它:不同的人共同参与其中,参与者为了实现他自己的个人善而走到一起。如果不参与其中,也许人们就没有别的途径来实现善。这个意义上,也可以把这种共同体看成是某种类型的联合体。当代哲学家米勒从社会生活中人与人之间的互动模式提出三种基本的关系模式,实际上是提出了多重共同体的概念:公民身份(citizenship)联合体、工具性联合体(instrumental association)和团结性共同体(solidaristic community)。在他看来,正是由于共同体的不同,才决定了有不同的分配正义原则。

二、公民共同体

在政治国家或政治社会的意义上,每个公民都是这个公民共同体的一员。政治社会的边界是公民社会的边界。因此,公民社会首先蕴含着"政治社会"的概念,但后者无疑比前者所包含的内容宽泛得多。在这个公民共同体中,公民们平等地享有最基本的社会善、罗尔斯所说的基本自由权利等诸多善目。不过,沃尔泽正确地指出,政治共同体所分配给公民的最基本的善目是公民资格,质言之,公民资格是平等享有的最基本的社会善,它是公民们享有一切善的基础。如果没有公民资格,一切公民权利都是虚无。沃尔泽曾提出政治共同体的成员资格的问题。在沃尔泽看来,要分配任何社会善,首先要分配的是社会的成员资格。而能够决定谁有成员资格的,只有政治共同体。只有政治共同体有能力决定谁有资格享有需要的物品和社会善。而在沃尔泽看来,成员资格本身就是一项最为基本的善。把成员资格作为一项基本善,也就是把政治共同体作为分配正义的背景。或者说,社会成员是作为政治共同体的成员而生存于这个世界上的。沃尔泽说:"分配正义的思想假定了一个有边界的分配世界:一群人致力于分割、交换和分享社会物品,当然首先是在他们自己中间进行的。正如我已经论证过了的,这个世界是政治共同体,其成员互相分配权力……我们互相分配的首要善(primary good)是成员资格。"①"分配成员资格"是什么意思？沃尔泽认为，成员资格不能由外部机构来派定，它的价值依靠共同体的内部来决定。对于一个政治共同体的成员来说，我们人人拥有这一资格。然而，具有成员资格并非意味着在一个政治共同体内所有的基本自由权都是平等的，如封建特权社会作为一个政治共同体，其臣民的与统治者的权利之间是不平等的，只有现代的公民社会其权利才是平等的。不过，沃尔泽的观点是富有启发的。我们所需要的是在沃尔泽论点的基础上来看待罗尔斯的正义第一原则的平等性，即平等公民资格的获取是公民共同体所分配的第一重要的善，其次才是罗尔斯所说的那些基本自由善目。质言之，罗尔斯强调社会作为一个合作体系，因而人们具有与生俱来的那些基本权利是在现代民主政治社会的背景下才有效的，即他的平等的基本自由权利隐含着一个公民共同体的概念。质言之，在公民共同体的意义上，罗尔斯的平等自由原则实质上就是一个权利平等的原则。

米勒把公民共同体称之为"公民身份的联合体"。米勒指出："公民身份联合体的首要的分配原则是平等。公民的地位是一种平等的地位，每个人都享有同等的自由和权利：人身保护的权利、政治参与的权利以及政治社群为其成员提供的各种服务。"②由于现代社会的成员有了公民身份，从而要求在政治权利以及自由权利上一律平等。米勒指出，公民身份不仅给予我们的是政治权利和自由权利的平等，而且还有向社会福利领域扩展和辐射的可能，即要求享有社会福利、过上有尊严生活的平等权利。从平等自由权利的要求向社会福利要求的扩展，其合理依据在哪里？我认为，公民共同体的前提是一般意义上的或沃尔泽所说的政治共同体，以及构成这一政治共同体的成员所具有的成员资格。这一成员资格作为一种基本善，第一要求权是生存权。即每个这一共同体的成员，都有权利要求得到共同体的保护，只要他不以共同体为敌，而共同体都有保护其生命存在的责任。抽掉了共同体的每个成员，共同体也就不存在了。因此，普遍成员资格是构成政治共同体的基本前提。罗尔斯的

---

① [美]迈克尔·沃尔泽：《正义诸领域：为多元主义与平等一辩》，褚松燕译，译林出版社，2002年，第38页。

② [英]戴维·米勒：《社会正义原则》，应奇译，江苏人民出版社，2008年，第37页。

平等自由权利的善目,虽然没有把生命权作为基本项放在里面,但应当看作是不言而喻的。这是因为,公民共同体的自由权利以一般政治共同体的权利为前提。其次,罗尔斯的差别原则所体现的博爱精神也从本质上说明了他是把平等的普遍生命权放在最基础的位置上。

人的生存权又不仅仅意味着只是活着,而是有尊严地活着,像人一样活着。普遍尊严的实现是要有社会基础的。即要通过社会基本结构来保护或促进人的尊严的实现。还有,就人的生存而言,人的生存是一连串的行动,而行动总是指向某种目的的。正如亚里士多德所说,人的一切活动,规划以及一切实践与选择,"都以某种善为目标"。① 当代心理学家马斯洛的研究表明,人的行动目标是一个不断发展的目标,其最高目标即为自我实现。因此,就总的目的而言,也就是人的发展或自我实现。人总在趋向一个更高更好的存在。因此,发展权同样也是最基本的权利。归纳上述所说,生存权、发展权以及自由权,就共同体的公民而言,都是平等的,而且在与其他社会善目比较时,具有不可动摇的优先性。我认为,这是我们所说的社会公平正义所意指的社会基本善的内涵。

不过,我们应当看到,我国公民不仅有着公民身份,而且还有着城镇居民或乡村农民这样的二重身份。当代中国公民的身份鸿沟,造成无数农民工即使是在城市打工十几年、甚至二三十年,仍然是农民,并且处于城市生活的最低层,享受不到城镇居民应有的福利。应当看到,迁徙自由和居住地选择的自由,是平等公民的基本自由,它不应受家庭出身是否是城市或农村的影响。消除二重身份的差别,使得我国公民有着同等的生存权、发展权和自由权,是公民共同体的公平正义原则的最根本要求。二重身份是长期以来户籍制度的产物,它把人们束缚在不同性质的出生地(农村或城市),改革开放以来,不少地区和城市已经取消了城市户口与农村户口的差别,从平等公民权的意义上看,这是历史性的进步。

---

① [古希腊]亚里士多德:《尼可马科伦理学》,苗力田译,中国社会科学出版社,1990年,第1页。

三、工具性联合体

在罗尔斯的正义理论中,社会合作体系是一个基本概念。罗尔斯说:"由于我们对公平正义的解释开始于这样一个理念:社会应被看作是代代相传的合作的公平体系……这样,我们说一个人是一个公民,也就是说,他是一个终身能够正常的和充分合作的社会成员。我之所以加上'终身'这个短语,是因为不仅是封闭性的,而且或多或少是一个完全而充分的合作体系。"[①]在罗尔斯看来,人们是为了获得个人利益来参与到这个共同体中来的,并且,既然是合作,就有利益需要分配。对于这样一个合作体系,罗尔斯也意识到,由于人们的出身、地位的不平等,以及自然天赋的不平等,即起点和能力的不平等,必然导致结果的不平等。因而在怎么分配合作利益或合作盈余的时候,就需要根据某种原则。首先,罗尔斯提出的问题是,这种原则是怎么得来的?罗尔斯以原初状态的设置来回答这个问题,根据原初状态的无知之幕设置,人们处于平等的状态下,因而必然选择他所荐举的公平正义两原则。因此,对于合作所产生的利益分配,要体现公平正义的精神,具体来说就是通过差别原则来调节在成员间的利益分配。质言之,从原初状态的观点看,社会机会的不平等和自然天赋的不平等,所导致的不平等结果是不合理的。然而,正如 G. A. 柯亨[②]所指出的,罗尔斯的差别原则并非是一个真正的平等原则,而是希望通过对有才能的人的激励达到效率的提高,从而使得对最少受惠者有利。罗尔斯说:"因为当我们提高较有利者的期望时,状况最差者的境况也不断改善。每一个这类期望的增加都有利于后者的利益,至少在某一范围内。因为较有利者的较大期望大致会抵消训练费用,并激励较好的表现,因而有助于普遍利益。"[③]柯亨批评指出,罗尔斯的这个理论是为不平等辩护,他说:"他们的高额收入通常能使那些有才能者比他们本来生产得更多;而且,作为那些最上层的人所享受到的激励的结果,是那些处于最底层者的境况好于他们生活在一个更平等的社

---

① John Rawls, *Political Liberalism*, Columbia University Press, 1993, p.18.
② 这里译为"柯亨"(Cohen),与人们在其他地方译为"柯恩"(Cohen)的是同一人。
③ John Rawls, *A Theory of Justice*, Harvard University Press, 1971, p.158.

会时的境况。"①实际上,罗尔斯处于一种矛盾之中。一方面,他强调所有参与者的自然天赋都可看作是"共同或公共资产",因而可以进入再分配领域。从而对于天赋差别而带来的财富占有上的不平等,进行社会调节是正当合理的。在这个意义上,罗尔斯强调合作性共同体(罗尔斯称之为"合作体系",我称之为"工具性联合体")成员的共同性或相互性,即无论是强者还是弱者都是这个合作体系的一员,而且是相互依赖的。另一方面,他又认为,保留天赋者的收入差别或不平等,有利于激励那些天赋高的社会成员的积极性或奉献精神。为何给有着天赋才能者更高的回报对于他们具有激励作用呢?我们认为,这是习惯心理的作用,即这是我所应得的。因此,承认激励实际上是有保留地承认了天赋才能等自然运气因素所带来的结果的应得性。

  罗尔斯的这个困境实际上是他既要坚持正义第一原则的平等性,又要回应合作性共同体在有效率的前提下的利益分配问题。合作性共同体在现代经济条件下,就是市场经济体制下人们对利益的追求。毫无疑义,任何主体的经济活动的展开,没有社会其他主体的合作几乎是不可能的。市场既是竞争关系,同时也是合作关系。但同时我们要承认,现代经济活动的开展,是不同的竞争主体的能力、才华和运气的施展,没有主体的天赋才能等自然运气,人们追逐自己的利益的活动几乎不可能进行。人们是凭借自身的能力进入市场进行牟利活动。因此,罗尔斯意义上的合作性共同体又可说是一个工具性联合体,而市场就是这样一个联合体。米勒说:"人们在这里以功利的方式相互联系在一起,经济关系是这种模式的典范。我们彼此作为物品的买方和卖方相互联系,或者我们彼此合作生产准备在市场上出售的产品。"②人们利用市场,是为了实现自己的利益追求,或人们不为自己的利益追求是不会进入市场的。利益关系把人们联合在一起。实际上,黑格尔在《法哲学原理》的"市民社会"中讨论了这种工具性联合体的特性。黑格尔说:"在市民社会中,每个人都以自身为目的,其他一切在他看来都是虚无,但是,如果他不同别

---

① 吕增奎编:《马克思与诺齐克之间:G. A. 柯亨文选》,江苏人民出版社,2007 年,第 194 页。
② [英]戴维·米勒:《社会正义原则》,应奇译,江苏人民出版社,2008 年,第 33 页。

人发生关系,就不能达他的目的,因此,其他人便成为特殊的人达到目的的手段。但是特殊目的通过同他人的关系就取得了普遍性的形式,并且在满足他人福利的同时,满足自己。由于特殊性必然以普遍性为其条件,所以整个市民社会是中介的基地,在这一基地上,一切癖性,一切禀赋,一切有关出生和幸运的偶然性都自由地活跃着,又在这一基地上,一切激情的巨浪,汹涌澎湃。它们仅仅受到向它们放射光芒的理性的节制。受到普遍性限制的特殊性是衡量一切特殊性是否促进它的福利的唯一尺度。"①工具性联合体也就是在这样一个联合体中,人人都把自己的特殊目标的实现看成是所要实现的唯一目标,我需要你是因为舍此外没有其他方式来实现我的利益追求。并且,之所以需要这样一种联合体,是因为这种联合体提供了这样一种实现其目标的场所。②而人们在这个联合体或共同体中通过自己的劳动或投资所得,在扣除了社会服务于劳动以及社会的必要储蓄需要之外,其余都是劳动者或投资者应得的。这才叫分配正义。

然而,由于市场机制或市场的逻辑,其竞争的结果或应得分配的结果必然造成社会收入和财富分配的不平等。这是与罗尔斯的正义第一原则直接冲突的。因此,从公民共同体的平等权利原则出发,对于市场工具性共同体的利益分配进行调节是必要的。这是因为,如果听任市场竞争产生的不平等结果的发展,必然导致社会的贫富两极分化。但这并不意味着应得分配原则在现代经济领域里的通行不是正义的。如果我们不能按贡献分配或资产所得进行分析,就没有体现市场经济活动本质特征的分配。从市场经济活动的内在规律来看,只有应得的正义才是符合其运行规律的。

---

① [德]黑格尔:《法哲学原理》,贺麟译,商务印书馆,1961年,第197—198页。
② 这里需要指出,并非仅只有市场是工具性的联合体或合作性共同体。这是因为,把市场看作是工具性的联合体或合作性共同体,是因为人们只有在市场中才能获得某种善——财富。不同的合作共同体有不同的善物,如政府机构中的权位,大学中的教授职位或报酬,因此,如果人们把权位或某种职位看成是只有这种共同体所能提供的公共善目,那么,政府机构或大学机构同样也是一种工具性的联合体,而这里的分配正义原则,也只有根据业绩或相应考核的应得才是正义的。

那么,怎样理解罗尔斯的差别原则?在这里,我们必须明确界定罗尔斯差别原则的功能。罗尔斯的差别原则是调节社会财富不平等的再分配原则,而不是对应市场或工具性共同体的初次分配的原则。虽然罗尔斯的差别原则并不能彻底体现平等精神的原则(在 G. A.柯亨的意义上),但是,他通过差别原则来调节社会财富占有的不平等,体现的是第一正义原则的平等倾向。因此,可以把罗尔斯的差别原则看作是在第一原则的平等精神指导下对分配正义所导致的财富占有不平等的矫正。应得分配正义应当通行于工具性联合体或合作性共同体,然而,应得正义所导致的收入与财富占有的不平等,则凸现了罗尔斯第一原则即社会公平正义原则的重要性,凸现了这一原则的社会矫正功能。这是因为,如果听任市场竞争导致的分配不平等的发展,必然破坏公民平等的基本信念,而导致相互之间团结纽带的断裂。

在我国,则有另一种与公民共同体的平等原则相悖的问题存在于单位共同体的形式中。"单位"具有一种合作共同体或工具性联合体的性质。任何单位内部都有一套考核制度,通过这种考核来分配属于单位所有的善物。任何一个人在单位中,他与其他同事的关系,都是合作性的关系。如果能够严格地按照单位的规章制度来进行单位善物如收入、职位或荣誉的分配,那么,从单位共同体内部来说,是合理的。但我们要看到,这种分配并不是平等的,这不仅由于职位是稀缺性的,并且即使是在单位意义上合理分配收入或财富,在社会分配的意义上,也并非是合理的。这是由工具性联合体或合作性共同体的特性所决定的。在改革开放前,我国单位内的分配,虽然在财富的分配上,人与人之间的等级差并不太大,但差别总是存在的;重要的是,单位人是靠政治升迁来拉开政治档次从而显出其差别或重大区别。并且,由此来激励人们。然而,人们不仅有单位内的地位不同,单位的大小也影响到人的社会地位的不同。改革开放以来,政治的激励渐次退出,财富分配的差别开始拉大,收入分配的差距成为激励人们的主要手段。当前中国的问题在于,垄断性大型国营企业等占有垄断性利益与巨额利润,把本应属于国家的一部分利润据为己有。它得到行政垄断的支持,对国家利益造成了严重损害,也妨碍了市场的公平竞争。对于这样的"善物",只有成为这样的单位员工才有可能享有。因此,从公平共同体的平等精神来看,它违背了全体公民平等对待的平等要求,因而在本质上是不正义的,它使得单位人的特殊利益与平等公民的普遍利益形成对照。因此,工具性或合作性共同体的分配合理性,不能仅仅根据其内部的规章制度来判断,而必须既以公民共同体内蕴的平等精神以及当代中国市场条件下的一般劳动尺度的应得来判断其是否正当或正义。而其远超出一般劳动尺度之所得,就应当被看成是不符合分配正义的。

四、团结的或亲密关系共同体

除了上述共同体或具有共同体性质的单位等外,还有一类共同体,即家庭、俱乐部等亲密关系共同体以及宗教共同体(寺庙、教会等团体)。米勒把这类共同体称之为团结的共同体。这类共同体与公民共同体和工具性联合体或合作性共同体不同,实行按需分配的原则。前面已指出,米勒提出了三种人与人之间关系的模式,即三种共同体。他认为团结性的共同体的内在分配原则是按需分配。米勒指出,实际上当沃尔泽在讨论中古时期犹太人共同体的分配问题时已经涉及了这个问题。米勒指出:在这类共同体中,"每个人都被期望根据其能力为满足别人的需要做出贡献,责任和义务则视为每种情况下社群('社群'这一概念即为'共同体'——引者注)联系的紧密程度而定(这样,我从兄弟那里得到的帮助比从同事那里得的更多)。根据社群一般的精神特质来理解需要,每个社群都或明或暗地体现了一种充分的人类生活必须满足的标准意义,而正是根据这一标准,才能做出与正义有关的需要和纯粹的欲望之间的颇有争议的区分"。① 这里所谓"社群的一般精神特质",即在不同特性的团结性或亲密性的共同体中,有着不同的精神特质。如中古犹太人的共同体,其成员的需要是根据宗教理想的关系来理解的。而在家庭这样的亲密性共同体中,其成员的需要是根据父母之爱或亲情伦理来确定的。因此,在这样的共同体中,"每个个别成员的特定目标和愿望得到了更高的重视,但这也常常是相应于社群精神特质的背景来理解的。

---

① [英]戴维·米勒:《社会正义原则》,应奇译,江苏人民出版社,2008年,第32—33页。

资源在家庭内部被消耗的方式是个别性抱负,但人们也还能在正当需要和单纯纵容之间划出界线。"①为生病的孩子治病的需要,一个家庭可以倾家荡产,毫无怨言。从这种不同共同体的区别中可知,在人类社会中,只要存在着这样的共同体,就通行这样的分配原则。因此,它仍然是人类社会古老的分配原则之一。

  这里需要指出的是,就公民共同体而言,在资源分配满足公民的最基本需求方面,仍然具有团结性共同体的特性。即在公民的公平正义的诉求中,如果公民们缺少正式发挥其作用的必要资源,如医疗、住房等,他们要求提供这些资源就是完全正当的。每个社会或每个共同体内,都有着共同形成的关于正常人类生活活动范围的共享观念,任何人如果缺少了这些资源,就会影响到这些活动方式中的某些活动。"需要"在这个意义上,也就是"使得人们在他们的社会中过上一种最低限度的体面生活的那些条件。"②这类基本需要,在公民社会,已经并入了公民基本权利的基本项中。可就整个社会的资源分配而言,还远没有到马克思所说的"社会……在自己的旗帜上写上,各尽所能,按需分配。"③在当代人类社会,公民的权利平等,只是在有限的领域里能够实现,而分配正义所实现的是结果的不平等。不过,这里我们仍然可以看到,公民共同体的公平正义原则对于工具性联合体的分配正义所具有的矫正作用。然而,正如罗尔斯的正义原则所隐含的,以公民的平等权利来制衡或校正经济分配结果的不平等,仍然不可能实现彻底的平等(不过要看到,虽然如此,但更多的平等或平等倾向是现代社会健康发展的前提)。在亲密性或团结性的共同体中,则完全是依据不同主体的需要来分配资源。如果说,公民平等权利在公民共同体中的实现是正义的实现,同时以公民平等权利制衡经济分配结果的不平等也体现了正义的要求,那么,在亲密性或团结性共同体中实现按需分配则是超越性正义的实现。

---

① [英]戴维·米勒:《社会正义原则》,应奇译,江苏人民出版社,2008年,第33页。
② 同上书,第259页。
③ 马克思:《哥达纲领批判》,载《马克思恩格斯选集》,第三卷,人民出版社,1972年,第12页。

第八章　权利与国家

自从洛克以来,正义问题就与权利问题有着天然的不可分割的关联性。洛克指出,人民需要政府,是要政府保护它的人民的权利不受侵犯。怎么才可保护人民的权利或公民的权利,就成为现代政治生活的重要议题。现代国家的合法性不仅来自于人民的授权,也来自于它在行使自己权力的过程中如何证明自己对于人民权利的保护。然而,现代国家的合法性问题是一个复杂的问题,首先是国家存在的必要性问题,其次是如何使用国家权力的问题。

第一节　保护少数的权利

现代民主的实质在于每个公民受到平等的尊重,其权利和自由得到政治的保障。然而,在政治实践中,则往往会形成多数与少数的意见分歧甚至对立。那么,民主的实践对于少数意味着什么?如何看待民主过程中的少数权利问题?本文认为,这些问题对于民主建设来说是至关重要的问题。

一、民主与权利

我们怎样看待民主这一理念?我们认为,民主的实质或民主的精神在于每个人(公民)受到平等的尊重,每个公民的权利和自由得到政治的保障。康德的目的王国的理念在哲学上体现了民主的这种精神内涵。在康德看来,人的善良意志是人作为道德人的一个普遍事实,即使是一个在众人看来没有道德的人,也不至于没有丝毫的道德感。在这个意义上,道德能力是人之为人的一个普遍事实。因此,人人都具有进入那个把每个人都当作目的而不仅仅当作手段的目的王国的内在可能。目的王国也就是一个任何人都受到平等的尊重，人人都享有尊严的理性的王国。康德的目的王国的思想体现了人类进入近代以来的公民社会的道德觉醒。近代以来所确立的信念是，绝对不存在任何正当理由可以把任何人仅仅当作一个物件、一种手段看待。把人仅仅看作是一种实现自我目的的手段，就是把他作为缺少一切内在价值的人看待。如果认为人还有什么价值，那只是外在的或工具性的价值。永远把他作为一种目的看待，就是把他作为具有内在的价值看待，而不论他具有怎样的外在价值。这种内在价值不是别的，仅是因为他是一个理性存在者，他具有内在的道德人格，是一个道德主体，因而享有人的尊严或人格的尊严而受到人的尊重。永远把人作为一个具有内在价值的理性存在者看待，就是必须永远把人尊为一个自主者，尊为一个能够设定和追求他自己的目的的人，只要他在与他人的交往中表现出克制或同样的对人尊重，他就理应受到社会与他人的尊重。在罗尔斯看来，康德的这个目的王国的理念，实际上奠定了民主理念的思想基础。① 然而，从哲学上的目的王国到政治上的民主制度的建构，则需要进行概念上的转换。这种概念的转换，也就是将目的王国的理念转换成政治哲学的概念以及制度上可操作性概念。

在我们看来，将目的王国的概念转换成政治哲学的概念，就是一个个人权利的概念。现代民主不仅是说要代表民意，更重要的是要尊重每一个人的基本权利和保障每一个人的基本自由。以保障每一个公民的平等的基本权利和自由为前提来进行政治设计。人是目的而不是手段的绝对命令体现在政治领域里，就是个人权利处于绝对优先的地位，而不能放在次要位置来考虑。自由只因自由之故而被限制，权利的行使只因对他人权利、社会和国家利益的损害（对此不同的法律体系有不同的界定）而被限制，之所以有这种限制，是因为这种损害将危害权利自身的行使。在这个意义上，权利是不可以权利之外的任何理由而被剥夺。公

---

① 罗尔斯说："通过这个形式或那个形式，追求善良意志能力——我们成为目的王国成员条件的能力——的第一个角色[的观念]已经得到了广泛接受，因为它是许多民主思想的基础。"（[美]罗尔斯：《道德哲学史讲义》，张国清译，上海三联书店，2003年，第217页。）

民的权利是现代法律所规定的公民所应该享受的个人权利。现代法把保障公民的权利看作是法的基本精神之所在,它是与现代社会的公民伦理意识相一致的。公民意识的最根本因素是主体性意识。这种主体性意识就是承认人的价值与尊严,承认人是不隶属于任何他人的存在者,并且大家相互承认并尊重其主体性。这是现代伦理的本质,也是现代法意识的本质。法的权利意识的确立在于确立每个人都有自己的支配领域,在这个范围内,他就是不受侵犯的"主体人"。日本法学家川岛武宜说:"在这个范围内他将自己作为自由的主体人来意识。因此,作为这种固有的支配领域在社会上得以确立和尊重的现实形态的'权利',对主体人即权利人来说是他的自由的客观化的表现……正因为如此,在以主体人意义上的人为成员构成的近代社会中,人与人之间的关系在法律世界中是作为'权利义务'关系存在的。在那里人们将他人作为固有利益的支配者而给予尊重,同时,自己也拥有主体者的意识。在这个意义上,人将社会关系作为平等的对等者之间的关系来意识,权利主张绝不会被作为'僭越'的、任性的行为而受到非议;而且,尊重他人的权利是理所当然的义务。"①

在现代民主社会,个人权利意识是基本的法律意识,也是基本的民主观念。现代民主政治不仅通过宪法和相应的法律体系来保障每个公民的基本权利和自由,而且将政治的基础确立在个人的基本权利意识之上。现代社会的公民依法享有各种基本自由和基本权利,公民行使这些基本自由和基本权利,是现代民主政治正常运行的前提条件。就政治生活而言,公民的权利与自由既体现在公民所拥有的参政权、议政权、选举权、被选举权和表决权等政治权利上,也体现在公民所拥有的生命权、财产权,享有的尊严、良心自由、思想自由以及言论自由上。前者一般称为积极的自由或权利(这些权利主要是从实现的意义上讲),后者一般称为个人自由与权利(相对于集体性参与或作为成员参与的自由与权利)或消极自由(即这些权利与自由主要是从不得侵犯和干涉的意义上讲)。怎样使得公民的意愿能够体现在政治决策过程中,能够体现在政

---

① [日]川岛武宜:《现代化与法》,申政武等译,中国政法大学出版社,1994年,第54页。

治行动的结果上,是民主制度的程序设计需要考虑的。然而,不论是什么程序,都必然出现一个多数与少数的问题。一般而言,民主意味着多数统治。即多数的意愿才是可以真正体现在政治决策和政治结果中的意愿,而如果我们是站在少数一边,那就意味着我们的意愿不可能得到实现,少数在做出的决定中,只能代表零,或者说它是无。在现代民主政治中,个人权利意识应是一种普遍性的意识,即每一个选民或每一个公民的意愿都应得到尊重。但是在政治决策中,只有一种声音能够体现出来,这就是多数的意见。那么,怎么对待少数?少数是否还有表达意见的自由?还仅仅只有服从多数的权利?政治上的少数是否会因在不同方面(如肤色、性别、政见等)不同于多数而遭受到种种歧视?甚至遭到多数的围剿?女性主义认为,两千多年来的政治是男权中心主义,女性历来处于政治的少数从而遭到歧视。那么,这些问题在现代民主生活仍然存在吗?应当看到,现代民主的程序如普选制可以做到让全体公民参与,但政治生活和社会生活领域各个方面的少数,是否会仅因其是少数而使其权利得不到保障?或失去个人自由?我们认为,虽然对于多数裁决这一政治运作的模式,不应有什么疑虑。但是对于少数的权利问题,仍然应当看作是民主生活中的一个重大问题,公民的平等的权利与自由的问题,实际上是一个如何对待少数的问题。如果少数的权利与自由得不到保障,民主就可能变成多数的暴政。

二、古代人的自由

历史地看,在民主制下从来就有如何保障个人权利与自由的问题。人类有史以来最为著名的民主制,是古希腊的民主制和近代以来的民主制。然而,在古希腊的民主制下,个人权利与自由得不到制度的保障。古希腊的民主制又称平民政体。古希腊人在平民政体之下,有着选择与罢免官吏的权利、有着通过公民大会直接参与政治事务的权利,并且,公民们在法律面前人人平等。古希腊的民主与现代民主的一个形式区别在于前者是直接民主,而现代民主基本上是一种间接民主,一种代议制民主(议会民主)。所谓直接民主制度,是指城邦的政治主权在于它的公民,而所谓"公民"就是参加司法事务和政治机构的人们。公民们直接参与城邦的治理,而不是通过选举代表,组成议会或代表大会来进行治理。如在雅典,雅典的公民大会具有做出一切政治上的重大决策的权力。雅典的全体公民都要出席公民大会,同时,公民们都要轮流参加陪审法庭,法庭的定罪在于多数的裁决。在古希腊,无论是平民政体还是贵族政体,都有公民大会来决定重大的政治事务。亚里士多德说:"贵族政体的主要特征是以才德为受任公职(名位)的依据;才德为贵族政体的特征正如财富为寡头政体的特征、自由人身份为平民政体的特征。至于由多数决议以行政令则是所有这些政体一律相同的。凡享有政治权利的公民的多数决议无论在寡头、贵族或平民政体中,总是最后的权威。"①

平民政体以自由民的人数为多数,寡头政体以财产为多数。而平民政体的根本精神是"自由"。亚里士多德指出:"平民主义政体的精神为'自由'。通常都说每一平民政体莫不以自由为其宗旨,大家认为只有在平民政体中可以享受自由。自由的要领之一(体现于政治生活)为人们轮番当统治者和被统治者。平民性质的正义不主张按照功勋为准的平等而要求数学(数量)平等。依从数学观念,则平民群众必需具有最高权力;政事裁决于大多数人的意志,大多数人的意志就是正义。"②亚里士多德指出,这是平民政体的自由的第一要义。而自由的第二要义则是"人生任情而行,各如所愿"。关于自由的第一个要义,也就是贡斯当所说的古代人的自由即参与政治的自由。第二个要求也就是平民政体的"个人自由"。亚里士多德在《政治学》中的另一处也明确谈到过。平民政体有两个特点:"其一为'主权属于多数',另一为'个人自由'"。但不要理解为在古代民主政体中存在着类似于我们所说的个人自由。亚氏在这里所说的"个人自由"是一个贬义词。他紧接着说:"平民主义者先假定了正义在于'平等',进而又认为平等就是至高无上的民意;最后则说'自由和平等'就是'人人各行其意愿'。在这种极端形式的平民政体中,各自放纵于随心所欲的生活,结果正如欧里庇特所为'人人都各如

---

① [古希腊]亚里士多德:《政治学》,吴寿彭译,商务印书馆,1965年,第199页。
② 同上书,第312页。

其妄想'(而实际上成为一个混乱的城邦)。这种自由观念是卑劣的。公民们都应遵守一邦所定的生活规则,让各人的行为有所约束;法律不应被看作是(和自由相对的)奴役,法律毋宁是拯救。"①因此,正如伯里克利所说的,古希腊人的自由主要是在政治上的自由。

但我们要看到,古希腊的政治自由是通过什么方式来达到的。在古希腊人看来,人是政治动物(亚里士多德的定义),城邦就是一个政治共同体,个人作为这个共同体的成员,在这个共同体中追求共同的善,从而也获得自己的好生活。正义的德性是一个共同生活的标准。在古希腊人看来,纯粹个人性的、与城邦国家无关的道德准则是不可想象的。个人作为这个共同体的一员,也就是作为公民而存在。在古希腊人的概念里,公民的概念就等同于个人的概念。城邦生活就是他的政治生活,也是他的个人生活。而离开城邦生活或城邦事务去想象个人生活是不可理解的。正如伯里克利所说,如果没有公共的事务,我们就可说他根本没有事务。现代人可能说,在城邦中不可能人人都没有个人事务,但古希腊人就是这样认为的,这至少体现的是希腊城邦的道德价值标准。在古希腊城邦中,服从人人遵守的法律的行为才是正当的行为,城邦的法律既是公共生活的准则,也是个人生活的准则。不存在公共生活准则之外的私人生活准则。如果不顾法律而自行其是,就已经偏离了一个公民的标准。

这里的关键在于如何领会"个人自由"这一概念。有没有相对独立于政治生活或政治生活标准的个人自由或受到法律保护的私人生活领域?这就是我们所说的个人自由或个人权利。而在亚里士多德的视野里,这无异于无法无天。古希腊人无从知晓这种个人自由。这种个人自由是文艺复兴以来人道主义、人文主义或个人主义精神的产物。这就是现代欧洲公民或美国公民所理解的自由。贡斯当说:"对他们每个人而言,自由是只受法律制约,而不因某个人或若干人的专横意志受到某种方式的逮捕、拘禁、处死或虐待的权利,它是每个人表达意见、选择并从事某一职业、支配甚至滥用财产的权利,是不必经过许可、不必说明动机

---

① [古希腊]亚里士多德:《政治学》,吴寿彭译,商务印书馆,1965年,第276页。

或事由而迁徙的权利。它是每个人与其他人结社的权利……它是每个人通过选举全部或部分官员，或通过当权者或多或少不得不留意的代议制、申诉、要求等方式，对政府的行政施加某些影响的权利。"①这就是贡斯当所说的现代人的自由和权利。贡斯当所概括的古代人的自由是："古代人的自由在于以集体的方式直接行使完整主权的若干部分：诸如在广场协商战争与和平问题，与外国政府缔结联盟，投票表决法律做出判决，审查执政官的财务、法案及管理，宣召执政官出席人民的集会，对他们进行批评、谴责或豁免。然而，如果这就是古代人的自由的话，他们亦承认个人对社群权威的完全服从是和这种集体性自由相容的。你几乎看不到他们享受任何我们上面所说的现代人的自由。所有私人行动都受到严厉的监视……在古代人那里，个人在公共事务中几乎永远是主权者，但在所有私人关系中却是奴隶。作为公民他可以决定战争与和平；作为个人，他的所有行动都受到限制、监视与压制。"②贡斯当也指出，相比较而言，雅典有着比其他城邦国家更多一些就现代意义而言的个人自由，这是由于雅典的商贸相对发达。但在雅典，我们同样可能看到古代自由所有的那种独特特征。在雅典，个人隶属于社会整体的程度远远超过现代欧洲任何自由国家。

古代人的自由和权利与现代人的自由和权利的根本差别就在于在古希腊人那里，他们没有与城邦相对独立的个人概念，他们不可离开公民来想象个人的概念。与社会结构、社会地位以及出身、地位相对独立的个人概念，完全是近代以来的产物，而不为古代世界所知晓。相应的是，他们的自由也是与他们的生活紧密相关的社会结构与共同体的形式相关的。除此之外，他们不可想象还有属于自己的私人领域的正当自由。同时，贡斯当对于雅典的自由的批评并无不当之处。雅典的个人实际上并不受保护，并且任由集体摆布。那种民主并不尊重个人，而是随时都在怀疑个人。"它对杰出的个人尤为猜疑，对个人的评价反复无常，对个人的迫害冷酷无情。它是个把贝壳流放作为预防措施——监罚无

---

① ［法］邦雅曼·贡斯当：《古代人的自由与现代人的自由》，阎克文等译，商务印书馆，1999年，第26页。
② 同上书，第26—27页。

辜——而不是惩罚措施的城邦,这就是放逐以弗所的埃尔蒙多的民主制度,因为它不容许一个公民比其他公民更优秀。在这种制度下,个人的地位总是危在旦夕。因为正如拉布莱所说:'对公民的唯一担保就是他那份主权',他补充说,这就说明了'为什么在希腊和罗马会发生这种事情,一夜之间就可能从最高自由堕入最苛酷的奴隶状态'。"①现代民主与之相区别的根本不同在于,以制度来保护我们作为一个人的个人自由。亚里士多德也指出,在平民政体或民主政体中,平等是超过一切的至上要义,因此,这种政体对于杰出人物从来就怀有敌意。亚里士多德说:"这样卓异的人物就好像人群中的神祇。……谁要是以法制来笼络这样的人物,可说是愚蠢的,他们尽可以用安蒂叙尼寓言中那一雄狮的语言来作答。当群兽集会,野兔们登台演说,要求兽界群众一律享有平等权利,雄狮就说:'你可也有爪牙么?'这些情况实际说明了平民政体所以要创立'陶片放逐律'的理由。"②雅典的公民没有人身安全的保障。公民大会和法庭审判可以决定公民的生杀予夺。而公民们的判断往往容易受到任何一个想造成成见的狡猾演说家的影响。③ 在雅典对西西里岛的战争中,将军亚西比得因有人告发他渎神而被召回。对此,修昔底德说:"他们不考验告密者的品质,把所听到的一切都当作怀疑的理由,根据一些流氓所提出的证据就逮捕一些最善良的公民,下之狱中,他们认为最好是这样追查到底,被告发的人,不管他的名誉多么好,他不能因为告发者的品行坏而逃避审问。"④修昔底德指出,雅典人总是生活在恐惧状态中,所以他们总是抱着怀疑的态度来观察一切事情。在这样一种政治环境中,人们尤其是杰出人物可能会被任何无中生有的罪名所拖累,甚至被处死。因此,在古希腊的民主政体下,要么你是一个多数平庸者中的一员,这样可以获得多数所带来的安全,要么你成为少数,尤其是如果成为杰出人物,很有可能就是被剥夺公民权,从而被放逐。

---

① [美]乔·萨托利:《民主新论》,冯克利等译,东方出版社,1998年,第2版,第321页。
② [古希腊]亚里士多德:《政治学》,吴寿彭译,商务印书馆,1965年,第154—155页。
③ [古希腊]修昔底德:《伯罗奔尼撒战争史》,谢德风译,商务印书馆,1960年,第532页。
④ 同上书,第460页。

三、少数权利保护问题

美国是近代西方最早实行民主制的国家,美国的民主发展有着一个从多数对少数的危害到对少数权利保护的过程。换言之,美国民主的早期,也曾有过类似于古希腊的多数的暴政。这个暴政是托克维尔在《论美国的民主》中所记载的情形。当托克维尔写作《论美国的民主》时,他写下了对美国民主的感受,这个感受就是多数在美国有着无限的权威。托克维尔认为这种无限的权威使得美国的民主是极端的民主,从而形成了多数的"暴政"。他说:"当一个人或一个党在美国受到不公正的待遇时,你想他或它能向谁去诉苦吗?向舆论吗?但舆论是多数制造的。向立法机构吗?但立法机构代表多数,并盲目服从多数。向行政当局吗?但行政首长是由多数选任的,对多数而言是百依百顺的工具。向公安机关吗?但警察不外是多数掌握的军队。向陪审团吗?但陪审团就是拥有宣判权的多数,而且在某些州,连法官都是由多数选派的。因此,不管你所告发的事情如何不正义和荒唐,你还得照样服从。"[①]在美国,人们以多数的意见唯其所从,从而造成了一种多数思想的专制。这种专制导致人们失去了说真话的勇气,失去了捍卫自己的思想的勇气。因此,在托克维尔看来,昔日的君主只靠物质力量进行压制,而今天的民主共和国则靠精神力量进行压制,连人的意志它都想征服。在独夫统治的专制政府下,专制以粗暴打击身体的办法来压制灵魂,而在民主共和国,它让身体自由而直接压制灵魂。因此,在托克维尔看来,美国共和政体的最大危险来自于多数的无限权威或多数的暴政。而所谓多数的暴政不仅在于少数的意见得不到尊重,少数的灵魂被多数所扭曲,而且更为严重

---

① [法]托克维尔:《论美国的民主》,商务印书馆,1988年,第290页。托克维尔在这段话之后的注里,描写了一个这样的多数专制造成的暴力事件。在1812年的战争(美国对英宣战,史称第二次独立战争)期间,巴尔的摩人非常支持这场战争。当地一家报纸,与居民热烈支持的态度截然相反。人民自动集合起来,捣毁了这家报社并袭击报社人员的住宅。为了保护生命受到愤怒的公众威胁的那些无辜者,政府把他们当作罪犯投入监狱。这项预防措施没有生效。人民在夜里又集合起来,当地行政官员去召集民兵驱散群众,但没有成功,监狱被砸开大门,一名记者就地被杀,还要处死报社其他人员,但经陪审团审理后,宣判记者无罪。

的是,少数的生命安全也得不到保障。萨托利指出:"当伯纳姆写道'从我们所使用的民主一词的意义上(不考虑它的发明人古希腊人如何理解),民主的基本特征就是允许少数派有政治表达权'时,他正确地相信自己说出了一个得到广泛接受的民主观。阿克顿勋爵是这样说的:'我们判断某个国家是否真是个自由国家,最可靠的办法就是检验一下少数派享有安全的程度。'而古格列摩·费雷罗则对整个事情作了如下精确的表述:'在民主制度中,反对派像政府一样,是对人民主权生死攸关的机制。压制反对派就是压制人民主权。'"①亨利·大卫·梭罗独自一人反对保留奴隶制和进行墨西哥战争的政府时,也向我们提出了多数统治与少数权利的问题。在他看来,人民掌权也就会形成一种多数派的统治。然而,这种多数的统治并不意味着正当与公理在他们一边,也并非因为这对少数派就是公正的,而是因为他们在物质力量上更为强大。梭罗认为,一个政府,如果一切情形都是多数派说了算,那么它便不可能根植于正义之上,因为判断正确与错误的标准不是数量而是良心。梭罗以自己挺身反对奴隶制的政府的事例说明,坚持真理与正义的人,在开初时,总是少数,但这并不意味着少数不代表正义。在梭罗那个年代,成千上万的人在观点上反对奴隶制也反对战争,但实际上是未做丝毫的努力来使之改观,而选择做了拥护或沉默的多数。在马丁·路德·金发起领导黑人进行反对种族歧视的运动时,他们也是少数,是为了少数的权利而进行公民的不服从抗争。而这些抗争者更是少数。实际上,美国的民主发展过程也就是通过少数人的抗争使得少数的权利不断得到宪法的保障的过程。少数的权利得到保障,又是与限制多数的权利相关联的。多数的权利如果没有任何限制,也就必然意味着对少数的专制或暴政。

经验告诉我们,民主如果要真正体现出对人权的保护,必须是在对多数进行原则限制的前提下才有可能,换言之,有限制的多数统治才是民主的基本特征,并且,只有保护和尊重少数的个人自由权,民主才能生存下去。真正体现对个人权利的尊重与保护的民主的多数原则是有限制的多数原则。多数原则为什么需要限制?这涉及民主的根本性的问

---

① [美]乔·萨托利:《民主新论》,冯克利等译,东方出版社,1998年,第2版,第34页。

题。首先我们从人类历史上看，无论是种族的还是宗教的多数，一直都在迫害少数歧视少数，有时甚至消灭少数。因此，多数的统治并不是现代民主的观点，如果多数原则是不受限制的或绝对的，假设又是压制反对派权利的多数，其统治必定是多数的专制或暴政。值得指出的是，自从斯大林以来，在共产主义运动中，历来存在着对少数进行专制统治、制裁的现象。反对派或持政见不同者，如布哈林、托洛茨基等，虽然他们都自认为是共产主义者，但却没有一个有好下场。少数的权利根本不可能提及。共产党内的路线斗争，早期类似于斯大林，如在苏区对AB团进行的肉体消灭，其实许多都是真正信奉共产主义的革命者。后来虽然吸取了斯大林的教训，对于处于被斗争的一方，绝大多数已不从肉体上消灭之。但对于思想或灵魂的斗争，以及行政组织上的处理，仍然毫不留情。中国"文化大革命"中的群众专政，就是一种多数的统治和专政。在"文化大革命"中的少数或"走资派"，不仅没有发言权，而且生存权也握在广大群众手里。在派系斗争中的少数派，也没有存在的权利，不是你死就是我活。而为了能够在这样的氛围中生存下去，任何人都不得不成为多数，或成为默认同意或沉默的多数中的一员。因此，人的灵魂不得不扭曲。这里提出了一个严肃的问题，从这样一种历史背景条件中过来的现代社会，进行民主政治建设时，在如何保障少数的权利的问题上，既缺乏思想资源，也缺乏历史传统。然而，我们又必须意识到这个问题对于进行现代民主建设的国家来说无比重要。

实际上，多数裁决原则作为民主制度的操作性原则，只是一个量上的原则，并且，这个原则必须加上少数人的权利才可有真正的民主。就民主选举而言，是以选举的当选者来取代世袭特权人物或以种种方式压迫人民的不公正统治者。一个合法的政府是人民选择的政府。但选举并不是让一个比自己更坏的人来统治自己，因此，民主的选举应当是选优，即让那真正能够代表人民的人，即出类拔萃的人来进行统治。在这个意义上，选举是一种质的选择。但在什么意义上可以说，多数的选择就一定是质的选择呢？多数人的同意就意味着对质的正确判断吗？这两者之间有必然的联系吗？如果选举还有一个可操纵的问题的话，我们难道不需要考虑如何不被人愚弄或不让多数坏人来压倒少数好人的问题吗？多数就正确，而少数就不正确吗？尼采不是说过，一个优秀的人，能够抵得上一万个人吗？有人认为，某些社会状况使得人们无不担心，如果真正要选举的话，黑社会的人都有可能被选上来。在这些意义上，数量与质量都是不可等同的两个概念。现代西方国家的选举过程也变成了一个抓选票的过程，谁抓的选票越多也就越好。在数量规律之下，值得当选者常被不值得当选者排挤掉。怎样才能使得选举成为质的选择，或为了质的优越而进行的数量安排的选择——如同现代民主制度的奠基人约翰·密尔所设想的那样，是现代民主制度发展所遇到的一个基本问题。但无论怎么看，现代民主制度无法避免使用多数裁决原则。有限制的多数原则是一个民主政治或民主统治原则，没有这个原则，让少数支配多数，只能意味着民主的丧失。萨托利认为，多数原则是最适合民主要求的程序和方法。最适合并不意味着最好。而是说，如果不用这一标准，别的标准更坏。使用有限制的多数裁决原则，就好比在许多不好的标准中，选一个最少坏处的原则。但要使这个原则真正体现民主精神，一定是与少数的权利保护一起发挥作用。在政治操作过程中，公民的平等的尊重与公民的平等自由就体现在少数派是否或如何得到了保护。

近代和现代民主的实践已经告别了古希腊式的多数统治的民主，现代民主是与个人权利和个人自由的概念息息相关的政治运作模式。康德式的目的王国虽然只是一种理性事实，但它所提出的人的尊严与权利平等的精神，却是现代民主的精髓。如果公民的基本权利尤其是处于少数的公民的基本权利得不到保障，只能意味着民主建设还缺乏基本要件。少数是相对于多数而言。政治生活中必然出现多数，也必然出现少数。少数的权利问题是政治民主中的一个关键性问题。因此，在进行现代民主国家建设的过程中，我们必须高度重视少数的权利问题。

第二节　在无政府与利维坦之间
——自由主义的国家观

自由主义是关于一定类型的国家权威可辩护性的学说。国家权威的可辩护性(justification,又译为"证成")和合法性(legitimacy,又译为"正当性")是当代政治哲学的两个核心议题。这两个议题又是内在联系的:一个国家需要具有什么样的特质才是可辩护的？或道德上可证成的？对国家权威的证成也就隐含着对其正当合法性的证成。而如果在道德上不可为其辩护,那么,其合法正当性也就存在着危机。国家权威的合法性、正当性,一般可定义为具有道德上可辩护的理由(justified)来进行统治,而它的公民也就有着服从的政治义务。自由主义的政治哲学肯定国家存在的必要性,因而在自由主义看来,这两个问题互为表里,对前一个问题的回答也就意味着对第二个问题的回答。并且认为,对前一个问题的回答即肯定国家存在的合理性与正当性,也就为公民服从提供了必要的前提和保障,并且强调可证成的国家也为公民自由提供了保障。与自由主义的国家理论形成对照的关于国家权威的不同理论,有这样两类:一是关于无政府主义的理论,无政府主义否定国家权威存在的合法性;二是强调国家至上主义或权威主义国家的理论,这一理论则把公民的服从与公民自由对立起来。自由主义的国家权威理论是介乎这两者之间的理论。其次,自由主义内部关于国家权威的正当性也存在着严重的分歧,即有着强调公平与平等倾向的罗尔斯的自由主义与强调个人权利至上性的诺齐克的自由至上主义。这里我们首先需讨论的是自由主义与无政府主义和国家至上主义的共同区别,然后再回到自由主义内部的争论上来。

一、无政府主义与自由主义

自由主义对正当国家权威的论证或证成,受到来自两个方面的挑战:无政府主义和霍布斯的国家至上主义。以葛德文、蒲鲁东和巴枯宁为代表的18、19世纪的无政府主义,把任何形式的国家权威都看成是一种恶,而认为只有无政府状态才是人类真正美好的状态。霍布斯的国家至上主义则把国家的意志看得高于一切,强调专制君主的命令的正当合理性。在自由主义看来,这样两个方面的论证或辩护都是不成功的。

首先要看到,自由主义关于国家理论的起点是无政府状态。自由主义,无论是古典自由主义还是当代以罗尔斯为代表的自由主义或以诺齐克为代表的自由至上主义（libertarianism），都以无政府状态作为他们的政治哲学的起点。诺齐克指出，"政治哲学的基本问题，即在有关国家应如何组织这一问题之前的问题，是任何国家是否应当存在的问题。"①关于无政府存在于国家之前的问题是政治哲学的一个基本问题。如果无政府状态是最好的人类状态，或好于任何一种人类社会的国家政治状态，那么，就没有合理理由来为国家的正当性进行辩护。那么，怎样的无政府的自然状态应当是人们认为可取的最好状态？或者，有没有那种一个人能合理期望的最好的无政府状态？诺齐克指出，可以把无政府状态作这样两端的考虑：即最大极小值（minimax）和最大极大值（maximax）。所谓最大极小值，即想象一种最坏的自然状态来与任何一种国家状态相比。如人对人像狼一样的霍布斯的自然状态与任何一种最坏的国家相比，那么，人们可能就有理由要走出自然状态。其次，可以像葛德文那样，想象一种最乐观可能的自然状态。但诺齐克认为，生硬而盲目的乐观主义是缺少说服力的。但无政府的自然状态也许没有像霍布斯所设想的那么坏，也可能没有像葛德文所想象的那么好，因而合理期望的最好的无政府状态是我们应当讨论的。"因此，探讨其性质和弱点，对于决定是否应当有一个国家而非无政府就具有关键的意义。"②诺齐克进一步指出："如果有人能展示国家甚至优于这一最可取的无政府状态，优于这一能合理期望的最好的自然状态；或者展示国家将通过一系列不违反任何道德约束的步骤产生，如果它的产生将是一种改善，这就提供了国家存在的一个合理基础，这一合理基础就将证明国家为正当的。"③诺齐克的这些观点对于我们讨论无政府主义与赞成国家权威的正当合理性的自由主义的区别有着方法论的指导意义（虽然我们难以找到像诺齐克所说的那样具有最大极小值与最大极大值这样的典范）。

　　古典自由主义以洛克为例。洛克的自由主义学说的起点是自然状态。洛克的自然状态与霍布斯的不同，洛克的自然状态是一种没有政府的社会状态。洛克的自然状态可以看作两个阶段。在第一阶段，人们遵

---

① Robert Nozick, *Anarchy, State and Utopia*, Basic books, 1974, p.4.
② Ibid., p.5.
③ Ibid.

循自然法,相互之间仁爱、友善。但是,人们之间难免有利害冲突。而利害冲突必然会产生报复行为。然而,由于没有至上的仲裁者,人们总是从自我利益出发来运用自然法,从而使得人们相互之间的冲突得不到公正合理的解决,并因此更严重地损害人们的自然权利。这样就进入战争状态。因此,按照洛克的逻辑,如果人们之间的冲突没有一个大家都让渡惩罚和报复权利的政府来作为人们之间冲突的仲裁者,那么,人类的状态未免不永远处于一种悲惨的战争状态。质言之,如果人类永远处于无政府的状态,可能起初是美好的,但是,由于人们之间的利益冲突,则必然发生争斗,而争斗冲突如果没有一个公正地遵循自然法的仲裁者,则必然导致更悲惨的战争状态。结束自然状态也就是所有人都同意让渡自己的一部分权利,即惩罚与报复的权利,形成一个可以不偏不倚地按照自然法来行事的公共权力机构,即国家政府,而我们都在政府的保护之下。这就是人们放弃无政府状态而进入国家状态的理由。洛克的国家政府是这样一种"有限政府",即仅限于对同意进入国家政治状态的人们的权利进行保护,而没有更多的功能。归纳起来,从洛克的观点看,自然状态也许起初有其美好的一面,但其最终发展,则必然导致对人的自然权利的严重侵害,从而使得人类社会必然过渡到国家政治状态。因而从自然状态到国家政治状态不仅是自然状态发展的必然逻辑后果,同时也表明自然状态并非永远是人类的美好状态。

无政府主义者如葛德文等的论证方式则不同。葛德文从现实国家政权形式给人类社会产生的恶来进行否定性论证。他认为,各种形式的国家政府都是不同程度的恶,没有一种形式的政府不是恶,而是善的。他说:"政权,抽象地来看看,是一种罪恶,是对人类自由判断和个人良心的侵犯。"①葛德文在考察了人类社会的君主政体、贵族政体和民主政体之后,说:"展望政治统治这个野蛮机器的解体啊!这个机器一直是产生人类罪恶的唯一的永久性根源。"②葛德文认为,社会利益冲突的根源在于国家政权的存在,他所提倡的,是没有国家政治统治的平等社会。在

---

① [英]威廉·葛德文:《政治正义论》下卷,何慕李译,商务印书馆,1980年,第314页。
② 同上书,第450页。

他看来,这样一个无政府的平等社会,是能够使得社会摆脱罪恶,摆脱人们之间的利益纷争,使所有人都得到最大幸福的社会。后来的无政府主义者蒲鲁东则强调,在私有制社会,财产(权)就是偷盗。因此,即要使得人类社会有真正的幸福,就必须废除一切现存的政治经济制度。蒲鲁东、克鲁泡特金等无政府主义者也提出了一种互助组织或团体作为他们无政府状态下理想社会的目标。洛克则认为,人类社会的罪恶横行,恰恰在于没有一个可以保护公民权利的国家权力机构。洛克之后的政治经验表明,民主政体尤其是现代民主政体,尽管也有不少缺陷,但它是人类社会迄今为止所能创立的最好的政体。

就罗尔斯的正义论而言,罗尔斯的原初状态隐含着一个无政府的状态。罗尔斯正义论的出发点,即是所谓"原初状态"(origin position)说。他的原初状态,是把以洛克、卢梭和康德所代表的契约论提高到一个抽象的水平。他说:"我的目的是要提出一种正义观,这种正义观概括了人们所熟悉的社会契约理论(比方说,在洛克、卢梭、康德那里所发现的契约论),使之上升到一个更高的抽象水平。"①这个更高的抽象水平,就是将古典的契约论所设想的自然状态,转换成并非是对真实历史描述的原初状态。即使如此,仍然可以把它看作是一种假设的无政府状态。这是因为,罗尔斯原初状态的设置是为了能够得到他所荐举的两个正义原则的条件。一旦选择了两个正义原则,原初状态下的无知之幕则被层层揭开,即进入制宪与社会基本制度的创建之中。因此,很显然,原初状态的设置就是理论化了的洛克等契约论者的自然状态。人们为什么要选择正义原则作为社会基本制度的首要原则? 在罗尔斯那里,原初状态就是一个"正义的环境",即在社会合作的前提下存在着利益冲突从而需要正义原则来调节的环境。利益地位的不平等造成利益冲突也是现实社会的基本问题。不过,实际上,各种自由权利的平等保障是罗尔斯正义原则首要考虑的,这符合洛克以来的自由主义传统的要求。当然,罗尔斯没有像洛克等人那样,明确提出自然状态的缺陷进而指出进入国家政治状态的必要性。但罗尔斯"正义的环境"这一说法实际上同样提出了

---

① John Rawls, *A Theory of Justice*, Harvard University Press, 1971, p.11.

进入正义国家状态的必要性。因此,罗尔斯的正义论有着无政府似的起点,但并没有在无政府状态中停滞下来。当原初状态中的各方代表同意选择了能够指导未来国家基本制度的正义原则时,就意味着与无政府状态告别了。不过,值得指出的是,在罗尔斯的基本理念中,几乎没有出现"国家"这一概念,如"社会基本结构""良秩社会"(a well-ordered society)、"社会基本制度"等,然而,他所说的"社会",实际上是公民社会,即现代国家的政治社会。因此,现代国家的概念在罗尔斯那里是不言而喻的。

诺齐克则明确地把一种无政府的自然状态看成是他的理论出发点。诺齐克的名著《无政府、国家与乌托邦》的第一编题名为"自然状态,或如何自然而然地追溯出一个国家",即把无政府的自然状态理所当然地看成是他的国家理论的出发点。诺齐克从洛克对自然状态的论述出发,指出在自然状态人人具有生命权、自由权和财产权,可在自然状态中,则有人逾越自然法的界限来侵犯他人权利,而每个人都有权侵犯违反自然法的人,一个人可以行使他的权利,保卫自己,索赔或进行惩罚,但自然状态有种种不便,可能导致无休止的报复或索赔行为,从而引发争端。这样个人之间可能就会联合起来,形成相互保护的团体。只要涉及社团成员与非成员之间的冲突,社团之间就会采取某种联合行动来保护自己的成员。随着时间的推演,在一个地方可能会自发形成不同的保护性团体或社团。最后,从多个保护性团体中产生支配性的保护团体,即几乎所有居住在同一地区的人,都处于某种判断他们的冲突要求和保护他们的权利的共同体之下,人们向这类机构或团体交纳一定的保护费,以求得这类团体或机构的保护,"从无政府状态中,就产生了某种类似于最弱意义国家的实体,或者某些地理上明确划分的最低限度的国家(minimal state)。"①当然,诺齐克并不认为支配性保护团体就具有最低限度的国家的性质,它不具有使用强力的独占权。然而,它却是社会进入国家状态的第一步。诺齐克形象地将这个变化比喻为类似于市场经济的"看不见的手",即通过类似于这种自发的过程,将产生最低限度的"守夜人式的国家"。从上述诺齐克对国家产生的论证逻辑来看,诺齐克把人类社

---

① Robert Nozick, *Anarchy, State and Utopia*, Basic books, 1974, p.17.

会告别无政府的自然状态或国家的产生看成是自然进化或演进的结果。这是人们的利益冲突和寻求保护的产物。因此,自由主义理论中无政府状态向国家政府状态的转换过渡的根本原因,都是人们的利益冲突的不可避免性,以及保护的需要。

二、霍布斯主义与自由主义

自由主义从人的权利保护的基本观点出发,得出走出自然无政府状态的必然性结论。然而,这仅仅说明了人类不可能回到自然状态中去,但还不能说明国家政治状态在道德上就一定好于自然无政府状态。柏拉图在其《国家篇》中,依据他对理想国家政体的描述,对现存的五种政体都提出了批评。葛德文也对他所认为的三种主要政体提出了他的批判。以洛克为代表的自由主义也是在对霍布斯绝对君权的国家理论的批判中产生的。霍布斯是近现代以来第一个以契约理论系统地阐述世俗国家合法性的理论家。霍布斯国家理论的前提是自然无政府状态,然而,却得出了绝对君权高于一切的绝对主义君主国(absolute monarchy)的政治结论。这在自由主义看来,是不可接受的。自由主义理论所论证的国家,不仅仅是必然走出自然无政府状态的国家,而且是在道德上可辩护的国家,即在道德上有理由存在的国家。

应当看到,霍布斯与作为自由主义始祖洛克的国家理论起点的自然状态,从其所包含的自然权利说来看,没有本质的区别。虽然霍布斯的自然状态就是最坏的人类状态,而洛克的自然状态则不可一概而说;虽然霍布斯的自然状态说仅仅强调生命权,而自由主义的思想家洛克在强调生命权、自由权之外,还着力强调了财产权。然而,两者都认为,人类走出自然状态的根本原因在于,自然权利在没有一个众人之上的仲裁者的社会条件下,必然受到侵犯。因此,为了保障人的自然权利,必然在其社会成员都订立契约的前提下,让渡一部分权利,即惩罚或报复的权利,把它交给一个公共的权力机构。

自由主义的洛克国家论与绝对君权专制主义的霍布斯国家论,从其前提来看,两者都强调对自然权利的保障。但在怎样看待这个公共权力机构以及对其共同体的成员行使权力的限度问题上,霍布斯与洛克分道扬镳了。从起点上看,两人都共有一个论证前提,即为了保全生命与权利,必须转让某些权利,离开自然状态。怎样离开自然状态?两人都以契约同意论来回答。但人们能够一致同意吗?在霍布斯看来,也许有些人的审慎理性没有意识到让渡某些权利来保全自己的生命与权利的重要,但只要多数人参与了这样一次性的转让行动,就可以看作是一次集体性的行动,从而也就形成了一个保护性的公共权力机构。那么,怎样对待那些还没有意识到这类契约行为的重要性的人?霍布斯说:"由于多数人以彼此同意的意见宣布了一个主权者,原先持异议的人这时便必须同意其余人的意见;也就是说,他必须心甘情愿地声明承认这个主权者所做的一切行为,否则其他的人就有正当的理由杀掉他。"①在霍布斯这里,允许惩罚权利的转让与专制恐怖行动是内外结合在一起的。洛克则鲜明地指出:"任何政府都无权要求那些未曾自由地对它表示同意的人民服从。"②当人们是被威胁进入一个国家政治社会状态时,那就意味着他们已经丧失了自由。洛克指出:"作为被胁迫受制于一个政府的人们的子孙或根据他们的权利而有所主张的人民,总是享有摆脱这种政府的权利,使自己从人们用武力强加于他们的篡夺或暴政中解放出来。"③在如何进入国家政治社会的起点问题上,霍布斯就鲜明地表现出他的专制主义倾向,洛克则鲜明地体现了他的捍卫个人权利的自由主义倾向。

霍布斯认为,当共同体的多数成员订立契约而把相应的权利让渡给了一个公共权力机构,任何人都不得破坏自己的信约而不服从这个机构或这个人——君主,这个机构或这个君主就是一个高于众人之上的主权者(利维坦),因为人们已经将主权授予他了。他的臣民"不能以取消主权为借口解除对他的服从"。④ 主权方的任何行为都必须得到他的臣民的服从。既然臣民们已经把权利交付给主权者了,那么,在霍布斯看来,主权者做什么都是对的,即使主权者下达了杀死臣民的命令。他说:"在一个国家中,臣民可以,而且往往根据主权者的命令被处死,然而双方都

---

① [英]霍布斯:《利维坦》,黎思复等译,商务印书馆,1985年,第135页。
② [英]洛克:《政府论》下篇,叶启芳等译,商务印书馆,1964年,第117页。
③ 同上。
④ [英]霍布斯:《利维坦》,黎思复等译,商务印书馆,1985年,第134页。

没有做对不起对方的事。"① 霍布斯通过契约同意建立起来的国家,是一个臣民们一经把自己的权利交出,就不可收回的专制国家。在这样的国家中,自己只是处于任人宰割的地步。人们之所以愿意离开自然无政府状态,在于保全自己的生命,然而,人们现在处于国家政治状态,自己的生命却交付给了一个至上的主权者,而任人宰割,如同处于枷锁中一般。因此,在霍布斯看来,在通过契约同意脱离自然状态而建立起来的国家中的臣民只有"相对于锁链而言的自由"②。人们失去了自然自由,但换来的却是锁链。这无论如何也不符合建立政治国家的初衷。洛克针锋相对地指出,"使用绝对的专断权力,或不以确定的、经常有效的法律来进行统治,两者都是与社会和政府的目的不相符合的。如果不是为了保护他们的生命、权利和财产,如果没有关于权利和财产的经常有效的规定来保障他们的和平与安宁,人们就绝不会舍弃自然状态中的自由而加入社会和甘于它的约束。"③ 洛克认为,如果在国家政治状态中,人们受到他人的专断的干涉以及生命财产得不到保障,还不如回到自然无政府状态中去,因为"如果假定他们把自己交给了一个立法者的绝对的专断权力和意志,这不啻解除了自己的武装,而把立法者武装起来,任他宰割。一个人置身于能支配十万人的官长的权力之下,其处境远比置身于十万个别人的专断权力之下更为恶劣。"④ 在自然无政府的状态中,他们还享有保卫自己的权利不受别人侵犯的自由。洛克在此提出了一个对于国家政治社会进行辩护的合理性问题,即仅仅从自利的自然人的利益冲突或从战争状态中走出就可以为建立国家进行合理性辩护吗?一个政治国家的证成不仅有必然性,而且是有着道德上的好的理由。这个理由不是别的,就是自由主义的国家观,即洛克所强调的,人们自愿参与政治社会的根本目的,在于能够在政治社会中更好地保护自己的生命、自由和财产权,和平安全地享有各种财产。他所放弃的只是保护自己和他的同类的权利,这同时意味着他已经处于公共权力的保护之下,而绝对

---

① [英]霍布斯:《利维坦》,黎思复等译,商务印书馆,1985年,第165页。
② 同上书,第164页。
③ [英]洛克:《政府论》下篇,叶启芳等译,商务印书馆,1964年,第85页。
④ 同上。

不意味着他处于他人的绝对专断的权力的支配之下。国家以及其立法机关，"在最大的范围内，以社会的公众福利为限。这是除了实施保护以外并无其他目的的权力。"①洛克所强调的政府的功能，除了保护它的共同体成员的各项权利以及谋取所有成员的公共福利之外，没有更多的权力。对于政府或国家政治权威的辩护，洛克给出道德上的好的理由，就是它应当是保护性与服务性的，并且必须是一种"有限"政府，而不是凌驾于公民之上的专制政府。

这里的问题是，霍布斯与洛克都有着同样的保护个人权利的起点，然而，为什么霍布斯不同于洛克，得出了具有君主专制主义倾向的国家权威说？这是霍布斯论证本身导致的结论。从战争状态的自然状态走出的关键在于人们之间的契约，或一致同意，这个契约是以每个人交出自己的攻击与惩罚他人攻击的自然权利为前提条件，其目的是为了保护自己的生命权或免于恐惧。然而，当人们一经交出自己的权利而建构一个超越于个人之上的利维坦，人们则处于这个绝对主权的宰制之下。因此，我们对于霍布斯不是要提出人们是怎样同意的，而是要问，人们同意的是什么。霍布斯契约的前提在于人们的理性告诉他们，要保护自己免受伤害，就要走出战争状态进入和平的公民社会，而当人们交出了自己的先发制人的权利和惩罚报复的权利后，即"按约建立国家之后，每一个臣民便是按约缔造的主权者一切行为与裁断的授权者……因此，抱怨主权者进行侵害的人就是抱怨自己所授权的事情。"②主权者的行为都是为他的臣民所授权，因此，臣民们没有理由对于主权者的行为不服从，哪怕主权者的行为是不正义的，霍布斯认为这也"不是不义，也不算是（对臣民的）伤害。"③依霍布斯的理论，人们所同意的，也就是同意政府对于人们所做的一切。我们每个人都授予利维坦对我们做任何性质的事情的权利，而人们不能抱怨政府是非正义的。就是说，即使政府是伤害行为的受害者，也不能抱怨其行为的非正义。霍布斯提出这个理论的根据在于，我们每个人都是政府行为的授权者，而一个人根据另一个人授权

---

① ［英］洛克：《政府论》下篇，叶启芳等译，商务印书馆，1964 年，第 85 页。
② ［英］霍布斯：《利维坦》，黎思复等译，商务印书馆，1985 年，第 136 页。
③ 同上。

所做出的事情,不可能对授权者本人构成侵害,即使是政府侵害了授权者,你也不能控告别人而只能控告自己。但人们是不能控告自己的,"因为一个人要对自己进行侵害是不可能的。"①霍布斯在这里的论证有着明显的逻辑空白,即把授权者的臣民与授权所建立的政府完全等同起来,并且,他忘记了自己的立论前提,即人们授权给一个主权者,是为了保护自己免受侵害。即使是我们所授权的政府,也可以完全合理地说,它的行为构成了对授权者的侵害因而是不正义的——只要它的确侵犯了其辖下臣民的权利。而霍布斯恰恰是通过这样一种奇怪的逻辑论证导向了他的绝对君权的专制主义。在霍布斯看来,对于臣民来说,"如果主人由于他拒绝服从从而杀死他,或以刑具锁禁起来……这一切也都是由他自己授权的,不能控告主人侵害了他。"②因此,霍布斯认为,以契约即全体同意所立之国家政府与传统宗法的和专制的政府没有什么不同。他说:"宗法和专制的管辖权的权利与必然结果和按约建立的主权者的这一切完全相同,而且所根据的理由也相同。"③霍布斯在对民主制、贵族制和君主制政体进行比较分析后说:"最绝对的君主制对国家来说是最好的条件。"④因此,他实际赞同的是绝对专权君主制国家。而从专制君主可以为所欲为来看,霍布斯的政治社会或利维坦之下的社会成员仍然生活在自然状态中,即人们的生存权仍然得不到保障。最基本的公民权得不到保障的国家权威,是不配得到最起码的道德辩护的。从自由主义的观点看,这样的国家权威也丧失了其正当性与合法性。⑤

---

① [英]霍布斯:《利维坦》,黎思复等译,商务印书馆,1985 年,第 136 页。
② 同上书,第 157 页。
③ 同上。
④ [英]霍布斯:《论公民》,冯克利译,贵州人民出版社,2003 年,第 113 页。
⑤ Rex Martin 说:"在霍布斯的公民联合体中,有一个没有解决的自然状况的残存物。在某种意义上,利维坦被看作是'主的荣耀',对于其主权者的意志,不允许它的臣民所有的抵制活动和不同意行为——霍布斯的理论是有着如此的缺陷。" Rex Martin, "Hobbes and The Doctrine of Natural Rights : The Place of Consent in his Political Philosophy", in *The Western Political Quarterly*, Vol. 33, No. 3, (Sep. 1980), p. 392.

三、哲学无政府主义的诘难

哲学无政府主义是 20 世纪 70 年代以来出现的一种哲学流派。自 1970 年罗伯特·沃尔夫发表《为无政府主义辩护》以来,无政府主义思潮在政治哲学领域里再度活跃。这一领域里有迈克尔·泰勒(Michael Taylor)、D. 米勒(D. Miller)和罗伯特·拉迪生(Robert Ladenson)①等人。当代无政府主义主要是一种哲学思潮,它不反对任何现实的政府或政权,因而与传统的具有政治意义的无政府主义区别开来。囿于篇幅,这里主要讨论约翰·西蒙斯(A. John Simmons)对自由主义的国家观的诘难。②

在自由主义者看来,至少有那么一类自由主义所赞成的国家,是可以得到辩护或证成的。生活在自由主义的国家里,至少比在自然的无政府状态或霍布斯式的利维坦中更为可取。自由主义已经证明,由于无政

---

① 一般认为,对某人具有权威主要也就涉及对其有统治的权利,而相互关联的是,另一方则就有着服从其权威和统治的义务。拉迪生则挑战了这一传统的观点。政治权利是一种统治权,但他否定了相应的服从义务。拉兹说:根据拉迪生,权威有一种可证成的占有和实行权力的权利,一种可证成的权威与要求权相对照,因它不隐含任何义务。我的邻居和一种可得到辩护的声言威胁我的权利,这并不意味着我有责任来服从他。这仅仅意味着它威胁我没有错,而与我有权利抵制他是相容的。Joseph Raz," Authority and Justification", *Philosophy & Public Affairs*, Vol. 14, No. 1 (Winter, 1985), p. 4.
② 西蒙斯把当代的无政府主义称之为"哲学无政府主义",将它与 19 世纪传统的无政府主义区别开来。哲学无政府主义与传统无政府主义无疑有着巨大差别,哲学无政府主义认为,"没有一个道德上具有合法性(正当性)的国家。这个哲学立场(与成熟的政治无政府主义不同)是与这一观点兼容的:政府是必要的,一定类型的政府应当得到支持。"(A. John Simmons, "The Anarchist Position: A Reply to Klosko and Senor", *Philosophy & Public Affairs*, Vol. 16, No. 3, 1987, p. 269)。哲学无政府主义主要质疑的是政府或国家权威的正当性或合法性。在哲学无政府主义看来,自由主义虽然对于他们所认为的那类国家的存在提供了道德上的好的理由,是可辩护的(可证成),但并非意味着某些国家权威具有合法性或正当性,公民应当有政治服从的义务。在他们看来,对国家权威的证成与对国家权威的合法性、正当性的论证分析是完全不同的两回事,因而,对于国家权威的证成性分析不能说明国家权威的合法性、正当性,因而不能合逻辑地推出公民服从的义务(本文囿于篇幅,不准备展开公民政治义务的问题)。在西蒙斯看来,自由主义的论证混淆了这样两类论证,把对国家权威的证成就看成是对国家权威的合法性论证。

府的自然状态的内在缺陷,它必然走向国家政治状态;同时,自由主义也证明了他们所赞许的那类国家比霍布斯的利维坦在道德上更为可取,因此,我们有很强的道德理由来选择自由主义所赞许的国家。但西蒙斯认为,任何一类国家的一般质量和特性是一回事(这决定了是否可为之辩护或证成),但某一特殊的国家(政府)与某个或某些社会成员的关系——即这些社会成员对它是否负有义务,因而决定着它的合法性、正当性——则是相当不同的一回事,这两者是两个独立的变量。拉迪夫也持有同样的观点。邻居对我家的树长高了,影响了他们家的阳光,要求我把它锯掉,这样的要求是可证成的,或可辩护的,但并不意味着我一定要服从。在他们看来,这恰恰类似于国家政治领域里的权威合法性问题。

在西蒙斯看来,以康德的基本立场为出发点的当代自由主义,都混淆了国家权威的证成与国家权威的合法性、正当性这两类不同的问题。西蒙斯指出,当代影响最大的罗尔斯的正义论,持有的是一种政治社会本体论的观点,罗尔斯甚至没有提出为什么需要国家的问题,而他对国家权威的论证,是把对国家权威的证成与国家权威的合法性合并为一个问题,他以罗尔斯的话为证:"(社会)基本结构和公共政策对于全体公民而言是可证成的(可辩护的),正如政治合法性(正当性)原则所要求的那样。"① 为什么会是如此?在西蒙斯看来,罗尔斯等人把国家的合法性(正当性)理解为自由(的问题),并且不把它与其所属的成员的义务联系起来,"所以对国家的证成就被当作是隐含了对国家的合法性(正当性)论证,或者把它看作是对国家合法性论证的一部分;而合法性的问题仅仅被看作是一种道德的许可。"② 我们并不一定认同西蒙斯对罗尔斯的批评,但要看到,他与罗尔斯的区别就在于,强调对国家权威的证成与国家权威的合法性(正当性)问题不是一个问题。为什么这不是可归并的问题?我们从他对诺齐克的批评中可知道得更清楚。

---

① John Rawls, *Political Liberalism*, Columbia University Press, 1993, p. 224; A. John Simmons, "Justification and Legitimacy", *Ethics*, Vol. 109, No. 4 (July 1999), pp. 756-757.

② A. John Simmons, "Justification and Legitimacy", *Ethics*, Vol. 109, No. 4 (July 1999), p. 757.

西蒙斯认为,诺齐克提出的以康德和洛克的权利说为基点的最低限度(minimal)的国家,这样的国家在一定的疆域内要求一种独占的统治权,这样的国家能够通过这一领域里足够多的居民的同意从而获得它的统治的合法性,因而它有着最大的资格来对"错误行为"实施惩罚。西蒙斯认为这里实际上包含着这样两个不同的问题,他说:"说明这样的国家具有合法性在于表明,它实际上与它所控制的居民有着道德上不可异议的关系。为反对无政府主义,为这样一个国家辩护,仅仅可能涉及它与它的臣民的这样一种关系,以及这样的国家的所有好处,从而我们能够希望它们自然地从自然状态中产生。注意到,就这个范式而言,一个具体的国家显然是这种可辩护的国家,即在诺齐克的意义上,它是仅对疆域内的居民提供保护而没有再分配功能的国家,但它本身仍然不是一个合法性(正当性)的国家。例如,最低限度国家施加强力给它的人民而没有得到任何(或很多)同意。那就意味着没有比某些团体有着更大的施行正义的权利;那么,它就没有合法性,即使它为全体成员提供保护而没有再分配的功能。国家特殊的合法性产生于这个事实:赞同它的顾客给予它比任何其他竞争者更多的集体性"惩罚权利"……一个最低限度的国家如果没有这种同意,那就只有强迫,而没有这样一种合法性,而只有事实上的对暴力使用的独占权。"① 西蒙斯认为,诺齐克只做了一半,即为了反对无政府主义,它指出了保护性的最低限度的国家所具有的好处,从而可以有说服力地使它的居民喜欢生活在国家政府状态中受政府的保护而不愿意再生活在无政府的自然状态中。质言之,以"看不见的手"来论证最低限度的国家从自然状态中产生的必然性,并没有说明具体国家与公民关系的合法性,以及它的居民服从的正当性——合法性产生于公民的同意。在西蒙斯看来,罗尔斯的正义论也是以对一般国家政府的证成(正义的基本制度)取代了另一个分离的任务——具体国家权威的合法性和公民服从的合法性问题。那么,自由主义的国家理论中确实存在这样的问题吗?

---

① A. John Simmons,"Justification and Legitimacy", *Ethics*, Vol. 109, No. 4 (July 1999), pp. 744-745.

从自由主义的国家理论看来,既然我们证成了有着这样一般性质的国家在道德上具有好的理由值得我们拥护,那就意味着它有施行它的政治统治的合法性以及公民应当服从其统治的义务,即公民的同意就建立在这样的前提上。但西蒙斯认为,即使是具有一般意义上好的道德理由,也并不意味着它的政治统治就有合法性,具有这样一般性质的具体国家的合法性、正当性取决于它的公民的自愿同意。在西蒙斯看来,对国家的道德与合法性、正当性的证成(在他看来,决定国家权威合法性与公民服从的唯一决定因素是公民的自愿同意)是两个独立变量,不可把这两个问题合并为一个问题。那么,西蒙斯是如何论证的?

西蒙斯以一个模拟论证——商业服务说明他的观点。西蒙斯说,一家好的商业机构,它可以为顾客提供好的服务和货真价实的商品,但这并不意味着我就要买它的商品,为它付账。因为这并不代表我与这家商业机构之间有特定关系。它的服务和商品好不好是一回事,我愿意不愿意买它的商品和服务则是另一回事。两者之间没有必然联系。一个在道德上有好理由存在的商业机构并没有权利要我一定成为它的顾客,除非我自愿同意。道德上可辩护的国家(reasonable and just state)与商业机构一样,有道德上的好理由值得存在下去,并非意味着有权利要求我服从,"一个国家或商业机构为它的存在辩护(证成)需要诉诸其德性,而它有德性本身并不意味着它有特殊的权利来对具体的个人提出要求。"①西蒙斯认为,尽管国家在很多方面不同于一个商业机构,尤其是国家权威机关是某一领域内唯一提供安全和保护以及对犯罪进行惩罚的机构,但是,无论是商业机构还是国家权威机关,都没有权利强制一个不愿意参与的人成为它的顾客,否则,就否定了洛克的人的自然自由的前提。

然而,服从一个在道德上有好理由的国家是需要强制的吗?如罗尔斯理论中有着正义感的公民对正义国家制度的服从。即使是商业机构与某类国家一样有好的存在理由,商业机构与国家机构仍然不同,因为不同的商业机构提供同样的商品,而国家则是某一疆域内唯一的供需

---

① A. John Simmons, "Justification and Legitimacy", *Ethics*, Vol. 109, No. 4 (July 1999), p.752.

者。因而这两者并非是像西蒙斯所说的那样,是两个独立的变量,实际上,前者是后者的必要条件,即前者的条件得不到满足,后者则不能成立。因此,这个问题可以从反面来看,即如果国家权威得不到有效证成或辩护,那它的合法性、正当性是否还存在,它对它的公民提出的义务要求是否是有效的。如果国家权威不能满足证成性条件,其对公民的义务要求也是无效的,那也就从反面论证了国家权威的证成性是公民服从义务的必要前提。前面已述,就霍布斯式的绝对君权的专制主义国家而言,霍布斯虽然强调是人们同意进入政治社会状态,但实际上人们并不会同意把自己交给一个绝对专制的君主去任其宰割。因此,在霍布斯的理论前提与其理论目标所建立的国家之间存在着巨大的逻辑空白,霍布斯并没有证成自己所要建构的绝对君权的国家权威。霍布斯的例证也说明,政治权威的可辩护性(证成性)与正当性(合法性)是内在相关的。洛克的自由主义政治权威之所以是正当(合法)的,在于它是可以得到道德辩护的,或可以从其理论前提进行辩护的。并且,霍布斯的绝对君权专制主义国家权威的不可辩护性,也表明了证成政治权威的重要意义。

毋庸置疑,一个在道德上得不到辩护或证成的国家权威也可能得到它的成员的"实际"支持,其义务要求也可能被认同。但是,这样的支持和认同是得不到理论辩护的。西蒙斯也承认,他所说的同意是在规范的意义上讲的:"在不自由和不知情的情况下,不能做出有约束力的同意。"[1]即强制与不知情情况下做出的同意选择,不是真正有效的同意。正如我们认为那些打着童叟无欺旗号的商家,却在做着卖假货的生意,然而,我们竟成为意愿它的顾客,但这样的同意或意愿是无效的。同理,政治机构或政治候选人出于宣传的目的为了赢得民心做出某些承诺,而实际上不可能那样做,即便如此,却还是博得了一些民众的同意,但这样的同意也是无效的。既然我们认为,在道德上得不到辩护的政治安排不能产生有约束力的义务,那么,在道德上可得到辩护的国家权威,对它的

---

[1] A. John Simmons, "Justification and Legitimacy", *Ethics*, Vol. 109, No. 4 (July 1999), p. 750.

证成也就成为其成员有效同意的必要条件。当然,这类同意也应当是在自由和知情的前提下做出的,正如罗尔斯所指出的,政治的正义观念是一种公共观念,即在我们知道他人也会同意的前提下选择了两个正义原则,并在这个原则之下形成政治的正义观念。如果没有在道德上可得到辩护的政治权威,公民的自愿同意也就失去了根本前提。因此,对于国家政治权威的证成较之于国家权威的正当合法性(要求公民的服从义务),必然具有逻辑上的优先性。因此,这两者并非是像西蒙斯所认为的那样,是两个不相干的独立变量。

另一方面,在历史经验中,也确实存在那种真正道德上可辩护的国家权威(理论上可证成),但却得不到其成员实际的同意。纵观全球,现代世界是一个多种国家制度并存的世界。尽管就全球意义而言,我们已经进入了一个民主化的时代,但仍要看到,相当多的地区与国家的权威并不可能在道德上得到辩护。因此,并非是一个时代、一个社会的某种理性共识,就可以使得某个地区与国家的成员实际认同那种迄今为止人类对政治制度认识所能达到的对最好国家权威的认同。就实际社会成员的实际同意或认同而言,我们认为,这里的前提首先应当是其自愿同意者是一个不偏不倚的理性存在者,而不是一个还不具备理性或失去了理性的存在者。因为我们相信在现代社会,只要获得足够的教育,作为理性存在者的不同文化传统的成员有足够的睿智来认识到这个关系到人类社会生活的重大真理,即哪一种类型的国家政治制度对于人类来说是真正的福音。因此,在这个问题上,我们还是必须回到康德在"什么是启蒙"这一著名论文中所说的,"敢用你的理性!"其次,这里有一个社会历史文化环境、民众的历史传统、社会心理的问题。即使是一个理性存在者,也可能受到历史传统、文化心理以及利益地位的影响,从而不实际认同一个已被理论证明为到目前为止的最好的国家,即由于自身的利益关涉而成为观点偏颇者。在这里仍然是一个启蒙的问题,但又不仅仅是一个启蒙的问题。最后,政治认同或对国家权威的同意、认同问题,是一个在历史中前进的问题。就马克斯·韦伯(Max Weber)的观点而言,人类历史上的合法性国家权威可归结为三大类型:神圣信仰的传统型、领袖个人魅力(charisma,又译为"卡里斯玛")型以及现代法理型。不同的合法性权威都曾得到其社会成员的拥护,但在现代社会,世俗权威的合法性必须得到理性的认同,即诉诸那种在道德上可辩护的理由。

因此,对国家权威的证成是现代公民政治服从的必要前提,而公民的实际同意,其充分条件必须在历史的政治进步中来获得。因此,西蒙斯所提出的问题虽有意义,但毕竟是没有抓住要害。这样说并非要把两个密切相关的问题分离开来。自由主义之所以值得辩护,在于自由主义从根本上是要回答,人们政治义务的根本前提是什么。洛克以来的自由主义传统强调,政治服从的根本前提在于政府对于公民自由平等权利的保障。现代民主政府的道德基础或道德根基也就在于此。霍布斯式的绝对君权的专制政体必然侵犯人的基本权利,从自由主义的观点看,也就必然丧失其可辩护的理由。在前现代社会,对于绝对君权的专制政体,由于人们还没有人人自由平等的权利意识,从其维持社会等级秩序的功能意义上强调其权威的合理性,因而具有一定的可辩护性;但在现代社会,失去了对于其公民基本权利的保护功能,也就丧失了其可辩护性(不可证成)。不过,在自由主义内部,怎样的国家权力才是对公民权利的最好保障或保护,仍然存在着内在的分歧。

四、自由主义内部对国家权威证成(可辩护性)的分歧

自由主义的国家观在于寻求一种道德上可辩护的国家。毋庸置疑,自由主义所寻求的是在无政府与利维坦之间的那种道德上可辩护的政府。但这并不意味着他们之间没有分歧。当代自由主义内部的重大分歧是罗尔斯式的坚持平等价值的优先性和诺齐克式的坚持资格权利的优先性的分歧。

罗尔斯的理论出发点虽然也是某种虚拟的原初无政府状态,但罗尔斯及其追随者没有考虑无政府主义者提出的问题,即怎样拒绝无政府主义者提出的非政府状态的合作问题,西蒙斯说:"罗尔斯派的证成原则上是对那些已经接受在某种国家中生活必要性的人的强制的证成。"[①]罗尔斯不提及为什么需要国家的问题,而认为理所当然地是要证成需要什

---

① A. John Simmons, "Justification and Legitimacy", *Ethics*, Vol. 109, No. 4(July 1999), p. 758.

么样的国家的问题。因为我们"生入其中,而死出其外"的是国家政治社会。因此,这一社会基本制度的正义性问题就是罗尔斯理论的关注中心。罗尔斯把洛克、卢梭以及康德的契约论提升到了一个抽象的水平,从而提出他的原初状态说。这意味着罗尔斯在理论前提意义上承诺了洛克与康德的权利说。洛克强调个人的生命、自由以及财产权作为最基本的个人权利,是不可让渡的。康德的权利说是建立在理性存在者这一本体前提上的。在康德看来,作为一个理性存在者的人类个体,相对于其他人而言,因其拥有理性(或能够成为有理性的存在者),因而是平等的。这一平等体现在我们作为人的人格尊严是平等而无价的,即任何人的人格尊严都应受到同等的尊重,只因为他或她是人。因而人永远是目的,而不仅仅是手段。所有人被当作人来看待,也就意味着所有人的人格尊严都受到了尊重,这一所有人的人格尊严实现的社会,就是一个目的王国的社会。洛克的权利说与康德的权利说都坚持了人类权利的不可侵犯性,但是,在这一共性的前提下,洛克的权利说与康德的权利说尤其是尊严权利说存在着内在的张力。洛克的权利说所坚持的财产权,有着起点平等然而终点不平等的结果,这种结果的不平等无疑有碍于人的尊严的平等实现。罗尔斯要在他的理论中,不仅体现洛克式的自由权利(主要体现在政治权利上),更重要的是,他始终坚守着对于人类权利的康德式理解。罗尔斯把对国家权威制度的证成(辩护)牢牢地建立在这样一个康德式的基础上。如果说,洛克式的权利说与康德式的权利说有着内在区别,那么,罗尔斯偏重的是康德式的权利界说。1975年,罗尔斯为回应诺齐克所发表的重要论文《一种康德式的平等概念》[1]就可看出罗尔斯的理论倾向。

  从这样一种对人的平等理解的前提出发,罗尔斯的正义理论的关注点在这样两个方面:一是政治制度方面的权利的平等,二是经济制度和社会安排方面如何体现平等的要求。这样两个方面的关注为正义两原则的内容所表述。第一原则:"每个人对自由的完全充分的体系(fully adequate scheme)都拥有一种平等的权利,这种自由的体系是与对所有

---

[1] John Rawls, *Collected Papers*, Harvard University Press, 1999, pp.254-266.

人而言的相似的自由体系兼容的。"第二原则:"社会和经济的不平等应当满足两个条件。第一,所有的社会官职和职位,必须在公正平等的机会条件下,向所有人开放,第二,它们必须是最大有利于社会最少受惠者。"①(罗尔斯第二原则的表述前后有修正,这里是后期著作中的表述,但更清楚地表达了他的思想)第一原则又称为基本平等自由原则,第二原则为社会和经济的平等追求原则,这一原则又可说是社会机会平等原则与经济分配的差别原则。在罗尔斯这里,第一原则有着词典式的优先性,并且,第一原则的平等精神应当体现在第二原则之中。第一原则主要关注的是政治自由问题,它是指导国家宪法和基本政治制度的原则,第二原则涉及社会经济制度以及其他基本制度的安排。对于罗尔斯的第一原则,在自由主义以及当代西方思想界,应当看到有着巨大的理论共识,引起人们争论的主要是第二原则,并且主要是在经济领域里的平等追求问题。差别原则强调,社会和经济的不平等,只要它能够给社会中最少受惠者带来利益,那么,这种经济和社会的不平等的存在才是符合正义的。正因为罗尔斯的两个正义原则都体现了对于平等的追求,罗尔斯把自己的正义原则称之为"公平正义"原则。

实际上,公平正义是罗尔斯理论的核心所在,并且,罗尔斯认为,要实现社会的公平正义,也就不仅仅是在政治领域里实现基本的自由平等,还有对社会和经济领域的不平等问题必须进行调节。在罗尔斯看来,人们基于社会制度背景和家庭出身等社会的基本不平等是正义理论首先必须关注的问题。罗尔斯说:"这样,社会制度就使得人们的某些出发点比另一些出发点更为有利。这类不平等是一种特别深刻的不平等。它们不仅涉及面广,而且影响到人们在生活中的最初机会……假使这些不平等在任何社会的基本结构中都不可避免,那么它们就是社会正义原则的最初应用对象。"②罗尔斯指出,导致公民生活前景不平等的出发点因素有这样几个方面:出身背景的偶然性、自然天赋以及受公民社会地位影响的发展机会的偶然性,以及人生的幸运与不幸的偶然性。如果听

---

① John Rawls, *Political Liberalism*, Columbia University Press, 1993, p.291.
② John Rawls, *A Theory of Justice*, Harvard University Press, 1971, p.7.

任这些偶然性发生作用,那么,社会和经济的不平等必然加剧,从而必然影响到社会的公平正义。相比较传统的自由主义理论,罗尔斯的新贡献就在于他提出了调节经济和社会方面的不平等,使之趋向一个公平正义的社会的理论。在罗尔斯看来,坚持康德式的对人的理解,就不仅是在起点上意识到人是自由平等的,而且应当将这样的理解贯彻到整个社会政治理论中去,从而真正实现平等尊严的目的王国。然而,这样一个理论目标,也就赋予了国家更多的功能,即依据罗尔斯的正义论,也就显然为把再分配的职能放在了民主国家的身上。国家的国民财富的再分配功能就成为罗尔斯正义论的必然内在要求。在罗尔斯看来,这是在民主国家中实现康德式的平等尊严这一目的的手段。就对国家的证成而言,如果一个民主国家,不能实现人人平等或趋于平等的要求,并且不具有使得它的部分社会成员获得尊严实现的社会基础,那么,这样的国家或国家权威是不能得到辩护的。

罗尔斯的理论目标以及其国家模式遭到了自由主义内部的思想家、后起之秀诺齐克的责难。诺齐克坚守洛克的权利说,同时,对于国家的起源强调它的功能是保护它的成员不受侵犯。罗尔斯所坚持的是康德本体自我意义上的理性存在者的社会平等,而不仅仅是起点的权利平等。相反,诺齐克在坚持起点的权利平等的同时,忽略了任其发展所导致的社会财富占有的不平等,以及其他社会不平等的现状。那么,诺齐克是如何为自己的理论辩护的?

诺齐克的理论紧紧抓住的是作为一个在道德上可证成的国家,它的功能应当是什么这个问题。诺齐克论证道,只有守夜人式的最低限度的国家(the minimal state)是可以得到辩护的。前面已述,诺齐克认为从自然状态中走出,所产生的只是对其成员权利具有保护性功能的国家。换言之,这个最低限度的国家的职责与功能,只是防止暴力、偷盗、欺诈等违犯自然权利的事,除此以外,公共强力机构(国家)强制或强迫个人做的任何事都是得不到辩护的,在道德上国家不可做超出保护性职责的任何事情。像罗尔斯那样,强调为了使得公民们之间趋于平等而实行差别原则,必然超出保护性的需要,履行再分配的职能,从而是得不到辩护的。那么,诺齐克的根据何在?

为了对最低限度的国家做出辩护,诺齐克提出一种资格理论(entitlement theory)。资格理论提出关于持有正义的三个原则:一、关于获取正义,二、关于转让正义,三、关于矫正正义。所谓获取正义,即因其初始正当的获取而持有,其持有是有权利的;所谓转让正义,即双方自愿出让(赠予)或交换的是正当的或符合正义的,因而对其持有是有权利的;所谓矫正正义,即依据前两原则对持有的不正义权利的矫正。① 在诺齐克看来,权利对于个人与国家确定了边际道德约束,即他人权利构成了对个人与国家行动的道德约束。在诺齐克看来,边际约束表明了他人的神圣不可侵犯性。最低限度国家的使命就在于保护所有人的自然权利,同时它的行动受到不侵犯人的权利的边际约束。那么,什么样的国家的行动就可看作是侵犯了人的权利?如果实行罗尔斯的差别原则(模式化分配),使得国家有一种财富再分配的功能,那就必然侵犯人的权利。这是因为,模式化分配(如通过累进税制)并非意味着人们的自愿同意,是对人们自愿选择权的干涉。因此,在诺齐克看来,任何超出最低限度国家功能的国家,都不可在道德上得到辩护或证成。

那么,面对诺齐克的诘难,何以为罗尔斯辩护?在罗尔斯的理念中,有一个强有力的支撑点,这就是罗尔斯正义论的基本理念之一:社会合作体系。在罗尔斯看来,社会是一个世代相传的合作体系,每个公民都能够终身自由平等地参与其中。每个公民通过合作体系而分享利益,合作也必然产生需要分配的利益或利益冲突,正义原则也就是合作体系的公平合作的条款。我们在社会中所获得的一切,离不开社会这个合作体系,个人的获取有社会的成分。因此,对个人正当获得或持有的,在社会平等的目标下进行再分配调节,并不意味着对个人权利的侵犯。罗尔斯注意到,社会合作是有着不同天赋和社会地位的人的合作,不仅处境差、天赋低的人愿意加入这一合作体系,而且处境好和天赋高的人也愿意加入,因为每个人的幸福都依赖于这个合作体系。合作产生的利益分配,则需要向天资差和处境最不利者倾斜。这是因为,由于社会合作,那些才智与天资高的人获利比那些才智较低者多,因此,需要以差别原则来

---

① Robert Mozick, *Anarchy, State and Utopia*, p.153.

进行调节。诺齐克则认为,恰恰相反,社会合作非但没有使才智高者获利更多,反而由于才智低者的参加,他们的获得不是多了而是少了,并且,正是通过那些才智高者的参与,才使得才智较低者有了更多的收益。从直观上看,是诺齐克说得对,而从总体上看,是罗尔斯说得对,因为任何人,即使是一个天才,他的成功也离不开社会和他人的合作。罗尔斯又提出另一个辩护理由,即那些天资或才智高者的天资或才智,并非仅仅是天生或先天具有的,他们在很大程度上是社会教育或培训的产物,因此,天资是一种社会的"共同资产",因此,差别原则的调节,并不侵犯人的权利,而是对于这类共同资产的社会调节。并且,即使是先天的因素,也是任意的偶然因素,社会公平原则也就是对这类偶然因素进行调节的原则。诺齐克对罗尔斯的这一理据的回答是,并非是偶然因素就有着进行社会调节的理由。如果说人的出生是偶然的,每个人降生于世就是一个偶然事件。然而,罗尔斯的原初状态的设置就是排除所有个人的偶然因素,从而达到一种普遍正义。并且,罗尔斯强调,人生的出身、家庭、地位等,即人生最初的不平等或出发点的不平等,恰恰是正义原则所要应用的最初对象。

罗尔斯所提出的上述进行再分配调节的理由,无非是强调,依据差别原则进行社会财富占有的调节,并没有侵犯作为公民个人的权利,从而超出最低限度的国家仍然是可辩护的。诺齐克则强调,每个公民都是一个个分立的个体,每个人都是一个不可替代的个人。罗尔斯则强调个人与社会的相关性,指出每个人的存在都有赖于社会合作体系。罗尔斯的辩护受到了自由主义者以及社群主义者的相当多的批评。然而,即使是罗尔斯的辩护能够成立,强调国家的再分配功能必然强化国家机器和国家权力,超出诺齐克所辩护的最低限度的国家。那么,由此强化国家权力是可取的吗?会蹈霍布斯式绝对主义国家的覆辙吗?

从理论上看,诺齐克坚持了洛克的个人权利不可转让、不可让渡的自由主义学说。然而,诺齐克自由至上主义所坚持的最弱意义的国家论,忽视了现代社会的一个最基本问题:自由市场经济所引发的社会贫富差别和两极分化的问题。诺齐克的国家论实质上是为现代社会的富有阶层辩护。毋庸置疑,强调国家的再分配功能有强化国家权力之虞,但以差别原则进行再分配,并不必然像沃尔泽所认为的那样,有走向权力垄断和专制的可能。① 这是因为,现代政治经验表明,权力垄断与政治专制主要在于权力没有有效的制约或制衡,古往今来,绝对的权力导致绝对的专制。而重视再分配的现代福利国家无一例外所实行的是民主政体。罗尔斯的正义论力图为自由市场经济下的所有公民提供一个最起码的平等起跑点,并且力图使社会最少受惠者受益,从而使得每个公民尤其是那些处境最不利者都享有自尊的基本前提。从诺齐克提出的最低限度的国家看,实行罗尔斯差别原则的现代国家确实做得太多了,因此,罗尔斯正义论内蕴着的肯定不是最弱意义(最低限度)上的国家。罗尔斯意义上的国家的可辩护性在于在坚持第一正义原则前提下的分配正义的实施。

结 论

为什么需要国家?人类需要什么类型的国家?我们在什么意义上有着服从国家的义务?这是从古至今的政治哲学一直追问的核心问题。自由主义是一类关于国家权威的可辩护性以及国家的正当性与合法性的理论,国家权威的证成性与合法性问题在自由主义这里是内在关联的。哲学无政府主义虽然对自由主义的国家证成与合法性、正当性问题一并提出质疑,但无政府主义没有看到两者的密切关联,没有看到前者是后者的必要条件。不同的自由主义者都把某种无政府的自然状态(或假设)作为他们的起点,并且把自由权利的保护作为国家的主要功能。人类有着走出自然无政府状态的内在必然性,但组成政治共同体的人们不是要把自己置于一个专制君主的主宰之下,而是为了更好地保护自己的权利和尊严。然而,就当代两种主要的自由主义国家论而言,罗尔斯强调自由权利以及人的尊严的平等性,诺齐克则强调人的各项权利尤其是财产权的不可侵犯性。罗尔斯的差别原则必然导致的是国家权力的强化,然而诺齐克坚持洛克意义的权利论则无视了自由市场经济条件下

---

① [美]迈克尔·沃尔泽:《正义诸领域:为多元主义与平等一辩》,褚松燕译,译林出版社,2002年,第17—18页。

的贫富差别。罗尔斯正义论虽然强化了国家权力,但并不必然导致霍布斯式绝对专制权的国家。并且,恰是坚持罗尔斯的正义论,社会才可实现最大程度的正义与平等。

第九章　社群主义及其相关议题

20世纪晚期,在当代西方政治哲学与伦理学领域里,出现了与自由主义思想、观念相对立的一个学术流派:社群主义(Communitarnianism,也可译为"共同体主义")。社群主义的代表人物有阿拉斯戴尔·麦金太尔(Alasdair MacIntyre),迈克尔·桑德尔(Michael Sandel),查尔斯·泰勒(Charles Taylor)和迈克尔·沃尔泽(Michael Walzer)等人。将他们称为社群主义者是因为他们都有着强调共同体或社群主义的倾向,然而他们自己并不完全认可这一称谓。麦金太尔的重要著作,也是社群主义的重要著作的《德性之后》(After Virtue,又译《追寻德性》)的出版早于桑德尔的著作,他们之所以被称为社群主义,是因为桑德尔批评罗尔斯的自由主义的著作《自由主义与正义的局限》,他在此书中提出了明确的社群主义的观点。社群主义在共同体观念、自我观以及分配正义的理念等方面都与自由主义有着很大的理论分歧。澄清社群主义与自由主义各自的理论立场与分歧,对于我们在不同背景下理解正义、自由与平等,以及自我的价值都有着重大的理论意义。为了理解社群主义的批评以及从不同方面来理解自由主义,我们把保守主义的凯克斯对于自由主义的自主观念的批评以及德沃金从自由主义立场上对共同体概念的理解都归在这一议题下。

第一节　当代社群主义的共同体观念

共同体观念是社群主义的核心观念,当代社群主义哲学家们虽然在哲学立场上没有根本区别,但却提出了理论内涵各异的共同体观念。下面我们将对当代几个重要的社群主义者的共同体观念一一进行讨论。

一、桑德尔的共同体观念

当代著名的哲学家桑德尔被称之为"社群主义者"的原因,在于他对共同体的强调。社群主义的共同体观念多半是需要与对自我的理解联系起来讨论的。在桑德尔看来,在共同体中,自我具有一种构成性的理解,自我的属性是在他所在的社会中形成;同时,自我也是构成共同体的一个内在要素;其次,共同体的善与自我内在关联。其成员过着一种公共的生活,他们的身份及利益的好坏对于共同体是至关重要的。尤其重要的是,对共同善的追求构成了这些成员的自我理解的要素。因此,从根本上看,自我与共同体的关系,不是前者优先于后者,而是后者优先于前者,并且,自我从根本上从属于其共同体。同时更重要的是,"这个社会本身是否按照某种方式组织起来,以至于我们要用共同体来描述该社会的基本结构,而不仅仅是这一结构中的人的性情。对于一个严格意义上的共同体社会,该共同体必须由参与者所共享的自我理解构成,并且体现在社会制度安排中,而不仅仅是由参与者的人生计划的某种特征构成。"①所谓个人人生计划的安排,即每个人体现自我特性的那部分规划。在桑德尔看来,共同体的制度特性对个人的决定来说,是次要的。是共同体的概念或共同体的社会架构形成了一种自我理解的模式,人们依照共同体的善或共同追求达到自我理解。他说:"共同体的概念描述了一种自我理解的框架,这种自我理解的框架又区别,并在一定的意义上,优先于框架中的个人的情感和性情。"②必须看到,桑德尔的这一观点没有看到自我反思的一面。自我反思决定了自我在意识甚至情感上与制度安排之间存在着某种距离,而不可能是无缝对接的。

其次,桑德尔的共同体是一种情感共同体。他认为,构成一个共同体的社会成员,无疑会有着自己的情感与欲望,这些情感与欲望对于众多个体来说,是各不相同的,但在各不相同的人的情感与欲望之中,会有一种和他人联合并推进共同体目的的欲望,即相互友爱的情感与欲望。

---

① [美]迈克尔·桑德尔:《自由主义与正义的局限》,万俊人译,译林出版社,2001年,第209页。
② 同上。

桑德尔说,这可能是共同体的一个特征。然而,桑德尔没有意识到,社会成员的共同社会生活并非仅仅产生共同性的情感,而且必然产生相互排斥的情感。

第三,在桑德尔对共同体概念和自我概念的理解和解释中,"构成性概念"(constitutive conception)是一个重要概念。构成性的问题只有把自我与共同体联系起来才能说清楚。桑德尔说:"只要我们的构成性自我理解包含着比单纯的个人更广泛的主体,无论是家庭、种族、城市、阶级、国家、民族,那么,这种自我理解就规定一种构成性意义上的共同体。这个共同体的标志不仅仅是一种仁慈精神,或是共同体主义价值的主导地位,甚至也不只是某种'共享的终极目的',而是一套共同的商谈语汇和隐含的实践与理解背景,在此背景内,参与者的互不理解如果说不会最终消失,也会减少。"①构成性自我理解实际上恰如柏林所理解的那样,是一种积极自由意义上的扩展性自我主体,我们把自我想象为一种比自我更为广大的主体,在认识论上,这就是一种构成性的自我了。这种自我在另一种意义上,也就是共同体或共同体精神。这构成性的自我,也是构成性的共同体,反过来也一样。这既是在背景意义上讲的,又是在认识论意义上讲的。在桑德尔看来,从这样一种社群主义的观点看,人们之间的利益冲突必然不可能会发生,因而正义的环境也就不成立,人们的互不理解如果说不会最终消失,也会减少。随着人们之间不了解的消失,正义的优先性就会减少。因为正义原则的重要性在于社会成员之间利益冲突的不可避免。然而,现在依桑德尔之见,罗尔斯假设社会成员之间必然存在着基本的利益冲突可能就是一种理论幻象。桑德尔的问题是,他的共同体概念实际上不自觉地演变成现实社会的概念,因为当他讨论时他明确地提到种族、阶级以及民族国家等。在他非历史的眼界里,这些人类历史中存在的利益实体,都不会影响人们的相互理解,并且因为人们长期在一个共同体中生活,相互间也就必然形成某种友爱的情感,因而没有必要强调正义原则的重要性。桑德尔为何会

---

① [美]迈克尔·桑德尔:《自由主义与正义的局限》,万俊人译,译林出版社,2001年,第208页。

天真地认为,从家庭到民族再到国家共同体,何时存在过和谐的可能?或者说,在多大程度上会出现或在何种民族的历史上见证过这种如此广大而又有如此深层的相互理解的共同体?桑德尔既然提到了阶级,难道他不知道马克思的阶级斗争学说吗?

二、麦金太尔的共同体观念

伦理学家麦金太尔也是一个社群主义者,麦金太尔心目中理想的共同体,一是亚里士多德伦理学意义上的共同体,二是基督教修士的共同体。

麦金太尔指出,亚里士多德的伦理学是德性论的,善是其伦理学的一个核心概念。并且,善直接等同于幸福(eudaimonia),亚里士多德意义上的"幸福",是指人的良好生活或良好生活中的良好行为状态。就个人而言,善也可看作是这样一些品质(德性),拥有它们就会使一个人获得幸福,缺少它们就会妨碍他达到这个目的。构成人类的善的是人的最好时期的全部人类生活,而德性的践行是这种生活所必需的和中心的部分。在亚里士多德看来,个人的善不可与共同体的善分离开来看待。人们是在一个共同体中,对共同善的共同追求使人们获得了相应的利益或善。这个共同体有着共同的计划或目的,它要给参与这个共同体成员带来利益,这些利益是那些所有参与这一共同体的成员所共同享有的。这些共同体的成员通过自己的活动来增进这个共同体的利益,在这些善的活动中,德性的实践起着关键性的作用。德性是这样一种获得性的品质,它们有助于人们实现这个共同体成员的共同利益。如果缺乏这类德性,则对于共同体的联结会产生破坏性的作用。或至少使得在某些时候、某些方面,既不能从事善的活动,也不能获得善。"违法行为破坏了那些使得对共同利益的共同追求成为可能的各种联系;有缺陷的品格也会使有的人易于犯罪,同时,也使他不能对获得共同利益做出什么贡献,而没有共同利益,共同体的公共生活就没有意义。"[1]这就是麦金太尔所概括的亚里士多德意义上的共同体:其成员对共同善的追求,德性的实

---

[1] [美]麦金太尔:《德性之后》,龚群等译,中国社会科学出版社,1995年,第191—192页。

践在这种追求中起着决定性的关键作用。所有成员通过对善的增进而获得自己的利益。值得指出的是,麦金太尔所描述的亚里士多德意义上的这种共同体,并非是桑德尔意义上的那种现实共同体。

亚里士多德理想的德性共同体是以希腊城邦为蓝本,这种理想共同体既体现在他的伦理学中,也体现在他的政治学中。希腊城邦的共同体实际上是两种类型的共同体,一是雅典的民主制共同体。它只是在一定程度上,在雅典的伯利克里时代实现过,而在亚里士多德生活的年代,希腊城邦已经处于衰退的历史时期,内部利益的冲突、激烈的斗争以及连年的战争摧毁了雅典的城邦共同体。二是斯巴达的军事专制共同体。这种共同体也具有亚里士多德所说的特性。在斯巴达,军人的德性起着关键性的作用,斯巴达作为一种军事共同体,他们所追求的共同善同样需要所有参与成员的德性来维系。那么,麦金太尔把这样一种共同体推荐给我们,是要我们向哪一种共同体看齐呢?在《谁之正义?何种合理性?》中,他说,"城邦是其终极而趋于完美和完全的人类社群的产物。"①城邦的目的是为了"善与至善的自身",每位公民都寻求卓越,投身于"完全适合于他或她的灵魂的活动"之中。同时城邦将这一切有价值的努力整合为一个美好而连贯的整体。在这里,麦金太尔明确地指出他所说的共同体就是"城邦",但还是没有告诉我们是哪一种城邦。

其次,基督教修士的共同体。麦金太尔有一种基督教的情结。麦金太尔说,当代社会已经进入道德的衰退时期,我们处在道德的黑暗时期,要拯救当代社会的道德,只有重建类似古代的共同体,才可保留德性。这种类似古代的共同体,就是像基督教教士那样的团体。他说,在这种历史的转折点上,"他们为自己确立的目标是……某些新形式的共同体的建设,在这种共同体里道德生活将得以维持,以使道德和文明能在即将来临的野蛮黑暗时代中继续下去,如果我的有关我们的道德状况的论点是正确的,那么我们也应推断出这一结论:近来我们也进入了那个转折时刻。在这个阶段的问题是地方形式的共同体的建构,在这种共同体

---

① Alasdair MacIntyre, *Whose Justice? Which Rationality?* University of Notre Dame Press,1988, p.97.

中,文明、知识分子和道德生活能够度过已经降临的新的黑暗时代而维持下去。"①而他所说的"地方性的共同体",是圣·本尼迪克特那样的教士团体。他说我们现在正在等待的就是圣本尼迪克特那样的人。圣本尼迪克特为公元6世纪的修士,为基督教修隐制度的创始人,他创建了一种新的富有特色的修士团体形式,以他的名字命名的隐修院规章在西欧普遍得到遵守至今。遵守修隐制度的教士的德性是为他的信仰以及团体严格的规章制度所保障。但在现代社会生活中,我们还能以这样的共同体中的成员身份生存于世俗世界吗?

与社群主义者高度重视共同体相适应的是,他们对德性的重视。社群主义强调德性对于人类的好生活所具有的关键性作用。麦金太尔探讨了自古希腊以来至现代的德性以及德性转变的历史。但他的讨论是向后看的。他通过探讨西方的德性史,指出现代社会已经失去了传统的亚里士多德意义的德性,德性的性质也发生了变化,即从它在好生活的中心地位转变到了生活的边缘地位,从幸福生活的中心内涵转换成了幸福生活的工具性品格,功利则居于生活的中心地位。德性的转换是与古代的共同体的丧失内在相关的,即德性能够发挥类似于古代社会作用的社会条件不存在了。因此,要过一种以德性为中心的生活,必须重建古代的共同体。但是,古代共同体能够在现代社会中重建吗?圣·本尼迪克特那样的教士团体有普遍性吗?桑德尔则在对罗尔斯等人的批评中提出,如果正义成为一个社会的首要德性,那只能意味着这个社会道德的衰败,因为正义是在利益冲突的社会条件下必须强调的德性,和谐团结的社会条件下则必然是仁爱的德性在发挥主要功能。然而,麦金太尔对现代德性的态度是悲观的。他认为,我们已经没有了亚里士多德式的德性。所以,在他看来,我们是处于德性衰退之后的"黑暗时期"。

三、查尔斯·泰勒的共同体观念

查尔斯·泰勒是社群主义的另一位重要人物。泰勒的共同体观念主要集中在他对黑格尔的重新阐述之中。泰勒正确地认识到,黑格尔讨

---

① [美]麦金太尔:《德性之后》,龚群等译,中国社会科学出版社,1995年,第330页。

论共同体的概念是与他的"伦理"概念相联系的。所谓"伦理"也就是把道德生活置于较为广大的共同体框架之中，而伦理同时也意味着某种共同体的统一性。黑格尔如同卢梭，同样受到古希腊城邦精神的影响。他们相信，在古希腊的城邦中，人们已经把城邦集体生活看作他们自身生活的本质与意义。但黑格尔也相信，古代伦理的共同体已经不复存在，但他希望能够以一种新的方式使之重生。那么，什么是共同体？"共同体被看作是一个生活或主体性的场所，诸个体是那个共同体的片段。共同体是精神的体现，是比个体更充分、更实质性的体现。"①泰勒指出，黑格尔的共同体观念是以像"实体""本质"或"终极目的"这样一些术语来表述的。在泰勒看来，黑格尔以这些术语来表达共同体的概念包含着对共同体的一些基本理解。如认为共同体公共生活的实践与制度表现了最重要的规则，这些规则对于其成员的同一性来说是最为重要的，并且，其成员通过参与公共生活，又承诺了这些制度和规则，并使这些实践的制度得以持续。

在有关共同体的思想中，一个重要思想就是关于国家的观念。黑格尔认为，国家或民族是个体的"实体"，没有一个个体能够超越它。个体能够摆脱其他特殊个体，但他不能摆脱民族精神，民族精神就是民族这个实体的本质。因此，隐藏于"实体"和"本质"之后的观念是，个体只是内在于共同体中的东西。黑格尔说："人所是的一切都得归功于国家；只有在国家里他才能发现他的本质。一个人所拥有的所有价值，所有的精神规定，他只有通过国家才能拥有这一切。"②泰勒比桑德尔和麦金太尔高明之处在于，他在黑格尔的抽象精神意义上来谈共同体的本质特征，人们是通过民族精神与共同体相认同的，因为体现或外化为实体的那个精神就是国家这样的共同体。

其次，黑格尔还有类似于有机体这样的共同体思想。个人与共同体的关系就是类似于生命的部分与整体的关系。个体是更广大的生命的一部分，并且个人在本质上属于那个整体的生命，而个人只有在共同体

---

① ［加拿大］查尔斯·泰勒：《黑格尔》，张国清等译，译林出版社，2002年，第579页。
② 同上书，第580页。

中存在。那么,我们怎样理解黑格尔的这种共同体思想呢?

泰勒赞同黑格尔对个人与共同体关系的这种理解。他认为,只有当原子论的偏见对我们产生强有力影响时,才感到黑格尔的这些思想是不好理解的。泰勒认为,个人与社会共同体并非处于一种相脱离的状态。只有当我们仅仅把个人看成是一个独立的生命有机体时,才会感到处于与共同体相脱离的抽象状态。但是,当我们在谈到人类个体时,不仅仅是指他的生命有机体,而且是指一个能够思考、感觉、做出决定以及与他人建立联系的人,并且这个人也有他的过去、现在和将来,他就处于他的社会生活世界之中,有着他的同一性。因此,个人作为一个个体,是从属于更大的有机体,即社会有机体。认为个人只有在共同体中存在,这并没有错,但是,如果把个人与共同体的关系比作有机体中的整体与部分的关系,那就完全没有看到,作为个体的人与有机体在本质上的不同。诺齐克把个人看作是分立的存在者,每个人都是有着不可忽略的权利载体。我们不能说诺齐克这样看问题是错了。

泰勒还从个体作为语言存在者的意义上强调其从属性。泰勒说:"一种语言,以及隐藏在我们的经验和解释背后的一系列相关的差异,是只能在一个共同体内得到成长且只能在一个共同体内才能得到延续的东西。在那样的意义上,我们便成了人类,我们只能在一个文化共同体中成长……一种语言和文化的生命在于它的生存领域比个体的生存领域总是要广大些。它发生于共同体之中。通过参与这种较广大的生活,个体拥有这种文化,并因此拥有他的同一性。"① 实际上,我们有了语言与文化,使我们成为人类中的一份子,但这并不意味着我们作为个体没有了独立性。我们有了语言与文化,从而使自己成为有自己思想的人,虽然我们是在一个文化共同体内,但并不意味着我们没有自己的精神世界。

在泰勒的解释中,语言与文化作为个体对共同体的体验仅仅是初步的。个人与社会的关系为各种社会的实践与制度所体现,如公共经验、仪式、节日、宗教活动、投票等政治活动,某些规章制度就蕴含于其中。

---

① [加拿大]查尔斯·泰勒:《黑格尔》,张国清等译,译林出版社,2002年,第583页。

它们的要求得到遵守和适当执行。而一个社会的公共规则也就是伦理的内容。很清楚,在泰勒这里,共同体就是一个社会公共生活或公共领域的概念,它类似于希腊城邦。泰勒反复强调,黑格尔的共同体观念表明,对人来说最重要的只能是在与一个共同体的公共生活的关系中所获得的东西。

第三,国家公共生活对于其成员的重要性在于,它体现了事物的本体论结构,这个本体论结构就是"绝对精神"。个人通过与它的关系获得与本体论结构本质的同一。民族精神的观念同样体现在国家的公共制度中,而个人在公共生活中体现的某些观念,在一定的意义上是整个社会的观念,以至于我们可以说某个民族具有某种确定的"精神"。泰勒指出,黑格尔关于超个体的社会主体的观念,并非是奇谈怪论,"实际上,它比黑格尔的某些自由主义论辩对手所持的原子论观念要高明得多。"① 自由主义假定,个人主义是人类进化的最后阶段,而在黑格尔这里,个人是从属于社会母体的。泰勒认为,从自由主义的传统观念来理解黑格尔的观念会使得人们误解黑格尔,尤其是黑格尔的国家观念。在自由主义传统中,"国家"只能意指"政府机构"之类的东西。而在黑格尔这里,所谓的"国家"是政治上有组织的共同体。并且他心目中的理想国家不是弗里德里希大帝的国家,而是古希腊城邦。但实际上,黑格尔的"国家"是一种理念,一种表达他的共同体观念的理念。在这样一种共同体中,个体与社会达到同一,个体的特殊性与社会的普遍性达到同一,普遍性寓于特殊性之中,而特殊性的共性体现了普遍性。换言之,理性的人将把普遍规则看作是必然性公理,也必将把它体现在个体的自我意识之中。个体自身的特殊目的不仅丰富了实体的内容,同时也与绝对精神一致。黑格尔认为,我们能够从理念演绎出来个体性与伦理的这种一体化。在黑格尔这里,他要把康德的激进的道德自主性和古希腊的城邦共同体统一进来,并把这种综合看成是历史目标。然而,实际上,康德的自主性原则消融在他的共同体理想之中。而在一个与理性相和谐的共同体中,历史达到它的顶点,即历史体现了自由。或者说,是人类自

---

① [加拿大]查尔斯·泰勒:《黑格尔》,张国清等译,译林出版社,2002年,第593页。

由的圆满实现。当然,黑格尔把自由的实现看成是只有在共同体中才有可能,这无疑推进了康德的抽象自由观。我们承认黑格尔的自由观念有其高明之处,但并不意味着他在个人与共同体关系上的论点是完全合理的。

就泰勒而言,他对黑格尔的观点是有取舍的。他完全站在社群主义的立场上来阐述黑格尔的共同体观念以及黑格尔的自由理念。实际上,黑格尔的中心理念之一就是自由,国家只是黑格尔所说的自由实现的最高阶段。但泰勒侧重讨论的是黑格尔的共同体理念。并且,黑格尔也有类似于自由主义的自由概念,如他对权利、尊严的重视。泰勒通过重释黑格尔来表达了他自己的社群主义观念。而在当代思想家中,如此重视黑格尔就是一个值得重视的理论现象。

四、沃尔泽的共同体观念

迈克尔·沃尔泽是又一位重要的社群主义者。与麦金太尔有着强烈的思古情怀不同,也与泰勒完全通过黑格尔来表述共同体观念不同。他所讨论的共同体,具有很强的现实意义。在沃尔泽看来,只要有人类社会,就有共同体,这种共同体不是历史地存在,而是现实地存在。那么,什么是这样的共同体呢?

沃尔泽同意把国家置于他的视域的中心。国家与政治共同体是一而二、二而一的事情,只是所使用的概念不同而已。政治共同体首先是一种地理意义的存在,而表明它的存在的,就在于有它的地理边界。有边界表明它的领土范围。领土对于一个政治共同体成员而言,在双重意义上是社会的善。它是其成员的安全生活的空间,也是其成员的土地、水和矿产资源以及潜在财富的来源。其次,是它的人口。即那些因为其祖先而世世代代居住在这里的人们,或者得到承认而移居这里的人口。沃尔泽说:"政治共同体可能是接近我们理解的有共同意义的世界。语言、历史和文化结合起来(在这里比在任何时候别的地方结合得更为紧密)产生一种集体意识。作为一个固定而永久的精神情结的民族特性显然就是一个神话。但一个历史共同体成员有共同的感情和直觉却是一个生活事实。"①沃尔泽指出,在这样的共同体中,政治是人们之间的一种共性纽带。这种纽带把他们联系起来,为塑造他们自己的命运而斗争。斗争将由共同体的制度结构所决定。在沃尔泽看来,政治共同体作为共同体成员的共同背景,一个重要因素还在于,共同体有着诸多的公共善在其成员之间分配。然而,在对其成员进行经济的、政治的、卫生保健等方面的社会善进行分配之前,最重要的还在于决定谁是成员!也就是谁有资格享有这些社会物品或社会资源。

在一个有边界的共同体世界,合格的成员才有资格享有共同体内的共同善。因此,在沃尔泽看来,人类政治共同体的构成因素不是别的,恰恰首先为成员资格所决定。他说,他的意思不是这个群体过去是怎样构成的,也不是关注不同群体的历史起源,而是他们在当下为他们的现在和将来的子孙所做出的决策。因此"在人类某些共同体里,我们互相分配的首要善(primary good)是成员资格。而我们在成员资格方面所做的一切建构着我们所有其他的分配选择:它决定了我们与谁一起做那些选择,我们要求谁的服从并从他们身上征税,以及我们给谁分配物品和服务。"②成员资格也就是决定谁来组成这样一个政治共同体。在沃尔泽看来,成员资格是最重要的善物。并且,没有这样一种成员资格的人,即使你居住在这样一个国家里,你也无法享有那些需要分配的社会公共善。那么,有什么样的社会公共善是在其成员之间进行分配而非成员是享受不到的呢?如政治权力,在古代希腊,如果不是公民而是外邦人,尽管你长期居住在雅典行商,那也不是公民,因而不可参与雅典的公民政治事务,从而不可分享雅典公民的政治权利。沃尔泽指出,在现代社会,那些集体性分配的安全和福利,如公共卫生,对于没有成员资格的人没有保证,因为他们在集体中没有有保障的位置。成员资格是一种社会公共善的保障。这种保障甚至延伸到政治共同体的范围之外。如在2009年8月美国前总统克林顿前往朝鲜营救两个持有美国护照的、遭到朝鲜关押的美国记者。美国公民身份使得他们的生命安全即使是在美国的

---

① [美]迈克尔·沃尔泽:《正义诸领域:为多元主义与平等一辩》,褚松燕译,译林出版社,2002年,第34—35页。
② 同上书,第38页。

地理边界之外也能得到相应的保护,甚至是不惜代价的保护。沃尔泽的分析告诉我们,一个政治共同体不论其制度是否优劣,它都把其成员的命运联系在一起了。幸运与不幸就在于你所处的共同体。但实际上,同处一个共同体内,并非意味着个人有相同的命运。

那么,什么人拥有成员资格?沃尔泽指出,作为一种社会善,是由一定政治共同体内的人们的理解所决定的,不仅如此,他们还决定了成员资格的分配。然而,并不是在这些成员之间进行分配,而是决定是否分配给陌生人,分配给哪些陌生人以及决定谁来将成员资格分配给他们。"决定成员资格含义和制定共同体准入政策的男女们只是那些早已居住在共同体地域内的。"① 只要陌生人和成员是两个明显不同的群体,就必须做出谁能进入或被拒绝的决定。

在西方世界,当代国际正义与国内正义方面的一个难题就是移民和难民问题。沃尔泽在深层次上揭示了移民问题的本质在于成员资格的给予问题。这里的一个主要问题是:为什么要限制政治共同体之外的成员进入该共同体?沃尔泽说:"政治共同体能够以这样一种方式而非别的方式来控制它的人口:这是一个在对成员资格的解释中被不断申明的特征。限制入境有利于保护一个群体的自由和福利、政治和文化,使群众成员相互信任,信守共同的生活。"② 政治共同体因其成员的相对封闭性而产生某种民族文化的心理,是一种社会凝聚力的体现。如果一个地区过度迁入迁出,这样一种文化凝聚力很快就会消散。

那么,真正的成员资格的意义在哪里?沃尔泽认为,在于共同善的共同分享。而这种分享本身也是一种共同义务的分担。他说:"成员资格之所以重要,是因为一个政治共同体的成员对彼此而非别人,或者说在同一程度上不对别的任何人,承担义务。他们彼此承担的第一种义务便是安全与福利的共同供给。这种要求也可以反过来:共同供给是重要的,因为它使我们认识到成员资格的价值。"③ 以沃尔泽的理解来说,政

---

① [美]迈克尔·沃尔泽:《正义诸领域:为多元主义与平等一辩》,褚松燕译,译林出版社,2002年,第53页。
② 同上书,第48页。
③ 同上书,第79页。

治共同体是一种成员共享的共同体,这种共享性就在于,如果我们不能彼此提供安全与福利,如果不承认与陌生人的区别,就没有理由维系政治共同体。那么,我们怎么看待政治共同体也对它的成员进行迫害,或者人们在社会生活中没有安全感?沃尔泽说,仅如柏克所说"要使我们热爱国家,我们的国家应当是可爱的"还不够,"关键是国家对我们来说是可爱的"。① 使人们感到国家之可爱,就在于这个国家也就是这个共同体爱它的人民,尤其是底层那些无助的人,为他们提供安全保障和福利。但沃尔泽没有更多地讨论类似罗尔斯这样的问题,但这恰恰是当代正义讨论的一个关键问题。

相比较前几位社群主义者的共同体观念,沃尔泽的观念在理论上似乎没有更多可以让人攻击的地方。沃尔泽着重从成员资格的意义上阐述共同体的概念,作为共同体的一个成员,享有着成员资格所带来的可分配的善,安全或福利供给。在某种意义上,成员资格所能提供的保护可能是共同体得以确立的最基本要求,或最底线的要求。如果这样一个共同体把我们流放在外,把我们视为陌生人,那么,只能在这一共同体已经对于我们没有生存保护的意义上。但沃尔泽不是在一般抽象意义上谈论成员资格。沃尔泽强调一种与现实性密切相关的政治共同体观念。在沃尔泽看来,任何人都生活于一种现实的共同体之中,尤其是政治共同体之中。我们每个人都具有某种政治共同体的成员资格。因此,历史地看,有成员资格并不意味着每个生活于某种政治共同体中的人,都能或多或少地受到它的保护。尤其是,沃尔泽没有关注到,在那些对其成员实行专制的共同体中,或那些仅仅使得少数人的利益真正得到满足的共同体中,如马克思所言的虚假共同体中,人民的生命财产随时都处于危急之中,这样的专制国家还是真正的共同体吗?因此,享有共同体的成员资格就意味着享有共同善,并以此为共同体进行辩护,这种情况看起来在历史上并没有多少真实性。

上述四位社群主义者都提出了自己的共同体思想。就其一般特征

---

① [美]迈克尔·沃尔泽:《正义诸领域:为多元主义与平等一辩》,褚松燕译,译林出版社,2002年,第79—80页。

而言,社群主义的共同体思想,从自我与共同体关系、成员间的情感关系、共同善、共同体精神以及成员资格等多个方面多个层次进行分析,由此我们描绘了一幅共同体观念的丰富图景。第一,这些社群主义者把自我与共同体联系起来考察,如桑德尔的构成性概念,沃尔泽的成员资格概念,都深入地揭示了个人与共同体之间内在关系的特征。如成员资格问题,沃尔泽的研究向我们表明,成员资格对于任何共同体成员来说是最为重要的问题。任何一种民族意义的共同体,在现实世界都是政治共同体,这种共同体是有边界的,在边界之外生活的人,一般也就不是我们共同体的成员,如果他们进入我们之中,就存在一个是否接纳从而是否把成员资格分配给他们的问题。因此,何为共同体成员?实际上是由民族历史文化以及地域所决定的。第二,共同体概念的多样性体现了当代社群主义的理论创造力。麦金太尔心目中的共同体是古代共同体,泰勒的共同体是在黑格尔意义上的共同体,桑德尔所重视的是构成性共同体,沃尔泽则在其论著中,大谈特谈现代国家意义上的共同体。第三,当代社群主义者把国家与共同体概念相等同,是一个很值得注意的理论转变。当代社群主义者强调现代社会或国家所具有的共同体意义,虽然这些思想家的共同体观念有着很大的差别。第四,尽管这些思想家的共同体观念有如此大的区别,但是可以发现,既然都可以说是共同体,那么,就必然有着可以使他们称之为共同体的特性。这种特性不是别的,就是公民或其成员所共享的共同善。麦金太尔指出了在传统亚里士多德德性伦理的意义上,人们是怎样才可普遍追求这样一种共同善。但无论是麦金太尔、桑德尔还是泰勒,都没有更进一步指出,共享共同体的共同善,到底是怎样共享或分享?沃尔泽从成员资格意义上,充分研究了其共同善的分享问题即依据成员资格而对共同善的分配问题。或者说到底,共同善的共享实质上是一个分配问题。然而,社会共同善的分配是要依据原则的,因为分配不是派发,也不是供给,更不是仁慈的赠予。因此,这个原则不是仁爱原则,而只能是正义原则。因此,社群主义难以回避正义问题。

第二节　社群主义对自由主义的一般批评

当代社群主义是在对自由主义的批评中兴起的。当代社群主义起始于20世纪80年代。社群主义针对自由主义的基本论点进行了一系列的批评。社群主义的批评在一定意义上推进了当代政治哲学的发展，虽然他们的批评并非都是可以得到合理辩护的。在这里，就社群主义提出的几个基本方面的批评展开讨论。

一、自由主义的普遍主义问题

社群主义对当代自由主义的批评之一就是对自由主义的普遍主义倾向的批评。当代社群主义者把罗尔斯的正义理论作为自由主义的典范理论来看待。罗尔斯在《正义论》中设置了一个类似于思想实验的"原初状态"。这个原初状态虽然类似于思想试验，不曾在人类历史的任何时期出现过，但却是他的一切理论的出发点，或他的阿基米德点。在原初状态中，所有成员对自身相关信息的意识都被一个无知之幕所遮蔽。他说："首先，没有人知道他在社会中的地位，他的阶级出身，他也不知道他在自然资质、自然能力以及理智和力量等方面的分配中的运气。其次，也没有人知道他的善的观念，他的合理生活计划的特殊性，甚至不知道他的心理特征：像讨厌冒险、乐观或悲观的气质。再次，我假定各方不知道这一社会的经济或政治状态，或者它所能达到的文明和文化水平。处在原初状态中的人们也没有任何关于他们属于什么世代的信息。"[①]这就是罗尔斯所讲的"无知处境"：一是人们对自身的特殊状况，包括出身、天资、自然能力、智力以及心理特征等的无知，二是对社会的政治经济状态以及文化文明水平甚至什么世代的特殊信息都一概不知。不过，罗尔斯设定，除此之外，人们还知道有关人类社会的一般事实，理解政治事务和经济理论的原则，知道社会组织的基础和人的心理法则，即对所有影响正义原则选择的一般事实是清楚的。换言之，罗尔斯排除

---

① John Rawls, *A Theory of Justice*, Harvard University Press, 1971, p.137.

了人与人之间有差别的所有特殊信息。各方的差别不为他们自己所知,每个人都有着同等理智和相似境况。无知之幕的设计使得所有处在这种原初状态中的人处于同等的地位,使人们达到或处在先天平等的地位。这是一种公平的条件,即所有人在所有相关方面都是平等的。罗尔斯说:"如果原初状态要产生公正的契约,各方必须是地位公平的,被作为道德的人同等地对待。世界的偶然性必须通过调整最初契约状态的环境来纠正。"①罗尔斯通过这样一种前提条件,其目的是要达到一种公平正义的原则选择。即处于这样地位的人们,都会一致选择那种最理想的正义原则,即罗尔斯的两个正义原则。两个正义原则是社会基本制度的建构原则,通过这种原则选择来建构一个公平正义的制度和良秩社会。罗尔斯所设立的这样一个阿基米德点,不仅仅是建构一种正义合理制度的基点,同时也是判断任何一个社会基本结构是否合理的支点。因而这样一种正义观念,也就是一种永恒正义的观念。罗尔斯在《正义论》(1971)结尾处说:"从这个(原初)状态的视域看,我们在社会中的地位,也就是从普遍的视域来看待它:即不仅从所有社会而且从所有时间的视域来考虑人类的处境。永恒的视域不是一个从世界之外的某个地方产生的视域,也不是从一个超越的存在者的视域,毋宁说,它是这个世界之内的有理性的人们能够接受的某种思想和情感形式。一旦人们接受了这种思想和情感形式,无论他们属于哪一代人,都能够把所有个人的观点融为一体,并能够达到那些调节性原则,每个人都会遵从这些原则而生活,并从自己的立场上肯定这些原则。"②因此,罗尔斯的这个阿基米德点,也就是一个可以超越时空的永恒出发点,从而他的正义观也就是一种不论是对过去还是将来,不论是对于东方古代还是西方古代都可适用的正义观念。这也就是罗尔斯的正义观念的普遍主义信念。

　　社群主义者对于罗尔斯的普遍主义观点进行了激烈批判。在社群主义者看来,个人从属于他的共同体,而共同体一定是地方性的,并且有着自身的特定传统。个人得到共同体的历史文化以及生活背景的界定,

---

① John Rawls, *A Theory of Justice*, Harvard University Press, 1971, p. 141.
② Ibid., p. 587. 值得注意的是,罗尔斯在1999年的修订版中,虽然做了多处重大修订,但仍然保留了原版中的这段结束语。

因而超越于一定义化传统、一定宗教背景的普遍主义是虚妄的。普遍和绝对的正义,是个人主义的一个幻象。因为人们持有的价值观,尤其是正义观,来自于他们所生活的共同体,因此,不可能把这种观念看成是普遍而绝对的。在社群主义者之中,麦金太尔以一整部著作对罗尔斯的普遍主义的正义观点进行了深刻批判。麦金太尔的《谁之正义?何种合理性?》的一个基本主题就是,在人类社会中,没有永恒的、普遍的人类正义观念。麦金太尔对于人类社会中的正义观点持有一种历史主义的立场。在他看来,没有任何一种正义观念可以与历史传统或历史叙述分离开来。就西方当代社会而言,承继了自荷马以来的多种互不相容甚至对立的正义观念,这些正义观念从属于不同的伦理传统,如亚里士多德主义的传统、中世纪的圣经和奥古斯丁传统,苏格兰的启蒙传统以及现代自由主义的传统。每种正义观念都有着它所产生、发展的历史背景,而由于历史的变迁使得有些正义的观念没有了相应的社会背景框架。然而,就它们所赖以产生的历史背景或社会环境而言,这些正义观念都具有合理性。换言之,以罗尔斯为代表的现代自由主义的正义观念,仅仅是在自由主义的传统意义上才可解释其合理性。然而,我们并不能因为自由主义传统意义上的正义观念的合理性而否认其他传统中的正义观念对于它所赖以产生的历史条件而言的合理性和适应性。换言之,罗尔斯的正义观念仅仅相对于它的历史条件和现实社会而言是合理的,但并不能因此认为罗尔斯的正义观念是适应于所有时代所有地区的永恒观念。

实际上,罗尔斯从原初状态所达到的正义观念,是一种逻辑的普遍性,即由人的理性的必然性以及对于人性平等的根本看法所导致的一种逻辑必然性。它类似于康德的目的王国。康德的目的王国,只是一个理性事实,一种从实践理性意义上必然得出的人类的理想王国状态,但并不意味着那在某个人类社会中存在过。但罗尔斯的用语至少没有明确范围的适用性问题,而给人的印象是一种永恒适用的普遍性。

麦金太尔等社群主义者的批评促使罗尔斯重新思考自己的自由主义正义观念的适用性问题。在罗尔斯20世纪90年代出版的《政治自由主义》中,他重新表达了自己的政治正义观念的适用性问题。在这里,罗尔斯并不认为自己的正义观念具有放之四海而皆准的普遍性,而认为它是现代民主制度下的正义观念。罗尔斯说:"政治自由主义的问题是,为合乎理性的学说之多元性——这永远是自由民主政体的文化特征——可能认可的立宪民主政体,制定一种政治的正义观念。"①而为平等公民的理性所赞同的正义原则或正义观念就是这样一种政治的正义观念。在罗尔斯后期的另一部重要著作《万民法》中,罗尔斯区分了五种社会,他把他的正义原则看成是只适用于民主自由社会的正义原则或正义观念;而对于正派的等级制社会,即在这些社会中,其成员不是被视为自由平等的公民,而是从属于一定等级或不同集团。这样的社会是非自由民主的社会,但仍然尊重一定限度的人权。即使是在这样的社会中,罗尔斯认为他所论证的自由平等人民的政治正义观念,也并不适用,更不用说专制性的社会。这表明罗尔斯越来越具有现实主义的倾向。对于罗尔斯从理想的普遍主义向现实主义的转变,社群主义的批评应当起了重要的作用。

实际上,罗尔斯的正义观念之所以不是普遍主义的,根本原因在于其正义观念是实质性的,而不是形式性的。从康德以及哈贝马斯的观点看,普遍主义的一定是形式主义的,而不是实质性的。实质性的原则难以普遍有效,其原因在于受到其背景条件的限制。形式原则如康德可普遍化的绝对命令,只涉及形式,而不涉及内容,是必然可普遍化的。罗尔斯为什么在《正义论》中认为他的正义原则及其观念具有普遍性意义?原因在于他对人性平等的确信。这恰类似于康德的形式原则的起点。这样一个起点无疑具有普遍性。然而,他从抽象的平等所得出的则是实质性的原则,而不是形式结论。并且,罗尔斯以这样一种政治正义观念来评判人类不同背景下的正义观念,但并不等同于这些观念在不同背景条件下都具有现实合理性。

二、自由主义的自我观

在社群主义者看来,罗尔斯自由主义理论中的自我观,是当代自由主义的又一重大缺陷。社群主义者认为,罗尔斯的原初状态的设置中,

---

① [美]罗尔斯:《政治自由主义》,万俊人译,译林出版社,2000年,第7页。

包括一种形而上学的自我观。这种自我观体现的是一种原子式的自我，一种超验的自我。麦金太尔从他的历史主义视野出发，提出一种叙述性自我的观点。即自我是一种有历史、有连贯性的可叙述的自我。脱离开历史背景，自我几近是一种幽灵式的自我。泰勒提出自我与其共同体有着内在不可分离的关系。自我必须从其社会框架和身份认同来得到界定。这些社群主义的自我观都可说是间接批评自由主义的，而在社群主义者中，直接批评罗尔斯的自我观的，就是桑德尔。桑德尔在《自由主义与正义的局限》中对于罗尔斯的自我观进行了最为深入的批判分析，虽然并非都有说服力。

桑德尔对罗尔斯的自我观的批判意味着对康德自我观的批判。因为在桑德尔看来，罗尔斯的自我观根源于康德。桑德尔指出，在康德那里，自我是一种超验主体。康德对自我的认识可分为两个层次。一是把自我理解为一个主体，同时也把自我理解为一个经验的客体。作为经验的客体，我属于感性的世界，我的行动是被自然规律和各种因果规则所决定的，一如其他所有客体的运行那样。相反，作为行动的主体，则自居于一个理智的或超感性的世界，在这里，自我独立于自然规律之外，并能依据自我立法来行动。换言之，自我确立自己的道德法则，所以才是自由的。如果自我完全是一种经验性的存在，主体就不能获得自由，因为每一种意志实践都可能受到欲求某一对象的限制。所有选择都将是他律性或受到假言命令支配的选择。桑德尔以康德的话来说，当我们认识到我们自己是自由的，我们就使我们自己成为理智世界的成员，并认识到意志的自律。所以主体的概念先于并独立于经验。桑德尔认为，罗尔斯的理论是康德式的道义论，也同样有着一种康德式的自我观。在罗尔斯这里，自我是一个具有选择能力的优先于其目的的存在。罗尔斯说："自我优先于其所赞同的目的，因为即使是一个主要的目标也必须在无数的可能性中进行选择"。① 桑德尔对罗尔斯这个观点的发挥是："自我相对于其目的的优先性意味着，我不仅仅是经验所抛出的一连串目标、属性和追求的被动容器，也不简单地是环境之怪异的产物，而总是一个

---

① John Rawls, *A Theory of Justice*, Harvard University Press, 1971, p.560.

不可还原的、积极的、有意志的行为者,能与我的环境分别开来,而且具有选择能力。把任何品质认同为我的目标、志向、欲望等等,总是隐含着一个站立于其后的主体的'我',而且这个'我'的形象必须优先于我所具有的任何目的与属性。"①桑德尔认为,这种自我观是一种形而上学的、超越于经验的先验自我观。这意味着罗尔斯排除了那种自我的统一是在经验过程中获得的统一观,强调自我的统一是先于经验而建立起来的。所谓自我的先行统一,意味着尽管主体在很大程度上受环境的限制,但总是不可还原地要优先于其目标。桑德尔认为,对罗尔斯来说,他必须告诉我们两件事情,即自我如何与其目的分开,以及自我如何与其目的相联系。如果没有前者,我们只剩下一个彻底情境化的主体,如果没有后者,则只剩下一个纯粹幽灵般地主体。桑德尔指出,罗尔斯的解决办法就隐含在原初状态的设计之中。首先由于罗尔斯的自我与其目的是一种有距离的关系,因此,罗尔斯的自我概念是一个占有性概念,作为主体的认同独立于我所拥有的事物,自我与其选择对象之间的距离需要意志发挥作用来克服。因此,意志主义的力量概念在罗尔斯的观点中就起了重要作用。桑德尔说,这表明,"罗尔斯的观念是个人主义的。罗尔斯式的自我不仅是一个占有主体,而且是一个先在个体化的主体,而且总与其所拥有的利益具有某种距离,回想这些,我们就能给个人主义定位,并能确认其所排除的善观念。这种主体与其利益有距离的一个后果是,将自我置于超越经验界限的地位,使之变得无懈可击,一次性地也是永久性地将其身份固定下来。……既然我独立于我所拥有的价值之外,我就总能离开它们;我作为道德个人的公共身份在我的善观念中'不因时过境迁受影响'(罗尔斯)。但是,如此彻底独立的自我排除了任何与构成性意义上的占有紧密相连的善(或恶)观念。它排除了任何依附(或迷恋)的可能性,而这种依附能够超出我们的价值和情感之外,成为我们的身份本身。它也排除了一种公共生活的可能性,在这种生活中,参与者的身份与利益,以及好坏都是至关重要的。而且它还排除了共同

---

① Michael Sandel, *Liberalism and The Limits of Justice*, Cambridge University Press, second edition, 1998, p. 19. 参见中译本《自由主义与正义的局限》,万俊人译,译林出版社,2001年,第 25 页。

追求和目的能或多或少激发扩展性的自我理解,以致在构成性意义上如此确定共同体的可能性——这个共同体叙述了参与主体,而不仅是共享理想的目标。"①在这个意义上,我们已经清楚桑德尔的共同体主义与罗尔斯的自由个人主义的根本分歧所在了。自由主义的个人主义的自我观或正义论的力量就在于设置一种与经验性环境相对独立的自我,这个自我有着相对独立于环境的自我选择和决定权。桑德尔所抓住的康德、罗尔斯的道义论的正义论的理论线索是准确的,正当的优先性必然以自我的优先性为前提。而桑德尔从共同体主义的立场进行反驳也是有道理的。因为从共同体主义的立场看,善必然与自我所处的共同体相关。共同体是自我的构成性因素。要强调善优先也就必然反对罗尔斯的正当优先。因此,问题在于桑德尔的共同体主义的立场。我认为,强调自我的优先性并非是自由主义的个人主义的理论缺陷,相反,可以说是它的理论优势。这恰恰反映了现代社会生活的本质性因素,以共同体对自我的构成性因素来强调善的优先,所反映的是传统社会或传统理论的倾向。如亚里士多德的德性伦理的内在倾向。

问题在于这个优先性的自我与情境性的关联程度如何。罗尔斯力图摆脱康德的超验形上学对于界说自我带来的困境,而设置原初状态这样带有一定经验性的思想试验。但问题是,无知之幕对于个体的特殊信息的排除,桑德尔推理道,从而使得各方的处境相同而不是相似,那就不可能是真正去"选择"某个原则,因为罗尔斯把所有人的处境设计为能够确保人们将选择所要选择的原则。在某种意义上这就不是自愿性选择。并且,由于各个人的处境不是相似而是同一,因而从逻辑上看,这各方代表仅是原初状态中的一个人。因此,原初状态中的协议充其量只是我对我自己的协议。其次,由于将个人的一切属性、能力、天资以及特殊品性,都看成是任意的,如天赋是可作为公共分配的共同资产,因此,桑德尔说:"伴随着每一种转移,一个带有浓厚特殊性征的实体性自我,逐渐地被剪除了那一度被认为是构成它的认同所不可少的性征;当我们把

---

① Michael Sandel, *Liberalism and the limits of Justice*, Cambridge University Press, second edition, 1998, p.62. 参见中译本《自由主义与正义的局限》,万俊人译,译林出版社,2001年,第77页。

这些性征越来越视为只是随意地被给予的时候,它们也就逐渐地从构成自我的要素变为仅是自我的属性而已了。越多的东西变为是我的,而剩下的'我'也就越少了,……直到自我的经验要素完全被剥光为止。"①在桑德尔看来,罗尔斯的这样一个剥离经验要素的自我如同康德的超验自我,很难担负起罗尔斯的正义原则选择的重任。因为罗尔斯所持续运用的任意性(不同个人的地位、出身、所占有的资质、能力在个人中的分布是任意的、偶然的)论证,不可避免地导致的是个人的消解,导致对个人责任与道德选择的否定。桑德尔说,"贝尔在一个警句中总结了他的反对理由:'个人已经消失,只有属性仍保留着'。在此,罗尔斯试图通过使自我摆脱世界来确保自我的自主。他的批评者说,他为了保留自我,却最终消解了自我。"②自我都不存在了,还谈什么选择和达成一致的契约呢?

　　这确实是对罗尔斯的最为严厉的批评。罗尔斯通过无知之幕遮蔽个人信息,以及在讨论差别原则时对个人天资分配持公共资产观点,使得作为主体自我的个人情境性经验要素越来越稀薄,自我的境地如桑德尔等批评家所说的,是一种类似于康德式的先验性自我。但我们要看到,罗尔斯自己并没有将作为主体的自我身上的经验要素剥离掉,他仍然承认出身、地位、天资等特殊经验性信息是属于个人的,只是这些信息对于在原初状态下进行选择的人来说,不起作用。罗尔斯把个人天资看作是公共资产,也不是没有看到天资是在个体中存在的。但我认为,即使是处境相同,罗尔斯也没有否认各方代表是有着自我利益的主体,罗尔斯假设是,即使是处境相同,也会从自我利益出发,选择最有利于自己的原则。使得个人的特殊经验性成分在对社会建制的原则选择中不起作用,是为了确保选择的眼界不为多样性的特殊利益的支配,而达成某种普遍性。换言之,境遇的共同性是选择原则的普遍性的保证。不过,应当看到,罗尔斯是想将西方社会深入人心的自由平等的观念设置成一种经验性可想象的境地,从而设置了一种这样的主体。这种设置确实带

---

① Michael Sandel, *Liberalism and the Limits of Justice*, Cambridge University Press, second edition, 1998, p.93.

② Ibid., p.95.

来了某种理论上易受攻击的难题。

桑德尔指出,这样一个自我概念,是完全服务于罗尔斯的理论意图的概念。罗尔斯之所以要抽掉个人的目标、目的和欲望,是因为这些自我的目标、目的和欲望不符合罗尔斯的正义优先性目标。桑德尔认为,实际上,作为一个经验的自我,就是自我的欲望、目标与目的,一个人如果没有自我的欲望与目标,也就成了虚幻的自我了。然而,由于我们的欲望不符合正义的优先性,也就必须首先排除掉自我的欲望和目标,这等于说我们要随着正义理论的改变而修正我们的欲望和目标。不是正义原则从经验的自我出发,反而成了先验的原则是我们自己的出发点。桑德尔认为,罗尔斯的这种原子式的自我的问题在于他把自我与社会共同体进行了有害的割裂。自我是在他所处的共同体中形成的,不可能脱离人们赖以生存的社会共同体来讨论自我的目的。个人的目的不可能独自实现,必须在与他人共享的理想中才能实现。这些与他人共享的理想成为自我不可分割的,构成自我本身的基本要素。与他人共享的理想与目的,不仅构成自我本身,而且因为共同体中的自我与他人一道共享这一目的,从而对共同体起着构成性的作用。

罗尔斯为了回应共同体主义的批评,在《政治自由主义》中反复谈到原初状态的假设。罗尔斯指出包括桑德尔等人在内的共同体主义观点对他的误解。因为他并非是要建立一种全面性或完备性的理论,而只是一种政治自由主义理论。他的原初状态的假设并不包含任何有关自我的哲学理论。原初状态是非历史性的假设,它只是一个思想假设,这里没有历史背景关联,但它确实是理论起点。这种设计所包含的条件是确立正义原则必须具备的条件,而把不相关的因素排除在外了。因此,所保留的因素仅仅是立约者得以建立社会的基础性条件。并非是体现一种健全的自我观。其次,在人们对他在书中所体现的普遍主义倾向的批评后,(前面已述)罗尔斯修正了自己的理论态度,罗尔斯自己明确地表述,他的出发点是他自己社会的政治实践。他不过是通过原初状态得出结论。因此,作为理论起点的原初状态,是以现代民主社会作为背景。因此,我们不应像桑德尔那样,仅囿于罗尔斯的原初状态来谈原初状态,而看不到原初状态的形象象征意义。

实际上,虽然桑德尔对罗尔斯的自我进行了最为激烈的攻击,但应当看到,桑德尔的这种攻击给人一种似是而非的感觉。即这种攻击包括了一些桑德尔自己也不得不承认的前提。从桑德尔对罗尔斯的批评看,好像他认为,自我是为环境所决定,尤其是,自我是为他自己的目的所建构,自我的边界是流动的。而罗尔斯的观点是,自我是先于他的目的的,因而自我的边界是先在性的确定的。然而,这两种观点之间隐藏着一种基本的一致性。桑德尔并不认为自己所主张的就是一个彻底情境化的自我,为目的所建构的自我能够重新建构。在这个意义上,桑德尔自己的观点并不一定就与罗尔斯有区别。同样是在这个意义上,桑德尔的自我观中仍有一种罗尔斯似的占有的自我。如果说,从另一种意义上看,罗尔斯的自我对目的的优先性,体现了一种因经验而形成的心理(内心世界)存在的自我对于外在环境的相对独立性。而桑德尔如果看不到这一点,那就意味着桑德尔没有一种正确的自我观。

三、自我与共同体

当代社群主义与自由主义的第三个重大分歧是关于共同体的理解。社群主义者在批评罗尔斯的自我先在性的观点时,隐含着一种与自由主义不同的共同体观念。康德、罗尔斯的超验性自我或自我先于他的社会结构而存在,表明了道义论的共同体观念,即把社会或共同体看成是个人竞技的场所或条件。怀有不同目的的个人在这里相遇,成功或失败。以泰勒的话来说,社会或所谓的共同体不过是原子式的个人偶然相遇的场所。因此,社群主义者认为,由于自由主义的个人主义立场,从而对于社会共同体没有也不可能有正确的认识。

那么,何为共同体?我们看到,在不同的社群主义者那里,指出了共同体概念的相似内涵。在桑德尔看来,共同体是这样一种概念:在这样的共同体中,自我具有一种构成性的理解,即自我的属性是他所在的社会形成的,同时,自我也是构成共同体的一个内在要素;其次,自我对共同体存在着一种依存关系,共同体的善与自我内在关联。共同体的成员在共同体中过着一种公共的生活,而他们的身份及利益的好坏对于共同体的生活是至关重要的。尤其重要的是,对共同善的追求构成了这些成员的自我理解的要素。因此,从根本上看,不是自我的优先性,而是共同体的优先性。自我对于共同体而言,是从属性的;在罗尔斯那里,则相反,共同体处于从属性地位。我们知道,罗尔斯对于社会,有着一个良秩社会的概念。但桑德尔提出,存在着一个良秩社会本身是否是一个构成性意义的人的共同体的问题。即在这样一个社会框架内,国家权力所认可的目标,可以是共同体的目标(集体目标),也完全可能是多数人私人所追求的目标。而在罗尔斯的良秩社会中,完全可能就是后一种目标。桑德尔认为,构成一个共同体的社会成员,无疑会有着自己的情感与欲望,这些情感与欲望对于众多个体来说,是各不相同的,但在各不相同的人的情感与欲望之中,会有一种和他人联合并推进共同体目的的欲望。桑德尔说,这可能是共同体的一个特征。同时更重要的是,"这个社会本身是否按照某种方式组织起来的,以至于我们要用共同体来描述该社会的基本结构,而不仅仅是这一结构中的人的性情。对于一个严格意义上的共同体社会,该共同体必须由参与者所共享的自我理解构成,并且体现在社会制度安排中,而不仅仅是由参与者的人生计划的某种特征构成。"①在桑德尔看来,这样一个共同体的概念或共同体的社会架构形成了一种自我理解的模式,或者说,人们依照共同体的善或共同追求达到自我理解。他说:"共同体的概念描述了一种自我理解的框架,这种自我理解的框架又有区别,并在一定的意义上,优先于框架中的个人的情感和性情。"②桑德尔承认,他的共同体概念是形而上学意义的,即不是社会学意义上,不是在历史中或经验中的共同体,是一种抽象理论意义的共同体。因此,桑德尔反对自由主义的自我观最锐利的武器就是说罗尔斯的自我观是先验的,在现实中不过是一个虚构,而他自己却以一种形而上学的共同体观念来反对罗尔斯的自我观,以桑德尔自己的立场来看,他犯了自己所反对的错误。

在自我与共同体的关系上,社群主义者们强调了共同体对于自我的属性以及自我认同的决定性的意义,是共同体决定自我的特性而不是自

---

① [美]桑德尔:《自由主义与正义的局限》,万俊人译,译林出版社,2001年,第209页。
② 同上。

我决定社会的特性。正是在这个意义上，社群主义者认为，是共同体的善而不是个人的权利或道义原则的正当性具有优先性。个人权利的优先性，决定了罗尔斯的正义原则或正当对善的优先性，而社群主义强调善对正当的优先性，就在于强调共同体的优先性。不是个人权利，而是共同体的共同善，具有超越其他一切的优先性。在社群主义者看来，是共同体成员对共同善的追求，构成了共同体成员或社会成员团结的纽带。并且，人们在对共同善的追求过程中，发现自己的幸福或生活的意义。在这样一种追求的过程中，德性起了至关重要的作用。追求这样一种善的生活，同时也就是德性的生活。在这样一种意义上，亚里士多德主义就成了当代社群主义得以借鉴的思想资源。

由于把善或者说共同善看成是优先于正当，善对正当的优先性也就必然意味着仁爱对正义的优先性。在桑德尔看来，一个共同体内部的利益冲突严重到一定程度时，正义才成为首要德性，而仁爱作为首要德性意味着共同体内部处于一种良好关系。或者说，正义是一种修补性德性，而仁爱才是一种建设性德性，对于共同体的正常运作起着至关重要的作用。桑德尔举出家庭就是这样一种共同体的典范。在家庭内，维持家庭关系的首要德性是爱而不是正义。如果要诉诸正义原则，那意味着家庭关系到了某种危机程度。桑德尔以家庭作为共同体的典范来批评罗尔斯把正义作为首要德性以及正义对善的优先性，实际上是混淆了不同种类的共同体的特性。自从阶级社会以来，我们还难以发现有哪一个社会没有利益冲突而不需要正义德性来调节。任何一个社会难以有一个和睦的家庭所具有的利益一致的程度。这是不同质的共同体，即血缘亲情共同体与相对异质的共同体。即使是家庭这样的血缘亲情共同体内的关系，也必须意识到在不同的历史时期，社会背景结构对其影响。如在传统封建社会中，我们可以不考虑家庭成员的权利而求得一定程度的家庭关系的和睦；但在现代民主社会，不尊重家庭成员的基本权利而仅仅谈爱是不可能实现家庭和睦的。因而，即使是家庭内部，并非一定要到了利益冲突时期，正义的德性才起作用。而是在日常生活中，尊重每个家庭成员的基本权利与人格，这种正义德性的要求，同样起着至关重要的作用。在现代社会生活中，正当对善的优先性为市场经济这样一种社会经济背景的社会结构环境所决定。市场是在竞争中带来利益平衡、博弈中带来利益妥协。因此,不是仁爱,而是正义才是首要德性。桑德尔的判断仍在于是以一种抽象的眼光来看待现代社会生活。而没有意识到现代社会生活与古代社会生活已经有了结构性的转换。

尽管社群主义者的共同体的观念有着某种不切实际之处,但他们对个人与社会共同体的关系的思考推进了这一问题的研究,同时也促使自由主义思考善在他们的理论中的价值。罗尔斯在其后期的《政治自由主义》中指出,自由主义不仅应当考虑政治德性之善,而且应当重视政治社会的善,这可以看作是对于社群主义对他的批评的回应。还有,社群主义的批评促使自由主义阵营内部的人重新重视共同体的价值。如哈贝马斯等人提出的审议协商民主模式(deliberative democracy),在哈贝马斯看来,是社群主义的共同体概念,而不是自由主义的个人概念,能够使得商议民主的概念有着切实的理论基础。因为根据他们的共同体概念,实质性整合的伦理共同体的公民之间,存在着某种必然的联系。如果不是这样,就无法解释公民们的共同善的价值取向何以能够形成。审议协商民主模式所要追求,也就是这样一种价值取向。① 哈贝马斯的这种倾向,表明了社群主义对共同体的重视在自由主义内部得到了响应。

第三节　麦金太尔与桑德尔对自由主义分配正义的批评

分配正义是社群主义与自由主义争论的主要领域之一。重要的社群主义者几乎没有不对以罗尔斯为代表的自由主义的分配正义提出批评的。罗尔斯的分配正义论倾向于平等,诺齐克的分配正义则以洛克式的权利为基础。社群主义的分配正义则强调共同体、强调共同体的成员资格以及应得概念的意义。

一、麦金太尔的批评

在讨论西方德性伦理历史和当代西方德性衰退的重要著作《德性之

---

① 参见 Jürgen Habermas, *Between Facts and Norms*, Polity Press, 1996, pp. 280-281;哈贝马斯:《事实与规范之间》,童世骏译,三联书店,2003 年,第 344—345 页。

后》(After Virtue)中,麦金太尔以一章的篇幅讨论了罗尔斯与诺齐克的分配正义观,可见他对当代自由主义分配正义的重视。

当代自由主义者罗尔斯与诺齐克在分配正义问题上展开了激烈的争论。这主要体现在诺齐克认为罗尔斯的分配原则是对个人权利的侵犯。麦金太尔认为,罗尔斯与诺齐克关于分配正义的争论,是当代无从达成一致的道德争论的一种典型例证。他说:"涉及正义,则没有哪里有比在正义那里更具危险性。日常生活中充斥各种正义概念,因此,基本争论不能合理地解决。"①

在麦金太尔看来,罗尔斯与诺齐克两人的争论就是当代西方社会生活中的争论的理论化表现。麦金太尔设想,A 是一个普通社会成员,一个警察或一个工人,他努力工作,用省下来的钱买房子、送子女上学等。但不断上涨的税收却对他的收入构成了威胁。他认为这种威胁对他是不公正的,他声称他对他的劳动所得有一种权利,任何人无权掠走他的合法收入。B 同样是一名普通社会成员,自由职业者或工人。他特别对社会收入分配的不平等及权力的专横感到不满,对由于权力的不平等而使穷人和被剥夺者无力改善自身状况感到不满。他认为这样两种不平等是不合正义的。而他的更为一般的信念是,对一切不平等都要进行论证,而唯一可能得到合理论证的是改善穷人和弱势者的不平等条件。因此,他认为能够增进社会服务的再分配税收政策是合乎正义要求的。

现在我们看到,A 反对增加税收,而 B 则支持和赞成税收。很清楚,我们不难发现两人的行动逻辑和思维逻辑是不相容的。A 所持的正义获得和持有的权利原则则限制了再分配的可能,如果公正所得与权利原则的运用造成严重的社会经济的不平等,那么,正义的代价就是不得不忍受不平等。而 B 所持有正义分配原则限制了合法所得的权利。实行正义原则的结果就是以税收或国家权力来干预目前社会中一直被认为是合法的所得与权利,那么,这种正义的代价就是不得不忍受这种干预。麦金太尔说:"在 A 和 B 的情形中,一个人或一部分人得到正义,总是要其他人付出代价。因此,不同的社会群体按各自的利益接受某项原则,

---

① [美]麦金太尔:《德性之后》,龚群等译,中国社会科学出版社,1995 年,第 308 页。

拒绝其他原则。"①麦金太尔认为,不仅 A 和 B 持有互不相容的原则,而且他们之间的争论也是很难解决的。因为 A 所持有的正义观是,一个人有权得到什么和怎样得到是取决于他所获得的和所挣得的;而 B 的正义观则认为,人人平等是正义的第一要求。因此,对于某份资质或资源,A 可能声称这是正当地属于他的;对于 B 来说,他可能也知道这份资产是别人的,但他认为有人更需要它。

麦金太尔指出,诺齐克的正义分配的理论观点是对 A 的理论说明,而罗尔斯的正义分配的理论观点则是对 B 的理论说明。因此,他们两人的理论原则上的不相容性反映的是 A 和 B 所持观点的不相容性。麦金太尔问道,一个要求平等优先的正义主张,怎样能够合理地同权利优先的主张权衡优劣呢?第二,麦金太尔认为,A 和 B 两人中有个共同因素在罗尔斯和诺齐克的阐述中被忽略了,这个因素是在历史悠久的亚里士多德的传统中就有的。这个共同因素就是应得的概念。我们知道,罗尔斯是反对应得的,罗尔斯认为,即使是个人天资,也是共同资产。罗尔斯说:"差别原则实际上代表了这样一种协议:自然天资作为一种共同资产的分配和这种分配利益的分享。"②而诺齐克恰恰强调的是应得。诺齐克说:"1. 一个符合获取的正义原则获得一个持有的人,对那个持有是有权利的。2. 一个符合转让的正义原则,从别的对持有拥有权利的人那里获得一个持有的人,对这个持有是有权利的。"③因此,在诺齐克看来,个人凭自己的天资所获得的恰恰是应得的。那么,麦金太尔怎样会说诺齐克也忽视了应得呢?我们看看他是怎样分析的。首先,他认为,A 和 B 提出的问题都参照了应得的概念。A 认为不仅他有权利拥有他自己挣来的,而且认为他付出了劳动,因而是应得的。B 站在穷人和被剥夺者的立场,认为他们的贫困和被剥夺是不应得的,因而是不正当的。然而,就罗尔斯而言,首要的是详细阐明正义原则,正义原则得到详细阐明,那么,值得讨论的就不是应得,而是合法期待。确实,罗尔斯认为首要的是

---

① [美]麦金太尔:《德性之后》,龚群等译,中国社会科学出版社,1995 年,第 310 页。
② John Rawls, *A Theory of Justice*, Harvard University Press, 1971, p.101.
③ [美]罗伯特·诺齐克:《无政府、国家与乌托邦》,何怀宏等译,中国社会科学出版社,1991 年,第 157 页。引文中的"权利"一词的英文是"entitlement",又译为"资格"。

确立所选择的正义原则,在两个正义原则中,包含了差别原则,而差别原则是反应得的,即反高天赋和自然资质的应得。合法期待是指任何个人的道德价值、品格包括道德品质在内,都不应成为确立判断的标准,应看作是遵循正义原则前提下人们可以期待的。在这两种意义上,罗尔斯的正义理论中没有应得的地位。但从反应得的意义上看,即罗尔斯强调,差别原则消除任意性的影响,其理由正如实际生活中的 B,认为穷人的穷困不是他自己所应得的。

对于诺齐克,麦金太尔指出,他的正义方案的全部基础只是资格—权利,而没有给应得概念留下任何空间。然而,我们倒看到,诺齐克与罗尔斯的对立,恰恰由于诺齐克强调资格—权利,强调获取的合法性,从而强调了应得。那么,麦金太尔为什么说他的理论中也没有应得的概念呢?

麦金太尔之所以认为他们两人都没有应得的概念,那是因为,他自己的应得概念,是一个亚里士多德主义的应得概念。在他看来,要叙述应得的概念,首先必须阐述这样一个人类共同体的概念:"在这个共同体内,在其成员追求共享利益的过程中,与对共同体的共同任务的贡献相关的应得概念,为判断德性和非正义提供了基础。"①那么,很清楚,麦金太尔的"应得"概念是与共同体的共同任务的完成相联系的。诺齐克的应得仅仅从个人的获取资格权利或转让的合法性来看待应得,因而这是与麦金太尔所理解的应得完全不同的(但不能因此而认为诺齐克没有这个概念)。在麦金太尔看来,仅仅凭个人劳动获取的或凭转让而获得的东西,还不足以称得上应得,因为它体现的是一种个人主义的观念②,这种个人主义的观念认为,"永远是个人第一、社会第二,而且对个人利益的认定优先于、并独立于人们之间的任何道德的或社会的联结结构。但

---

① Alasdair MacIntyre, *After Virtue*, University of Notre Dame Press, 1981, p.251;参见[美]麦金太尔:《德性之后》,龚群等译,中国社会科学出版社,1995 年,第 316 页。
② 为什么从个人意义上就不能有应得,一定要从共同体意义而来?社群主义的概念应当可以既从个人,也可从共同体这样两端来把握。以下我们在桑德尔那里可以看到,从个人特征意义上,也可以界定应得。如果在桑德尔的意义上,麦金太尔所批评诺齐克的观点,实际上是指诺齐克的个人缺乏社群主义这一观点。

是,正如我们已经看到的,应得赏罚的概念只有在这样的一个社会共同体的背景条件下才适用,即该共同体的基本联结物是对人而言的善和共同体的利益(good)这两者有一个共同的理解,个人根据这种善和利益判定自己的根本利益。"①麦金太尔指出,罗尔斯与诺齐克都不适用于这样的应得概念。罗尔斯与诺齐克都把社会看成由有着各自利益的个人所组成的,这些个人最终走到一起是为了更好地自利。罗尔斯明确地把"对于个人而言的好生活"看成是每个人在这个问题上所持的观点不同,从而把对这种善的考虑排除在正义原则的考虑之外,而诺齐克则是明显缺乏一个共同体的概念。由于没有这样一个共同体作为他们的应得观的根源,从而他们的正义观是不能够统一的。也就是说,他们两人在分配正义问题上之所以不能达成一致。就在于放弃了亚里士多德的应得概念。

应当看到,麦金太尔站在社群主义的立场上对罗尔斯与诺齐克的批评,从社群主义的观点看,是完全站得住脚的。但是,罗尔斯基于平等公民的立场和诺齐克基于资格—权利正义的立场,同样也有其合理性。现代社会能够找到这样的共同体背景条件下的应得吗?实际上,不是理论发生了变化,而是现代社会与传统社会的不同,从而产生了需要适应现代社会的正义观。

二、桑德尔的批评

桑德尔对自由主义的分配正义理论的批评,比麦金太尔复杂得多。与麦金太尔主要从社群主义立场对自由主义的分配正义原则进行批评不同,桑德尔是从罗尔斯和诺齐克的理论所存在的内在困境来剖析自由主义的分配正义理论的。

桑德尔对于自由主义的分配正义理论的批评,是把罗尔斯与诺齐克放在一起来批评。桑德尔指出,罗尔斯和诺齐克在分配正义理论上是明显对立的。不过,桑德尔指出,他们两人是同中有异,即他们两人有着共同的特征,都反对功利主义的正义观,而倾向于一种以权利为基础的伦

---

① [美]麦金太尔:《德性之后》,龚群等译,中国社会科学出版社,1995年,第315页。

理学。其次,两人都持有一种个人主义的立场,罗尔斯强调个人的多元性和独特性,诺齐克则强调个人的分立的事实。然而,两人虽然有着共同的个人主义立场,却在分配正义理论上是对立的。罗尔斯坚持平等主义的倾向,认为社会和经济的不平等只是在它们能够为最少受惠者带来利益的前提下才是合理的、正义的。而诺齐克的正义观则是一种持有正义、转让正义为主的正义观。那么,他们两人之间为什么会有这么大的差别?

桑德尔首先以很大的篇幅来描述罗尔斯与诺齐克之间在基本观点上的争论,从对他们之间的争议入手,进而提出自己的观点。他指出,两人差别的根本原因在于罗尔斯的差别原则。差别原则的理论前提在于对人的自然天赋或才能的罗尔斯式的考虑。罗尔斯的第二正义原则包括两个方面,即机会平等原则与利益分配正义原则。罗尔斯考察了四种可能的原则,天赋自由、自由平等、贵族制和民主平等。天赋自由即自然的自由体系,类似于诺齐克的资格—权利理论,自由平等是在自然自由之上加入机会的自由平等或公平平等,从而修正了自然的自由,或由于社会、文化偶然因素造成的不平等。消除社会因素造成的不平等,其理想是为所有社会成员提供一个平等的起点,从而使得那些天赋与才能相似的人有可能有着相同的成功前景。然而,仅仅消除由于社会、文化因素所造成的偶然性还不够,因为它所达到的是一种类似于精英的统治,人与人之间的不平等的另一根源并没有消除,这就是人的自然天赋或才能的任意性与偶然性。但对于人的自然天赋才能的问题,不可能向对待社会偶然因素那样以机会的公平平等原则来处理,这就是差别原则能起作用的地方。或者说,罗尔斯的机会公平原则加上差别原则,就构成了他的分配正义原则。

差别原则绝不类似于机会的公平平等原则,桑德尔指出"差别原则改变了道德基础,原本我是依此对那些出于此的利益有所要求。然而,我不再被看成我的才能的单独所有者,或者它所带来的利益的特殊接收者。"①在桑德尔看来,差别原则把天赋才能看成是公共资产,而把在个

---

① Michael J. Sandel, *Liberalism and The Limits of Justice*, Cambridge University Press, 1998, p. 70.

人身上特殊的天赋与才能看成是具有任意性的东西,从而认为个人不应获得由其才能所带来的东西或利益。桑德尔如同麦金太尔一样,指出罗尔斯在这里最重要的是否定了一个"应得"的概念。实际上,罗尔斯自己也在《正义论》中明确指出,从公平正义的观点出发,在自然天赋的分配中,没有人应该获得他的位置,也没有人应该获得他在社会中的初始出发点。但桑德尔也正确指出,在这里要把应得与合法期待区别开来。也就是从罗尔斯的观点出发,在一定的制度条件下,我们可以合法期待人们身上的天赋才能的发挥,但并非意味着我对它们拥有一种权利。

罗尔斯的理论与诺齐克的理论的区别在于,诺齐克强调个体优点和应得的作用,是一种精英统治的分配概念。桑德尔指出,这被罗尔斯严重削弱了。诺齐克的资格权利理论体现了一种精英统治的观点,所谓精英统治,是那些值得称赞的人受到尊敬,因而个人成就和根据一个人的卓越表现确立地位是这样一种统治的准则。这类似于亚里士多德的贵族统治模式。这种理论的自我论强调,个人的自然资质是作为我的不可剥夺的构成性要素,而罗尔斯的个人理论则意味着没有什么特征对于个人是根本的,无论是社会的、还是自然的因素。因为罗尔斯认为对于个人来说,那是偶然性的因素。但罗尔斯并不认为因为它在个人那里具有任意性从而没有意义。差别原则将自然天赋才能看成是共同资产来分配(桑德尔和诺齐克都是这样认为的)。在罗尔斯看来,这表达了道义论自由主义的人与人之间相互尊重的理想。诺齐克则认为,恰恰相反,这种将人的自然资质作为共同资产的观点,否定了自由主义的强调个人不可侵犯性以及人与人之间是相互分立和区别的基本观点。桑德尔认为,如果差别原则要说出人与人的差别来,那就只是形而上地,而不是经验地说出人的属性,这些属性都被差别原则从经验意义上认为是任意的,不是根本性的。桑德尔说:"但这留给了我们这样的结果:一个被如此剥离掉了经验意义的可辨认特征的主体被带到了我们面前(以诺齐克的话来说,如此'纯粹化'),一句话,它类似于康德的先验的或非实体的主体,这原本是罗尔斯所避免的。这似乎是,罗尔斯以不连贯性避免了不一致性的指责,而这表明,诺齐克反对差别原则是成功的。"①桑德尔指出罗尔斯与诺齐克的差别,并认为诺齐克反对罗尔斯是成功的。

不过,在桑德尔看来,对罗尔斯的差别原则做一种社群主义(或共同体主义)的解释,则是可以辩护的。桑德尔认为罗尔斯差别原则的理论前提"天赋才能共同资产"说隐含了一种社群主义的立场,然而这是诺齐克所不知的,因为诺齐克不是一个社群主义者。桑德尔指出,这个辩护就是把共同资产概念与共同的占有主体的可能性联系在一起。即需要诉诸一个交互主体性的自我概念(intersubjective conception of the self)。

所谓"交互主体性的自我概念"或"交互主体概念",所指的是自我并非是一个孤立的、独白的自我,而是在与他者共同存在的社会历史条件中的自我,自我不仅需要通过他者来得到界定,而且就是我的这个自我,必然有着他者的要素,自我主体与他者共存于某种共同体之中,并且相互界定、相互渗透、相互依存。桑德尔认为,罗尔斯并不把个体自我看成是交互主体性的自我,其理由是他强调多元性是人类社会的一个本质特征,当然,多元未必与人类个体的数量相当。然而,对于罗尔斯原初状态下的自我到底是单主体还是交互主体,这是一个有争议的问题。所谓独白的主体或单个主体,也就是人人都从自我的意志主体出发来判断和选择,个人判断选择的最终权威不是别的,只是个人自己的意志或意愿。交互主体性的自我,是在众多主体的平等尊重和相互依赖中做出判断和选择。作为某个主体的判断选择决定与他者主体的判断选择是不可分的联系在一起的。罗尔斯以最大最小值规则来假定人们的选择前提,所诉诸的终极权威应当是个人独白的主体。但是,原初状态下的协议或同意又是所有各方代表都同意的,没有他人的同意,不可能共同行动或共同形成决定。因此,在这种意义上,罗尔斯的原初状态中的自我又好像是交互主体性的自我。这个问题就体现在哈贝马斯对罗尔斯的前后不一致的判断上。哈贝马斯指出,罗尔斯正义论的这个出发点,在哲学立

---

① Michael J. Sandel, *Liberalism and The Limits of Justice*, Cambridge University Press, 1998, p.79.

场上,并没有超出独白主体的视野,即"每一个人是在他自己的立场上论证基本原则的合理性的,对于道德哲学家自己也是如此。因此,正是这种逻辑,罗尔斯把他的研究的实质部分(即平均福利原则),不是看作参与论证一种推论过程的产物——这种推论涉及对晚期资本主义的基本制度的考虑,而是看作一种'正义理论'的结果,而他则是建构这种正义理论的够格的专家。"①由于参与者不知道自己的任何特殊背景知识和存在性构成知识,因而人们才能得出罗尔斯那样的"公平的正义"观。个人只有从这种"无知之幕"的状态出发,才可从理性上达成一种平等的正义观。罗尔斯本人也从自己的立场出发,而不考虑正义是否在于一种交互主体性意义上的普遍论证前提。然而,在后来他与罗尔斯进行讨论时,却承认罗尔斯是如同他那样地运用了交互主体性的视域。②在《包容他者》一书中,哈贝马斯则认为,在原初状态中的各方代表要能够作为合理的选择,是要进入一个多个主体共同运用的程序,这表现为进入的条件即各方(或所有人)的平等以及共同处于同一情境之中(无知之幕),运用共同的程序达成某种一致或协议。哈贝马斯说:"罗尔斯的指导性直觉是清楚的:[康德式]绝对命令为一种交互主体性的运用程序所采纳,这个程序具体体现在诸如各方的平等以及诸如无知之幕这样处境的特征上。"③这里哈贝马斯指出无知之幕这样的程序设计所体现的是一种交互主体性的思路,表明哈贝马斯承认罗尔斯的原初状态是一种交互主体性视域,即并不是独白性的主体最后起作用。那么,怎样理解交互主体性的视域呢?在哈贝马斯看来,交互主体性的视域实际上是平等而自由的参与者处于一种包容性的自由话语中,"每个人都要求采用所有其他人的视域,这样使他自己进入对自我和所有他者的理解,从这样一种视域的融合中,呈现一个理想性扩展的我们的视域,对视域的这种限制,最终导致的实际上是一种理想的'我们的视域',由此出发,

---

① Jürgen Habermas, *Moral Consciousness and Communicative Action*, MIT Press, 1990, p.66.
② 此次双方讨论的文章分别收入罗尔斯的《政治自由主义》(作为最后一章)和哈贝马斯的《包容他者》一书中。
③ Jürgen Habermas, *The Inclusion of the Other*, MIT Press, 1998, p.57;参见[德]尤根·哈贝马斯:《包容他者》,曹卫东译,上海人民出版社,2002年,第68页。

我们可以共同检验,一个有争议的规范是否可以作为他们共有实践的基础。"①哈贝马斯从认识论的意义上谈交互主体性概念,即共同认知、共同的价值判断和共同决定。桑德尔是从自我本体论意义上讲。两者没有实质性的区别:哈贝马斯的认识论意义的独白主体,也就是桑德尔本体意义的单个主体或独白的意志主体。

桑德尔认为,罗尔斯的差别原则要能够得到辩护,必须有一个交互主体性的自我概念为前提。从罗尔斯对原初状态的设计来看,就哈贝马斯后来的理解,我们可以说在罗尔斯那里,由于所有参与者共同运用一个设置的程序(无知之幕等原初状态的要件),可以看到罗尔斯的概念中内含这样一个概念。桑德尔认为,从共同资产的意义上,罗尔斯的理论要得到辩护,那占有者就不是一个单独的"我"而是"我们"。因此,这样看来,"罗尔斯的理论隐含地依赖于一种他正式反对的交互主体性概念"。严格地说,罗尔斯并没有正式反对交互主体性概念,而他确实只是既诉诸一个独白性的主体概念,同时也诉诸一个交互主体性概念。

这里的问题是,既然罗尔斯的理论中包含了一个交互主体性自我概念,那么,他就应当承认与之相关的另一个概念:共同体。并且,这个共同体概念不是罗尔斯从个人主义立场上理解的共同体,而是从社群主义的角度理解的共同体。因为,交互主体性的概念意味着,自我具有构成性的一面,这种构成性也体现在通过交互主体性概念展现一个共同体的概念。桑德尔说:"占有主体是一个'我们'而不是一个'我',这种环境继而隐含着在构成意义上存在着一种共同体。"②桑德尔指出,罗尔斯在讨论到不少相关问题时,都涉及这样一种共同体的概念内涵。如罗尔斯谈到社会联合体时,罗尔斯写道:"正是通过那建立在它的成员需要和潜能基础上的社会联合体,每个人能参与到实现了的所有他人的自然资质的总和之中。"③这样一种联合体,实际上也就是社群主义的共同体,因而

---

① Juergen Habermas, *The Inclusion of The Other*, MIT Press, 1998, p. 58.
② Michael J. Sandel, *Liberalism and the Limit of Justice*, Cambridge University Press, 1998, p. 80.
③ John Rawls, *The Theory of Justice*, Harvard University Press, 1971, p. 523.

在处理自然资质与才能的意义上,罗尔斯几乎可说是一个社群主义者。

桑德尔进而讨论罗尔斯与诺齐克关于应得的争论。从罗尔斯的观点看,人们的天赋或自然资质对于个人来说是任意的,是运气使然。诺齐克则认为,仅仅指出人们所拥有的自然资质是任意的或运气,并没有削弱应得。即使说自然资质是任意的,也并不影响应得,只要是运用我的自然资质而合法所得就有资格持有。这就涉及应得的基础是什么的问题。桑德尔认同斯泰尔因伯格(Steinberger, Peter, J.)的观点:无基础之应得根本不是应得。那么,何种基础适应于此?依斯泰尔因伯格的观点,一个人应得某种待遇,必定是由于他作为这个人的那些特征,构成一主体应得基础的是关于这个主体的一些事实。那么,为什么作为主体的我应得那些特征?这一问题问的是应得的基础,即作为我的特征。应得之基础先于应得。但是,作为应得的基础没有必要说它本身是应得的。如问为什么某人应得或拥有一些品质,是很难给予回答的。因此,不是要问为什么我们应得某个基础性的东西,而是要问实际上我们有什么特征,即我们占有什么特征,也就是承认我们是一个占有主体,而为了否认我的应得,他必须证明我没有拥有必不可少的特征,如果我拥有某特征,并不是在必不可少的意义上拥有它。

罗尔斯的无知之幕中的自我观,桑德尔认为,实际上就是把自我看成是一无所有的,或至少是在很强的构成性意义上个人只是无。我的特性只是与自我相关联,但它却永远与我保持某种距离。或它并不属于自我。桑德尔说:"按照罗尔斯的观念,没有人能够被适当的认为应得任何东西,因为没有人真正拥有任何东西,最起码就应得概念是很强构成性意义上的占有来说,确实如此。"①因此,从原初状态的设置可以看出,即使是诺齐克对任意的反驳,也没有构成对罗尔斯的反应的理论威胁,因为罗尔斯并不承认有某种东西是应得的基础。因此,以斯泰尔伯格应得基础的论点,从桑德尔对罗尔斯自我观的分析可以得出结论说,在罗尔斯的自我观中没有这样的基础,从而天资不是应得的。

---

① Michael J. Sandel, *Liberalism and the Limit of Justice*, Cambridge University Press, 1998, p. 86.

三、自然资质与分配

从自然资质或天资而来的收入与财富分配意义上的应得是一个十分复杂的问题。诺齐克强调既然这是凭我的天资或自然资质而来的,也就是有资格持有的,因而不论是否是任意的运气,也是应得的,诺齐克是一种强应得论,而罗尔斯则是反应得论的。从上述分析中可看出,应得的问题至少有这么三个层次的问题,天资或自然资质的应得问题、应得基础的问题,和自然资质或天资所带来的收获的应得问题。那么,罗尔斯是在哪个层次上否定应得呢?如果说自然资质或天资是任意的从而是不应得的,可说是在基础层面否定应得。如果说由于人的自然资质或天资的不同,在收益或财富分配上存在差距,从而认为这种收入分配上的差距不合理,因此多得是不应得的,那些因此而贫困的人也不应得他们的贫困。在这种意义上,就是收益上的不应得。可以说,罗尔斯起初在三个层次意义上都有着不应得的看法,不过,最主要的是,罗尔斯既是在基础意义上,也是在收益意义上——他有时是在前一种意义上,有时是在后一种意义上,从而引起了一定的含混性。如果应得仅仅是在基础意义上讲的,那么,如果把罗尔斯的自我理论看成是一个没有经验性特征的自我,从而把自然资质看成是在人群中的任意分布,因而就某个人的天资而言,是任意的,这样说不是没有道理的。另外,就诺齐克的持有资格理论来看,他强调持有来路的合法性,而不论是否是任意的天资带来的,都是有权利持有的,同样也是有道理的。

罗尔斯后来在《作为公平的正义》中,进一步澄清了什么是不应得的问题。他强调,作为共同资产的是自然天赋的分配,而不是自然天赋本身。或者说,社会并不把每个人的天赋才能看成是社会的共同资产。罗尔斯说:"我们天赋的所有权问题根本就不会产生出来;如果它产生出来了,拥有其天赋的也是人们自己。人们心理上和生理上的完整统一是由基本权利和自由加以保证的。"①因此,就罗尔斯的自我观而言,虽然在原初状态中可以做类似于桑德尔那样的解释,但罗尔斯反对把人的自

---

① [美]罗尔斯:《作为公平的正义》,姚大志译,上海三联书店,2002年,第121页。

然资质与天赋看成是游离于自我的成分,在这个意义上,自然资质与天赋才能本身没有应得不应得的问题,剩下的问题也就是应得的基础与自然资质与天赋才能所产生的收益问题。在《作为公平的正义》中,罗尔斯说:"应该看作共同资产的东西是自然天赋的分配,即人们之间所存在的差别。"①也就是将自然资质所产生的差别或差异进行再分配。天赋本身并不表现为差别,差别只是表现在其收益上。联系罗尔斯把自然资质与天赋才能看成是任意的观点,也就是说,虽然对于每个人来说,人们有什么样的自然资质全凭运气,但这并不能否定它就是你的,并且是你的完整人格不可分割的组成部分,但是,由于它的前提是任意的,因而它所带来的收益是不应得的。在这里,自然资质由于与自我相关,本身没有应得与不应得的问题,它是非应得,即处于应得讨论的范围之外。②但对于它的基础,它的收益,都可看作是不应得的。然而,几乎所有的批评家,包括诺齐克、桑德尔以及斯泰伯尔格等,都是从自然天资或天赋才能本身的不应得来看待罗尔斯的观点的。这导致对罗尔斯的反应得论的普遍误解。这里既有罗尔斯自己的表述问题,也有批评家自己的理解问题。

如果就自然资质的收益的不应得来讲,这个问题就更复杂了。因为虽然人们有相同的自然资质,但是,是否能够给人们带来一定的经济和财产上的收益,是一个社会文化环境条件的问题,也是一个个人的具体生存环境的问题。并且,即使是在相同的社会文化环境条件下,也并非是每个人的天资或潜能或每个人同样的天资和潜能都能得到同样的发展,如我们普通人中肯定有许多人有军事才能和天资,但如果不在战争年代,不去从军,那就永远不会使你的这种才能得到展现。我们中的许多人都可能有歌唱的天分,但肯定有许多人成不了明星。这里既有社会

---

① [美]罗尔斯:《作为公平的正义》,姚大志译,上海三联书店,2002年,第122页。
② 由于罗尔斯在原初状态中有着无知之幕屏蔽所有个人信息的设置,加上罗尔斯把个人资质或天赋看成是任意的,同时,罗尔斯自己又在相关地方说了自然资质的分配作为共同或公共资产之类的话,这就必然使人们认为罗尔斯把人们的天资或自然资质看成是共同资产,而不是关于它的分配。实际上,把关于它的分配看成是共同资产是一个很难理解的说法。

条件赋予每个人的运气问题,也有每个人的后天努力程度的问题。即使像马克思所说的,到了未来最美好的社会,就能够实现人的自由全面发展,那也只是就社会条件意义而言的,尽管是在那样美好的社会条件下,也肯定不是所有有歌唱天赋的人都一定是歌唱家。机遇和运气再平等,也可能有一个时机和个人选择的问题,还有一个后天努力不可能那么整齐一律的问题。就像大家都有从事某项体育运动的天赋并且都十分热爱和努力,但比赛却能见高低,也就是即使付出同样的努力,天赋本身也不可能得到同样的发挥,个体差异永远存在。① 因此,天赋或自然资质最后表现为收益,不仅要考虑外在社会环境条件的制约,同时也要考虑个人努力程度的制约。并且,即使把这两者都考虑进去了,还有个体差异这一变量存在。因此,如果自然资质或天赋才能对于个人来说是任意的(其基础任意性),因而其收益是不应得,这种推导本身是有问题的。这个观点没有看到在现实生活中存在着的充满了变量的复杂因素所起的至关重要的作用。

　　罗尔斯的反应得的论点比这还复杂。这是因为,原初状态的设置在这里起了作用,因而罗尔斯的反应得论可分为制度前的不应得,和制度建立之后的不应得这样两个部分。所谓制度前的不应得,即在指导社会基本制度的正义原则确立之前,应得的概念不应起作用。其次,是在正义的社会制度确立之后,什么样的收益或财富不应得。

　　在正义的制度确立之前的不应得问题,是指在正义的原则和标准确立之前,人们的天资或自然资质不能提出作为未来确立制度原则的依据。在正义原则确立之前,我们不能说什么是应得的,什么是不应得的。其次,从自由平等公民这一观察点来看,不能说某人拥有多么超人的天赋,因而他应得到比别人更多的社会财富和更高的社会地位。每个人都应得平等的尊重与关切,无知之幕实际上所体现的就是自由平等的公民这一观察点。因此,桑德尔说那种没有具体特征属性的自我,罗尔斯是

---

① 葛四友在他的很有见地的研究论著《正义与运气》中,举了一个ABCD四人,前两人天赋相同,后两人也天赋相同,但由于努力不同,从而造成天赋收益不同的很有说服力的例子,证明从收益来谈天资或自然资质的不应得,具有不可操作的内在矛盾。见葛四友:《正义与运气》,中国社会科学出版社,2007年,第232—233页。

通过这样的方法来将抽象的平等具象化,并且通过这样的具象化,罗尔斯实际上提出了个人的天赋才能对于每个人而言并不必然是你所应得的,而是任意的。但在现实社会中,罗尔斯并不反对把这些个人的天赋能力看成是个人本身所有的,是他的人格完整性的不可分割的组成要素。并且,就合理正义的社会而言,如果说我们的社会职位向才能开放,那些有能力者应得其职位,罗尔斯反对的正是这点。他认为,到底谁应得什么,不是凭其自然能力来决定,而应当由正义的制度原则来决定。实际制度或未来制度决定了什么样的期望是合法的、可实现的。因此,不是应得的概念,而是合法期待的概念在这里起作用。但是,合法期待是由制度来决定的。或者说,根本就没有前制度性的应得,这也是我们理解无知之幕的关键所在。

桑德尔在应得问题上对罗尔斯的批评,在罗尔斯对待犯法者受惩罚的问题上,我们看到其问题之所在。桑德尔指出,在罗尔斯的理论中,认为道德的和个人努力的以及个人自然资质的都不是个人应得的,但是,罗尔斯则把犯罪犯法所受之罚看成是个人应得的。因此认为,罗尔斯的应得理论有着内在矛盾,从而是不可辩护的。但实际上,桑德尔没有区别罗尔斯理论中的前制度应得与制度之下的应得。在正义的制度之下,人们的行为得到正义的考量,其行为体现正义性。但如果人们的行为触犯了法律,则必然受到法律的制裁与惩罚,而这种制裁与惩罚所体现的是正义原则的要求。或者说,是正义的原则和制度作为标准确立了什么是应得的、什么是不应得的,从而犯法者必受其罚,因而是其应得的。

其次,就正义制度之下的社会而言,罗尔斯认为社会不平等或人们出发点的不平等是正义原则和制度始终应当关注的。那么,是什么出发点的不平等呢?社会和个体自然的偶然因素。对于个人自然的偶然因素,罗尔斯认为它是个人人格的组成部分,但对于它所产生的收入和财富占有上的差别,则必须进行再分配的调节。即把由此产生的差别部分看作是共同资产来分配。当然,罗尔斯对其进行分配调节的根据还是在于自然资质在个人间的分布是任意的。并且,罗尔斯对自然资质所形成的差别进行调节是有限的。在罗尔斯看来,只要它能够为社会最少受惠者带来利益,就是符合正义的。因此,罗尔斯的理论意图是用它来为消除社会贫困服务,或者用以提高最少受惠者的期望。因此,罗尔斯的反天资应得论内在包含着一种平等主义的诉求。① 但应当看到,罗尔斯并不像马克思,要铲除社会经济不平等的根源,从而实现一个人人平等的社会。当然,在这个意义上,马克思的理论也是建立在反应得的基础上的。因为马克思从来都不认为不平等社会的富人的应得是真正应得的,但依据自然资质、努力贡献或社会运气论,富人的富裕虽然不指他的财富全都得自自己的劳动,但这些财富也在相当意义上是他应得的,马克思的剥削理论不仅是要证明富人的财富是剥削来的,而且是要从理论论证上推翻和打倒富有统治阶级的合理性,因此,在这个意义上,就是一种反应得论。② 罗尔斯仍然承认社会不平等,只要这些社会的和自然的偶然因素的不平等能够使最少受惠者受益,它的存在就有其正当性。当然,罗尔斯与马克思的共同之处在于,两者都要对不平等的收益和财富进行调节。对于罗尔斯而言,同样是正义的原则与制度确立了人们在收益和财富占有上的应得与不应得。虽然天资或才能是个人人格和自我属性的不可分割的部分,但并不意味着那些天资高的人可以完全得其所获。在这里,罗尔斯还有另一种理论,这就是社会合作论,或社会作为一个合作体系,天资高或体现出很高天资的人,社会在他显现出他的天资能力之前,必然付出了比那些天资低的人更多的教育和训练费用,因而他应当回报社会。在这个意义上,桑德尔说罗尔斯有着社群主义的倾向,对于这一点,桑德尔的批评看来并不为错。自然资质任意说以及天资才能社会教育训练说,两者合起来支撑着罗尔斯的差别原则。

---

① 在这个意义上,平等与个性(内在包含着不同的个人天资)的冲突似乎不可避免。正如内格尔所说,个性就其本身而言,是与平等一样重要的对政治理论的一个要求。这个要求必须在每个个体那里得到满足,因此它也是一个道德要求。(Thomas Nagel, *Equality and Partiality*, Oxford University Press, 1991, pp.15-16)每个人都有着从自我的利益出发对自我的最大偏爱,而平等主义的要求则是在资源分配和占有上的不偏不倚。
② 如果富人的财富都是不应得的,从而马克思从理论上对不应得的财富进行了理论批判和谴责,并指出剥夺剥削者应把财富给予被剥夺者——无产阶级和劳动人民,在这个意义上,又可说马克思的理论是一种应得理论。

第四节 自由主义的或共和主义的自由?
——评桑德尔的《民主的不满》

迈克尔·桑德尔(Michael J. Sandel)是中文读书界所熟稔的社群主义者,虽然他自己更愿意承认他是一名共和主义者,社群主义不过是他人送给他的一个标签。早在20世纪80年代,他就因《自由主义与正义的局限》(Liberalism and Limits of Justice, Cambridge University Press, 1982)一书而声名鹊起,《民主的不满》(Democracy's Discontent: America in Search of a Public Philosophy, Harvard University Press, 1996,中译本为江苏人民出版社,2008年)为其沉潜二十多年后的又一部力作。在《自由主义与正义的局限》一书中,桑德尔从社群主义的立场上对于罗尔斯的自由主义的正义理论,进行了深入的哲学批判;然而我们感到,他给予世人从社群主义的立场方面所能正面把握的东西并不多,人们期待着他能够更多地阐明他的社群主义理论。桑德尔的《民主的不满》一书,从共和主义的衰落以及自由主义的兴起的历史,从历史与政治实践的维度,更深入地阐述了美国自由主义政治实践对于美国公民共同体的侵蚀。并通过对共和主义的政治观的追述,清晰地表明了桑德尔自己的社群主义理论倾向。

一、程序共和国

《民主的不满》一书不是沿用在《自由主义与正义的局限》一书中的理论批判的进路,而是追述了美国建国之初以及建国以来二百多年的政治生活、经济生活和法律生活从共和主义向自由主义转变的历史,从共和主义的衰落以及自由主义的程序共和国的兴起,全面检讨自由主义公共哲学所形塑的美国政治生活。本书从美国史学、法学(宪政史)、政治学、经济学视域来展开叙述,因而这是一本视域开阔,论域广泛的重要政治哲学著作。本书以美国社会的政治实践、法学宪政实践以及经济生活方式的转变等多方面的社会实践告诉人们一个严肃的事实:当代美国的政治生活或公共生活是程序共和国的政治生活或公共生活,然而,由于它远离了共和主义的理想,美国的民主以及美国人的自由都面临着困境。

程序共和国(Procedural Republic)是迈克尔·桑德尔(Michael J. Samdel)的重要著作《民主的不满》(Democracy's Discontent: America in Search of a Public Philosophy)的核心概念之一。何为"程序共和国"?程序共和国这一概念为桑德尔用来界定自由主义所塑造的公共领域与公共生活,因此,理解程序共和国这一概念,就必须联系自由主义对于公共生活的理解,尤其是自由主义对国家政治功能的理解。桑德尔指出,自由主义的公共哲学的核心概念是,"对于公民拥有的道德观和宗教观,国家应当持守中立。既然人们在最好的生活方式这个问题上各有不同的主张,政府就不应该在法律上支持任何一种特定的良善生活观。相反,政府应当提供一种权利框架,把人们尊为能够选择自己的价值与目标的自由且独立的自我。"①遵从这种理念的公共生活,被桑德尔称之为"程序共和国"。政治中立性或政府(法院)在公民的宗教与道德判断事务上持守中立性,被认为是程序共和国即自由主义的公共哲学的核心概念所在。而政治中立性概念前提在于个人权利的优先性,即个人权利优先于政府之善或共同体的善观念。个人权利的优先性,是自洛克以来的自由主义的一个基本理念,洛克认为,政府存在的目的在于维护个人权利,因此,个人权利优先于政府而存在。强调个人权利对善观念的优先性,也就意味着政府不应在不同公民所持有的不同善观念之间进行价值判断,从而以政府的强力来支持某种道德价值,政府所应做的是在不同的道德与价值判断之间保持中立。与保护个人权利的中立性概念相适应的是,选择观念,即自由就是自我的自愿选择。桑德尔说:"个人权利的优先性,中立性的理想以及个人作为自由选择的、无负荷的自我的观念,共同构成了程序共和国的公共哲学。"②换言之,程序共和国实质上就是指自由主义的自由观。

桑德尔指出,在美国建国之初,美国宪法就包含权利优先性的理念,

---

① [美]迈克尔·桑德尔:《民主的不满》,曾记茂译,江苏人民出版社,2008年,第4页。
② 同上书,第32页。

但离程序共和国还有一段距离。这是因为,早期美国对于自由的理解,有着共和主义的自由与自由主义的自由这样两种自由观,并且在早期,是以共和主义的自由观为主导的。那么,什么样的自由观是共和主义的自由观?桑德尔指出,共和主义的自由观,即指在涉及权利与善的关系上强调共同善,同时这种共同善不是个人偏好的加总,而是良善社会或共同体的善观念,这种共同的善,是公民自治意义上的良善社会之共同善。其次,共和主义强调实现公民自治共同体上质量的重要。在共和主义者看来,某些质量或德性(美德)、归属感和承诺,对于共同体的善以及自治的实现来说,都是极为重要的。共和主义政治把公民的某些道德或美德作为公共关注的对象,而不像自由主义者那样,认为公民的品德是公民个人的事情,在公民的不同道德价值之间持有一种中立的态度。桑德尔指出,依自由主义的观点,"我之所以是自由的,是因为我是权利的承受者,这些权利保障我免受多数人决定的强制。而按照共和主义的观点,自由被理解为自治的一个结果。我之所以是自由的,是因为我是一个掌握自己命运的政治共同体的成员,并且参与了支配其事务的决策……共和主义者认为自由与自治以及维持自治的公民德性具有内在的关联。"①因此,共和主义者也并非不承认公民享有权利,而是认为,权利是在共享的共同体中的权利,把公民德性与政治参与视为自由的内在要素。这样一种共和主义的自由观也就是社群主义的共同体自由观,它最早可追溯到亚里士多德,近代以来可追溯到马基雅维里、卢梭以及黑格尔等人。这种自由观的核心是建构一个公民自治的共同体,为了建构或维持这样一个共同体,公民的德性(包括认同感、归属感)是关键性要素。公民德性的败坏也就必然败坏公民自治的共同体。

  毋庸置疑,桑德尔对于这样两类自由观的把握是准确的。在亚里士多德那里,就强调公民的德性对于公民统治的重要性,马基雅维里也指出,随着罗马人的品行的败坏和腐败日益加深,罗马的自由也就衰败了。卢梭的社会契约论则要建构一个公民有着高度认同感和归属感的共同体,卢梭不同于洛克,他要自愿结成共同体的人们把在自然状态下拥有

---

① [美]迈克尔·桑德尔:《民主的不满》,曾记茂译,江苏人民出版社,2008年,第29页。

的一切权利都交给共同体,而从共同体那里又得到它所给予的一切权利,而这样的契约行为就是要造就一个使得人们有着高度归属感的共同体。并且,人们通过一次性的契约行为以及政治体的运行中的公民投票形成公意,而服从公意也就是服从自由。同时,卢梭强调,维持这样自治的共同体以及使得人们能够服从公意,最重要的条件也就是人们的德性。即在使得人们成为政治人的同时,也就必须使得人们成为道德人,获得道德自由。道德自由是从个体方面保障人们获得政治自由的先决条件,也是维持共同体的共同善的内在条件。桑德尔追述美国历史上包括杰斐逊在内的先贤们,这些人对于自治的自由也有着同样的看法,并且尤其关注德性或美德。桑德尔说:"处于共和主义理论核心的是这样一种观念:自由需要自治,自治又有赖于公民的德性。在开国一代人的政治观中,这一观念分外突出。'公众的德性是共和国的唯一基础,'约翰·亚当斯在独立前夕写道,'对于共同善、公共利益、荣誉、权力与荣耀,必须有一种真实的激情确立在人民的心中,否则就不可能有共和政府,也不会有任何真正的自由。本杰明·富兰克林说:'只有有德性的民族才能获得自由。当国民腐败堕落时,他们更需要主人。'"①

对于共和主义的自由来说,这里的问题是,我们怎样才能维持德行(德性)?就共和主义者或社群主义者的观点看,德行(德性)只有在一定的共同体中或一定的经济生活条件之中才能得到培育或塑造。桑德尔指出,公民身份不仅仅是一种法律地位,它还要求某些习性和质量倾向,如关心集体、关心共同善,对共同体的认同感等。而这些质量不能被认为是给予的,而应当被认为是培育的,并且需要不断培养。像家庭、邻里、教会、小镇以及地方政府这样的共同体,也就是培育人们的德性的地方。桑德尔还全面检讨了杰斐逊的共和主义自由观,杰斐逊共和主义观点的中心就在于,农业经济是共和主义德行赖以产生的经济土壤,如果农业经济让位于现代工业经济,城镇生活让位于都市生活,那么,共和主义的德性也就必然衰落,这是因为,以往维持德性的共同体难以为继了。

---

① [美]迈克尔·桑德尔:《民主的不满》,曾纪茂译,江苏人民出版社,2008年,第148—149页。

杰斐逊反对制造业和大工业的理由就是担心其滋生"道德堕落、依赖和腐败"。桑德尔以大量的经济和社会发展史料证明,随着美国经济从农业经济向现代工业经济和都市经济转变,随着凯恩斯革命和消费社会的到来,共和主义的自由赖以确立的经济前提不复存在了,以往的家庭、行业和小城镇共同体,不是性质转变就是不再起作用了,与此相应的是,自由主义的程序共和国的必然降临。

二、自由主义的自由问题

从经济和社会发展史的意义上看,程序共和国的到来具有某种社会发展的必然性。因而,《民主的不满》或许可以看作是对共和主义自由观衰落的一曲挽歌。然而,体现自由主义的自由观的程序共和国在美国民主实践中的胜利,也并非完全由共和主义自由观在实践中的衰落所致。这是因为,自由主义的自由观长期以来就活跃于美国公共政治生活中。并且,自由主义的自由观强调政治中立性,具有民主社会价值多元性的社会前提。因而自由主义的自由观强调政治中立性,有着强有力的现实民主政治的理据。在自由主义看来,我们生活在一个宗教、道德与哲学观念多元的现代社会,多元性意味着人们不可能把不同的甚至对立的宗教、道德与哲学观念归并为某一个价值判断,即人们的价值判断、善观念并非仅仅是一个,而是不可通约的。罗尔斯认为,价值多元并非是坏事,而是我们时代的幸事,这对于民主生活来说,是必要的前提。如果强调公民们对于自我生活目标以及道德观念的高度同一,那就意味着对于公民自由,尤其是自愿选择生活的选择权的剥夺。公民们所持有的道德与价值观念,以及相关的自我善观念和生活目标,不可能是同一的。因此,政府应当尊重公民自己的价值选择或道德观念的选择,因而公民的价值判断或宗教与道德信念是多元而不是一元的,因而政府应当在不同的善观念之间保持中立,而不是以政府的好恶来强行达到某种价值认同。那么,在持有不同的整全式道德、宗教与哲学观点的公民之间,还是否有达成共识或认同的可能?罗尔斯提出的是基于正义观念的宪法共识或重叠共识论。重叠共识指的是在不同的甚至对立的道德与价值判断中,我们可能寻求到能够成为共识基础的那部分因素。应当看到,在同一社会背景下,只要人们对于宪法中所包括的最基本人权有着一个基本认同,就可以达成某种共识。当然,也许达成共识的成员只是多数而不是全体成员,如在全球性问题上,包括全球气候治理等问题上,联合国决议往往得不到全体通过,但包含在多数成员同意中的共识,就足以说明存在着共识的基础。然而,这一共识是在全球多样性的观念和分歧中存在的。尊重差异,包容多元,寻求共识是现代民主生活的一个基本准则,或者以桑德尔的话来说,这是一个程序共和国到来的时代。因此,自由主义的程序共和国所强调的政治或政府中立性并不排除重叠共识的可能,悬置道德判断是为了在更高层次上的团结与共识。关于这一点,我们几乎在桑德尔的论著中看不到。

桑德尔的共和主义自由观强调共和主义是与人类的美德内在关联的,而共和主义自由的衰落似乎与人类德行的衰落内在关联,自由主义的自由则是现代社会由于德行衰落而无可奈何的一种选择。这里隐含着麦金太尔在《德性之后》(*After Virtue*, 1984)中的基本论点,即我们是处于传统德性之后的历史时代,自由主义就是这样一个时代的产儿。换言之,似乎自由主义是不讲德行或美德的,或至少自由主义忽视了德性的重要。然而,我们知道,罗尔斯正义理论中最重要的是他对公民道德能力的假设。在罗尔斯看来,生活在他所设想的公民社会中的公民,有着两种道德能力,即正义感的能力和自我善观念的能力。正义感是我们选择、维持正义原则的基本道德能力,这一能力越强,一个正义的社会也就越稳定;自我的善观念不仅在于自我有着合理的生活计划,而且是作为共同体成员参与多种形式合作的人生条件。而无论是正义感还是自我善观念,都是德性概念或内在要求的德性。这样两种道德能力,也是桑德尔批评罗尔斯的占有性自我的本体要素,当然,罗尔斯在本体自我意义上,没有谈及认同感,归属感以及其他公民美德的问题。但罗尔斯提出两种道德能力的问题,实际上涉及从个体层面来看,一个公民社会最基本的德性需要的问题。其次,为回答社群主义者批评自由主义忽视德性的问题,罗尔斯在《政治自由主义》之中,专门谈了公民德性的问题。他说:"那些使立宪政体得以可能的政治合作的德性,是一些非常伟大的德性。我的意思是指宽容的德性,准备对他人做出妥协的德性,理性的德性以及公平感。当这些德性在社会上广泛存在并支撑着社会的政治正义观念时,它们就构成了一种巨大的公共善,构成了社会政治资本的一部分。"①因此,如果说自由主义不谈德性,或认为自由主义的政治自由不需要或不涉及德性或德行,那是对自由主义政治哲学的根本性误解。

桑德尔还提出,自由主义的公民观的问题还在于,它把公民看作是自由选择的独立的自我,因而不受选择的道德或公民纽带的束缚。直言说,就是自由主义者不承认桑德尔等共和主义者所承认的道德义务和政治义务,诸如忠诚与团结的义务,以及我们作为家庭、民族、文化和传统成员所负有的义务。桑德尔说:"一些自由主义者承认我们可能为这样一些义务所约束,但仍然坚持这些义务只适用于私人生活,而对政治没有意义。"②并且,桑德尔在书中还直接引罗尔斯的话说,"严格来说,对公民通常不存在政治义务。"③桑德尔认为罗尔斯这样说是"令人震惊的",因此,在这里必须讲清楚罗尔斯对政治义务的一般性观点。在罗尔斯的理论中,罗尔斯区分了两种义务,一是与社会制度相关的义务(obligation),另一类则为与社会习俗、传统道德相关的自然义务(natural duties)。在罗尔斯看来,与制度相关的义务的前提是制度即正义的制度,其次是人们自愿接受制度的约束,罗尔斯说:这里"第一是要说明所涉及的制度或实践必须是正义的,第二是描述必需的自愿行为的特征。"④很清楚,这里的第一类义务即为政治义务,并且强调了政治义务的两个要件,而不是桑德尔所说的公民没有政治义务;并且,罗尔斯强调政治义务所具有的自愿特征,即人们自愿服从的义务,而其自愿服从的前提是这些制度是正义的。罗尔斯强调人们对专制制度或不正义的社会制度,没有服从的义务,而这恰恰是公民所负有的"不服从的义务",这类不服从的义务仍然是政治义务。其次,在罗尔斯看来,自然义务具有超历史性,而不论我们处于什么样的社会制度之下。罗尔斯虽然没有明确讲到对

---

① John Rawls, *Political Liberalism*, Columbia University Press, 1996, p.157.
② [美]迈克尔·桑德尔:《民主的不满》,曾纪茂译,江苏人民出版社,2008年,第376页。
③ 同上书,第16页;参见 John Rawls, *A Theory of Justice*, Harvard University Press, p.114。
④ John Rawls, *A Theory of Justice*, Harvard University Press, 1971, p.112.

于家庭、邻里、民族等共同体的义务或忠诚,但很清楚,自然义务这一概念把这些德性要求包括在内。那么,又怎么理解罗尔斯所说的"对于公民来说没有政治义务"呢？我认为,我们必须联系上下文来讨论他所说的意思。桑德尔所引的那几句话的整段文字和上一段文字,罗尔斯都在讨论公职人员与非公职人员之间的义务的区分,罗尔斯强调公职人员对他的同胞负有义务,正如我们结婚或接受某些法律的或别的行政职务也负有义务一样。因此,罗尔斯所说的公职人员所负的"政治义务",是在非常狭义的意义上使用了"政治"(political)这一概念,即在从政者的政治事务意义上使用了"政治"这一概念,而这也是"政治"的应有之义,但不是桑德尔在公民政治的广义上所使用的政治这一概念。然而,公正而细心的读者是可以清楚把握罗尔斯的用意的。

桑德尔在书中还谈到,自由主义的政治中立性主张,在不同的道德价值面前悬置道德判断,是导致当代美国社会道德衰退的根源之一。桑德尔说:"政府必须要竞争的道德与宗教观之间持守中立的观念,给美国的公共生活已经带来了一种腐蚀性的危害……在教育领域,'价值中立'的蔓延已经导致学校放弃了传统上作为'公民与个人德行孵化器'的角色。逃离公共道德判断,加剧了毒品滥用的流行,这一灾难证明了政府'在人类质量个人责任方面能够持守中立'的想法的荒唐。"①这里的批评涉及基本的道德教育领域的问题:学校道德教育。美国学校真的放弃了公民与道德教育吗？答案是:没有。美国中小学确实曾有一段时期,推行"价值澄清法",即诉诸受教育者的理性和分析,而不进行最基本的人类道德素质教育。但这类教育方法已经放弃重新进行最基本的道德教育。其次,美国学校的公民教育从来就没有中断过。② 实际上,自由主义虽然提倡政治中立性,但并非意味着在所有的价值问题和政治问题上都持有中立的观点。类似于罗尔斯这样的自由主义者,并非不赞成对正义制度之下的公民进行正义观的教育以培养公民正义感的做法。罗尔斯明确地说:"一个组织良好的社会中的个人也不会反对反复灌输

---

① [美]迈克尔·桑德尔:《民主的不满》,曾记茂译,江苏人民出版社,2008年,第381页。
② 请参看美国公民教育中心的相关网页:center for civil education 网站。在这个网站上,颁布了从幼儿园到高中阶段的公民教育的基本要求。

一种正义感的道德教育实践。"①因此,桑德尔说自由主义放弃了对公民品德的塑造任务并非完全符合自由主义者自己所说的。

桑德尔的《民主的不满》也提出了值得我们思考的问题,即在一个巨型民主国家中,我们怎么培育共同体精神的问题。桑德尔力图以共和主义的自由来弥补自由主义的缺陷,强调共同体精神和公民德行。然而,"令这个时代感到焦虑的是,个人与国家之间的中介如家庭、邻里、城镇、学校与宗教集会这些共同体遭到削弱。美国的民主制长期以来一直依靠这些联合体来培养公共精神。"②因此,培育共和主义或社群主义的自由与自治精神,必须在当代社会重建地方性共同体,让公民参与超出私人事务的公共生活,塑造公民思考公共事务的习惯与品德。从对地方性事务的参与中,培养真正有正义感的负责的公民。

第五节 提倡自主会助长邪恶吗?
——评凯克斯的《反对自由主义》

在当代西方政治哲学中,自主权被看作是自由主义的核心。提倡自由、平等等基本权利,与对人的自主性的强调是分不开的,没有自主权,其他基本权利等于虚设。然而,当代保守主义的哲学家约翰·凯克斯(John Kekes)对于自由主义的这一核心理念发起了尖锐的批判与攻击。不少人认为凯克斯的这一批判击中自由主义的要害。③ 但真的是如此吗? 本文希望通过对凯克斯的批判的分析来回答这一问题。

---

① John Rawls, *A Theory of Justice*, Harvard University Press, 1971, p.515.
② [美]迈克尔·桑德尔:《民主的不满》,曾记茂译,江苏人民出版社,2008年,第367页。
③ 当代哲学家罗伯特·罗亚尔指出:"约翰·凯克斯的书对自由主义政策背后的假设进行了全面、尖锐和清晰的批评。旧的自由主义观念给予人们选择和过良善生活的道德自主权,本书论证了由于其观念中存在自相矛盾,因此注定会失败。"因此塞缪尔·R.弗里曼也说:"《反对自由主义》不留情面地质疑和否定了当代政治哲学的普遍假设。"中文译者应奇在《反对自由主义》一书的"译者附言"中也说:"在这本对自由主义的基本假设进行尖锐批判的著作中,凯克斯论证了由于自由主义的积极目标和消极目标之间的矛盾,它是注定要失败的。"应奇甚至引西方学者的说法,认为他的工作是政治哲学中罗尔斯统治时期消逝的一个明白无误的标志。

一、个人自主性

西方自由主义自从洛克以来,经过了二百多年的发展。其间贡斯当、康德、密尔、柏林以及罗尔斯等人从不同的方面所提出的原则,不断完善了自由主义的基本主张。从贡斯当到罗尔斯,我们可以看到,自由主义的基本立场、观点是内在融贯的。这种内在融贯的核心就是在自由主义所坚持的诸多价值:自由、权利、平等、多元主义、宽容、分配正义等之中,个人自主是其核心价值。柏林把自由分为消极自由与积极自由,这样两种自由的深层理念,就是个人自主性。不过,从消极自由的观点看,消极自由只强调自主性的不被奴役、不被主宰、不被强制的一面,而积极自由则强调自我主宰、自我作主、自我决定、自我选择、自我统治的一面。从自由主义所认肯的诸多价值看,个人的生命权、自由权、财产权等基本权利确定了个人不应当受到干涉的方面;平等强调了公民之间,在权利与自由方面的正当合理关系;多元主义则承认,自由公民所采取的每一种善观念都是合理的,尽管它们之间可能是不可通约的。这些观念的背后,就是个人的自主以及自主个人之间的平等关系。正如拉兹所说:"自由主义思想一个常见的流派把促进和保护个人自主当作自由主义关切的核心。"①凯克斯指出:"自主是支配着人们应当如何过他们的生活的一种理想。自由主义者并不认为它是一种特定的良善生活观念的理想,而是关于个人追求无论何种他们认为是良善的生活观念时应当做什么的理想。自主是自由主义的基本政治价值试图去培育和保护的东西。自主是目的,其他的价值则是它的组成部分或手段。"②凯克斯的这种观点,强调了自主的核心性,即认为没有自主性,也就没有自由主义的所有价值。同时,凯克斯也指出,自由主义的核心价值与基本价值之间是相互依存、相互缠绕的,而不是可以分割开来理解的。这些无疑对于理解自由主义的价值都是正确的。

对于自由主义的自主概念,凯克斯为了进行相应的批判,从而进行

---

① Raz, Joseph, *Pluralism*, Oxford, Clarendon, p. 203.
② [美]约翰·凯克斯:《反对自由主义》,应奇译,江苏人民出版社,2005年,第23—24页。

了清晰的解析。在一定意义上，这对于我们理解自由主义的这一概念，也是有启发的。凯克斯指出，自主的本质特征是个别的行为者对他们的行为行使的一种特定形式的控制。他提出一个行为能够具有这种控制的性质应满足以下五个条件：一、行为者的施行行为，二、行为者能够选择，这包括两个方面，选择的能力与机会。三、选择是非强迫的，这里不仅是说不受制于人，也是不受制于行为者所接受的道德的、宗教的和政治的价值而做出自主选择。四、行为者有理由进行选择，有理由意味着能够清楚地说出自己所要进行选择的理由。五、对所选行为的有利评价必须建立在对这些行为意义充分理解的基础上。上述五个条件中。施行、选择和非强制三者共同构成了自主行为中的自由的成分，而评价和理解则构成了判断成分。凯克斯是把自主行为的概念就看成是自主概念本身。他以自主行为的概念标准来评价自由主义的个人自主。实际上，一个行为是自主的，并不意味着一个人是自主的人，一个自主的人，也往往在某个行为上不是自主的。自由主义的个人自主是从政治社会意义上讲的，因而无疑是作为公民的自主，而不是作为行为的自主，虽然作为一个公民的自主与公民的行为内在相关，但两者并不是等同的。

二、自主与邪恶

凯克斯对自由主义所进行的根本性的批判，是认为自由主义提倡自主，则无视了邪恶的盛行。什么是邪恶？凯克斯没有下定义，他诉诸常识。他指出像谋杀、拷问、奴役、长期屈辱以及本可以防止的饥馑都是邪恶的例子。他还在一处批评自由主义的例子中指出连环杀人这样的邪恶。他意识到，邪恶可以是天灾，也可以是人祸。但他所举的那些例子，没有一个是天灾。这也就是他所说的"道德邪恶"即可以进行道德评价而在道德上指称为恶的事件或行为。在他看来，自由主义自康德以来，强调以自主为核心，实际上仅仅把人从本性上看成是良善的，而从来都没有认识到人的本性是善恶混成的，甚至是邪恶的。凯克斯认为，自由主义最严重的问题就在于历来"几乎没有注意邪恶的盛行"。①

我们对凯克斯的反驳是：从我们所有自由主义的常识来看，自由主义不可能没有注意到邪恶的盛行。在自由主义看来，专制奴役是最大的邪恶。自由与奴役的对立是自由主义的一个基本主题。自从自由主义思想出现那时起，它就是专制主义的对立面，自由主义所强调的自由就是反专制王权的，洛克的自由主义有着鲜明的反专制特色。像凯克斯所举出的邪恶之罪，奴役、屈辱、拷问、谋杀，这些是专制主义制度之下的普遍性罪恶，而自由主义反专制，也就是要消除这些对于人类来说最为严重的罪恶。如何可以说自由主义几乎没有注意罪恶的盛行呢？在我看来，自从洛克以来，所有自由主义的前提在于要从制度上建立一种使得人类更少遭受奴役、迫害的制度，即罪恶更少的社会，这也就是罗尔斯所说的正义是制度的首要德性或首要价值。如果一个制度没有正义，就是不合理的。因此，凯克斯的这一说法是站不住脚的。还有，罗尔斯就明确地提到邪恶的问题，他说："本世纪的多场战争以其极端的残暴和不断增长的破坏性——在希特勒的种族灭绝的狂热罪行中达到顶峰——即以一种尖锐的方式提出了这样一个问题：政治关系是否必须只受权力和强制的支配？如果说，一种权力服从其目的的合乎理性的正义社会不可能出现，而人民普遍无道德——如果还不是无可求药的犬儒主义者和自我中心论者——的话，那么，人们可能会以康德的口吻发问：人类生活在这个地球上是否还有价值？"②罗尔斯的这段话是他在1995年为《政治自由主义》所写的"导言"中的一段话，凯克斯的著作发表于1997年，凯克斯说自由主义几乎没有注意到邪恶的盛行，只能说他几乎没有阅读他的对手所写的重要论著。

自由主义注重恶的问题，主要是在制度意义上。凯克斯似乎也意识到了这个问题。然而，他说："制度是否邪恶要视创造并维护这种制度的人类行为者而定。如果人类天性善良，他们创造和维护的制度又怎么可

---

① [美]约翰·凯克斯：《反对自由主义》，应奇译，江苏人民出版社，2005年，第34页。凯克斯举出罗尔斯、德沃金以及拉兹等人为证。但实际上他所举出的，仅仅是这些人从他们论点的正面进行的论证，而并不是直接对邪恶问题进行的讨论。

② [美]罗尔斯：《政治自由主义》，万俊人译，译林出版社，2000年，第50页。

能是邪恶的呢?"①因为自由主义相信人性善良,相信人的道德本性。因此,凯克斯反问自由主义,而他则认为,正因为人性之恶才是首要的,制度之恶不是决定性的因素。因此,退而论之,即使自由主义注意到了恶,也选错了方向。在凯克斯看来,是邪恶之人创造了罪恶的制度。因此,他提出,邪恶的问题不是出在制度上,而是出在行为上。他说:"道德邪恶……可以归属的首要的主体就是人类行为。心理状态、选择、行为者和制度也可以是邪恶的,但只是在衍生的意义上。只是就心理状态和选择可能导致邪恶的行为而言,它们才是邪恶的;如果行为者的大多数行为是邪恶的,那么行为者才是邪恶的;如果一种制度有规则地鼓励行为者代表它们去施行邪恶的行为,这种制度才是邪恶的。因此,在其首要的意义上,邪恶本质上是与导致对人类严重与无法辩护的伤害的行为联系在一起的。"②凯克斯努力想把人类之恶完全归结到人的行为,无视自由主义的思想起点以及关注的中心,这种辩护显然是不成功的。他在这里明显感到了一个困境,即怎样看待个人的行为作恶与制度作恶的问题。他在这里说如果一个制度有规则地鼓励行为者代表它去作恶,那么这种制度是邪恶的,但这是制度之恶,还是行为之恶呢?因此,我们明显感到这里论证不足。

凯克斯还有一个辩护理由,他说:"如果人类行为的道德地位要视先在的制度而定,那么先在的制度怎么能被改进,或者更好的制度怎么能建立起来呢?如果人类行为像这些自由主义者想象的那样完全受制度支配,那么自由主义者自己又怎能逃脱邪恶制度的影响并足以诊治他们的邪恶?如果逃脱邪恶制度的影响是不可能的,那么不对参与的行为者的先在邪恶倾向做点什么,又怎么可能继续坚持它们呢?而那些倾向不也是邪恶制度的产物吗?如果是这样,那些制度又是怎样变成邪恶的呢?"③这样的论证的起点在于假定自由主义者认为人类行为完全受制度支配。实际上,自由主义者承认制度对于人类行为起决定性作用,但并非意味着完全受制度的支配。恰恰是社群主义具有一种构成性自我

---

① [美]约翰·凯克斯:《反对自由主义》,应奇译,江苏人民出版社,2005年,第59页。
② 同上书,第41页。
③ 同上书,第59页。

的论点,即自我的特性是为社会共同体或社会环境所塑造,因而社群主义则有着行为受制度支配的论点;而自由主义者则有着一种占有性的自我观,即个人所具有的自由、平等权利的特性先于制度,从而并非意味着制度对于人的行为有支配性的作用。其次,这个论点最明显的错误在于否定了哲学反思的力量。任何一个时代的人都将为这个时代所决定,同时又为自我的反思所决定。反思使我们与形成我们的观念、品格的环境拉开距离,从而使我们能够站在相对超越的立场上进行批判。自由主义者任何时候都没有说个人与他赖以生存的社会环境是完全同一的,从而个人对他的社会制度环境不具有批判性。

在凯克斯看来,"邪恶在所有的人类社会中都是盛行的,自私、贪婪、恶毒、嫉妒、攻击性、偏见、冷酷和猜疑这些恶德就像美德一样激发着人们,美德或恶德都可以是自主的或不自主的,天然的和基本的或是外在影响的产物。"①凯克斯对于人类制度进步从而导致恶的消减视而不见,就在于他所持有的是一种善恶混合的人性论。即作恶的根源就在于个人的恶的本性。因此,他不得不在人性上做文章。然而,当他这样看问题时,凯克斯完全忽视了个人的性情、行为与社会制度环境的内在联系。或者由此看来,凯克斯持有一种不变的人性论。在凯克斯看来,人性是永恒不变的,在任何社会和历史条件下都是善恶混成的,因此,自由主义强调从制度上铲除人不成为人、人对人的奴役以及人的尊严不被尊重和保护的社会不会改变邪恶盛行的状况。在他的著作中,看不到对奴隶制和使人不成为人的奴役制度和条件的谴责,而只看到他对自由主义所谓无视邪恶盛行的批判。我们不禁要问,谁能真的无视邪恶的盛行?难道那种使人成为奴隶的制度不是一种邪恶吗?这会比自由主义所强调的自主性起决定作用的现代社会更少罪恶?当然,如果比较把战俘杀死的残忍,把战俘当作奴隶应当做恶更少,也算是一种历史的进步。但实际上凯克斯连这种历史进步意识也没有表达出来。

这是因为,在凯克斯看来,由于人性是善恶混成(当然,他没有量化性地说,一般而言,到底是善的比重大还是恶的比重大,但他承认有恶魔

---

① [美]约翰·凯克斯:《反对自由主义》,应奇译,江苏人民出版社,2005年,第59页。

证明人性并非都是善的），人类社会总是邪恶盛行，而不在于哪个历史时期或哪种社会制度。因此，从这样一种人性观以及社会道德状况的诊断出发，他认为自由主义强调个人自主性必然失败。所谓自主就是没有压制和制约，就是个人自主。自由主义并不认为恶人不能自主，因为自由主义包含着一种对于人性善的潜在设定。自由主义的消极目标是避免邪恶（不被奴役、不被任意逮捕等等），其积极目标则是追求良善，然而，由于强调自主性，这样双重目标就产生了矛盾。因为如果自主得到促进，那么，良善和邪恶的性情都受到了释放，而邪恶的性情得到了鼓舞，那意味着良善的生活将受到破坏或遭受更大罪恶的侵害。他说："如果邪恶的盛行要归因于自主的行为，那么，更多的自主将会使邪恶更为盛行，而要使邪恶更少盛行就要求较少的自主。在那种情况下，一个承诺使邪恶更少盛行的社会就不可能是一个自由主义的社会；而如果它承诺要通过提高自由、平等、权利、多元主义和分配正义使自主得到提高，那么它就会使邪恶更为盛行。"①他这样说的具体理由是："在自由主义的政策实行之前，邪恶是盛行的。如果自由主义的政策实行了，而作恶者仍然邪恶，他们中很多人必定被给予了更多的自由、更大程度的平等、更强有力的权利、更多元的选择，并通过分配正义得到了更多的资源。结果是盛行的将更为盛行，这一点难道不是显而易见的吗？"②这个论点的论据是无论是恶人还是善人，都是天生形成的，后天社会环境的改变，不会使他的邪恶减少，或者社会环境的改变，如这个社会起先对他显得很坏，现在对他变得友善，人原初在恶的环境中形成的品性的恶现在也不会改变。但这个论据是虚假的。这完全无视了人性在社会中变化或当环境改变时，人也有改变的可能。这表明凯克斯对于人的社会心理以及道德心理在社会中如何形成毫无知识。实际上，许多人的反社会心态，在某种意义上，首先是他没有得到应有的尊重，其次是社会制度和社会环境没有为他的欲望提供合法的宣泄渠道。并且，当他这样批评自由主义的核心主张时，可以说是毫无历史感的。人类历史上的奴隶制在他的

---

① ［美］约翰·凯克斯：《反对自由主义》，应奇译，江苏人民出版社，2005年，第48页。
② 同上书，第61页。

视野之外,同时,就像希特勒这样的杀人魔王,也被他用来不加分析地批评自由主义。他难道不知道,希特勒所实行的,并不是鼓励自主的民主制,而是一种强制和扼杀自主的法西斯专制。我们再看看当代的恐怖主义。恐怖主义被看作是当今世界最大的恶。这种恶产生的根源,并不在于现代自由主义,而是伊斯兰世界的原教旨主义。同样,任何一个以自由主义原则为主导的国家,都不会纵容这种恐怖主义的恶,恰恰是那些信奉原教旨主义的伊斯兰国家则纵容这种恶。如拉登与塔利班的联合。这些都在凯克斯的视野之外。

三、自主性与教育

我们认为,对于人类社会所盛行的邪恶,首先要对其性质加以判断,即到底是邪恶得到了鼓励,还是受到了扼制? 如在奴隶制下,是所有奴隶都受到奴役,从而这个社会的邪恶更严重,而在现代尊重个体的自主民主制度下,虽然也有那种从个人性情上来看的邪恶之徒,如连环杀人犯,但比起制度所制造的恶,必然有质的区别。这是因为,制度本身就在制造恶。其次,对于恶的发生,要有一个量的判断。如在现代民主社会,至少不是大面积的、普遍发生的那种邪恶,如像奴隶社会那样,这个制度容许把人当牲畜,被人任意杀戮,甚至活埋随葬。这也是现代民主制度比以往专制制度进步的地方。凯克斯意识不到这两者的根本区别。实际上,并不一定是个人性情起决定作用,在一定的制度之下,坏人无法放纵,而在另一种制度下,好人也会变坏,好人也会变成邪恶之人。难道历史与现实之中这样的事例还少吗?

当然,凯克斯的批评并非毫无价值。他毕竟提出了如果鼓励个人自主,那么,从自由主义的平等观出发,邪恶之徒的自主必然也会得到鼓励(这个论点本身也很可疑,因为强调自主并非意味着民主社会可纵容杀人放火),从而对于自由主义的目标构成了挑战。虽然这并不是自由主义的核心价值出了问题,但毕竟是需要认真对待的问题。我认为,这个问题在于,在尊重每个人的自主权这样一种社会制度背景下,道德教育比以往历史和社会有了更为重要的意义。自由是一种理性道德人的自由,而不是邪恶者的自由。行为是否是道德的,这种决定权放在了公民个人手里,而不是强制者的手里。那么,使人成为有理性的道德人就具有无比重要的意义。这并不意味着否定了人性有恶的倾向,而是把人性放在教育以及一定的社会环境中来理解。不仅适当的教育能够改变人、塑造人,良好的社会环境也会改变人、塑造人。罗尔斯从正义制度的稳定性上提出了这个问题,即如何培养具有两种道德能力的人的问题。正义制度的稳定在于存在具有正义感能力和自我善观念能力的公民。这种公民首先是受到了正义的教育,同时这个社会提供了使得每个人的尊严都得到保护的条件。因此,自由与自由的道德是不可分的。

第六节 德沃金的共同体观念

罗纳德·德沃金(Ronald Dworkin)是当代活跃在哲学和法学领域里的一位重要的自由主义者。德沃金从自由主义的立场上,对四种与自由主义相关的共同体概念进行了探讨。多种共同体概念的并行,表明了共同体概念在使用与理解上的多样性。社群主义者菲利普·塞尔兹尼克(Philip Seiznick)说:"对许多深思熟虑的人来说,'共同体'是一个非常棘手的理念——一个含混不清的、难以琢磨的甚至是危险的理念。"①德沃金对四种共同体的讨论,是对共同体这一概念从自由主义的立场上进行清晰的清理。同时,在对四种共同体概念分析的基础上,德沃金提出了自己对自由主义共同体概念的理解。

一、德沃金对四种共同体观念的批判

德沃金提出,自由主义也有共同体的观念,这种共同体的观念是宽容共同体的观念。德沃金提出宽容共同体的现代文化的背景条件是价值观念和人们善观念的多元性。对于现代社会中善观念的多元性,自由

---

① [美]菲利普·塞尔兹尼克:《社群主义的说服力》,世纪出版集团,上海人民出版社,2009年,第16页。塞尔兹尼克在这部著作中从共同体成员的相互依赖关系以及共同体的经验等方面对于共同体这一概念的内涵进行了讨论。他强调人们在共同体中的道德联系就像朋友与家庭成员之间的协议,以及人们之间共享的历史记忆。当他这样讨论共同体时,显然是一种狭隘的、小型的私人性的共同体。

主义一是提倡政治的中立性,即在多种善观念面前保持政治中立,其次则是宽容。宽容不仅意味着对多元价值观的承认,同时也意味着相互的尊重。德沃金讨论的对共同体的理解是从道德意义上的理解,这种理解的背景是现代道德观念和价值观念的多元。对于自由主义的宽容共同体观念,社群主义从这样几个角度来进行批驳,这些角度是:多数决定的民主观念、家长主义、道德同质性共同体以及一体化共同体。

社群主义以多数民主观念来反对自由主义的宽容共同体,实际上是以政治的多数裁决来处理共同体的道德环境问题。有一种从多数意义上对共同体的理解。多数决策或者多数通吃是现代民主政治决策中通行的政治、政策决定程序。以多数裁决来决定共同体的道德环境,那就必然形成这样一种意见,即"塑造民主共同体伦理环境的问题,应当由多数的意志来决定"。① 在德沃金看来,这是把政治决策的模式运用于共同体的伦理环境或道德性质上。但这样的结果必然导致少数人的伦理信念以及偏好受到压制,如同性恋者在多数人不赞同的伦理环境中,就无法生存或公开表现他们的性倾向。德沃金强调,伦理环境就像经济环境一样,是个人选择的产物。因此,我们"必须否定民主理论要求多数控制环境的主张"。② 德沃金认为,如果我们以人们在公平的资源分配背景下自我做决定的方式来看待伦理环境,那么,我们就否定了多数至上的主张。换言之,我们必须宽容那些对我们并不造成伤害,而只是在性倾向以及道德偏好上不同于我们的人。德沃金强调,那些支持集体做出政治决策的理由,不能为这样塑造共同体的伦理环境提供任何证明。他认为,如果以为伦理环境就一定要符合多数人群体视为最好的情况,这种观点是没有任何实践上的可靠理由的。

德沃金指出,在政治上最强烈的反对自由主义宽容的论证就是多数至上主义。多数至上主义如果运用于伦理环境,就必然导致对少数的压制。但现代社会是一个善观念多元的社会,不可能发现那种道德同质性的社会,虽然我们可以发现少数社会中的共同体,如宗教团体可能具有

---

① [美]罗纳德·德沃金:《至上的美德:平等的理论与实践》,冯克利译,江苏人民出版社,2008年,第219页。
② 同上书,第220页。

某种道德同质性,但在现代社会中则不可能存在。因此,现代社会在全社会意义上作为一种共同体,就必然是自由主义的宽容共同体。麦金太尔把目光投向古代,实际上在他的心目中,共同就是一种道德同质的共同体。

社群主义反对自由主义宽容的第二种论证是关于共同体的家长主义的论证,这一论证的起点在于这样一个有吸引力的观点:政治共同体不是霍布斯式的在自私基础上的互利共同体,其公民们对于所有其他人都应当有自己的关切,这种关切也就是对他人幸福的关心。在这里,幸福是一个中心概念,德沃金将幸福区分为两类,一类是反省的幸福(critical well-being),另一类则是意愿的幸福(volitional well-being)。所谓反省的幸福,是指虽然我拥有了某种我所需要的东西,或者我已经处在某种幸福的状态;但是,通过我的认真反思,我觉得这种幸福状态并不等于是我的幸福,如柏拉图的不正义的人可以得到他所想要的利益从而可以满足自己的私利,但这种幸福状态经不起反省,从而并不是真正的幸福。意愿的幸福就是需求者自己所想的东西,如我想要美味佳肴、想要周游世界,除非我的意愿得到实现,否则我不认为自己的生活已经变得更好。如果没有这些东西,我的生活就会变得更差。德沃金认为,这是对人们实际拥有的两种利益的区分。人们可能认识不到他们自己的反省的利益,但并不能认为这些利益不存在。如人们经常会产生这样的念头,为什么我不早点知道应当这样做呢?有人总是后来才明白什么对于他的生活来说是真正重要的。

从幸福观上区分出意愿的和反省的这样两种类型,还有这样一个分析:人们的生活有各种事实成分,生活事件、社会经历、社会交往与成就等,这些成分加在一起,决定了一个好生活是否能够实现。其次,个人的评价,即个人是否满意自己的生活。如果他自己同意这是一个美好的生活,那么,这就是在他幸福值上加分。如果他不同意,那么,他生活中的这些成分并不能使得他的生活增值。或者说,他并不认为他的生活本身有什么价值。

从幸福的这样两种区分,德沃金提出两种家长主义:意愿的家长主义和反省的家长主义。反省的家长主义也就是认为他们所关心的人自己并不知道自己所想要的,因此,反省的家长主义"强制手段有时能为人们提供比他们现在所认可的良善生活更好的生活,因此有时符合他们的反省的利益。"①然而,家长主义或家长制对待他的臣民的方式,一般是胡萝卜加大棒政策,即并不一定完全以强制手段来使得人们同意。德沃金举例说,假设有个同性恋者由于害怕惩罚而没有过同性恋生活。这样,他并不因家长主义的限制而认为他生活得很幸福,而且即使从反省的意义上看也是如此。不过,家长主义并不仅仅是限制或惩罚。假设采用诱导的方式进行心理辅导或攻心战,使他改变了自己对待同性恋的看法,那么,这时他的生活从他的意愿或反省的意义上看得到了改变吗?

德沃金指出,对于家长主义,这里还必须提出一个问题:人们可接受的同意和不可接受的同意,并且必须对使人们同意的手段、方式进行限制。因为家长主义的统治总可以运用一些生化或电子的洗脑工具来使得人们转变心理和态度。但是,德沃金认为,即使某人通过我们做工作,从而同意了我们给他带来的变化,"但是假如我们用来保障这种变化的机制削弱了他通过反思考虑这一变化之关键性优点的能力,那么我们并没有改进他的生活。"②德沃金在这里运用的是自由主义的个人自主性这一核心概念。个人有着决定自己的生活以及偏好的自主性,从而其责任是自己的。在他看来,家长主义即使是通过心理说服使得同性恋者改变自己的生活态度,同样是破坏了自我反省的判断力,从而家长主义的共同体观念是不能成立的。德沃金在这里没有注意到一个重要的前提,即家长主义的实行,如果对于还没有自主能力的未成年人来说,是合理的;对于那些已经能够对自己的行为负责、有着自我决定能力的成年人来说,家长主义的管理或统治,从自由主义的立场上看,就是侵犯了人的自主性,侵犯了人的自由。

第三种从共同体意义对自由主义的宽容提出的反对意见是,人们在精神和物质两方面都需要共同体,宽容则削弱了共同体满足人们的各种社会需要的能力。对于精神需要,社群主义的观点是,共同体应当作为

---

① [美]罗纳德·德沃金:《至上的美德:平等的理论与实践》,冯克利译,江苏人民出版社,2008年,第224页。
② 同上书,第226页。

一种道德同质性的存在而存在,所谓"同质性",也就是类似于麦金太尔所说的那种共同善对于人们的作用,以及像泰勒所转述的黑格尔的共同体的绝对精神,或共同理想之类的理想。德沃金承认人们对于共同体所存在的依赖性,如果缺少共同体所提供的公共安全保障、缺乏共同体的经济管理,以及共同体为人们提供的公共产品,谁也不能过上像样的人类生活。同时,一个社会还存在着共同的文化现象,如语言以及文化传统。并且,德沃金也承认,人们需要共同体,不仅仅是为了文化和语言,而且还有自我利益以及认同的需要,即人们要把自己看作是他们所属的共同体的成员。但"肯定不能因此便说,也没有任何道理说,我是其成员的这个共同体,必须是一个有道德同质性的共同体,或它必须排斥道德多元主义而赞成保护这种亲密关系的不宽容精神"。①

实际上,我们在这里遇到了对共同体的不同理解。社群主义者麦金太尔是在滕尼斯与黑格尔的共同体意义上讨论共同体,即共同体是一种精神共同体。德沃金则是在滕尼斯所说的社会意义上讨论共同体。在精神共同体的意义上,一个共同体内部不应当存在着对立和冲突的精神和道德,而在社会的意义上,存在对立甚至冲突的精神意志和道德倾向是合理的。德沃金谈到,这种共同体主义(即社群主义)的论证,强调共同体的道德同质性,是把共同体看成是类似于基督教教徒的团体。在基督徒看来,共同体是一个有助于形成他们认同的信念的共同体。麦金太尔的共同体理想所向往的也就是这种共同体。② 这样一种理想认为,如果这种共同体容忍异端,那么,其成员就会失去对这种共同体的认同感,或有疏离感。但德沃金认为,这样的看法是错误的。他承认,人们不能让自己脱离一切社会团体、脱离与共同体的一切关系,但是,不可能说其重要性到了任何关系都不可分离的程度,更不能认为同类关系对于每个人来说都一样,而且认为这种普遍的不可分离关系是一种共同的性伦理,如共同反对同性恋关系。不过,德沃金的对同质型共同体观点的这

---

① [美]罗纳德·德沃金:《至上的美德:平等的理论与实践》,冯克利译,江苏人民出版社,2008年,第228页。
② 麦金太尔在他对共同体的表述中,既表现了对亚里士多德的共同体观念的向往,同时也表现了对类似于修士团体那样的共同体的向往。

种质疑是有问题的。这问题在于他同样混淆了滕尼斯的共同体与社会的概念。就基督教修士共同体来说,就像是佛教团体一样,不仅有着共同的信念,其性伦理的要求也是普遍的、而且是严格的。但问题在于他们把这种共同体的概念运用于社会,是因为看不到现代社会与传统社会的区别,看不到由现代社会的成员所构成的"共同体"不可能是在道德上同质的。两方都在不该运用这一概念的地方应用了它。

还有一个问题,这是社群主义者菲利普·塞尔兹尼克所提出的。塞尔兹尼克认为,个人伦理道德的信念要有一个定泊之锚,它处于当事人的信念之外,这个锚不是别的,就是人们所处政治共同体的不受怀疑的共同信念。① 塞尔兹尼克认为个人主观的道德信念必须系于社会客观的共同信念之上,德沃金也认为这似乎言之成理。但是,由此得出的第二个主张则是成问题的。这第二个主张是:一个有道德同质性的共同体是唯一可能的定泊之锚。这意味着只有当人们的道德判断得到传统道德观的肯定时,他们才会感到自己的伦理和道德判断是有根据的,才是正确的。德沃金指出,这显然不正确。人们的观点越是反传统,持有者越有可能宣称它的权威性。德沃金说:"令这个论证左右为难的是,我们的传统道德中最坚实的,甚至超越其他分歧而被共同持有的成分,是个次级信念,即伦理和道德判断不可能利用共识分出对错,它们有着超越文化边界的力量,简言之,它们不是文化或共同体的产物,而是后者的法官。"②哈贝马斯也不会同意这样的观点。哈贝马斯把个人的道德意识分为习俗性道德和后习俗性道德。后习俗性道德也就是反思后自我所认可的道德。在哈贝马斯看来,反思的道德才是真正体现了道德主体自我判断的道德。建立在自我理性基础上的自我的道德判断,与传统或共识是有距离的,并且是评判传统的法官。

还有最后一种反对自由主义宽容的论证,就是个人生活与共同体生活的一体论。这种一体论认为,他们生活中的任何反省意义上的成功,

---

① Philip Selznick, The *Idea of A Communitarian Morality*, California Review 75 (1987), p.445.
② [美]罗纳德·德沃金:《至上的美德:平等的理论与实践》,冯克利译,江苏人民出版社,2008年,第230页。

都是整个共同体的善的一部分,并且取决于这种善。德沃金把这种观点称为"公民共和主义者"的观点。这种一体论认为,个人幸福与整体幸福是分不开的。因此,个人不仅要关心自己的幸福与健康,而且也要关心共同体整体的幸福与健康。不过,这种一体论者不是利他主义者,也不提倡家长主义,即不关心他人的幸福与健康。一体论所强调的是政治共同体有共同的生活,共同体共同生活的成败是决定着其成员生活优劣的关键因素。一体论个人与共同体关系的观点很值得我们注意。德沃金指出,一体论者看待这种关系就如同交响乐团的行动一样。每个人所演奏的乐器不同,但协调一致地组合起来就可以演奏出美妙动听的乐章。但如果每个人在乐室里都准确地按照自己的乐谱,演奏各自的东西,每个人演奏得再好,也成不了交响乐。因此,每个人作为乐队成员的协调行动,是把共同体作为一个单位来行动,不是个人作为单个个体来行动。共同体的集体行动构成了它的共同生活,共同体就像一个超人一样,它的集体生活体现着人类生活的全部特征和方面。

德沃金问道,像这样一体性的政治共同体的生活包括哪些内容?他指出,一个健康的政治共同体的成员与正式集体行为之间,存在着某种一致性。如公民的投票、间接或正式参与政治决策,以及立法、行政和司法的决定,这些都可以看作是政治共同体的共同行为。但是,"我们正在讨论的一体论的共同体主义认为,正式的政治行为不是国家共同生活的全部。这种论点认为,政治共同体还有共同的性生活。"①实际上,德沃金在这里是以性生活为例,指出社群主义(共同体主义)的一体论不仅是把公共的政治生活算在里面,而且也把共同体成员的私人生活以及道德倾向都算在里面,认为在这些方面也应当是一致协调的、服从一个统一的道德规则或至上权威的。然而,德沃金指出,交响乐团作为音乐家共同体,其共同生活也并不排除这些音乐家的性情、爱好以及个人性倾向是不同的。共同生活并不包括这些方面。同样,也难以找到一个国家,其社会实践、态度和习俗,事实上承认有一种国家集体性的性行为。

---

① [美]罗纳德·德沃金:《至上的美德:平等的理论与实践》,冯克利译,江苏人民出版社,2008年,第237页。

德沃金是以这样一个方面的生动事例来说明,对于个人生活的善观念,每个人可能都是不同的,不应当强求人们有着同一的有关个人生活的道德价值观念。因此,一体论是不成立的,自由主义的宽容共同体观念是成立的。正如格雷所指出的:"价值多元主义是一种旨在忠实于伦理生活的观点。如果伦理生活包含有无法理性地决定的价值冲突,这就是一个我们必须接受的事实,而不是某种我们为了理论的一致性而应该清除的东西。"①社会生活本身是价值多元的,包括人们的性倾向也同样如此。

当然,德沃金也承认,并非没有那种要求在性生活方面一致的共同体,如把家庭看作是传宗接代的共同体,其性情可能就是如此。还有同性恋的共同体等。但就美国或是美国各州来看,没有共同的性生活。他指出,如果行动或情感的一体化所指的是一种特殊的感觉和价值,"那就几乎没有必要通过政治共同体的一体化来追求它。人们属于各种各样的共同体,而且大多数人如果愿意选择的话,他们可以属于很多共同体。"②如家庭、校友会、兄弟会、体育俱乐部、侨民团体等等。这些团体可以为人们提供充足的机会来追求那种有价值的一体化体验;而在政治领域,反而难以得到这种感觉。

二、自由主义的共同体

自由主义一般没有一个规范的共同体概念,在罗尔斯的原初状态中,人们为了自我利益或维护自我的权利而走到一起。人们之所以需要共同体,是因为社会合作的需要。社会合作能够给个人带来比不合作更大的利益,并且,社会合作是由个人生存需要所决定的。因此,如果认为罗尔斯的理论中包含着一种共同体观念,那么,罗尔斯的共同体是一种个人主义的共同体。在桑德尔看来,是罗尔斯从个人主义立场上错误地理解了社会的性质和人类共同体的性质,从而得出是个人的特性决定了

---

① [英]约翰·格雷:《自由主义的两张面孔》,顾爱彬等译,江苏人民出版社,2005年,第46页。
② [美]罗纳德·德沃金:《至上的美德:平等的理论与实践》,冯克利译,江苏人民出版社,2008年,第239页。

社会和共同体的特性。然而,德沃金从四个方面对社群主义的共同体进行了批判,指出这样四个方面对共同体的理解都不正确,得不到合理辩护的。实际上,德沃金指出了桑德尔所没有提出的问题,即在一个个人善观念多元的现代社会,个人或个人的认同是怎样为社会所构成的?这是因为,从桑德尔的观点看,个人的本质只能到社会共同体中寻找,这在他的概念里,就是作为个人的自我是为社会共同体所构成的。但构成性的自我在多元性社会中为哪一种文化或宗教要素构成?其次,构成性自我与社会同一到什么程度?这种自我有多少自我的相对独立性?当然,德沃金与桑德尔一样,不是不承认由文化与传统所形成的共识,包括道德共识,但他与桑德尔的分歧在于,他认为,这些并不足以促使我们与政治共同体达到某种一体化的程度。因此,个人既有为共同体所构成的一面,同时也有自我独特性价值。正因为如此,德沃金强调真正合理的共同体,是自由主义的宽容共同体。我们知道,社群主义者麦金太尔也有自己的共同体观念,但麦金太尔更多的是回到亚里士多德与中世纪,从而悲观地认为在现代社会已经没有共同体了,如果要发现,只有到现代社会的边缘去找(他所要重建的是类似于本尼迪克特那样的修士共同体)。宽容性共同体,这种自由主义意义上的共同体,根本就不是一种古代意义上的或麦金太尔所想要的共同体。

不过,德沃金认为,自由主义的宽容共同体仍然是一种真正的共同体。这是因为,在这种政治共同体内确实有一种共同生活。德沃金说:"我说过,政治共同体的集体生活包括它的正式的政治行为:立法、裁决、实施以及政府的其他行政职能。整合为一体的公民会认为,他的共同体在这些正式的政治行为中的成败,与他自己的生活息息相关,对它有着改进或损害的作用。按照自由主义的观点,事情到此为止。"①德沃金认为,现代政治共同体作为共同体的行为,仅仅是从政治有机体意义上的全部内容。也就是说,共同体的集体生活仅仅是它的正式的政治生活。这样一种自由主义的共同体观不可看作是在个人主义的前提上建立起

---

① [美]罗纳德·德沃金:《至上的美德:平等的理论与实践》,冯克利译,江苏人民出版社,2008年,第240页。

来的。德沃金的这种集体政治生活意义上的共同体活动或行为,是在公共领域意义上的。这种公共领域与哈贝马斯的不同,哈贝马斯的公共领域重在公民的舆论参与,他所注重的是公民公共舆论领域。这一公共领域是罗尔斯的政治公共领域。这一政治公共领域,在现代民主制国家里,是有着全体公民参与的选举活动,但日常的政治活动,更多的是政治、法律等领域里的专业人员的活动。当后期罗尔斯把他的正义原则看作是政治的正义原则时,其适用的范围也就是政治的公共领域。沃尔泽在国家的意义上谈到了政治共同体,但他的政治共同体更多地强调公民作为成员在其中生活的意义。罗尔斯的政治公共领域与德沃金的政治共同体都是一个具有相对边界的领域,这一领域与其他领域相对区别开来,但对于公民的生活和价值追求有着极为重要的影响。然而,由于现代民主政治是一种全民性的政治,从而也可以说这一政治共同体就是这一社会本身。

在德沃金看来,只要我们把政治共同体的共同生活限制于它的正式的政治决策,一体论就不对自由主义原则构成威胁。把共同体的共同生活仅限于正式的政治生活,为何这样的一体论就不构成对自由主义原则的威胁呢?德沃金认为,如果人们有了这种一体论,并以一体论的立场来对待共同体的政治生活,就不但是与自由主义的原则相合,而且比没有这种一体论的人更加关注政治共同体的政治生活,并且,会把他的私人生活的意义与政治共同体的德性与生活价值联系起来。在他看来,持有一体论的自由主义者不会把自己的私生活与公共生活完全区分开来。如果他付出了努力而不能使得他的政治共同体做到公正,他仍然生活在一个不正义的共同体中,他会觉得自己的生活是有缺失的。但如果不持有这种一体论的自由主义者,则仅仅关心自己的私生活和政治活动,"假如他在尽了最大努力后,他的共同体仍然接受极严重的不平等、种族歧视和其他一些不公平的歧视,他不会因此而认为自己的生活也不太成功,除非他本人因这些不同形式的歧视而遭受损失。"[①]不过,从常识上

---

① [美]罗纳德·德沃金:《至上的美德:平等的理论与实践》,冯克利译,江苏人民出版社,2008年,第242页。

看,德沃金的这种区分好像不存在。不论是否持有这种一体论(个人与共同体休戚相关),只要我们为政治正义与公正努力奋斗,如果这种努力见不到成效,任何为之奋斗的人都会感到是一种个人生活的损失,即使有人为了使他放弃这种努力而招安了他。不过,德沃金这里所强调的是,如果我们放弃那种在个人的私生活与公共政治生活方面都被看作是政治共同体的一体性生活的观点,把政治共同体的德性看得无比重要,并且认为自身生活的价值,不仅取决于政治共同体对每个公民平等的关切,也取决于共同体的政治德性,那么,这样一个政治共同体,就不同于公民们所参与或组成的那个对其持有分离态度或冷漠态度的共同体。德沃金说:"这个共同体就会具有重要的稳定性和政治性的资源,即使他的成员在何为公正上有很大分歧。他们将有共同的理解,政治是一个非常严格意义上的合资项目:持有每一种信念和处在每一个经济水平上的个人都有风险——对自己反省的利益有鲜明意识的人都有的强烈的个人风险——不公正的风险不仅是他个人的,而且是每个人的。"①我们前面说到,德沃金的这种政治共同体不是建立在个人主义的前提基础上的,它是建立在相对区分的政治公共领域意义上的。但是,怎样看待这种政治公共领域,同样体现了不同的立场。德沃金不像社群主义者,会在这样的问题上强调共同善的优先性,他的自由主义立场与个人主义是内在的,在他看来,政治作为一种共同的风险事业,同时也是每个人自己的风险事业。每个人只有从自己的利益与权利保护意义上参与进来,才能共同承担这样一种风险。

我认为,德沃金的自由主义的共同体观念优越于社群主义的共同体观念的地方在于,对于每个公民区分为两种人:作为私人的个人和作为公民的个人。他承认,我们作为私人的个人对自己的家人、朋友、同事,承担着特殊责任,而作为公民,我们坚持在政治共同体的政治生活中给予所有人平等的关切。平等只是在政治领域里实现。对于我们的亲人、朋友给予特别的关怀,是中国儒家的核心理念之一。与自由主义不同的是,儒家从

---

① [美]罗纳德·德沃金:《至上的美德:平等的理论与实践》,冯克利译,江苏人民出版社,2008年,第242页。

亲情、亲人之爱推出政治上的仁政；自由主义则认为，我们的亲情与政治平等关切是两回事。儒家实际上是从亲情意义上把私人关系与公共关系看成是一类关系，看成是一个共同体的两个方面。自由主义把这样两类关系看成是完全不同的关系，也就是承认有两类共同体，即私人共同体与公共政治的共同体。社群主义的共同体观念也没有实现这种进步。我认为，这种区分是自由主义对于这样两类基本人类生活中共同体性质的准确把握。儒家把私人关系或私人性的仁爱向政治领域的推演，虽然反映了中国传统宗法政治制度的特点，但却是中国传统政治领域里裙带关系的思想根源所在。坚持两种关系应有相应的关系准则或理想，不相互混淆，是自由主义的政治理想之一。德沃金指出，当社会严重不公正时，这样两种理想就可能发生冲突。自由主义的当事人就会陷入伦理困境。这时，他们必须做出选择，放弃其中的某一种理想。所谓不公正或不正义，无非是为自己或自己的亲属谋取非分的利益。这种非分利益无疑使得这一共同体内的其他成员的利益受损。德沃金说："当政治共同体中存在着严重而广泛的不公正时，任何承担起尽力克服这种不公正的个人责任的公民，最终都会放弃自己的个人设想和信念以及个人的享受和闲暇，而它们对于健康而有价值的生活是至关重要的。"①德沃金这样说无疑是对的。但是，德沃金也许没有生活在这样不公正社会中的体验。假如一个社会已经如此腐败和不公正，那些放弃个人享受的人得不到这个社会大多数人的理解，他们的努力不但不会成功，反而被人所误解和历史所误解，那该怎么办？

---

① ［美］罗纳德·德沃金：《至上的美德：平等的理论与实践》，冯克利译，江苏人民出版社，2008年，第245页。

第十章　全球正义

罗尔斯后期的《万民法》使他的正义理论从一个国家的正义扩展到对于全球正义的思考。在罗尔斯之后,全球正义已经成为了一个讨论当代正义问题的重大理论领域。全球正义从思想史上看,全球正义观源远流长,古罗马的万民法以及斯多亚派的世界公民概念就蕴含着全球正义的观念。当代世界讨论全球正义问题,有着现实的紧迫性。这是因为,随着现代科学技术的进步与发展,信息的快速传播,以及全球交通的便利,世界已经成为一个地球村了。其次,目前我们处在一个后殖民时代,而西方殖民主义对于第三世界的剥削与掠夺带来的经济后果仍然是目前一些国家贫困的根源,同时,在当代世界的经济一体化进程中,南北经济以及发达国家与不发达国家,发展中国家与发达国家在经济上的差距,使得发达国家能够在技术、资金以及定价权等方面更有优势,从而进一步扩大了穷国与富国之间的差距,如何实现一个更加公平正义的世界秩序,使得穷国尽快摆脱贫困,是当代正义的重大课题。

第一节　全球正义与全球贫困
——评罗尔斯的《万民法》

全球正义包括世界政治与经济等方面的国际正义问题。全球正义的问题首先是一个依据什么来考察国际政治与经济正义。全球正义的紧迫性尤其在于全球贫困问题的严峻性。我们生活在一个贫富差距或财富占有差距巨大的现实世界中,无数人生活于贫困甚至饥饿状态之中。消除全球贫困是当今人类发展的重大目标,同时也是实现全球正义的重要主题。缓解全球贫困的严峻状况直到消除全球贫困,是尽可能地在我们这个世界上实现全球正义的重大现实课题。

一、全球贫困与正义

对于全球正义与全球贫困问题,首先要初步界定什么是"全球正义"(globe justice)和"全球贫困"(globe impoverishment)。这里的"全球正义",是在世界主义(cosmopolitanism)意义上的,即把全球的政治经济等方面的正义问题纳入基本的理论视域。"全球贫困",是在全球范围内的贫困。对于全球贫困问题的严峻性,我们可看看相关的报道:

我们这个世界是一个贫富差距巨大的世界。在当今人类世界中,联合国报告称,世界饥饿人口已达10.2亿,创历史最高水平,其中亚洲和太平洋地区的饥饿人口最多,约为6.42亿人,非洲撒哈拉以南地区的饥饿人口比例最高,约为32%。国际食物政策研究所2009年9月14日公布的《2009年全球饥饿指数》报告也指出,全球有29个国家正面临严重或极端严重的饥荒。其中,刚果(金)的饥荒问题最为严重,紧随其后的分别是布隆迪、厄立特里亚、塞拉利昂、乍得和埃塞俄比亚。报告认为,自1990年以来,全球总的饥荒指数已下降近25%,但非洲撒哈拉沙漠以南地区仅下降13%,饥饿指数仍居高不下。联合国儿童基金会还对非洲之角越来越多的儿童陷入饥饿深表担忧,呼吁国际社会再提供总额1.89亿美元的紧急援助,以帮助该地区500多万饱受饥饿而年龄却不足5岁的儿童。①

从上述报道可知,所谓"全球贫困",是指威胁到基本生存需要而范围广泛的贫困现象。任何国家、任何地区都有相对于富裕人口而言的相对贫困人口问题,但就世界范围的贫困而言,我们不得不把其标准降到最低,即那些维持人类生存所需的最基本的生活资料,如最基本的粮食需求得不到保障,贫困已经威胁到了他们的生存,而这种严重的全球贫困并不因为发生地与我们相距遥远而不触目惊心。

那么,何为世界主义的全球正义? 首先看看什么是世界主义。"cosmopolitanism"这一概念包含着古希腊语的"世界"(cosmos)与"公

---

① http://www.dayoo.com 2009-10-16 07:41,来源:人民网。

民"(polities)这两个词根。世界主义通常的意义接近于这两个古希腊词根的意义,因此,世界主义这一概念说的就是世界公民这一概念。古希腊的公民是一城邦范围内的自由平等的人,世界公民这一概念也就是将古希腊城邦意义的公民扩展为全球意义的公民,即任何人不论是谁,不论身处何处,就他作为人而言,都是平等的。世界主义所表达的是所有人类存在者所具有的平等权利与地位的理念。这一理念是世界主义的核心理念。[①] 世界主义的这一核心理念是一规范的观念,基于这一规范观念,可以衍生出多种世界主义。如将世界主义的核心理念即所有人的利益给予平等的考虑,是一种伦理世界主义;如将其用于评价个人行为以及人们的相互关系,是一种人际世界主义;将世界主义的核心理念直接用于社会制度,是一种世界城邦式的全球政治制度构想,即可把所有人都作为平等者而包括进来的社会制度构想,或以世界政府的构想为核心,这可看作是一种如政治法律世界主义。这种世界政府或世界国家的构想为康德等人所拒斥,康德认为这样的世界国家将导致独裁或内战,从而是不可取的。康德从历史经验的考虑出发,历史上凭借武力征服而建立的超级世界大国,无一不是独裁政权,并且最终都消解于内战或外患。罗尔斯的万民法从自由社会、专制社会与法外国家并存的现实考量出发,也认为当代国际社会在全球范围内建立世界国家是不可能的,只有在自由国家与合宜的正派国家之间建立联盟的可能。

当代政治哲学家博格指出有另一种间接运用于全球社会制度主题的世界主义,即不直接依据世界主义的核心理念进行制度设计,而是依据其理念对不同社会制度设计或运行进行道德上的评判。这种评判是把所有人的利益放在平等的地位进行考虑。博格把这称之为"社会正义的世界主义"。博格提出了社会正义的世界主义的四个基本要素:一、规范的个人主义,即道德关注的终极单元是个人,而不是任何团体、族群、民族或国家。二、不偏不倚。三、无所不包。四、一般性,即每个人的特殊地位具有普遍意义。博格说:"由于个人才是道德关注的终极单元,世

---

① 参见[美]涛幕思·博格:"世界主义",载《康德、罗尔斯与全球正义》,刘莘、徐向东译,上海译文出版社,2010年,第519页。

界主义的道德标准就成了评价和规定个人和集体行动的权威。"[1]实际上,博格在这里提出了一个全球社会正义的标准。依据博格的这四个标准,可以把博格这一概念中作为定语的"社会正义"倒过来,即世界主义的社会正义,也就是世界主义的全球社会正义。这种全球正义观,即为平等主义的全球正义观。

正义或社会正义这一概念是需要具体内涵来界定的,这是因为,在不同历史时期不同思想家那里,正义的内涵是不同的。如柏拉图的正义观,是一个社会和谐秩序的问题,亚里士多德的正义观,从其全体正义而言,是一个城邦正义与个人德性之整体的问题。罗尔斯的万民法意义上的国际正义,也是一种社会正义,即以人民或以人民所构成的社会单元为基点的一种全球社会正义。全球正义无疑应关注世界制度性秩序,然而世界主义的关注不止于此,世界主义的全球正义的内涵是博格所提出的以个人为终极关注点的正义观。博格也把这看成是一种全球社会正义观,虽然也有人把这称之为"自由主义的全球正义观"。社会正义这一概念既可运用于事态也可运用于社会制度。当运用于事态时,我们可以把某个社会里一些人生而富裕,一些人生而贫困评判为不正义。这种正义观会把在某种制度秩序之下本可避免的社会不平等看成是不正义的。这两者也可以统一起来,即社会制度应当如何设计以及个人应当在既定的制度背景中如何行动。但不论怎么看,都在于把终极的关注点放在所有个人那里。简言之,世界主义的全球正义立足于全球所有个人的自由与福祉问题,从这一问题出发来评判全球社会制度秩序的正义性。

二、原初状态与国际正义

对于世界主义的全球正义观,实际上是将罗尔斯在讨论国内正义时所设置的原初状态向全球社会扩展。罗尔斯的原初状态,是将所有参与者看成是自由平等的个人,即所有人从其本性上和社会地位上看是自由平等的个人。不过,罗尔斯从原初状态这样一个理论起点,所得出的是

---

[1] [美]涛幕思·博格:"世界主义",载《康德、罗尔斯与全球正义》,刘莘、徐向东译,上海译文出版社,2010年,第524页。

建构一个正义社会制度的正义原则;从世界主义的全球正义观看这样一个全球原初状态,同样是把所有人都看成是平等的人,也同样需要从中引出正义原则,这个正义原则也是两个正义原则。如各方都将采用第一原则即所有人都有平等的基本权利与自由的原则。不过,这两个正义原则不是像国内社会那样,可以成为建构社会制度的原则,如果那样,其目标就是一个世界政府了。当代世界主义者是把这样两个正义原则看成是评价社会制度的原则。

然而,世界制度与国内制度巨大的不同在于,前者为众多不同的主权国家制度所形成。正如罗尔斯所说的,存在着不同类型的国家制度,如自由正义制度、正派的等级制度,专制制度以及法外国家制度等。因此,基于自由主义普遍人权的正义原则不可能在全球范围内得到真正落实。不过,罗尔斯的国际社会的正义观,并非是建立在《正义论》中的原初状态这样一个起点上。罗尔斯在《万民法》中,也曾两次运用了原初状态的概念,但是,罗尔斯这两次运用原初状态的概念,与《正义论》中的情形并不一样,第一次是建立自由社会之间的秩序,其前提是自由平等的人民之间的平等地位,以及对自由社会之间的《万民法》的八条正义原则的遵守。① 第二次则是在罗尔斯《万民法》的正义原则基础上的自由社会与正派的等级制社会之间建立国际秩序,其基点也在于人民之间的平等。《万民法》中两次运用原初状态,与《正义论》中原初状态的不同在于,其起点为人民而不是个人。其次,八条原则为国际社会建立秩序的正义原则,其目标在于建立一种合乎《万民法》正义原则的国际秩序,而不是像《正义论》中的原初状态,其目的在于保障个人的自由平等权利。

罗尔斯指出,世界主义者贝茨(Charles Beitz)、博格(Thomas Pogge)

---

① 《万民法》的八条正义原则为:"一、人民要自由独立,其自由与独立要受到其他人民的尊重。二、人民要遵守条约与承诺。三、人民要平等,并作为约束他们的协议的各方。四、人民要遵守不干涉的义务。五、人民要有自卫的权利,除为自卫之外,无权鼓动战争。六、人民要尊重人权。七、人民在战争行为中要遵守某些特定的限制。八、人民要有义务帮助其他生活于不利条件下的人民,这些条件妨碍了该人民建立正义或正派的政治及社会体制。"见 John Rawls, *The Law of Peoples*, Harvard University Press, 1999, p.37。

设想了一种全球性原初状态,处于无知之幕当中的各方代表处于完全平等的地位,各方代表从这样一种逻辑前提出发,结果是,将采取第一正义原则即所有人都平等的基本权利与自由原则作为全球正义的第一基本原则,也就是将正义的政治观念直接建立在自由社会所认可的人权概念之上。罗尔斯坦言,非自由的社会不可能接受这样一种全球正义原则。[1] 然而,博格等人的世界主义,并非是认为非自由社会一定能够接受他们所提倡的自由平等原则,而是从所有人都是平等的这样一种核心理念出发,通过类似罗尔斯的原初状态的程序,推演出全球正义的平等正义原则。这样一种正义原则,并非是要非自由的社会来接受,而是提供一种评价标准,依据这样一种标准来判断全球正义的状态。这是在政治自由方面的世界主义全球正义观。

罗尔斯放弃国内正义的立场和原则,所持有的是一种低度人权基础上的国际正义观。前面已述,罗尔斯把现实国家分为不同类型,如自由社会(国家)、正派等级制社会(国家)、仁慈的专制主义社会(国家)、负担不利条件社会以及法外国家。其中,只有自由社会是他认为可以遵循自由平等等正义原则的国家,即可实行他所认可的充分人权基础上的正义原则。同时,正派等级制社会也是得到他所认可的社会(国家),之所以得到他的认可,那是因为,符合他的低度人权要求,从而被认为是正义的。他的低度人权标准包括:生命权、自由权(摆脱奴隶制、农奴制以及强迫性职业的自由,以及确保宗教与思想自由之良心自由的有效措施)、财产权以及法律保障的形式平等。罗尔斯把符合他这样的人权标准的社会称为"非自由社会",这是因为,在这样的社会里,个人没有参与政治的自由。其自由权仅限于摆脱奴隶制、摆脱强迫性职业等的权利。罗尔斯认为,自由社会应当与这样的社会一起构成一种人民社会,罗尔说:"我们说,假设一个非自由的社会的基本制度能够符合正义上的正当与正义的一定条件,并致使它的人民尊重人民社会的合理性的和正义的法律,自由人民就应宽容和接受这个社会。"[2]

---

[1] John Rawls, *The Law of Peoples*, Harvard University Press, 1999, §11.

[2] Ibid., p.61.

这里重要的是理解罗尔斯所说的"宽容"。应当看到，罗尔斯国际正义意义上的"宽容"观与国内政治的宽容观是不同的。在《政治自由主义》中，罗尔斯提出对宗教、哲学和道德合理性的全面性学说的宽容以及对持有这些不同的宗教、道德和哲学观的人的宽容。在国内正义方面罗尔斯之所以提出这种宽容观，是因为他认为，这些不同的宗教、道德与哲学观能够在政治正义观念方面达成重叠共识，从而支持民主自由的政治制度。一种在政治上反立宪民主的正义原则的宗教、哲学和道德学说，在民主自由的国家里，必定是反自由的，因而是不合理的。换言之，对罗尔斯而言，在民主自由的社会里，应当批评那种禁止它的成员行使民主权利的国内的某种全面性学说，而对于在正派的等级制社会里否定公民的这种权利的全面性学说，自由社会似乎要认可这种学说和非自由社会的这种做法。并且，自由主义还有一个承诺，即对个人自由的承诺，而现在却要宽容那些没有个人自由（如等级社会没有个人的政治参与自由）的非自由的社会，并把这些社会作为平等的人民社会成员来接受。怎么解释这种内在困境？藤可雪(Kok-Chor Tan)说："罗尔斯这里没有给出满意的答案。在国内背景下的自由的宽容并不要求宽容非自由的政策，它所要求的完全不是这样。罗尔斯没有给我们原则性的理由来解释为什么在全球性的背景下而不是在政治文化的多样性背景下。这里缺乏充分合理的论证，从而显得罗尔斯只是简单地放松了宽容的限度，能够容纳正派的等级制社会的代表，以确保他的万民法也能够得到某些非自由社会的赞同。费拉多·泰森(Fernando Teson)指出，政治自由主义为了满足国际条件所做的这种变更，是《万民法》的一个严重错误。他说：'一种政治理论如果在每一个要达到它的结果的关键点上不断修正，似乎它并不能与它的理论的原始形态相称，这是一种免除理论（道德上的）虚妄的简单方法'。"[①]因此，在藤可雪看来，罗尔斯的国际正义理论，看起来是寻求自由与非自由政体的妥协，而不是对自由正义的尊重。他认为，为了容纳正派的等级社会，罗尔斯使他的自由代表同意一种全

---

① Kok-Chor Tan , "Liberal Toleration in Rawls's Law of Peoples", in *John Rawls: Critical Assessments of Leading Political Philosophers* , Volume IV, edited by Chandran Kukatblas, Routledge, London 2003, pp. 198-199.

球性的正义理论,这种理论过于一般化并且比一种真正的自由全球理论要求更少。还有人尖锐地批评道,罗尔斯的万民法理论为了容纳非自由的正派国家,而放弃了自由主义的立场。应当承认,这种批评确实指出了罗尔斯在从国内自由正义理论转到国际理论时,表现出的理论上的弱点。

为了把罗尔斯在国内正义方面的理论立场贯彻到底,也就必须从他的万民法的国际正义转换到世界主义的全球正义的立场上来。世界主义的全球正义观,并非是为了建构一种自由社会与非自由社会的人民联盟,而是为了建构一种关注所有人的现实处境的正义价值观。从世界主义的立场看,罗尔斯的问题还在于,他的国内正义从对个体公民的关注转向对人民或社会的关注,从而使他忽视了那些国家中的作为个体公民的现实处境。诚如罗尔斯所指出的,当今世界上是多种政体并存,而且真正能够把联合国《人权宣言》作为制度依据的政体为数不多,从而并非是所有人都能充分享有联合国宪章和人权宣言所规范的自由人权。然而,这不仅是政体层面的问题,因为政体层面的问题反映的是政体内部的结构问题。正如某些当代自由主义的世界主义者所批评的,并不存在抽象的"人民",人民总是区分为不同的利益集团的,对于这些利益集团,不可能笼统齐一地看待。阿兰·布奇兰(Allen Buchanan)说:"说各派代表人民,实际上是在于确保这样的国际法的基本原则将被选择,这些基本法则反映了那些人的利益,即那些支持他们社会中主导性或官方性的善与正义的人的利益,因而,这可能意味着持不同政见的个人或少数人的利益完全不被考虑。"①实际上,与罗尔斯的社会正义的立场不同,世界主义的全球正义坚持对所有个人的终极关注,平等地关注所有人类个体的福利状况。这种正义价值观代表了一种真正的政治理想,虽然从其对应的现实来看,还没有实现的可能,但对于全球政治领域里的非正义则有着强有力的批判性意义。

---

① Allen Buchanan, "Rawls's Law of Peoples: Rules for A Vanished Westphalian World", in *John Rawls: Critical Assessments of Leading Political Philosophers*, Volume IV, edited by Chandran Kukatblas, Routledge, London 2003, pp. 239-240.

三、国际分配正义

国际分配正义是全球正义领域的重大问题。如前所述,全球贫困导致这一领域里问题的严峻性、紧迫性,实际构成了对全球正义的严重挑战。面对全球贫困状况,对于实现全球正义而言,我们必须分析是什么原因造成了如此严峻的形势?其次,对于实现全球正义而言,我们能够做什么?或我们的责任是什么?

在回答这些问题之前,应当意识到全球贫困问题的严重性。当代正义观的基点在于人的权利。就罗尔斯所确立的国际自由社会与正派社会人民联盟的最低度人权观看,其基本点也没有离开人权概念。全世界有六分之一左右的人口处于饥饿状态,从全球正义的观点来看,也就是从普遍意义上看的对于最低度人权中的最基本人权——生存权的最大挑战。联合国《人权宣言》第25条提出:"人人有权享受为维持他本人和家属的健康和福利所需的生活水准,包括食物、衣着、住房、医疗和必要的社会服务。"如果这一条款中的人权即生存权对于占人口六分之一的人类生存者而言都得不到保障,人们生存于世还有什么尊严可言?还有什么权利是得到了保障的?这是因为,如果这一权利都没有起码的保障,那么,所有其他权利,都如同虚设。

那么,为何会出现如此巨大的贫困问题?我们首先看看罗尔斯《万民法》的解释。

在罗尔斯看来,类似于出现这样严重贫困问题的社会,是负担不利条件的社会。在他的五种国际社会的分类里,有一种为负担不利条件的社会。所谓"负担不利条件的社会",或"承受负担的社会",是指这类社会虽然不事侵略扩张,却缺乏政治文化传统,缺乏人力资源和技能,而且往往缺乏秩序良好社会所必须的物质与技术资源。因而使得这类国家处于相对落后或贫困的状态。那么,怎么看待自然资源与人民贫困的关系呢?罗尔斯指出,有些国家缺乏资源,如日本,国民生活却很富裕,有些国家自然资源丰富,国民或国家却处于贫困之中。在"万民法"的牛津安利斯底国际演讲(Amnesty International Lecture)中,他说:"问题常常不在于缺乏自然资源,许多有着不利条件的社会不缺乏资源。组织良好的社会即使资源很少也能发展得很好;它们的财富在于别处,在于它们的政治和文化传统,在于它们的人力资本和知识,在于他们的政治和经济组织能力。而问题一般在于公共政治文化方面以及在它们的制度之下的宗教与哲学传统。在贫困社会中的巨大的社会罪恶很可能是压迫性的政府和腐败的精英……可能世界上任何地方没有一个社会,只要是合理而合乎理性的统治,它的人民不可能不过合宜而值得过的生活。"①因此,在罗尔斯看来,贫困问题的根本原因不在于自然资源,也不在于国际社会,而在于国内社会的政治与经济制度。

罗尔斯对全球极端贫困是纯粹以国内制度原因来加以说明的。罗尔斯还说:"一个民族富裕的原因及其所采取的形式,就在于他们的政治文化以及他们用来支持自己的政治制度和社会制度的宗教、哲学和道德传统,在于其成员的辛勤劳动和合作才能……一个具有沉重负担的社会之所以负担沉重,政治文化的因素非常重要……这个国家的人口政策也是至关重要的。"②这样看来,国际范围的贫富差距完全由国内政治文化以及宗教道德传统所致。照这样的解释,当代全球贫困的状况并非是什么全球性非正义问题,而只是国内政治与政策所致。并且,国内政治与政策的问题,也并不能完全归结为正义与非正义的问题,有时仅仅是一种政策选择的问题。罗尔斯以两个假设的自由民主国家为例。A 注重发展经济的战略,B 则安于闲逸,几十年后,前者的经济发展水平是后者的两倍。这种经济发展水平的差距并非在正义议题范围之内。

在当代世界主义者看来,罗尔斯的理解虽然并非完全不合理,但罗尔斯忽略了当代世界政治经济秩序对于那些严重贫困国家(社会)所造成的问题。一个缺乏优良政治文化传统、缺乏相应宗教哲学传统的贫困国家的政治经济制度可能只是一种表层原因。博格认为,几百年来的西方殖民地掠夺政策是造成南亚、东南亚以及非洲一些地区严重贫困的深层历史根源。博格说:"现存的民族达到了他们目前的社会、经济和文化发展水平,乃是通过一个渗透着奴役、殖民统治乃至种族屠杀的过程。

---

① John Rawls, "The Law of Peoples", in *On Human Rights: the Oxford Amnesty Lectures*, ed., Stephen Shute and Susan Hurley, Basic Books, 1993, pp. 76-77.

② John Rawls, *The Law of Peoples*, Harvard University Press, 1999, p. 108.

尽管这些里程碑式的罪行已成为历史,它们却留下了重大的不平等的遗产。"①博格指出,在1960年代,非洲结束欧洲的殖民统治时,这两个世界的人均收入比是30∶1,即使非洲的人均收入始终有高于欧洲一个百分点的增长率,这两个世界的不平等率仍是19∶1。按这个比率增长,非洲要到24世纪才可能赶上欧洲。这怎么能说过去的殖民掠夺对于今天的贫困和不平等没有影响呢?

其次,当代世界的经济制度秩序对于全球贫困的演发起了重要的作用。当今的世界贸易规则加速了贫困者的贫困。博格指出:"目前的游戏规则,通过允许富裕国家继续用配额、关税、反倾销责任、出口信誉和补助国内厂家等方式(这些方式是贫困国家不被允许具有或无法具有的)来保护他们的市场,因而有利于富裕国家……这种不对称的规则提高了流向富人的全球经济增长的份额,降低了流向穷人的全球经济增长的份额。"②当然还可以指出,以美元为世界贸易的结算货币,使得美国可以开动印钞机来吸取世界财富。规则的不对称性强化了不平等,而不平等又能够利用富裕国家的政府利益这种不对称性来施加影响。其结果是,不是世界严重贫困的现象得到了缓解,而是有着进一步加强的趋势。相关研究报告的数据也指出,在1988—1993年期间,世界上最贫困的5%的人口的实际收入下降了20%,而在1993—1998年期间,又下降了23%③。博格以世界银行报告中相关的人均实际消费支出的状况进一步说明了这一问题。④ 当代世界经济秩序造成了全球贫困者在世界经济增长过程中不仅没有获益,其实际消费能力反而在下降。据联合国《2006年人类发展报告》,全世界营养不良的人数已达8.3亿之多。

第三,目前的国际政治经济秩序不仅有利于发达国家对穷困国家的

---

① [美]涛幕思·博格:《康德、罗尔斯与全球正义》,刘莘、徐向东译,上海译文出版社,2010年,第448页。
② 同上书,第451页。
③ Branko Milanovic, *World Report: Measuring International and Global Inequality*, Princeton University Press, 2005, p.108.
④ [美]涛幕思·博格:《康德、罗尔斯与全球正义》,刘莘、徐向东译,上海译文出版社,2010年,第452—453页。关于1990—2001年的世界人均实际消费支出的表格。在这一表格中,最贫困者的实际购买力下降了7%。

利益盘剥,而且有利于全球利益向富国输送。同时,也有利于贫困国家的政治与军队精英的利益。当代世界政治秩序对于所有主权国家的掌权者都采取承认的态度,而不论他是如何得到权力的,也不论该政权对待贫困问题有怎样的政治倾向。即使是存在着大面积的严重饥饿也任其发展,只要其不对外发动战争,不对内严重侵犯人权,国际社会一般承认其权力的合法性。在当代世界主义者看来,这恰恰是一个世界政治秩序中的非正义问题。其次,当权群体的资源特权。在当今世界,一个富有资源而贫困的国家,资源往往成为这个国家贫困的巨大灾难。在非洲,缺乏资源的国家民主化程度反而更高,而某个国家有着丰富的资源,则意味着可以通过出口自然资源所得收入来维护统治,甚至在受到国民广泛反对的情况下还能维护他的统治,并且也成为用暴力夺取政权和行使政权的有力动机,而却使得掌有权力者几乎没有改变贫困者处境的动力。"那些国家,尽管具有丰富的自然资源,但在最近几十年来却取得很少的经济增长和贫困削减。"①另外,当代国际经济制度使得任何一个贫困国家的腐败政治精英能够得到国际借贷,而这些借贷本应拿来改善国内贫困人口的生存状况或发展经济,但是,他们更多的用于自己的个人消费以及花费在他们的"国内安全"和军队上。因而,这种以国家名义进行的国际借贷已经成为了一些贫困国家少数政治统治者的特权。罗尔斯认为,发达国家的国际援助的义务,只是帮助那些负担不利条件的社会转变为自由或正派的社会。然而,在当前的国际政治经济秩序之下,是难以实现罗尔斯的目标的。

简而言之,从世界主义的社会正义观看来,如此严峻的世界贫困问题,其根源在于当前世界的政治经济秩序,尤其是其中的经济秩序。"在一个为了富裕国家的政府、公司和公民的利益,为了贫困国家的政治和军队精英的利益而设计出来的全球秩序下,这种灾难不论是过去还是在现在都在可预见地发生。"②罗尔斯认为国内经济秩序以及经济政策是

---

① 联合国开发计划署:《2006年人类发展报告》,联合国开发计划署,2007年,第332—334页。
② [美]涛慕思·博格:《康德、罗尔斯与全球正义》,刘莘、徐向东译,上海译文出版社,2010年,第473页。

导致贫困的决定性因素,但是,在当前世界经济秩序之中,第三世界中的贫困国家的制度对于经济贫困的作用,受到国际经济秩序总的背景的制约。在相当多非洲、拉美等地区的贫困小国那里,国际经济秩序的作用远比国内制度的作用更大。如国际上资源等原材料与深加工成品的巨大价格差,就把大量的贫困国家的财富向富裕国家转移。

那么,这个世界怎样才可以减少如此严重的贫困与饥饿,使得那些贫困国家中的大量人口能够享有最基本的人权?就发达国家与相对经济状况较好的国家的公民都是全球经济秩序的参与者而言,我们每个人都负有援救的义务。但是,这种个人捐赠性的援助义务,并非具有法律的约束性,而且每次都经过痛苦的良心抉择。① 并且,个人的捐赠杯水车薪,无法从根本上解决问题。根本的出路仍在于全球制度性改革,尤其是对于国际贸易规则的改革。博格认为:"在现代世界,支配经济交易(不管是国内贸易还是国际贸易)的规则都是极端贫困的产生及其所达到深度的最重要的决定性因素。"②改革全球经济制度的目标在于如何将向富国以及富国公司倾斜的世界贸易规则向第三世界倾斜,使之不再成为贫困者的沉重负担,从而使之在缓解和消除全球贫困方面取得实质性的进步。然而,在当代世界,这几乎是一个相当遥远的目标,但如果不朝着这一目标迈进,全球贫困问题的解决则几乎变得可望而不可即。

第二节 世界主义与全球正义

世界主义(cosmopolitanism)的复活是当代西方政治哲学的一道亮丽风景线。随着世界主义以新的形式展现在人们面前,全球正义(global justice)与普遍人权问题也进入人们的视野。

---

① 当讨论对相对遥远的贫困国家的贫困人口的援救义务时,人们往往并不认为我们还负有什么责任。当被问道,"我们亏欠全球穷人什么?"时,人们的可能回答是,我们最多亏欠他们一个同情心。
② [美]涛幕思·博格:《康德、罗尔斯与全球正义》,刘莘、徐向东译,上海译文出版社,2010年,第475页。

一、世界主义

世界主义是这样一种思想观念:全人类同属于一个精神共同体,而不论任何个人实际上属于哪一个国家或民族;并且,世界主义把全体人类成员看成是这一人类共同体中的平等成员,享有受到平等尊重的道德权利。在西方的思想传统中,世界主义有一个悠久的传统。在希腊化和古罗马时期的斯多亚派那里,世界主义就是其思想内涵之一。随着希腊地方性城邦国家的衰落和亚历山大横跨几个大陆的世界性帝国的出现,一种与普遍帝国相适应的世界主义观念出现了,即我们人类个体不再是地方性的,而是作为世界性的公民而生存于世。斯多亚派的这一世界主义的观念,同时也是以其自然法观念为基础的。在斯多派看来,整个世界处于自然法的支配之下,自然法即为理性法。人类遵从本性而生活,也就是依照理性而生活。自然法中的"法",不仅是个人行动的准则,同时也是一切社会和国家的准则,它在整个宇宙中普遍有效。同时,社会正义的标准也就是自然法,用以衡量一切成文法是否正义。

从自然法的观念出发,作为世界公民的人类个体,由于其本性上的同一性或共同性,即理性是我们共同的人性,因而不论是野蛮人与文明人,上等人与普通人,异邦人与罗马人,自由人与奴隶,在本性上是平等的。在斯多亚派的克里西波斯看来,四海之内皆兄弟,因此没有人生来就是奴隶。按照斯多亚派的说法,整个宇宙由一个最高理性产生统一的秩序,自然法就是把一切人(和神)联结成一个巨大共同体的纽带。一切人,不论男女老少,不论贫富与否,都是神的子女,人人都是兄弟,彼此是平等的。在斯多亚派这里,人人平等就是世界主义的核心理念。这一世界主义的理念,进入到近代社会,由于自然法学派和契约论的复活,重新进入到人们的视域。

中世纪是基督教神学的千年时期,基督教上帝观念下的神圣罗马帝国,实际上体现的是神学意义上的世界主义观念。在上帝的观念下,我们所有人都是上帝的子民并受到上帝的恩宠。并且,人类平等的观念再次在上帝的观念下重现。进入近代社会以来,自然法观念(包含契约论)的再度复活,尤其是,自然权利概念的提出,使得人类平等的观念真正成为现代政治的中心理念。不过,由于现代民族国家的建构伴随着现代世界的出现而日益重要,从而使得世界主义的思考中心为国家政治的中心性思考所取代。虽然近现代以来关于世界主义的思考并没有在哲学思考中消失,如康德的《永久和平论》至今仍是有重要意义的世界主义文献。

然而,从世界主义的理念发展来看,全球正义的概念却是一个新的概念。第二次世界大战之后,世界经济一体化以及现代科学技术的迅速发展导致了全球化进程的加速,尤其是进入 20 世纪 80 年代以来,全球资本流动、世界贸易以及劳务输出推动了全球金融一体化以及世界经济国际化格局的形成,由此产生了全球性的正义问题。不过,历史地看,全球正义所关注的世界范围内的分配正义问题又不是一个新问题。马克思在其《德意志意识形态》中就已经谈到了世界市场问题,在他的政治经济学研究中,多次涉及了英国的贸易对远东国家如中国民族经济的影响。并且,亚当·斯密在其《国富论》中就已经涉及国际贸易与国内市场的问题。正如拜茨所说:"在政治哲学中,全球正义(问题)中的当代兴趣,作为被忽略了的历史中的一个主题的重塑和扩展,并不是那么新的一个方向。"①

当代世界主义从其思想渊源上继承了其核心的平等主义的理念。玛莎·努斯鲍姆、查理斯·拜茨以及托马斯·博格都是当代世界主义的代表人物,在他们中,又尤以博格最为著名。对于世界主义的这一核心理念,托马斯·博格说:"对于每一个人类个体,作为道德关注的终极单元,都有一个全球性的道德地位(a global stature)。"②把每个人类个体看作是道德关注的终极单位,实际上也就是把每个个人看作是平等的个体,每个人的利益与前景都应得到平等的考虑和辩护。因此,博格的这种世界主义,也可说是一种基于道义论人权观的世界主义,拜茨等人也把这种世界主义的观点看成是"道德世界主义"。博格自己把这称之为"社会正义的世界主义"。在博格看来,有伦理的世界主义,即把所有人

---

① Charles R. Beitz,"Cosmopolitanism and Global Justice", *The Journal of Ethics*, Vol. 9, No. 1/2, p.15.
② Thomas Pogge, *World Poverty and Human Rights*, Polity Press, 2002, p.109.

的利益纳入平等的考虑,以这样的考虑来对社会制度和社会行为进行评价和规定。二是把行为及行为者的主题进行个人与国家的区分,以世界主义的这种核心理念来指导,这种伦理的世界主义观念即可区分为人际的和国际的世界主义。三是法律世界主义,法律世界主义的核心理念用于社会制度的主题。它体现的是这样一种要求:各种社会制度应该设计得把所有人作为平等者予以考虑,并且把全人类统一的法律组织看成是世界主义所追求的目标。四是博格所提倡的社会正义的世界主义。博格指出,社会正义的世界主义与传统的法律世界主义不同在于,后者是将世界主义的核心理念直接运用于社会制度,而前者则是一种间接的方式,即不直接要求制度应该怎样设计,而是以这样一种道德观来对不同制度设计进行道德评价或提供道德评价的标准。因此,四种世界主义都体现了世界主义的核心理念。其次,除了法律世界主义有着世界政治制度上的要求外,其他三种都是道德意义上的世界主义,并且后两种世界主义是以道德的世界主义为前提。质言之,伦理或道德的世界主义只是其核心理念的观念化,那么,体现世界主义在当代与传统世界主义的重大区别就是博格的社会正义的世界主义。正是博格这一改进,使得世界主义重新焕发其生命力。

  传统的法律世界主义所追求的是世界国家或世界城邦,其历史背景为希腊化时期的亚历山大帝国和罗马帝国。这一历史背景随着亚历山大帝国和罗马帝国在历史中的消亡而消亡。然而,即使这一历史背景没有消亡,亚历山大帝国和罗马帝国能够实现其世界主义的城邦吗?法律或政治制度的世界主义,所追求的是一种人类所有成员一律平等的政治制度,这种制度在那个历史时代,也只是世界主义者的一种人类理想,并且这种理想与那个时代的政治制度理念是直接冲突的。亚历山大帝国与罗马帝国都是以征服来获得领土和奴役其他民族,从而扩大其版图。康德在谈到世界政府这样一种世界主义的理想时指出:"从理性观念看来,就是这样(指各个国家的联合体——引用者)也要胜于各个国家在另一个凌驾于一切之上的并且朝着大一统的君主制过渡的权力之下合并为一体,因而法律总是随着政权范围的扩大而越发丧失它的分量的,而一个没有灵魂的专制政体在它根除了善的萌芽之后,终于也就会沦为无政府状态。然而每一个国家(或者说它的领袖)却都在这样向往着要以这一方式进入持久和平状态,可能的话还要统治全世界。"①康德对于世界政府的反对意见可以看作正是基于欧洲历史经验。康德指出,这样一个法律政治制度意义上的世界政府最终成为世界的无政府状态。因此,从根本上看,康德是反对世界政府这样的主张的。罗尔斯明确指出,他赞同康德反对世界政府的主张,他说:"我依照康德《永久和平论》(1795)中的观点,认为世界政府——我指的是一个统一的政治体制,由中央政府正式行使合法权力——要么是全球性的专制统治,要么是统治着一个脆弱的帝国,各地区频仍的内乱,人民获得政治自由与自治的企图,害得它四分五裂。"②

法律世界主义追求统一的世界政治法律制度或世界政府的理念。这一理念在实践上的不可行性,使得人们不得不放弃这样一种追求。替代的方案是各种世界联合体或联盟在不同领域或地区事务中发挥它的作用。然而,这并不意味着世界主义的核心理念即所有人都是平等的、并且应当得到平等对待的这一世界公民理念应当被放弃。然而,怎样才可拯救这一世界主义的合理内核? 这就是,把这样一种观念看成是一种伦理道德观念,并将这样的伦理道德观念作为一种规范的标准来评判世界秩序与全球制度。这就是博格的社会正义的世界主义。

前面指出,社会正义的世界主义秉承传统世界主义的核心理念,把每个人类个体看作是道德关注的终极单元,博格综合当代世界主义的论点,归纳提出包括社会正义的世界主义在内的道德化的世界主义的四个基本要素:一、规范的个人主义,即道德关注的终极单元是个人,而不是任何团体、族群、民族或国家。二、不偏不倚,即世界主义的道德标准在于对等地考虑所有人,而不偏倚任何特殊个人。三、无所不包,每个人都在道德关怀或道德考虑的范围之内。四、一般性,即在全球意义上每个人作为人而生存所具有的普遍意义。博格说:"道德关注的终极单元是个人……因此,世界主义的道德标准只需就个人的情况或个人如何被对

---

① [德]康德:《永久和平论》,载《历史理性批判文集》,何兆武译,商务印书馆,1991年,第126—127页。

② [美]罗尔斯:《万民法》,张晓晖等译,吉林人民出版社,2001年,第38—39页。

待进行评价和规定"①,即世界主义的道德标准是评价和规定个人和集体行动的权威。博格在这里提出了一个全球社会正义的标准。依据博格的这四个标准,我们可以把这一概念中作为定语的"社会正义"倒过来,即世界主义的社会正义,或世界主义的全球社会正义。这种全球正义观,也可以说是普遍的平等主义的全球正义观。

　　社会正义的世界主义与法律世界主义的根本区别在于,后者所追求的是政治法律制度化的世界政府,后者则仅仅把这种世界主义的核心理念看成是一种评判标准,对于当代世界的秩序以及世界政治经济制度所导致的不正义问题进行道德的批判。社会正义的世界主义从普遍个体在当代世界中的处境来关注世界秩序以及形成这种秩序的制度。因此,它不仅关注社会制度,同时也关注和评价个体或政府的行为以及这些行为所形成的世界的状态。因此,这种普遍的平等主义把全球正义的问题置于全面性的领域来考虑。在这个意义上,它体现了世界公共知识分子的一种话语的力量,而不是寄希望于一种全球性法律政治制度的建构。当代世界主义者也承认,"要是某种类型的世界国家确有相当大的导致独裁或内战的危险,人们就有坚实的道德理由去反对它的实施。"②社会正义的世界主义体现了世界公共知识分子的活力,在他们的努力下,全球正义已经成为政治哲学领域里的一个重要话题,并因此而推进了政治哲学的研究。

　　其次,无论就自由主义还是社群主义的正义观而言,世界主义的全球正义都有它的特殊意义。当代世界主义之所以是普遍的平等主义(我在第二部分又把它称之为"彻底的平等主义",意思是强调他的个体具有的道德考虑的终极性),是因为这是一个在全球意义上的平等主义,是全球正义观的核心内含。普遍平等主义的全球正义观与社群主义的正义观有着重大的区别。它们的不同在于:当代社群主义认为,国家政治共同体的边界也就是正义的边界,如社群主义者沃尔泽就持有这样的观点。沃尔泽认为,政治共同体的成员身份,是决定共同体内的各种益品(善)分配是否正当的根据。沃尔泽强调任何正义原则都只是对共同体

---

① [美]涛幕思·博格:《康德、罗尔斯与全球正义》,刘莘、徐向东等译,上海译文出版社,2010年,第524页。

② 同上。

的成员有效。他说:"政治正义原则就是这样的:一个民主国家用以设计其国内生活的自决过程必须开放,并且平等地向所有生活在其领土内、在当地经济中工作和服从当地法律的男女开放。"①在沃尔泽看来,共同体的成员身份,是共同体中所有善中最重要的善。另一位社群主义者桑德尔也持有同样的观点。在桑德尔看来,共同体的善高于共同体的正义。并且,正义应当依据共同体的善来理解。桑德尔说:"把正义与善观念联系起来的一种方式主张,正义原则应从特殊共同体或传统中人们共同信奉或广泛分享的那些价值中汲取其道德力量。这种把正义与善联系起来的方式,在下述意义上是共同体主义的,即共同体的价值规定着何为正义,何为不正义。按照这种观点,承认一种权利取决于向人们表明,这种权利隐含在传统或共同体的共享理解之中。"②因此,在桑德尔那里,正义不仅是地方性的,而且它不是超越于共同体与观念的原则。

普遍平等主义的全球正义观,不仅与社群主义的正义观有不同,而且也与以罗尔斯为代表的自由主义的正义观不同。在全球意义上,罗尔斯的正义原则同样是以政治国家为边界的,尤其是以自由国家的政治共同体为边界。罗尔斯认为,正义是制度的首要德性,然而,罗尔斯所说的制度正义,则是以国内制度尤其是西方自由社会的政治制度为其关注对象。罗尔斯的差别原则的运用是将对国内处境最不利者作为基点来考虑。然而,在涉及国际正义,如国际或全球分配正义上,罗尔斯并没有运用他的差别原则来处理分配正义问题,即使两个自由国家,如果其经济状态由于国内政策的不同而相差悬殊,那么,那个富裕的国家没有义务对其进行援助。并且认为,像世界主义所持有的那种认为应当援助的观点是毫无道理的。③ 因此,世界主义的全球正义观是与以国家边界为限

---

① [美]沃尔泽:《正义诸领域》,褚松燕译,译林出版社,2002年,第75页。
② [美]桑德尔:《自由主义与正义的局限》,万俊人译,译林出版社,2000年,第3页。
③ 罗尔斯假设,两个自由或合宜的国家,由于国内政策的缘故,几十年后,第一个国家的社会财富则是第二个国家的两倍。罗尔斯说:"设定这两个社会都是自由或合宜的,人民自由而负责,能够自行做出决定,则援助义务不要求从第一个现在较富裕的社会征税,而毫无目标的全球平等原则才会这样做。同样,这样的观点无法令人接受。"([美]罗尔斯:《万民法》,张晓辉等译,吉林人民出版社,2001年,第126页。)

的正义观不相容的。

第三,当代道德的世界主义的四个终极性承诺,体现了世界主义的核心理念,即把每个人都看作是平等的个人。这一核心理念,在希腊化时期和古罗马时期,是建立在斯多亚派的人的自然本性(宇宙本性)或理性的前提上,对于现代的世界主义,则不是把它建立在人的自然本性前提上的,而是建立在人权基础上。对于当代世界主义者来说,他们是把这一对所有人的平等考虑看成人权标准的运用。博格在解释他的社会正义的世界主义时,指出他所说的个人主义,实质上是对个人人权和他的社会经济份额的终极关注。并且,他认为,强调人权"这样一种社会正义观不必只是西方人或自由主义者的正义观,人权的充分实现意味着对于所有人的实现。当某人能够顺利企及某项人权的对象时,此人的该项人权就得以充分实现。"这意味着,当代世界主义的哲学基点较之传统的世界主义发生了根本性的变化,当代世界主义者所说的普遍平等,不是从自然人性或上帝观下的人人平等的预设出发,而是把人权观当作他们不言而喻的前提。

包括社会正义的世界主义在内的道德的世界主义,也面临着它的问题,即仅仅诉诸一种话语批判的力量,而实际上全球正义在他们特殊关注的世界普遍贫困的问题上,不可能也没有承认一个实际可行的主权权威会起作用。在他们那里,只有一种道义上的标准,而对于这种标准真正能够在多大程度上起作用,他们没有也不可能去论证。对于他们所说的在全球意义上对每个人的普遍关注或作为终极关注的对象这样抽象的说法到具体的制度设置应当如何进行,则是言焉不详。另外,就他们对世界主义的核心理念即对每个人的平等关注来看,他们谈得更多的是全球贫困问题,即经济上的极端不平等。而对于全球意义上的政治自由与平等,则极少在其视野之内。

二、当代全球正义问题

全球贫困是当代世界主义关注的一个焦点问题。当代世界主义认为,全球贫困问题是严重的全球正义问题。从全球贫困这一问题域关注全球正义问题,其出发点就是人权。在他们看来,世界主义的核心理念是所有人类个体都是终极的道德关注单元,就是对人人享有的人权的充分表达。从当代世界主义的基本立场出发,博格等人认为"我们的世界离人权的实现还十分遥远"。① 他之所以提出这样的论断,在于相当一部分人类成员(数以亿计的人),基本生活必需品严重匮乏。博格说:"我把焦点放在全球贫困者的人权上。因为当今持续存在的重大人权缺失在全球贫困那里都得到了很集中的体现。社会经济人权,如'为维持他本人和家属的健康和福利所需的生活水准,包括食物、衣着、住房、医疗'(《世界人权宣言》第 25 条)的权利,是目前且到目前为止最频繁地遭到违反的人权。"②

首先,全球贫困问题为什么是一个全球正义问题?理解全球贫困问题,有国内成因说与国际成因说。从国内成因说来看,不同国家,尤其是第三世界国家的严重贫困问题,是由于历史原因或当前的政策原因所致。罗尔斯说:"一个民族富裕的原因及其所采取的形式,就在于他们的政治文化以及他们用来支持他们的政治制度和社会制度的宗教、哲学和道德传统,就在于其成员的辛勤劳动和合作才能……一个具有沉重负担的社会之所以如此,政治文化的因素非常重要……这个国家的人口政策也是至关重要的。"③这样看来,国际范围的贫富差距完全由国内政治文化以及宗教道德传统所致。如果社会贫困完全是由国内政治经济政策引起,那么,就不可认为这是一个全球正义问题,而是一个国内政策或正义问题。正是因为罗尔斯把它看成是一个国内政策或政治问题,那么,在罗尔斯看来,他国没有承担援助的义务。

国际成因说。世界主义认为,把第三世界的贫困看成是由于本国的政治经济制度所致是本末倒置。针对自由主义的国内政治或政策原因说,他们提出国际的历史原因说。认为西方殖民主义是导致第三世界贫困的历史根源。博格以非洲为例,具体说明非洲至今仍然贫困落后与欧洲长期的殖民制度内在相关。但是,博格没有看到,同样是殖民主义统

---

① [美]涛幕思·博格:《康德、罗尔斯与全球正义》,刘莘、徐向东等译,上海译文出版社,2010 年,第 527 页
② 同上书,第 442 页。
③ John Rawls, *The Law of Peoples*, Harvard University Press, 1999, p.108.

治的新加坡,却由于英国人留下的英式社会管理制度(包括类似于西式的议会等政治制度),为新加坡的经济崛起提供了制度保障。

其次,世界主义者还提出国际成因说。他们认为,当代世界的经济制度秩序对于全球贫困的演发起了重要作用。当今的世界贸易规则加速了贫困。博格指出:"目前的游戏规则,通过允许富裕国家继续用配额、关税、反倾销责任、出口信誉和补助国内厂家等方式(这些方式是贫困国家不被允许具有或无法具有的)来保护他们的市场,因而有利于富裕国家……这种不对称的规则提高了流向富人的全球经济增长的份额,降低了流向穷人的全球经济增长的份额。"[1]我们还可以指出,以美元为世界贸易的结算货币,使得美国可以开动印钞机来吸取世界财富。规则的不对称性强化不平等,而不平等又能够利用富裕国家的政府利益这种不对称性来施加影响。其结果是,不是世界严重贫困的现象得到了缓解,而是有着进一步加强的趋势。

第三,国际成因说还认为,目前的国际政治经济秩序有利于发达国家对穷困国家的利益盘剥,有利于全球利益向富国输送。同时,也有利于贫困国家的政治与军队精英的利益。在当代世界主义者看来,这恰恰是一个世界政治秩序中的非正义问题。其次,当权群体的资源特权。在当今世界,一个富有资源而贫困的国家,资源往往成为这个国家的巨大灾难。在非洲,缺乏资源的国家反而民主化程度更高,而某个国家有着丰富的资源,则意味着政府可以通过出口自然资源所得收入来维护统治,甚至在受到国民广泛反对的情况下还能继续维护统治,并且也成为用暴力夺取政权和行使政权的有力动机,而使得掌有权力者几乎没有改变贫困者处境的动力。总之,世界主义者认为,在当代世界秩序下,国内秩序并不像罗尔斯所设想的那样,是一个封闭的社会体系。因而第三世界的贫困问题的形成难以完全排除国际因素的影响。但是,当代世界主义者把第三世界的贫困问题完全归咎于国际政治经济秩序,而不考虑其国内因素,也是有失公允的。不过,世界主义者看到当代世界严峻的贫

---

[1] [美]涛幕思·博格:《康德、罗尔斯与全球正义》,刘莘、徐向东等译,上海译文出版社,2010年,第451页。

困问题中的国际因素,也有其合理之处。

三、如何实现最低度的人权?

把全球贫困看成是一个人权问题,涉及怎样使用人权概念的问题。即面对如此严峻的贫困问题,我们怎样能够做到对每个人的平等考虑?尤其是,在资源有限的环境条件下,把每个人作为道德考虑的终极单元,我们如何能够做到?

对于怎样实现最基本的生存权这一最低度的人权,可以有两种理解:一是对于所需物品的拥有,如维持生命所需的粮食、食品以及必要的衣物等,二是通过所需物品而获得的能力。前者是博格等人对人权实现的理解,而后者则是阿玛蒂亚·森以及玛莎·努斯鲍姆对人权的理解。如处于饥饿状态下的贫民,使他们有生存下去或维持生存的能力。从第一种理解来看,则不是偏重于能力,或不是偏重所分配善品(善目、益品)的功能,而只是强调把物品分配到那些需求者的手中。博格指出:"对于人类生活的伦理的和个人价值而言,更基本的善目是重要的。在这些基本善目中,有身体的完整性、实物性的供应品(食物、饮料、衣服、住所和基本的卫生保健),运动与行动的自由以及基本的教育和经济活动的参与。所有这些基本善目应当被承认为人权对象。"[1]在博格所列出的这个人权清单中,达尔·都塞尔(Dale Dorsey)指出,"对于博格来说,人权是以需求概念来标明的"。[2] 即在博格所列出的人权清单中,最核心的内涵是生活的需求品。然而,这里的第一个问题就是,处于急需生活必需品的那些贫困地区的人,不仅粮食,还有饮料、住所等都是他们的必需品,然而,在有限的资金条件下,我们可能只能提供他们中的某一种,或某一些品种,按照博格对人权概念的理解,无论我们给予他们什么必需品,都是满足了全球正义的人权概念所做的要求。然而,如果按照功能性理论来看,我们必须看到,在必需品中,对于不同的人来说,影响

---

[1] Thomas Pogge, "Human Flourishing and Universal Justice", in *World Poverty and Human Rights*, Blackwell, 2002, p.49.
[2] Dale Dorsey, "Global Justice and the Limits of Human Rights", in *The Philosophical Quarterly*, Vol.55, No.221 (Oct., 2005), p.563.

他们的生存的必需品可能是不同的,如有的人最需要食物,有的人则是药品,还有的人则是医疗救治。因而也就必须从为了他们都能生存下去这一目标出发,从不同的最需品这一角度来考虑分配必需品。

上述考虑有一个背景条件,即贫困国家或地区已有充分的资金或资源来满足所有贫困者或饥馑者的必需品。然而,这一假设并不一定正确。因为饥民与贫困者一定不在少数。正如历年的联合国报告指出,每年这个星球上有上亿人处于饥饿状态中。我们不可想象富国的援助突然在一天之内到达,全部解决负担不利条件国家中的饥民的困难,使他们一天之内全部解除贫困。假设我们这个星球上的人类社会正在努力解决世界贫困问题,也只能现实地一步步走,即一点一点来解决。这也意味着我们不可能像博格所说的那样,把每个人放在一个终极的道德地位上,对于每个人贯彻这样一种彻底平等主义。因此,就有限的资源或有限的资金而言,我们必须放弃博格的彻底平等主义。

我们有一种选择方案,这就是罗尔斯的差别原则方案。这一原则选择社会处境中的最不利者作为我们考虑援助的对象。但我们要看到,罗尔斯的差别原则所针对的是相对发达的西方民主社会,在罗尔斯的假设中,没有大规模或大面积的饥荒这种现象。因此,在西方社会中处于最不利者地位的那些人,绝不可能像当前非洲国家中,有如此大规模的饥民挣扎在生存线上。现在我们假设地方性的饥荒中,有一百万饥民处于生存的边缘。但是,这里正处于垂死状态的人,可能不到一万,而百分之九十以上的饥民只要及时救济,都可能回归正常的生活状况。那些严重饥馑者,则不仅需要必要的食物,还必须加以医疗救助,这意味着如果要营救他们需要更多的资金和生活必需品。假设我们按照罗尔斯的差别原则,最先营救处境中最不利者,那么,很可能我们要消耗掉可营救其余五十万症状稍轻者的资金。而如果不给这五十万人马上提供生活必需品,则意味着这些人的状况就要恶化,并且将同样面临着死亡的危险。那么,在这资金或资源有限的条件下,我们是依从差别原则对于处境最不利者进行援救还是对这五十万人进行援救?很明显,我们的直觉告诉我们,我们将援救那五十万人,而不是处境最不利的那一万人。这也许可能是很残酷的事,但我们不得不承认,不这样做可能更残酷。因此,可以说,博格的彻底平等主义的人权理念不可能得到实现。

　　赞同我们援救五十万而不是一万人的理由是功利主义的最大化效益原则。我们只有从最大化效益原则出发,才可为我们的援救行为进行辩护。这正如轨道车问题所告诉我们的。如果一辆轨道车正在全速行驶,前面是一个弯道。走过弯道,突然发现前面的五个道路工人正在作业,这时,刹车已经来不及了,但是,正好前面还有一条岔道,轨道车司机可以把车开进岔道,但是,那条车道上也有一个工人在作业。开进岔道,那个工人必然有生命危险。那么,我们是任车压过那五个人,还是选择压那一个人？直觉告诉我们,我们必须选择最小的牺牲和最大化保护生命。因此,如果从最大化保护生命的原则出发,我们必须做出把车开到岔道上去的决定。同理,在普遍贫困的国际现实面前,尤其是在对待大面积饥荒这样的社会灾难时,为了真正体现全球正义,我们所做的,只能是遵从功利主义的最大化效益原则,而不是坚持博格的彻底平等主义原则。

参考文献

A. John Simmons, "Justification and Legitimacy", *Ethics*, Vol. 109, No. 4 (July 1999).

A. John Simmons, "The Anarchist Position: A Reply to Klosko and Senor", *Philosophy & Public Affairs*, Vol. 16, No. 3, 1987.

Alasdair MacIntyre, *After Virtue*, University of Notre Dame Press, 1984.

Alasdair MacIntyre, *Whose Justice? Which Rationality?* University of Notre Dame Press, 1988.

Allen Buchanan, "Rawls's Law of Peoples: Rules for a vanished Westphalian World", in *John Rawls: Critical Assessments of Leading Political Philosophers*, Volum IV, edited by Chandran Kukatblas, Routledge, 2003.

Charles R. Beitz, "Cosmopolitanism and Global Justice", *The Journal of Ethics*, Vol. 9, No. 1/2.

Christoph Menke, The "Aporias of Human Rights" and the "One Human Right: Regarding the Coherence of Hannah Arendt's Argument", *Social Research*, Vol. 74, No. 3, Hannah Arendt's Centenary: Political and Philosophical Perspectives, Part I (Fall 2007).

Dale Dorsey, "Global Justice and the Limits of Human Rights", *The Philosophical Quarterly*, Vol. 55, No. 221 (Oct. 2005).

Hayek, *Law, Legislation and Liberty, : Rules and Order* (1), the University of Chicago Press, 1973.

Hayek, *The Constitution of Liberty*, London and Chicago, 1960.

Isaiah Berlin, *Four Essays on liberty*, Oxford University Press, 1969.

Isaiah Berlin, *Liberty*, edited by Henry Hardy, Oxford University Press, 2002.

Isaiah Berlin, *Liberty*, edited by Henry Hardy, Oxford University Press, 1969.

James O. Hancey, "John Locke and the Law of Nature", *Political Theory*, Vol. 4. (Nov. 1976).

John Gray, *Isaiah Berlin*, Princeton University Press, 1996.

John Locke, Essays on the Law of Nature, edited by W. von Leyden, Clarendon, 1954.

John Rawls, *Political Liberalism*, Columbia University Press, 1993.

John Rawls, *The Law of Peoples*, Harvard University Press, 1999.

John Rawls, *A Theory of Justice*, Harvard University Press, 1971.

Joseph Raz, " Authority and Justification", *Philosophy & Public Affairs*, Vol. 14, No. 1 (Winter 1985).

Jürgen Habermas, *The Inclusion of the Other*, MIT Press, 1998.

Jürgen Habermas, *Moral Consciousness and Communicative Action*, MIT Press, 1990.

K. R. Popper, *The Open Society and Its Enemies*, Rouledge & Kegan Paul Ltd, 1957.

Kok-Chor Tan , "Liberal Toleration in Rawls's Law of Peoples", in *John Rawls: Critical Assessments of Leading Political Philosophers* , Volum IV, edited by Chandran Kukatblas, Routledge, 2003.

Lloyd L. Weinreb, *Natural Law and Justice*, Harvard University Press, 1987.

M. Stephen Weatherford, "Measuring Political Legitimacy", *The American Political Science Review*, Vol. 86, No. 1 (Mar, 1992).

Michael Sandel, *Liberalism and the Limits of Justice*, Cambridge University Press, 1998 .

Peter G. Stillman, "The Concept of Legitimacy", *Polity*, Vol. 7. No. 1. (Autum, 1974).

Rex Martin, "Hobbes and The Doctrine of Natural Rights : The Place of Consent in his Political Philosophy", in *The Western Political Quarterly*, Vol. 33, No. 3, (Sep. 1980).

Robert Nozick, *Anarchy, State and Utopia*, Basic Books, 1974.

Thomas Pogge, "Human Flourishing and Universal Justice", in *World Poverty and Human Rights*, Blackwell, 2002.

Thomas Pogge, *World Poverty and Human Rights*, Polity Press, 2002.

［德］斐迪南·滕尼斯:《共同体与社会》,林荣远译,商务印书馆,1999年。

［德］哈贝马斯:《在事实与规范之间》,童世骏译,三联书店,2003年。

［德］黑格尔:《哲学史讲演录》,第2卷,商务印书馆,1960年。

［德］康德:《历史理性批判文集》,何兆武译,商务印书馆,1990年。

［德］康德:《实践理性批判》,邓晓芒译,人民出版社,2000年。

［德］尤根·哈贝马斯:《包容他者》,曹卫东译,上海人民出版社,2002年。

［法］邦雅曼·贡斯当:《古代人的自由与现代人的自由》,阎克文等译,商务印书馆,1999年。

［法］弗朗索瓦·傅勒:《思考法国大革命》,孟明译,三联书店,2005年。

［法］伏尔泰:《风俗论》上册,商务印书馆,1996年。

［法］伏尔泰:《哲学通信》,上海人民出版社,1961年。

［法］卢梭:《论人类不平等的起源与基础》,商务印书馆,1962年。

［法］卢梭:《社会契约论》,何兆武译,商务印书馆,1980年。

［法］让-弗朗索瓦·利奥塔:《后现代状况——关于知识的报告》,岛子译,湖南美术出版社,1996年。

［法］托克维尔:《论美国的民主》,商务印书馆,1988年。

［法］托克维尔:《论美国的民主》,商务印书馆,1988年。

［古罗马］西塞罗:《国家篇·法律篇》,沈叔平等译,商务印书馆,1999年。

［古希腊］柏拉图:《理想国》,郭斌和等译,商务印书馆,1986年。

［古希腊］修昔底德:《伯罗奔尼撒战争史》,谢德风译,商务印书馆,1960年。

［古希腊］亚里士多德:《尼可马科伦理学》,苗力田译,中国社会科学出版社,1991年。

［古希腊］亚里士多德:《政治学》,吴寿彭译,商务印书馆,1965年。

[加拿大]查尔斯·泰勒:《黑格尔》,张国清等译,译林出版社,2002年。

[加]威尔·金里卡:《当代政治哲学》,刘莘译,上海三联书店,2004年。

[美]布坎南:《自由、市场与国家》,上海三联书店,1989年。

[美]汉娜·阿伦特:《过去与未来之间》,王寅丽等译,译林出版社,2011年。

[美]汉娜·阿伦特:《极权主义的起源》,林骧华译,三联书店,2008年。

[美]汉娜·阿伦特:《人的条件》,竺乾威等译,上海人民出版社,1999年。

[美]卡尔·J.弗里德里希:《超验正义——宪政的宗教之维》,三联书店,1997年。

[美]肯尼思·W.汤普森编:《宪法的政治理论》,张志铭译,三联书店,1997年。

[美]列奥·施特劳斯:《自然权利与历史》,彭刚译,三联书店,2003年。

[美]路易斯·亨金等编:《宪政与权利》,郑戈等译,三联书店,1997年。

[美]罗尔斯:《道德哲学史讲义》,上海三联书店,2003年。

[美]罗尔斯:《万民法》,张晓辉等译,吉林人民出版社,2001年。

[美]罗尔斯:《正义论》,何怀宏等译,中国社会科学出版社,1988年。

[美]罗尔斯:《政治自由主义》,万俊人译,译林出版社,2000年。

[美]罗尔斯:《作为公平的正义》,姚大志译,上海三联书店,2002年。

[美]迈克尔·桑德尔:《自由主义与正义的局限》,万俊人译,译林出版社,2001年。

[美]迈克尔·桑德尔:《自由主义与正义的局限》,万俊人译,译林出版社,2001年。

[美]迈克尔·沃尔泽:《正义诸领域:为多元主义与平等一辩》,褚松燕译,译林出版社,2002年。

[美]迈克尔·扎克特:《洛克政治哲学研究》,石碧球等译,人民出版社,2013年。

[美]麦金太尔:《德性之后》,龚群等译,中国社会科学出版社,1995年。

[美]诺齐克:《无政府、国家与乌托邦》,何怀宏等译,中国社会科学出版社,1991年。

[美]乔·萨托利:《民主新论》,冯克利译,东方出版社,1998年,第2版。

[美]斯蒂芬·L.埃尔金和卡罗尔·爱德华·索乌坦编:《新宪政论》,三联书店,1997年。

[美]涛幕思·博格:《康德、罗尔斯与全球正义》,刘莘、徐向东等译,上海译文出版社,2010年。

[美]约翰·凯克斯:《反对自由主义》,应奇译,江苏人民出版社,2005年。

[美]詹姆斯·斯密特编:《启蒙运动与现代性》,徐向东等译,上海人民出版社,2005年。

[日]川岛武宜:《现代法与法》,王志安译,中国政法大学出版社,1994年。

石元康:《当代西方自由主义理论》,上海三联书店,2000年。

[意]圭多·德·拉吉罗:《欧洲自由主义史》,杨军译,吉林人民出版社,2001年。

[英]柏克:《法国革命论》,何兆武等译,商务印书馆,1998年。

[英]边沁:《道德与立法原理导论》,时殷弘译,商务印书馆,2000年。

[英]边沁:《政府片论》,沈叔平等译,商务印书馆,1995年。

[英]霍布斯:《利维坦》,黎思复译,商务印书馆,1986年。

[英]昆廷·斯金纳:《自由主义之前的自由主义》,上海三联书店,2003年。

[英]洛克:《自然法论文集》,李季璇译,载《世界哲学》2012年第1期。

[英]洛克《政府论》下篇,叶启芳等译,商务印书馆,1964年。

[英]威廉·葛德文:《政治正义论》下卷,何慕李译,商务印书馆,1980年。

[英]以赛亚·伯林:《自由论》,胡传胜译,江苏人民出版社,2003年。

[英]约翰·格雷:《自由主义的两张面孔》,顾爱彬等译,江苏人民出版社,2005年。

[英]约翰·密尔:《论自由》,程崇华译,商务印书馆,1959年。

[意]托马斯·阿奎那:《阿奎那政治著作选》,马清槐译,商务印书馆,1963年。

后　记

自从 20 世纪末以来,我将我的大部分学习与研究的生涯投入到了政治哲学的研究之中。这部书稿是在十多年来的论文基础上编辑而成,其中的大部分都已经见诸学术期刊。然而,这一整理使之成为一个系统而较全面的思考进路。因此,从整体上来看,可以说又是一个全新的研究成果。面对电脑反复通读这一书稿,感慨万千。此时境况与心情如稼轩词所说:"平生塞北江南,归来华发苍颜。布被秋宵梦觉,眼前万里江山。"生命是如此短暂,一个年轮又一个年轮在不停地向前飞驰,儿童在成长,年轻人在一年年地成熟,中年人在变成老年人,而老年人呢……随着岁月的增长,我们又做了什么呢? 我奉献给世人什么了? 正如泰戈尔所说:"在许多闲散的日子, 我悼惜着虚度了的光阴。但是光阴并没有虚度,我的主。你掌握了我生命里寸寸的光阴。你潜藏在万物的心里,培育着种子发芽,蓓蕾绽红,花落结实。我困乏了,在困榻上睡眠。想象一切工作都已停歇。早晨醒来,我发现在我的园里,却开遍了异蕊奇花。"(泰戈尔:《吉檀迦利》81 节)等我整理我的园地时,却发现这个世界已经争奇斗艳,五彩缤纷。是的,我来了,我拿这点心血育成的果子加入到这个园地,可又算什么呢?

我国正处于一个历史发展的关键时期,我们也正在融入全球化的世界之中。我国学术界对政治哲学的研究在世界学术大潮中兴起,但是,仍然要看到,它是当代思想领域里的重要方面。当然,作为一个对于纯学术有兴趣的学人,我确实较少参与公共事务的讨论与发言,但这并不意味着我没有自己的想法,我是通过对纯学术的文字来表达我的思想与感受。有很多事情要我们去做,可是,光阴是如此短暂,生命是如此匆匆,我们不可能像陈子昂所说的,"前不见古人,后不见来者",而是既负荷着古人，又希冀着来者。

  这部书稿是多年的累积而成，感谢我的家人，感谢我所在的大学。没有家人以及众多身边的人的无形支持，也就没有我能取得的这点微薄的成绩。感谢林正焕先生给予的资助，使得我能够完成这样一个长时期的研究。感谢刘祥和先生、田炜女士、王晨玉女士对出版此书所做的贡献。

龚　群

2016 年 7 月 26 日